智能系统与技术丛书

Python深度学习

基于TensorFlow

第2版

吴茂贵 王冬 李涛 杨本法 张利◎著

Deep Learning
with Python and TensorFlow
Second Edition

机械工业出版社
China Machine Press

图书在版编目（CIP）数据

Python深度学习：基于TensorFlow / 吴茂贵等著. —2版. —北京：机械工业出版社，2022.8

（智能系统与技术丛书）

ISBN 978-7-111-71224-4

Ⅰ. ①P…　Ⅱ. ①吴…　Ⅲ. ①软件工具-程序设计　Ⅳ. ①TP311.561

中国版本图书馆CIP数据核字（2022）第123602号

Python深度学习：基于TensorFlow　第2版

出版发行：机械工业出版社（北京市西城区百万庄大街22号　邮政编码：100037）

责任编辑：陈　洁　　责任校对：陈　越　刘雅娜

印　刷：北京铭成印刷有限公司　　版　次：2022年10月第2版第1次印刷

开　本：186mm×240mm　1/16　　印　张：23.5

书　号：ISBN 978-7-111-71224-4　　定　价：99.00元

客服电话：（010）88361066　68326294

PREFACE

第2版前言

为什么写这本书

本书第1版于2018年10月出版，至今已3年多了。在这段时间里，TensorFlow由当初的1.x版发展到目前的2.7版，在架构、功能上都发生了很大变化。深度学习理论和应用也发生了很大变化，尤其在自然语言处理领域，越来越多的人开始使用Transformer架构来处理自然语言领域的问题，用它逐渐取代传统的RNN、LSTM和Bi-RNN等架构。

为与时俱进，我们决定编写本书的第2版[㊀]。第2版在内容上与第1版有较大差异。为了达到更好的聚焦效果，我们删除了数学、Theano基础的内容，保留和加强了TensorFlow基础、视觉处理、自然语言处理、强化学习等方面的内容，新增了目标检测算法及实践、Transformer架构及其实践等内容。

本书特色

本书基本保留了第1版的特色，具体包括：理论原理与代码实践相结合；采用循序渐进的原则，从简单到一般，把复杂问题简单化；图文并茂，使抽象问题直观化；实例说明，使抽象问题具体化。

读者对象

- 对机器学习、深度学习感兴趣的广大在校学生、在职人员。
- 对Python、TensorFlow感兴趣，并希望进一步提升的在校学生、在职人员。

如何阅读本书

本书共20章，按照从基础到实践的顺序展开，分为四个部分。

㊀ 本书使用环境：Python 3.8+，TensorFlow 2.4+，Linux、Mac或Windows。

第一部分（第 1 ～ 5 章）为 TensorFlow 基础部分：第 1 章介绍 Python 和 TensorFlow 的基石 NumPy；第 2 章介绍 TensorFlow 基础知识；第 3、4、5 章分别介绍 TensorFlow 构建模型的方法、数据处理及可视化等内容。

第二部分（第 6 ～ 12 章）为深度学习基础部分：第 6 章为机器学习基础，也是深度学习基础，其中包含很多机器学习经典理论和算法；第 7 章介绍神经网络基础；第 8 ～ 12 章分别从视觉处理、自然语言处理、注意力机制、目标检测和生成式深度学习等方面进行说明。

第三部分（第 13 ～ 18 章）为深度学习实践部分：通过实例把理论与实践相结合，同时实现理论理解的进一步提升，具体包括生成式模型、目标检测实例、人脸检测与识别实例、文本检测与识别实例、基于 Transformer 的对话实例和基于 Transformer 的图像处理实例等。

第四部分（第 19 章和第 20 章）为强化学习部分：第 19 章介绍强化学习基础，第 20 章介绍强化学习实践。

勘误和支持

由于笔者水平有限，书中难免存在错误或不准确的地方，恳请读者批评指正。你可以访问 https://github.com/Wumg3000/feighyunai 下载本书代码和数据，也可以通过 QQ（1715408972）或 QQ 交流群（763746291）给我们反馈。感谢你的支持和帮助。

致谢

在本书编写过程中，我们得到很多同事、朋友、老师和同学的支持！感谢张粤磊、张魁、刘未昕等负责后台环境的搭建和维护工作。感谢博世的王红星、拍拍贷的郁明敏的大力支持；感谢上海交大慧谷的程国旗老师、东方易通的杨易老师、容大培训的童金浩老师、赣南师大的许景飞老师等对我们的支持和帮助！

感谢机械工业出版社的各位老师给予本书的大力支持和帮助。

最后，感谢爱人赵成娟在繁忙的教学之余帮助审稿，提出不少改进意见或建议。

吴茂贵

2022 年 8 月于上海

PREFACE

第1版前言

为什么写这本书

人工智能新时代学什么？我们知道，Python是人工智能的首选语言，深度学习是人工智能的核心，而TensorFlow是深度学习架构中的首选。所以我们在本书中将这三者有机结合，希望借此把这些目前应用最广、最有前景的工具和算法分享给大家。

人工智能新时代如何学？市面上介绍这些工具和深度学习理论的书已有很多，而且不乏经典大作，如介绍机器学习理论和算法的有周志华老师的《机器学习》，介绍深度学习理论和算法的有伊恩·古德费洛等编著的《深度学习》，介绍TensorFlow实战的有黄文坚、唐源编著的《TensorFlow实战》和山姆·亚伯拉罕等编著的《面向机器智能的TensorFlow实践》等。如果你对机器学习、深度学习、人工智能感兴趣的话，这些书均值得一读。

虽然本书在某些方面或许无法和它们相比，但我觉得书中还是会有不少令你感到满意，甚至惊喜的地方。本书的特点具体包括以下几个方面。

1. 内容选择：提供全栈式的解决方案

深度学习涉及范围比较广，既有对基础、原理的要求，也有对代码实现的要求。如何在较短时间内快速提高深度学习的水平？如何尽快把所学运用到实践中？这方面虽然没有捷径可言，但却有方法可循。本书基于这些考量，希望能给你提供一站式解决方案。具体内容包括：机器学习与深度学习的三大基石（线性代数、概率与信息论及数值分析）；机器学习与深度学习的基本理论和原理；机器学习与深度学习的常用开发工具（Python、TensorFlow、Keras等）；TensorFlow的高级封装及多个综合性实战项目等。

2. 层次安排：找准易撕口，快速实现由点到面的突破

我们打开塑料袋时，一般从易撕口开始，这样即使再牢固的袋子也很容易打开。面对深度学习这个“牢固袋子”，我们也可以采用类似方法，找准易撕口。如果没有，就创造一个易撕口，并通过这个易撕口，实现点到面的快速扩展。本书在面对很多抽象、深奥的算法时均采用了这种方法。我们知道BP算法、循环神经网络是深度学习中的两块“硬骨头”，所以我们在介绍BP算法时，先介绍单个神经如何实现BP算法这个易撕口，再延伸到一般情况；在介绍循环神经网络时，我们也先以一个简单实例为易撕口，再延伸到一般情况。

希望这种方式能帮助你把难题化易，把大事化小，把不可能转换为可能。

3. 表达形式：让图说话，一张好图胜过千言万语

机器学习、深度学习中有很多抽象的概念、复杂的算法、深奥的理论，如 NumPy 的广播机制、梯度下降对学习率敏感、神经网络中的共享参数、动量优化法、梯度消失或爆炸等，这些内容如果只用文字来描述，可能很难达到让人茅塞顿开的效果，但如果用一些图来展现，再加上适当的文字说明，往往能取得非常好的效果，正所谓一张好图胜过千言万语。

除了以上谈到的三个方面，为了帮助大家更好地理解，更快地掌握机器学习、深度学习这些人工智能的核心内容，本书还包含了其他方法，相信阅读本书的读者都能体会到。我们希望通过这些方法或方式带给你不一样的理解和体验，使你感到抽象数学不抽象、深度学习不深奥、复杂算法不复杂、难学的深度学习也易学，这也是我们写这本书的主要目的。

至于人工智能（AI）的重要性，想必就不用多说了。如果说 2016 年前属于摆事实论证阶段，那么 2016 年后已进入事实胜于雄辩阶段了，而 2018 年后应该撸起袖子加油干了。目前各行各业都忙于 AI+，给人“忽如一夜春风来，千树万树梨花开”的感觉！

本书特色

要说特色的话，就是上面谈到的几点，概括来说就是：把理论原理与代码实现相结合；找准切入点，从简单到一般，把复杂问题简单化；图文并茂使抽象问题直观化；实例说明使抽象问题具体化。希望本书能给你带来新的视角、新的理解。

读者对象

- 对机器学习、深度学习感兴趣的广大在校学生、在职人员。
- 对 Python、TensorFlow 感兴趣，并希望进一步提升的在校学生、在职人员。

致谢

在本书编写过程中，我们得到很多同事、朋友、老师和同学的支持！感谢博世的王红星、拍拍贷的郁明敏的大力支持；感谢上海交大慧谷的程国旗老师、东方易通的杨易老师、容大培训的童金浩老师、赣南师大的许景飞老师等的支持和帮助！

感谢机械工业出版社的杨福川老师、李艺老师给予本书的大力支持和帮助。

最后，感谢爱人赵成娟在繁忙的教学之余帮助审稿，提出不少改进意见或建议。

吴茂贵

CONTENTS

目 录

第三部分 深度学习实践

第四部分 强化学习

第一部分

TensorFlow 基础

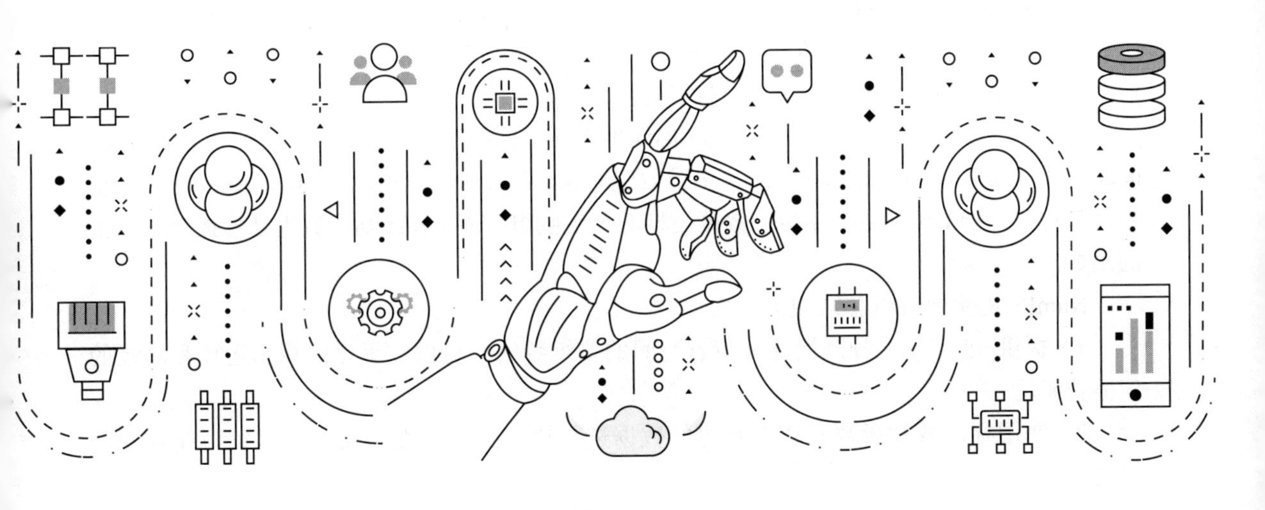

CHAPTER 1

第 1 章

NumPy 基础

为何第 1 章介绍 NumPy 基础？在机器学习和深度学习中，图像、声音、文本等首先要实现数字化。那么如何实现数字化？数字化后如何处理？这些都涉及 NumPy。NumPy 是数据科学的通用语言，而且与 TensorFlow 关系非常密切，是科学计算、深度学习的基石。TensorFlow 中的重要概念——张量（Tensor）与 NumPy 非常相似，二者可以非常方便地进行转换。掌握 NumPy 是学好 TensorFlow 的重要基础，故我们把它列为全书第 1 章。

基于 NumPy 的运算有哪些优势？实际上 Python 本身包含列表（list）和数组（array）结构，但对于大数据来说，这些结构有很多不足。因为列表的元素可以是任何对象，因此列表中保存的是对象的指针。例如为了保存一个简单的 [1, 2, 3] 列表，我们需要有 3 个指针和 3 个整数对象。对于数值运算来说，这种结构显然比较浪费内存和 CPU 等宝贵资源。至于数组对象，它直接保存数值，与 C 语言的一维数组比较类似，但是它不支持多维，定义的内置函数也不多，因此也不适合做数值运算。

NumPy（Numerical Python 的简称）的诞生弥补了这些不足，它提供了两种基本的对象：ndarray（n-dimensional array object，多维数组对象）和 ufunc（universal function object，全局函数对象）。ndarray 是存储单一数据类型的多维数组，而 ufunc 则为数组处理提供了丰富的函数。

NumPy 的主要特点总结如下。

1）提供 ndarray 这种既快速又节省空间的多维数组，提供数组化的算术运算和高级的广播功能。

2）使用标准数学函数对整个数组的数据进行快速运算，而不需要通过编写循环语句实现。

3）可作为读取 / 写入磁盘上的阵列数据和操作存储器映像文件的工具。

4）拥有线性代数、随机数生成和傅里叶变换的能力。

5）提供集成 C、C++、Fortran 代码的工具。

本章主要内容如下：

- 把图像数字化

- 存取元素
- NumPy 的算术运算
- 数据变形
- 通用函数
- 广播机制
- 用 NumPy 实现回归实例

1.1 把图像数字化

NumPy 是 Python 的第三方库，若要使用它，需要先导入。

```
import numpy as np
```

导入 NumPy 后，可通过输入 np.+Tab 键查看可使用的函数。如果你对其中一些函数的使用方法不是很清楚，还可以通过运行“对应函数 +?”命令的方式，看到使用函数的帮助信息。

例如，输入 np.，然后按 Tab 键，将出现如图 1-1 所示界面。

运行如下命令，可查看函数 abs 的详细帮助信息。

```
np.abs?
```

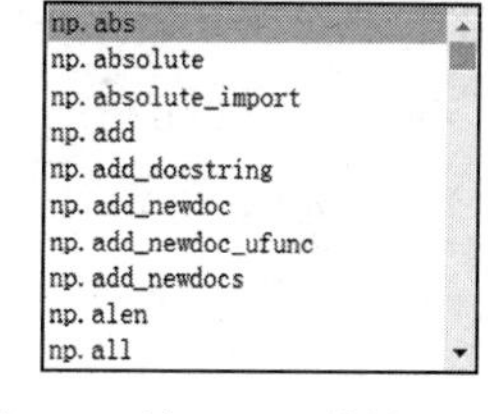

图 1-1　输入 np. 并按 Tab 键

NumPy 不但强大，而且非常友好。接下来我将介绍 NumPy 的一些常用方法，尤其是与机器学习、深度学习相关的一些内容。

前面提到，NumPy 封装了一个新的多维数组对象 ndarray。该对象封装了许多常用的数学运算函数，以便我们做数据处理、数据分析等。如何生成 ndarray 呢？这里介绍几种生成 ndarray 的方式，如从已有数据中生成，利用 random 模块生成，使用 arange、Linspace 函数生成等。

机器学习中的图像、自然语言、语音等在输入模型之前都需要数字化。这里我们用 cv2 把一个汽车图像转换为 NumPy 多维数组，然后查看该多维数组的基本属性，具体代码如下：

```
# 使用 OpenCV 开源库读取图像数据
import cv2

from  matplotlib import pyplot as plt
%matplotlib inline

# 读取一张照片，把图像转换为 2 维的 numpy 数组
img = cv2.imread('./data/car.jpg')

# 使用 plt 显示图像
plt.imshow(img)
```

```
# 显示 img 的数据类型及大小
print(" 数据类型 :{}, 形状: {}".format(type(img),img.shape))
```

运行结果如下，效果如图1-2所示。

```
数据类型 :<class 'numpy.ndarray'>, 形状: (675, 1200, 3)
```

图1-2 把汽车图像转换为NumPy数组

1.1.1 数组属性

在NumPy中，维度被称为轴，比如我们把汽车图像转换为一个NumPy 3维数组，这个数组中有3个轴，长度分别为675、1200、3。

NumPy的ndarray对象有3个重要的属性，分析如下。

- ndarray.ndim：数组的维度（轴的个数）。
- ndarray.shape：数组的维度，它的值是一个整数元祖。元祖的值代表其所对应的轴的长度。比如对于2维数组，它用来表达这是几行几列的矩阵，值为 (x, y)，其中 x 代表这个数组有几行，y 代表有几列。
- ndarray.dtype：描述数组中元素的类型。

比如上面提到的img数组：

```
print("img 数组的维度 :",img.ndim)          # 其值为 3
print("img 数组的形状 :",img.shape)         # 其值为 (675, 1200, 3)
print("img 数组的数据类型 :",img.dtype)     # 其值为 uint8
```

为更好地理解ndarray对象的3个重要属性，我们对1维数组、2维数组、3维数组进行可视化，如图1-3所示。

1.1.2 从已有数据中生成数组

直接对Python的基础数据类型（如列表、元组等）进行转换来生成数组。

1）将列表转换成数组。

```
import numpy as np
```

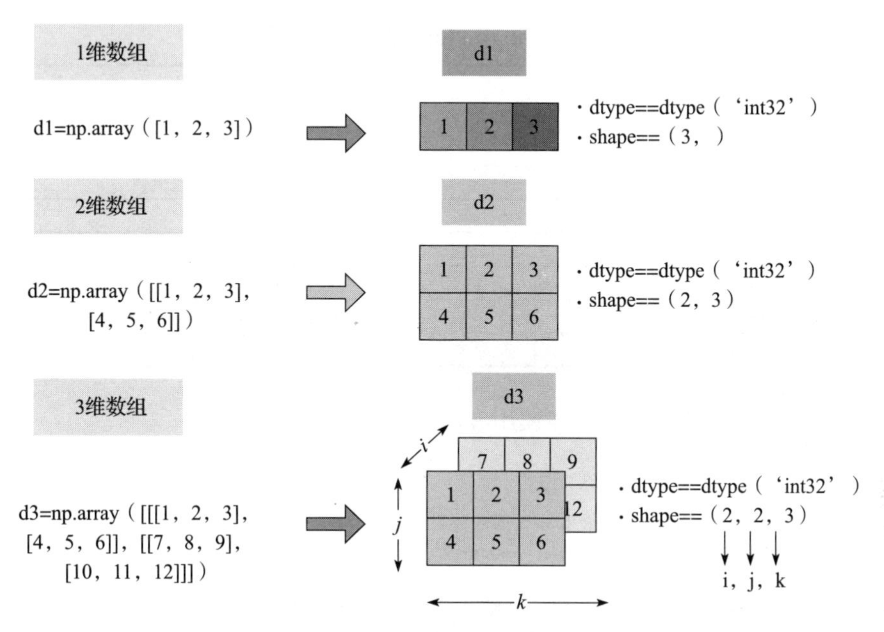

图 1-3　多维数组的可视化表示

```
lst1 = [3.14, 2.17, 0, 1, 2]
nd1 =np.array(lst1)
print(nd1)
# [3.14 2.17 0.   1.   2.  ]
print(type(nd1))
# <class 'numpy.ndarray'>
```

2）将嵌套列表转换成多维数组。

```
import numpy as np

lst2 = [[3.14, 2.17, 0, 1, 2], [1, 2, 3, 4, 5]]
nd2 =np.array(lst2)
print(nd2)
# [[3.14 2.17 0.   1.   2.  ]
#  [1.   2.   3.   4.   5.  ]]
print(type(nd2))
# <class 'numpy.ndarray'>
```

如果把上面示例中的列表换成元组，上述的转换方法也同样适用。

1.1.3　利用 random 模块生成数组

在深度学习中，我们经常需要对一些参数进行初始化。为了更有效地训练模型，提高模型的性能，有些初始化还需要满足一定条件，如满足正态分布或均匀分布等。这里我们先来看看 np.random 模块常用函数，如表 1-1 所示。

表 1-1　np.random 模块常用函数

函　数	描　述
np.random.random	生成 0 到 1 之间的随机数
np.random.uniform	生成均匀分布随机数
np.random.randn	生成标准正态的随机数
np.random.randint	生成随机的整数
np.random.normal	生成正态分布
np.random.shuffle	随机打乱顺序
np.random.seed	设置随机数种子
random_sample	生成随机的浮点数

下面我们来看看一些函数的具体使用方法：

```
import numpy as np

print('生成形状(4, 4)，值在0和1之间的随机数:')
print(np.random.random((4, 4)), end='\n\n')

# 产生一个取值范围在[1, 50)的数组，数组的shape是(3, 3)
# 参数起始值(low)默认为0，终止值(high)默认为1。
print('生成形状(3, 3)，值在low和high之间的随机整数::')
print(np.random.randint(low=1, high=50, size=(3,3)), end='\n\n')

print('产生的数组元素是均匀分布的随机数:')
print(np.random.uniform(low=1, high=3, size=(3, 3)), end='\n\n')

print('生成满足正态分布的形状为(3, 3)的矩阵:')
print(np.random.randn(3,3))
```

运行结果如下：

```
生成形状(4, 4)，值在0和1之间的随机数:
[[0.32033334 0.46896779 0.35755437 0.93218211]
 [0.83150807 0.34724136 0.38684007 0.80832335]
 [0.17085778 0.60505495 0.85251224 0.66465297]
 [0.5351041  0.59959828 0.59819534 0.36759263]]

生成形状(3, 3)，值在low和high之间的随机整数::
[[29 23 49]
 [44 10 30]
 [29 20 48]]

产生的数组元素是均匀分布的随机数:
[[2.16986668 1.43805178 2.84650421]
 [2.59609848 1.96242833 1.02203859]
 [2.64679581 1.30636158 1.42474749]]

生成满足正态分布的形状为(3, 3)的矩阵:
[[-0.26958446 -0.04919047 -0.86747396]
 [-0.16477117  0.39098747  1.97640843]
 [ 0.73003926 -1.03079529 -0.1624292 ]]
```

用以上方法生成的随机数是无法重现的，比如调用两次 np.random.randn(3, 3)，输出同样结果的概率极低。如果我们想要多次生成同一份数据，应该怎么办呢？可以使用 np.random.seed 函数设置种子。设置一个种子，然后调用随机函数产生一个数组，如果想要再次得到一个一模一样的数组，只要再次设置同样的种子就可以。

```
import numpy as np
np.random.seed(10)

print("按指定随机种子，第 1 次生成随机数：")
print(np.random.randint(1, 5, (2, 2)))

# 想要生成同样的数组，必须再次设置相同的种子
np.random.seed(10)
print("按相同随机种子，第 2 次生成的数据：")
print(np.random.randint(1, 5, (2, 2)))
```

运行结果如下：

```
按指定随机种子，第 1 次生成随机数：
[[2 2]
 [1 4]]
按相同随机种子，第 2 次生成的数据：
[[2 2]
 [1 4]]
```

1.1.4　利用 arange、linspace 函数生成数组

有时，我们希望用到具有特定规律的一组数据，这时可以使用 NumPy 提供的 arange、linspace 函数来生成数组。

arange 是 numpy 模块中的函数，其格式为：

```
arange([start,] stop[,step,], dtype=None)
```

其中 start 与 stop 用于指定范围，step 用于设定步长，生成 1 个 ndarray。start 默认为 0，step 可为小数。Python 的内置函数 range 的功能与此类似。

```
import numpy as np

print(np.arange(10))
# [0 1 2 3 4 5 6 7 8 9]
print(np.arange(0, 10))
# [0 1 2 3 4 5 6 7 8 9]
print(np.arange(1, 4, 0.5))
# [1.  1.5 2.  2.5 3.  3.5]
print(np.arange(9, -1, -1))
# [9 8 7 6 5 4 3 2 1 0]
```

linspace 也是 numpy 模块中常用的函数，其格式为：

```
np.linspace(start, stop, num=50, endpoint=True, retstep=False, dtype=None)
```

它可以根据输入的指定数据范围以及等份数量，自动生成一个线性等分向量，其中 endpoint（包含终点）默认为 True，等分数量 num 默认为 50。如果将 retstep 设置为 True，则会返回一个带步长的数组。

```
import numpy as np

print(np.linspace(0, 1, 10))
# [0.         0.11111111 0.22222222 0.33333333 0.44444444 0.55555556
# 0.66666667 0.77777778 0.88888889 1.        ]
```

值得一提的是，这里并没有像我们预期的那样生成 0.1, 0.2, …, 1.0 这样步长为 0.1 的数组，这是因为 linspace 必定会包含数据起点和终点，那么其步长为 (1−0)/9=0.11111111。如果需要产生 0.1, 0.2, …, 1.0 这样的数据，只需要将数据起点 0 修改为 0.1 即可。

除了上面介绍的 arange 和 linspace 函数，NumPy 还提供了 logspace 函数，该函数的使用方法与 linspace 的使用方法一样，读者不妨自己动手试一下。

1.2　存取元素

上节我们介绍了生成数组的几种方法。在数组生成后，应该如何读取所需的数据呢？本节就来介绍几种常用的方法。

```
import numpy as np
np.random.seed(2019)
nd11 = np.random.random([10])
# 获取指定位置的数据，获取第 4 个元素
nd11[3]
# 截取一段数据
nd11[3:6]
# 截取固定间隔数据
nd11[1:6:2]
# 倒序取数
nd11[::-2]
# 截取一个多维数组的一个区域内数据
nd12=np.arange(25).reshape([5,5])
nd12[1:3,1:3]
# 截取一个多维数组中，数值在一个值域之内的数据
nd12[(nd12>3)&(nd12<10)]
# 截取多维数组中指定的行，如读取第 2、3 行
nd12[[1,2]]  # 或 nd12[1:3,:]
## 截取多维数组中指定的列，如读取第 2、3 列
nd12[:,1:3]
```

如果你对上面这些获取方式还不是很清楚，没关系，下面我们通过图形的方式进一步说明，如图 1-4 所示，左边为表达式，右边为表达式获取的元素。注意，不同的边界表示不同的表达式。

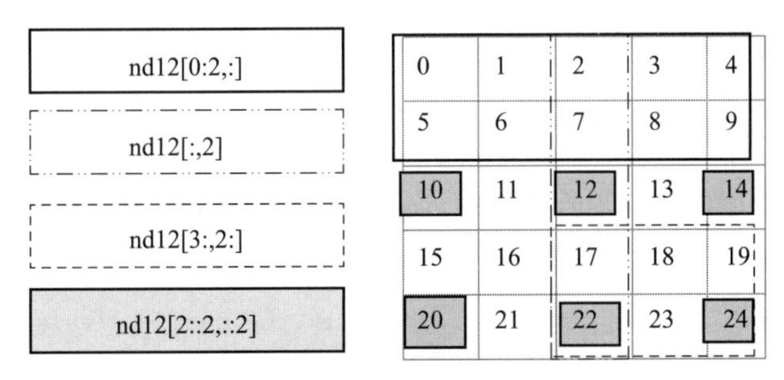

图 1-4　获取多维数组中的元素

要获取数组中的部分元素，除了可以通过指定索引标签外，还可以使用一些函数来实现，如通过 random.choice 函数可以从指定的样本中随机抽取数据。

```
import numpy as np
from numpy import random as nr

a=np.arange(1,25,dtype=float)
c1=nr.choice(a,size=(3,4))                # size 指定输出数组形状
c2=nr.choice(a,size=(3,4),replace=False) # replace 默认为 True，即可重复抽取
# 下式中参数 p 指定每个元素对应的抽取概率，默认为每个元素被抽取的概率相同
c3=nr.choice(a,size=(3,4),p=a / np.sum(a))
print(" 随机可重复抽取 ")
print(c1)
print(" 随机但不重复抽取 ")
print(c2)
print(" 随机但按制度概率抽取 ")
print(c3)
```

运行结果如下：

```
随机可重复抽取
[[  7.  22.  19.  21.]
 [  7.   5.   5.   5.]
 [  7.   9.  22.  12.]]
随机但不重复抽取
[[ 21.   9.  15.   4.]
 [ 23.   2.   3.   7.]
 [ 13.   5.   6.   1.]]
随机但按制度概率抽取
[[ 15.  19.  24.   8.]
 [  5.  22.   5.  14.]
 [  3.  22.  13.  17.]]
```

1.3　NumPy 的算术运算

机器学习和深度学习中涉及大量的数组或矩阵运算，本节我们将重点介绍两种常用的运算。一种是对应元素相乘，又称为逐元乘法，运算符为 np.multiply() 或 *。另一种是点积

或内积运算，运算符为 np.dot()。

1.3.1　对应元素相乘

对应元素相乘是计算两个矩阵中对应元素的乘积。np.multiply 函数用于数组或矩阵对应元素相乘，输出与相乘数组或矩阵的大小一致，格式如下：

```
numpy.multiply(x1, x2, /, out=None, *, where=True,casting='same_kind', order='K',
    dtype=None, subok=True[, signature, extobj])
```

其中 x1、x2 之间的对应元素相乘遵守广播规则，NumPy 的广播规则将在 1.6 节介绍。下面我们通过一些示例来进一步说明。

```
A = np.array([[1, 2], [-1, 4]])
B = np.array([[2, 0], [3, 4]])
A*B
## 结果如下:
array([[ 2,  0],
       [-3, 16]])
# 或另一种表示方法
np.multiply(A,B)
# 运算结果也是
array([[ 2,  0],
       [-3, 16]])
```

矩阵 ***A*** 和 ***B*** 的对应元素相乘，可以直观地用图 1-5 表示。

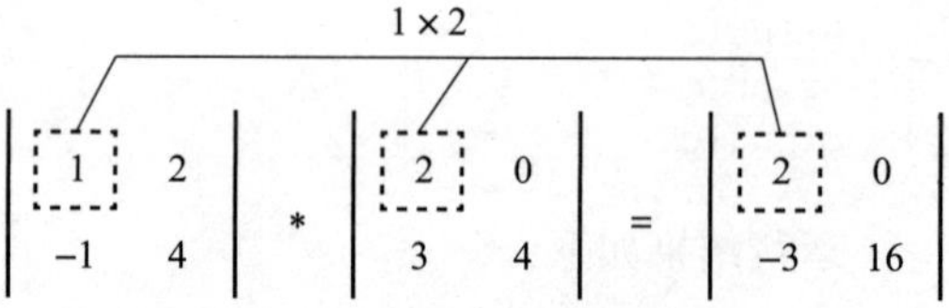

图 1-5　对应元素相乘示意图

NumPy 数组不仅可以与数组进行对应元素相乘，还可以与单一数值（或称为标量）进行运算。运算时，NumPy 数组的每个元素与标量进行运算，其间会用到广播机制。例如：

```
print(A*2.0)
print(A/2.0)
```

运行结果如下：

```
[[ 2.  4.]
 [-2.  8.]]
[[ 0.5  1. ]
 [-0.5  2. ]]
```

由此可见，数组通过一些激活函数的运算后，输出与输入形状一致。

```
X=np.random.rand(2,3)
def sigmoid(x):
    return 1/(1+np.exp(-x))
```

```
def relu(x):
    return np.maximum(0,x)
def softmax(x):
    return np.exp(x)/np.sum(np.exp(x))

print("输入参数 X 的形状: ",X.shape)
print("激活函数 sigmoid 输出形状: ", sigmoid(X).shape)
print("激活函数 relu 输出形状: ",relu(X).shape)
print("激活函数 softmax 输出形状: ",softmax(X).shape)
```

运行结果如下：

```
输入参数 X 的形状: (2, 3)
激活函数 sigmoid 输出形状: (2, 3)
激活函数 relu 输出形状: (2, 3)
激活函数 softmax 输出形状: (2, 3)
```

1.3.2　点积运算

点积运算又称为内积，在 NumPy 中用 np.dot 表示，其一般格式为：

```
numpy.dot(a, b, out=None)
```

以下通过一个示例来说明点积运算的具体使用方法及注意事项。

```
X1=np.array([[1,2],[3,4]])
X2=np.array([[5,6,7],[8,9,10]])
X3=np.dot(X1,X2)
print(X3)
```

运行结果如下：

```
[[21 24 27]
 [47 54 61]]
```

以上运算可以用图 1-6 表示。

如图 1-6 所示，矩阵 X1 与矩阵 X2 进行点积运算，其中 X1 和 X2 对应维度（即 X1 的第 2 个维度与 X2 的第 1 个维度）的元素个数必须保持一致。此外，矩阵 X3 的形状是由矩阵 X1 的行数与矩阵 X2 的列数确定的。

点积运算在神经网络中的使用非常频繁，如图 1-7 所示的神经网络，其输入 $\boldsymbol{I}$ 与权重矩阵 $\boldsymbol{W}$ 之间的运算就是点积运算。

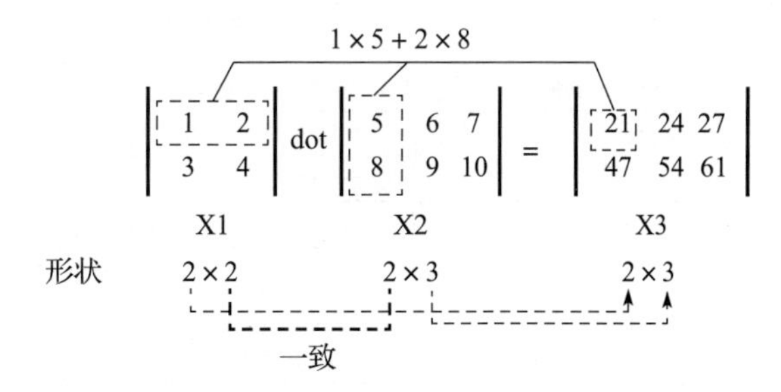

图 1-6　矩阵的点积运算示意图，对应维度的元素个数需要保持一致

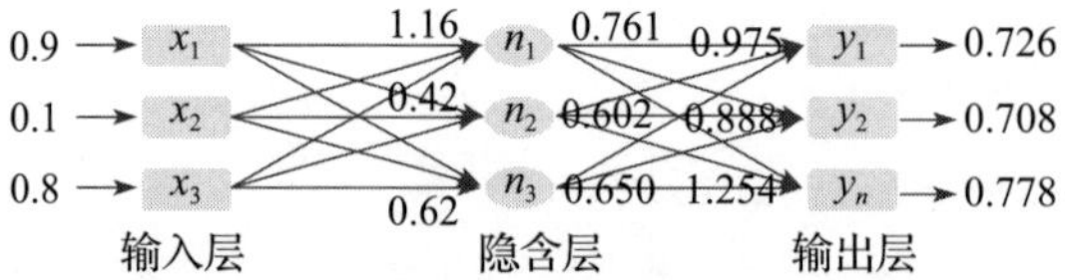

0.9 → x_1　1.16　n_1　0.761　0.975　y_1 → 0.726
0.1 → x_2　0.42　n_2　0.602　0.888　y_2 → 0.708
0.8 → x_3　0.62　n_3　0.650　1.254　y_n → 0.778
输入层　隐含层　输出层

$$\boldsymbol{I}=\begin{bmatrix}0.9\\0.1\\0.8\end{bmatrix}\qquad \boldsymbol{W}=\begin{bmatrix}0.9&0.3&0.4\\0.2&0.8&0.2\\0.1&0.5&0.6\end{bmatrix}$$

$$\boldsymbol{X}=\begin{bmatrix}0.9&0.3&0.4\\0.2&0.8&0.2\\0.1&0.5&0.6\end{bmatrix}\cdot\begin{bmatrix}0.9\\0.1\\0.8\end{bmatrix}=\begin{bmatrix}1.16\\0.42\\0.62\end{bmatrix}$$

$$\boldsymbol{O}=\text{sigmoid}\begin{bmatrix}1.16\\0.42\\0.62\end{bmatrix}=\begin{bmatrix}0.761\\0.602\\0.650\end{bmatrix}$$

图 1-7　点积运算可视化示意图

1.4　数据变形

在机器学习以及深度学习的任务中，我们通常需要将处理好的数据以模型能接收的格式发送给模型，然后由模型通过一系列运算，最终返回一个处理结果。然而，由于不同模型所接收的输入格式不一样，我们往往需要先对其进行一系列变形和运算，从而将数据处理成符合模型要求的格式。最常见的是矩阵或者数组的运算，如我们经常会需要把多个向量或矩阵按某轴方向合并或展平（如在卷积或循环神经网络中，在全连接层之前，我们需要把矩阵展平）。下面介绍几种常用的数据变形方法。

1.4.1　更改数组的形状

修改指定数组的形状是 NumPy 中最常见的操作之一，表 1-2 列出了 NumPy 中改变向量形状的一些常用函数。

表 1-2　NumPy 中改变向量形状的一些常用函数

函　数	描　述
arr.reshape	重新修改向量 arr 维度，不修改向量本身
arr.resize	重新修改向量 arr 维度，修改向量本身
arr.T	对向量 arr 进行转置
arr.ravel	对向量 arr 进行展平，即将多维数组变成 1 维数组，不会产生原数组的副本
arr.flatten	对向量 arr 进行展平，即将多维数组变成 1 维数组，返回原数组的副本
arr.squeeze	只能对维数为 1 的维度降维。如果对多维数组使用，虽不会报错，但是不会产生任何影响
arr.transpose	对高维矩阵进行轴对换

下面我们来看一些示例。

1. reshape

使用 reshape 函数修改向量维度。

```
import numpy as np

arr =np.arange(10)
print(arr)
# 将向量 arr 维度变换为 2 行 5 列
print(arr.reshape(2, 5))
# 指定维度时可以只指定行数或列数 , 其他用 -1 代替
print(arr.reshape(5, -1))
print(arr.reshape(-1, 5))
```

输出结果如下：

```
[0 1 2 3 4 5 6 7 8 9]
[[0 1 2 3 4]
 [5 6 7 8 9]]
[[0 1]
 [2 3]
 [4 5]
 [6 7]
 [8 9]]
[[0 1 2 3 4]
 [5 6 7 8 9]]
```

值得注意的是，reshape 函数支持只指定行数（或列数），其他值设置为 −1 即可。不过所指定的行数或列数一定要能被整除，例如，将上面的代码修改为 arr.reshape(3, −1) 时将报错（10 不能被 3 整除）。

2. resize

使用 resize 函数修改向量维度。

```
import numpy as np

arr =np.arange(10)
print(arr)
# 将向量 arr 维度变换为 2 行 5 列
arr.resize(2, 5)
print(arr)
```

输出结果如下：

```
[0 1 2 3 4 5 6 7 8 9]
[[0 1 2 3 4]
 [5 6 7 8 9]]
```

3. .T

使用 .T 函数对向量进行转置。

```
import numpy as np

arr =np.arange(12).reshape(3,4)
# 向量 arr 为 3 行 4 列
```

```
print(arr)
# 将向量 arr 转置为4行3列
print(arr.T)
```

输出结果如下：

```
[[ 0  1  2  3]
 [ 4  5  6  7]
 [ 8  9 10 11]]
[[ 0  4  8]
 [ 1  5  9]
 [ 2  6 10]
 [ 3  7 11]]
```

4. ravel

ravel函数接收一个根据C语言格式（即按行优先排序）或者Fortran语言格式（即按列优先排序）来进行展平的参数，默认为按行优先排序。

```
import numpy as np

arr =np.arange(6).reshape(2, -1)
print(arr)
# 按照列优先展平
print("按照列优先，展平")
print(arr.ravel('F'))
# 按照行优先展平
print("按照行优先，展平")
print(arr.ravel())
```

输出结果如下：

```
[[0 1 2]
 [3 4 5]]
按照列优先，展平
[0 3 1 4 2 5]
按照行优先，展平
[0 1 2 3 4 5]
```

5. flatten(order='C')

把矩阵转换为向量，展平方式默认是按行优先排序（即参数order='C'），这种需求经常出现在卷积神经网络与全连接层之间。

```
import numpy as np
a =np.floor(10*np.random.random((3,4)))
print(a)
print(a.flatten(order='C'))
```

输出结果如下：

```
[[4. 0. 8. 5.]
```

```
 [1. 0. 4. 8.]
 [8. 2. 3. 7.]]
[4. 0. 8. 5. 1. 0. 4. 8. 8. 2. 3. 7.]
```

flatten 函数经常用于神经网络中，一般我们在把 2 维、3 维等数组转换为 1 维数组时会用到 flatten，如图 1-8 所示。

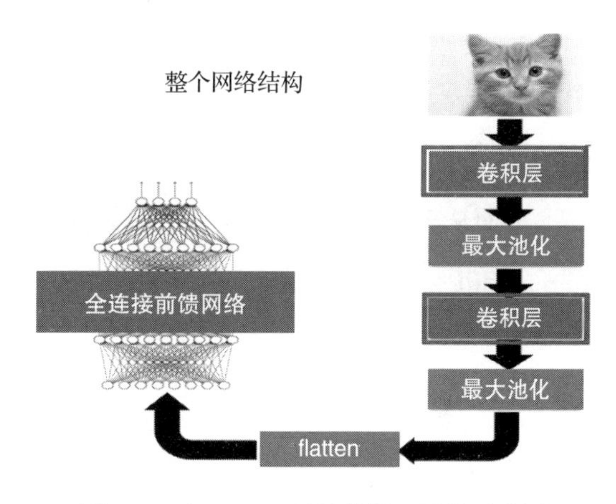

图 1-8　含 flatten 运算的神经网络示意图

6. squeeze

这是一个主要用来降维的函数，可以把矩阵中含 1 的维度去掉。

```
import numpy as np

arr =np.arange(3).reshape(3, 1)
print(arr.shape)  #(3,1)
print(arr.squeeze().shape)  #(3,)
arr1 =np.arange(6).reshape(3,1,2,1)
print(arr1.shape) #(3, 1, 2, 1)
print(arr1.squeeze().shape) #(3, 2)
```

7. transpose

对高维矩阵进行轴对换，多用于深度学习中，比如把表示图像颜色的 RGB 顺序改为 GBR。

```
import numpy as np

arr2 = np.arange(24).reshape(2,3,4)
print(arr2.shape)  #(2, 3, 4)
print(arr2.transpose(1,2,0).shape)  #(3, 4, 2)
```

1.4.2　合并数组

合并数组也是最常见的操作之一，表 1-3 列举了几种常用的 NumPy 数组合并方法。

表 1-3　NumPy 数组合并方法

函　数	描　述
np.append	内存占用大
np.concatenate	没有内存问题
np.stack	沿着新的轴加入一系列数组
np.hstack	栈数组垂直顺序（行）
np.vstack	栈数组垂直顺序（列）
np.dstack	栈数组按顺序深入（沿第三维）
np.vsplit	将数组分解成垂直的多个子数组的列表
zip([iterable, ...])	将对象中对应的元素打包成一个个元组构成的 zip 对象

说明

1）append、concatenate以及stack函数都有一个axis参数，用于控制数组合并是按行还是按列优先排序。

2）对于append和concatenate函数，待合并的数组必须有相同的行数或列数（满足一个即可）。

3）对于stack、hstack、dstack函数，待合并的数组必须具有相同的形状（shape）。

下面从表1-3中选择一些常用函数进行说明。

1. append

合并一维数组：

```
import numpy as np

a =np.array([1, 2, 3])
b = np.array([4, 5, 6])
c = np.append(a, b)
print(c)
# [1 2 3 4 5 6]
```

合并多维数组：

```
import numpy as np

a =np.arange(4).reshape(2, 2)
b = np.arange(4).reshape(2, 2)
# 按行合并
c = np.append(a, b, axis=0)
print('按行合并后的结果')
print(c)
print('合并后数据维度', c.shape)
# 按列合并
d = np.append(a, b, axis=1)
print('按列合并后的结果')
print(d)
print('合并后数据维度', d.shape)
```

输出结果如下：

```
按行合并后的结果
[[0 1]
 [2 3]
 [0 1]
 [2 3]]
合并后数据维度 (4, 2)
按列合并后的结果
[[0 1 0 1]
 [2 3 2 3]]
合并后数据维度 (2, 4)
```

2. concatenate

沿指定轴连接数组或矩阵：

```
import numpy as np
a =np.array([[1, 2], [3, 4]])
b = np.array([[5, 6]])

c = np.concatenate((a, b), axis=0)
print(c)
d = np.concatenate((a, b.T), axis=1)
print(d)
```

输出结果如下：

```
[[1 2]
 [3 4]
 [5 6]]
[[1 2 5]
 [3 4 6]]
```

3. stack

沿指定轴堆叠数组或矩阵：

```
import numpy as np

a =np.array([[1, 2], [3, 4]])
b = np.array([[5, 6], [7, 8]])
print(np.stack((a, b), axis=0))
```

输出结果如下：

```
[[[1 2]
  [3 4]]

 [[5 6]
  [7 8]]]
```

4. zip

zip 是 Python 的一个内置函数，多用于张量运算中。

```
import numpy as np

a =np.array([[1, 2], [3, 4]])
b = np.array([[5, 6], [7, 8]])
c=c=zip(a,b)
for i,j in c:
    print(i, end=",")
    print(j)
```

运行结果如下：

```
[1 2],[5 6]
[3 4],[7 8]
```

再来看一个示例：

```
import numpy as np

a1 = [1,2,3]
b1 = [4,5,6]
c1=zip(a1,b1)
for i,j in c1:
    print(i, end=",")
    print(j)
```

运行结果如下：

```
1,4
2,5
3,6
```

1.5 通用函数

前文提到，NumPy 提供了两种基本的对象，即 ndarray 和 ufunc 对象。前面我们介绍了 ndarray，本节将介绍 ufunc。ufunc 是一种能对数组的每个元素进行操作的函数，许多 ufunc 函数都是用 C 语言实现的，因此计算速度非常快。此外，它们比 math 模块中的函数更灵活。math 模块中函数的输入一般是标量，但 NumPy 中函数的输入可以是向量或矩阵，而利用向量或矩阵可以避免使用循环语句，这点在机器学习、深度学习中非常重要。表 1-4 为几个 NumPy 中常用的通用函数。

表 1-4　几个 NumPy 中常用的通用函数

函　数	使用方法
sqrt	计算序列化数据的平方根
sin, cos	三角函数
abs	计算序列化数据的绝对值
dot	矩阵运算
log, log10, log2	对数函数
exp	指数函数
cumsum, cumproduct	累计求和、求积
sum	对一个序列化数据进行求和
mean	计算均值
median	计算中位数
std	计算标准差
var	计算方差
corrcoef	计算相关系数

说明　sum 函数中涉及一个有关轴的参数（即 axis），该参数的具体含义可参考图 1-9。

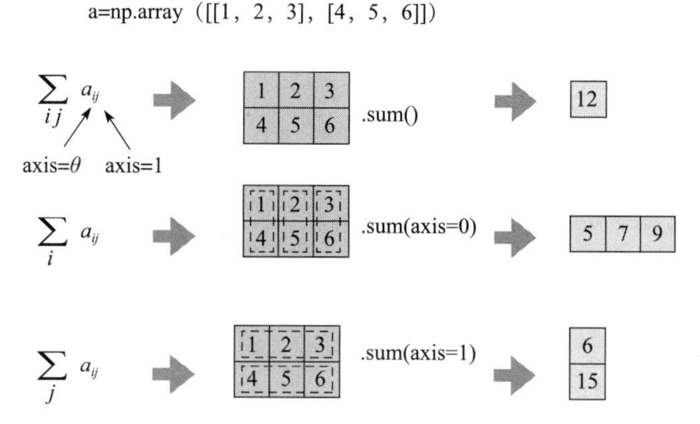

图 1-9　可视化参数 axis 的具体含义

1）math 与 numpy 中函数的性能比较：

```
import time
import math
import numpy as np

x = [i * 0.001 for i in np.arange(1000000)]
start = time.clock()
for i, t in enumerate(x):
    x[i] = math.sin(t)
print ("math.sin:", time.clock() - start )

x = [i * 0.001 for i in np.arange(1000000)]
x = np.array(x)
start = time.clock()
np.sin(x)
print ("numpy.sin:", time.clock() - start )
```

打印结果如下：

```
math.sin: 0.5169950000000005
numpy.sin: 0.05381199999999886
```

由此可见，numpy.sin 比 math.sin 快近 10 倍。

2）循环与向量运算的比较。充分使用 Python 的 numpy 库中的内置函数，实现计算的向量化，可大大提高运行速度。numpy 库中的内置函数使用 SIMD 指令实现向量化，这要比使用循环的速度快得多。如果使用 GPU，其性能将更强大，不过 NumPy 不支持 GPU。

```
import time
import numpy as np

x1 = np.random.rand(1000000)
```

```
x2 = np.random.rand(1000000)
## 使用循环计算向量点积
tic = time.process_time()
dot = 0
for i in range(len(x1)):
    dot+= x1[i]*x2[i]
toc = time.process_time()
print ("dot = " + str(dot) + "\n for loop----- Computation time = " + str(1000*
    (toc - tic)) + "ms")
## 使用 numpy 函数求点积
tic = time.process_time()
dot = 0
dot = np.dot(x1,x2)
toc = time.process_time()
print ("dot = " + str(dot) + "\n verctor version---- Computation time = " +
    str(1000*(toc - tic)) + "ms")
```

输出结果如下：

```
dot = 250215.601995
for loop----- Computation time = 798.3389819999998ms
dot = 250215.601995
verctor version---- Computation time = 1.885051999999554ms
```

从运行结果上来看，使用 for 循环的运行时间大约是使用向量运算的 400 倍。因此，在深度学习算法中，我们一般使用向量化矩阵运算。

1.6　广播机制

NumPy 的通用函数（ufunc）中要求输入的数组 shape 是一致的，当数组的 shape 不一致时，则会用到广播机制。不过，调整数组使得 shape 一样时需满足一定规则，否则将出错。广播机制中的这些规则可归结为以下四条。

1）让所有输入数组都向其中 shape 最长的数组看齐，shape 中不足的部分都通过在前面加 1 补齐；如对于数组 a（2×3×2）和数组 b（3×2），则 b 向 a 看齐，在 b 的前面加 1，变为 1×3×2。

2）输出数组的 shape 是输入数组 shape 的各个轴上的最大值。

3）如果输入数组的某个轴和输出数组的对应轴的长度相同或者长度为 1 时，则可以调整，否则将出错。

4）当输入数组的某个轴的长度为 1 时，沿着此轴运算时都用（或复制）此轴上的第一组值。

广播机制在整个 NumPy 中用于决定如何处理形状迥异的数组，涉及的算术运算包括 +、–、*、/。这些规则虽然很严谨，但不直观。下面我们结合图形与代码做进一步说明。

目的：$\boldsymbol{A}+\boldsymbol{B}$。其中 $\boldsymbol{A}$ 为 4×1 矩阵，$\boldsymbol{B}$ 为一维向量 (3,)。要相加，需要做如下处理。

1）根据规则 1，$\boldsymbol{B}$ 需要向 $\boldsymbol{A}$ 看齐，把 $\boldsymbol{B}$ 变为（1, 3）。

2）根据规则 2，输出的结果为各个轴上的最大值，即输出结果应该为（4, 3）矩阵。那么 ***A*** 如何由（4, 1）变为（4, 3）矩阵？ ***B*** 如何由（1, 3）变为（4, 3）矩阵？

3）根据规则 4，用此轴上的第一组值（主要区分是哪个轴）进行复制即可。（但在实际处理中不是真正复制，而是采用其他对象，如 ogrid 对象，进行网格处理，否则太耗内存。）如图 1-10 所示。

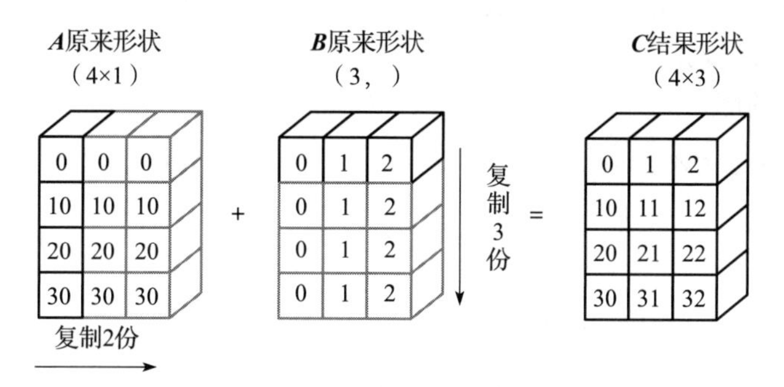

图 1-10　NumPy 广播机制示意图

具体实现如下：

```
import numpy as np
A = np.arange(0, 40,10).reshape(4, 1)
B = np.arange(0, 3)
print("A 矩阵的形状 :{},B 矩阵的形状 :{}".format(A.shape,B.shape))
C=A+B
print("C 矩阵的形状 :{}".format(C.shape))
print(C)
```

运行结果如下：

```
A 矩阵的形状 :(4, 1),B 矩阵的形状 :(3,)
C 矩阵的形状 :(4, 3)
[[ 0  1  2]
 [10 11 12]
 [20 21 22]
 [30 31 32]]
```

1.7　用 NumPy 实现回归实例

前面我们介绍了 NumPy 的属性及各种操作，对如何使用 NumPy 数组有了一定认识。下面我们将分别用 NumPy、TensorFlow 实现同一个机器学习任务，比较它们之间的异同及优缺点，从而加深对 TensorFlow 的理解。

我们用最原始的 NumPy 实现有关回归的一个机器学习任务。这种方法的代码可能有点多，但每一步都是透明的，有利于理解每一步的工作原理。主要步骤分析如下。

首先，给出一个数组 x，然后基于表达式 $y=3x^2+2$，加上一些噪声数据，到达另一组数据 y。

然后，构建一个机器学习模型，学习表达式 $y=wx^2+b$ 的两个参数 w、b。数组 x、y 的数据为训练数据。

最后，采用梯度下降法，通过多次迭代，学习后得出 w、b 的值。

以下为具体实现步骤。

1）导入需要的库。

```
# -*- coding: utf-8 -*-
import numpy as np
%matplotlib inline
from matplotlib import pyplot as plt
```

2）生成输入数据 x 及目标数据 y。

设置随机数种子，生成同一份数据，以便用多种方法进行比较。

```
np.random.seed(100)
x = np.linspace(-1, 1, 100).reshape(100,1)
y = 3*np.power(x, 2) +2+ 0.2*np.random.rand(x.size).reshape(100,1)
```

3）查看 x、y 的分布情况。

```
# 画图
plt.scatter(x, y)
plt.show()
```

运行结果如图 1-11 所示。

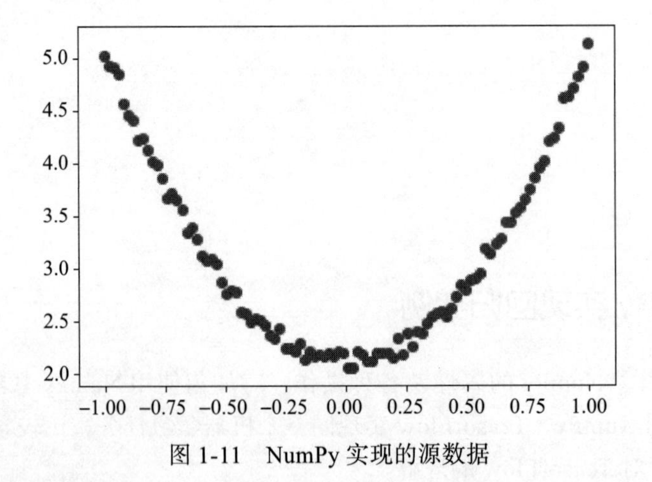

图 1-11　NumPy 实现的源数据

4）初始化权重参数。

```
# 随机初始化参数
```

```
w1 = np.random.rand(1,1)
b1 = np.random.rand(1,1)
```

5）训练模型。

定义损失函数，假设批量大小为 100：

$$\text{Loss} = \frac{1}{2}\sum_{i=1}^{100}(wx_i^2 + b - y_i)^2 \tag{1.1}$$

对损失函数求导：

$$\frac{\partial \text{Loss}}{\partial w} = \sum_{i=1}^{100}(wx_i^2 + b - y_i)x_i^2 \tag{1.2}$$

$$\frac{\partial \text{Loss}}{\partial b} = \sum_{i=1}^{100}(wx_i^2 + b - y_i) \tag{1.3}$$

利用梯度下降法学习参数，学习率为 lr。

$$\text{w1} -= \text{lr} * \frac{\partial \text{Loss}}{\partial w} \tag{1.4}$$

$$\text{b1} -= \text{lr} * \frac{\partial \text{Loss}}{\partial b} \tag{1.5}$$

用代码实现上面这些表达式：

```
lr =0.001                                                    # 学习率

for i in range(800):
    # 正向传播
    y_pred = np.power(x,2)*w1 + b1
    # 定义损失函数
    loss = 0.5 * (y_pred - y) ** 2
    loss = loss.sum()
    #计算梯度
    grad_w=np.sum((y_pred - y)*np.power(x,2))
    grad_b=np.sum((y_pred - y))
    #使用梯度下降法，使 loss 最小
    w1 -= lr * grad_w
    b1 -= lr * grad_b
```

6）可视化结果。

```
plt.plot(x, y_pred,'r-',label='predict')
plt.scatter(x, y,color='blue',marker='o',label='true')   # 真实数据
plt.xlim(-1,1)
plt.ylim(2,6)
plt.legend()
plt.show()plt.legend()

print(w1,b1)
```

运行结果如下，效果如图 1-12 所示。

```
[[2.95859544]] [[2.10178594]]
```

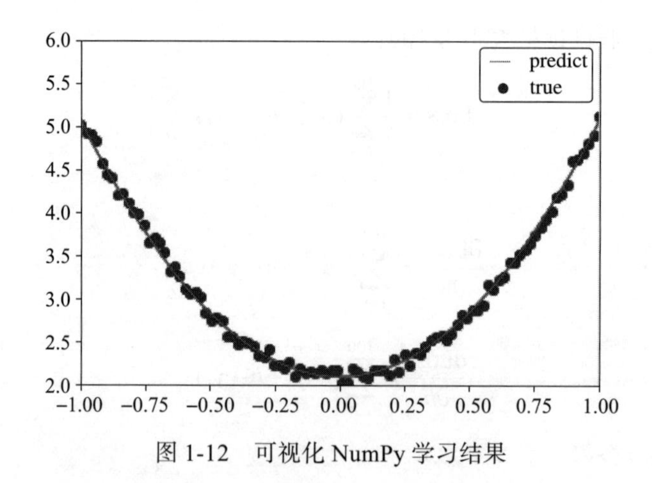

图 1-12　可视化 NumPy 学习结果

从结果看来，学习效果还是比较理想的。

1.8　小结

本章主要介绍了 NumPy 的使用。机器学习、深度学习涉及很多向量与向量、向量与矩阵、矩阵与矩阵的运算，这些运算都离不开 NumPy。NumPy 为各种运算提供了各种高效方法，也为后面介绍 TensorFlow 中的张量运算奠定了基础。

CHAPTER 2

第 2 章

TensorFlow 基础知识

2015 年 11 月，Google 首次宣布开源 TensorFlow，经过多次迭代，2017 年 2 月，Google 发布了更加稳定并且性能更加强劲的 TensorFlow 1.0。2019 年 10 月，Google 正式发布了 TensorFlow 2.0。在 1.0 的基础上，2.0 版本的 TensorFlow 在以下方面进行了增强。

1）对开发者更加友好，默认为即时执行模式（Eager Mode，或称为动态图模式）。TensorFlow 代码现在可以像正常的 Python 代码一样运行，这大大提高了人们的开发效率。

2）在需要提高性能的地方可利用 @tf.function 切换成 Autograph 模式。

3）Keras 已经成为 TensorFlow 2.0 版本的官方高级 API，推荐使用 tf.keras。

4）清理了大量的 API，以简化和统一 TensorFlow API。

5）改进 tf.data 功能，基于 tf.data API，可使用简单的代码来构建复杂的输入。

6）提供了更加强大的跨平台能力。通过 TensorFlow Lite，我们可以在 Android、iOS 以及各种嵌入式系统中部署和运行模型。通过 TensorFlow.js，我们可以将模型部署在 JavaScript 环境中。本章将从以下几个方面介绍 TensorFlow 的基础内容。

- 简单说明 TensorFlow 2+ 的安装；
- 层次架构；
- 张量与变量；
- 动态计算图；
- 自动图；
- 自动微分；
- 损失函数、优化器等；
- 通过实例把这些内容贯穿起来。

2.1 安装配置

TensorFlow 支持多种环境，如 Linux、Windows、Mac 等，本章主要介绍基于 Linux 系统的 TensorFlow 安装。TensorFlow 的安装又分为 CPU 版和 GPU 版。CPU 版相对简单一

些，无须安装显卡驱动CUDA和基于CUDA的加速库cuDNN等；GPU版的安装步骤更多一些，需要安装CUDA、cuDNN等。不过，无论选择哪种安装版本，我们都推荐使用Anaconda作为Python环境，因为这样可以避免大量的兼容性和依赖性问题，而且使用其中的conda进行后续更新及维护也非常方便。接下来将简单介绍如何安装TensorFlow，更详细的安装内容请参考附录A。

2.1.1 安装Anaconda

Anaconda内置了数百个Python经常使用的库，其中包含的科学包有：conda、NumPy、Scipy、Pandas、IPython Notebook等，还包括机器学习或数据挖掘的库，如Scikit-learn。Anaconda是目前最好的Python安装环境，它不仅便于安装，还便于后续版本的升级维护。

Anaconda有Windows、Linux、MacOS等版本，这里我们以Windows环境为例，包括以下TensorFlow也是基于Windows的。基于Linux的安装请参考附录A。

1. 下载安装包

打开Anaconda的官网（https://www.anaconda.com/products/individual)，可看到如图2-1所示的界面。

Windows	MacOS	Linux
Python 3.8	Python 3.8	Python 3.8
64-Bit Graphical Installer (477 MB)	64-Bit Graphical Installer (440 MB)	64-Bit (x86) Installer (544 MB)
32-Bit Graphical Installer (409 MB)	64-Bit Command Line Installer (433 MB)	64-Bit (Power8 and Power9) Installer (285 MB)

图2-1 Anaconda下载界面

选择Python 3.8，64-Bit Graphical Installer，大小为477MB。下载后可得类似如下文件：Anaconda3-2021.05-Windows-x86_64.exe。

2. 安装

双击文件Anaconda3-2021.05-Windows-x86_64.exe，按默认或推荐选项安装即可，最后勾选“Add Anaconda to my PATH environment variable”，则系统会自动把Anaconda的安装目录写入PATH环境变量中。至此，安装结束。

3. 验证

打开Anaconda prompt输入conda list，安装成功后可以看到已安装的库。

2.1.2 安装TensorFlow CPU版

在Windows上安装TensorFlow CPU版比较简单，可以使用conda或pip进行安装。

使用conda安装时将自动安装TensorFlow依赖的模块，但因conda能安装的最新版本与 TensorFlow 的最新版本相比有点滞后，所以如果要安装最新版本，可使用 pip 安装。

打开 Anaconda prompt 界面，先用 search 命令查看用 conda 能安装的版本：

```
conda search tensorflow
```

图 2-2 展示了运行结果的最后几行。

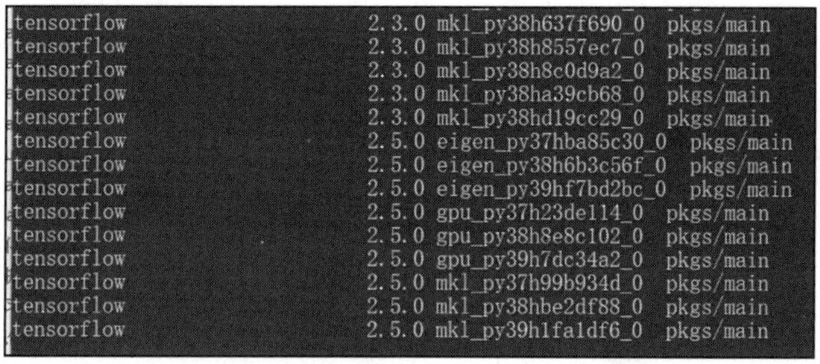

```
tensorflow                    2.3.0 mkl_py38h637f690_0  pkgs/main
tensorflow                    2.3.0 mkl_py38h8557ec7_0  pkgs/main
tensorflow                    2.3.0 mkl_py38h8c0d9a2_0  pkgs/main
tensorflow                    2.3.0 mkl_py38ha39cb68_0  pkgs/main
tensorflow                    2.3.0 mkl_py38hd19cc29_0  pkgs/main
tensorflow                    2.5.0 eigen_py37hba85c30_0  pkgs/main
tensorflow                    2.5.0 eigen_py38h6b3c56f_0  pkgs/main
tensorflow                    2.5.0 eigen_py39hf7bd2bc_0  pkgs/main
tensorflow                    2.5.0 gpu_py37h23de114_0  pkgs/main
tensorflow                    2.5.0 gpu_py38h8e8c102_0  pkgs/main
tensorflow                    2.5.0 gpu_py39h7dc34a2_0  pkgs/main
tensorflow                    2.5.0 mkl_py37h99b934d_0  pkgs/main
tensorflow                    2.5.0 mkl_py38hbe2df88_0  pkgs/main
tensorflow                    2.5.0 mkl_py39h1fa1df6_0  pkgs/main
```

图 2-2 查看 conda 能安装的 TensorFlow（CPU 版）版本

使用 conda 安装，选择版本号和安装源。如安装 2.5.0 版本，使用豆瓣源。

```
conda install tensorflow =2.5 -i https://pypi.douban.com/simple
```

然后启动 Jupyter Notebook 服务，验证安装是否成功。在 Jupyter Notebook 中输入以下代码，如果没有报错信息，且显示已安装 TensorFlow 的版本为 2.5.0，说明安装成功。

```
import tensorflow as tf
print(tf.__version__)
```

2.1.3 安装 TensorFlow GPU 版

安装 TensorFlow GPU 版的步骤相对多一些，这里采用一种比较简洁的方法。目前 TensorFlow 对 CUDA 的支持比较好，所以在安装 GPU 版之前，首先需要安装一块或多块 GPU 显卡。本节以 NVIDIA 显卡为例，当然也可以使用其他显卡。

接下来我们需要安装：

- 显卡驱动
- CUDA
- cuDNN

其中 CUDA（Compute Unified Device Architecture，统一计算设备架构）是 NVIDIA 公司推出的一种基于新的并行编程模型和指令集架构的通用计算架构，它能利用 NVIDIA GPU 的并行计算引擎，解决许多复杂计算任务比 CPU 更高效。NVIDIA cuDNN 是用于深度神经网络的 GPU 加速库，它强调性能、易用性和低内存开销。NVIDIA cuDNN 可以集成到更高级别的机器学习架构中，其插入式设计可以让开发人员专注于设计和实现神经网络模型，而不是调整性能，也可以在 GPU 上实现高性能并行计算。目前大部分深度学习架构使用 cuDNN 来驱动 GPU 计算。

这里假设 Windows 上的显卡及驱动已安装好，如果你还没有安装显卡及驱动，可参考附录 A 了解安装方法。

1. 查看显卡信息

安装好 GPU 显卡及驱动后，在 Anaconda prompt 端输入 nvidia-smi 命令可看到如图 2-3 所示的 GPU 信息。

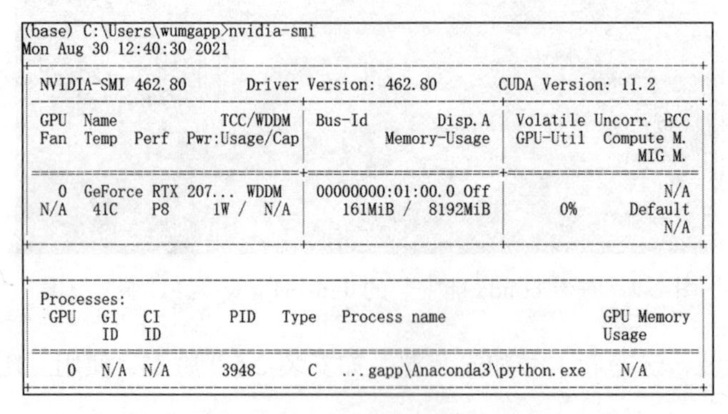

```
(base) C:\Users\wumgapp>nvidia-smi
Mon Aug 30 12:40:30 2021
+-----------------------------------------------------------------------------+
| NVIDIA-SMI 462.80       Driver Version: 462.80       CUDA Version: 11.2     |
|-------------------------------+----------------------+----------------------+
| GPU  Name            TCC/WDDM | Bus-Id        Disp.A | Volatile Uncorr. ECC |
| Fan  Temp  Perf  Pwr:Usage/Cap|         Memory-Usage | GPU-Util  Compute M. |
|                               |                      |               MIG M. |
|===============================+======================+======================|
|   0  GeForce RTX 207... WDDM  | 00000000:01:00.0 Off |                  N/A |
| N/A   41C    P8     1W /  N/A |    161MiB /  8192MiB |      0%      Default |
|                               |                      |                  N/A |
+-------------------------------+----------------------+----------------------+

+-----------------------------------------------------------------------------+
| Processes:                                                                  |
|  GPU   GI   CI        PID   Type   Process name                  GPU Memory |
|        ID   ID                                                   Usage      |
|=============================================================================|
|    0   N/A  N/A      3948      C   ...gapp\Anaconda3\python.exe    N/A      |
+-----------------------------------------------------------------------------+
```

图 2-3　显示 GPU 及驱动的相关信息

2. 安装 CUDA 和 cuDNN

1）进入 NVIDIA 官网（https://developer.nvidia.com/cuda-toolkit-archive）下载对应版本的 CUDA 并安装。

2）进入 NVIDIA 官网下载对应版本的 cuDNN 并解压缩。解压后的文件如图 2-4 所示。

bin	2021/5/20 10:50	文件夹
include	2021/5/20 10:50	文件夹
lib	2021/5/20 10:50	文件夹
NVIDIA_SLA_cuDNN_Support	2020/9/21 0:51	文本文档

图 2-4　解压后的文件

3. 将文件复制到对应目录

将 cuDNN 中的 bin、include 和 lib 文件复制到 CUDA 的对应目录，如 C:\Program Files\NVIDIA GPU Computing Toolkit\CUDA\v11.1。

4. 验证

在命令行输入：

```
nvcc -V
```

如果能看到如下类似信息，说明安装成功！

```
nvcc: NVIDIA (R) Cuda compiler driver
```

```
Copyright (c) 2005-2020 NVIDIA Corporation
Built on Tue_Sep_15_19:12:04_Pacific_Daylight_Time_2020
Cuda compilation tools, release 11.1, V11.1.74
Build cuda_11.1.relgpu_drvr455TC455_06.29069683_0
```

5. 安装 TensorFlow GPU 版

直接使用国内的源进行安装，这样下载速度比较快。

```
pip install tensorflow-gpu==2.5 -i https://pypi.douban.com/simple
```

安装验证：

```
import tensorflow as tf
print(tf.__version__)
print(tf.config.list_physical_devices('GPU'))
```

运行结果如下：

```
2.5
[PhysicalDevice(name='/physical_device:GPU:0', device_type='GPU')]
```

如果出现类似信息，说明 TensorFlow GPU 版安装成功！

2.2　层次架构

TensorFlow 2.0 从低到高可以分成如下 6 个层次架构，如图 2-5 所示。

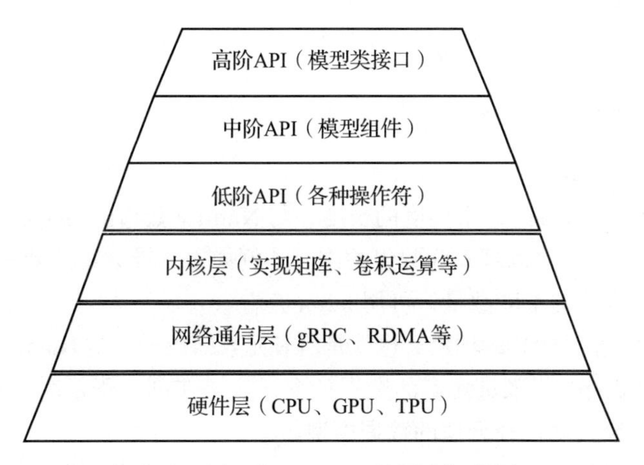

图 2-5　TensorFlow 2.0 的层次架构图

- 最底层为硬件层，TensorFlow 支持 CPU、GPU 或 TPU。
- 第 2 层为网络通信层，TensorFlow 支持 gRPC、RDMA（Remote Direct Memory Access，远程直接内存访问）、GDR（GPU Direct）和 MPI 通信协议。

- 第3层为C++实现的内核层，如实现矩阵运算、卷积运算等，内核可以跨平台分布运行。
- 第4层为Python实现的各种操作符，TensorFlow提供了封装C++内核的低阶API，例如各种张量操作算子、计算图、自动微分等，其中大部分继承自基类tf.Module，具体包括tf.Variable、tf.constant、tf.function、tf.GradientTape、tf.nn.softmax等。
- 第5层为Python实现的模型组件，TensorFlow对中阶API进行了函数封装，主要包括各种模型层、损失函数、优化器、数据管道、特征列等，如tf.keras.layers、tf.keras.losses、tf.keras.metrics、tf.keras.optimizers、tf.data.DataSet等。
- 第6层为Python实现的各种模型，一般为TensorFlow按照面向对象方式封装的高阶API，主要为tf.keras.models提供的模型类接口。

接下来就各层的主要内容进行说明。

2.3 张量

张量（Tensor）是具有统一类型（通常是整型或者浮点类型）的多维数组，它和NumPy里面的ndarray非常相似。TensorFlow中张量（tf.Tensor）的基本属性与ndarray类似，具有数据类型和形状维度等，同时TensorFlow提供了丰富的操作库（tf.add、tf.matmul和tf.linalg.inv等），用于使用和生成tf.Tensor。tf.Tensor与NumPy还可以互相转换。除这些相似点之外，tf.Tensor与NumPy也有很多不同点，最大的不同就是NumPy只能在CPU上计算，没有实现GPU加速计算，而tf.Tensor不但可以在CPU上计算，也可以在GPU上加速计算。接下来，我们就张量的基本属性、基本操作进行简单说明，同时总结tf.Tensor与NumPy的异同点。

2.3.1 张量的基本属性

张量有几个重要的属性。

- 形状（shape）：张量的每个维度的长度，与NumPy数组的shape一样。
- 维度/轴（axis）：可以理解为数组的维度，例如，二维数组或者三维数组等。
- 秩（rank）：张量的维度数量，可用ndim查看。
- 大小（size）：张量的总的项数，也就是所有元素的数量，与NumPy数组的size一样。
- 数据类型（dtype）：张量元素的数据类型，如果在创建张量时不指定数据类型，则TensorFlow会自动选择合适的数据类型。

接下来通过一些实例进行说明。用tf.constant生成各种维度的张量：

```
import tensorflow as tf
import numpy as np

# 这个张量没有轴（不是数组），被称作0秩张量，也被称为标量
rank_0_tensor = tf.constant(5)
```

```
print(rank_0_tensor)
# tf.Tensor(5, shape=(), dtype=int32)

# 这个张量有一个轴，被称作 1 秩张量，也被称为向量
rank_1_tensor = tf.constant([5, 4 ,3, 2, 1])
print(rank_1_tensor)
# tf.Tensor([5 4 3 2 1], shape=(5,), dtype=int32)

# 这个张量有两个轴，被称作 2 秩张量，也被称为矩阵
rank_2_tensor = tf.constant([[5, 4 ,3, 2, 1],
                             [1, 2, 3, 4, 5]])
print(rank_2_tensor)
# tf.Tensor([[5 4 3 2 1] [1 2 3 4 5]], shape=(2, 5), dtype=int32)
```

我们看一个四维的张量及相关属性。

```
rank_4_tensor = tf.zeros([3, 2, 4, 5])
```

这是一个秩为 4、形状为（3, 2, 4, 5）的张量，各轴的大小与张量形状之间的对应关系可参考图 2-6。

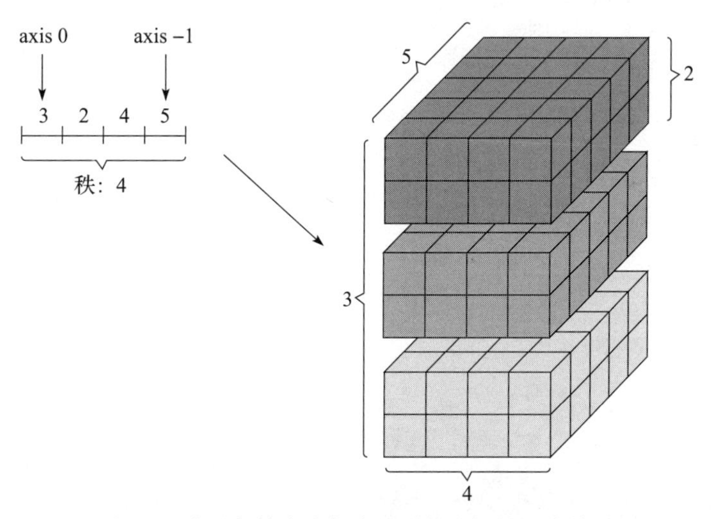

图 2-6 张量各轴大小与张量形状之间的对应关系

轴一般按照从全局到局部的顺序进行排序：首先是批次轴，随后是空间维度，最后是每个位置的特征。这样在内存中，特征向量就会位于连续的区域。

2.3.2 张量切片

张量切片与 NumPy 切片一样，也是基于索引。切片或者索引是 Python 语言中针对字符串、元组或者列表进行读写的魔法方法，在第 1 章介绍 NumPy 的时候提到过，针对 NumPy 数组，我们可以进行索引或者切片操作。同样，我们也可以对 TensorFlow 里面的张量进行索引或者切片操作，并且遵循 Python 语言或者 NumPy 数组的索引规则。

- 索引从下标 0 开始。
- 负索引按照倒序进行索引，比如 -1 表示倒数第一个元素。
- 切片的规则是 start:stop:step。
- 通过制定多个索引，可以对多维度张量进行索引或者切片。

示例如下：

```
# 生成一维张量
tf_tensor = tf.constant([1,2,3,4,5,6,7,8,9,10])

# 对 1 秩张量进行索引和切片
# 取张量的第二个元素
print(tf_tensor[1].numpy())
# 2

# 取张量中的第二个元素以及之后的元素，输出结果为一个数组
print(tf_tensor[1:].numpy())
# [ 2  3  4  5  6  7  8  9 10]

# 取张量中的第二个元素以及之后的元素，并且每两个元素取一个，输出结果为一个数组
print(tf_tensor[1::2].numpy())
# [ 2  4  6  8 10]


# 生成二维张量
tf_tensor = tf.constant([[1,2,3,4,5],[6,7,8,9,10]])

# 对 2 秩张量进行索引和切片
# 取张量的第二行
print(tf_tensor[1].numpy())
# [ 6  7  8  9 10]

# 取张量的第二行
print(tf_tensor[1,:].numpy())
# [ 6  7  8  9 10]


# 取第二行的元素，注意，这里不改变张量的维度
print(tf_tensor[1:,1:].numpy())
# [[ 7  8  9 10]]
```

2.3.3　操作形状

与 NumPy 中的 reshape、transpose 函数一样，TensorFlow 也提供 reshape、transpose 函数帮助我们操作张量形状。

通过重构可以改变张量的形状。重构的速度很快，资源消耗很低，因为不需要复制底层数据，只是形成一个新的视图，原张量并没有改变。

```
# 生成一个 3 维张量
rank_3_tensor = tf.constant([[[0, 1, 2, 3, 4], [5, 6, 7, 8, 9]],
```

```
 [[10, 11, 12, 13, 14],[15, 16, 17, 18, 19]],
 [[20, 21, 22, 23, 24],[25, 26, 27, 28, 29]]])
```

数据在内存中的布局保持不变，同时使用请求的形状创建一个指向同一数据的新张量。TensorFlow 采用 C 样式的“行优先”内存访问顺序，即最右侧的索引值依次递增，对应内存中的单步位移。

```
# 把 3 维张量平铺为向量
print(tf.reshape(rank_3_tensor, -1))
```

运行结果如下：

```
tf.Tensor(
[ 0  1  2  3  4  5  6  7  8  9 10 11 12 13 14 15 16 17 18 19 20 21 22 23
24 25 26 27 28 29], shape=(30,), dtype=int32)
```

一般来说，tf.reshape 唯一合理的用途是合并或拆分相邻轴（或添加 / 移除 1 维）。对于 3×2×5 张量，重构为 (3×2)×5 或者 3×(2×5) 都是合理的，因为切片不会混淆。

```
print(tf.reshape(rank_3_tensor, [3*2, 5]), "\n")
print(tf.reshape(rank_3_tensor, [3, -1]))
```

运行结果如下：

```
tf.Tensor(
[[ 0  1  2  3  4]
 [ 5  6  7  8  9]
 [10 11 12 13 14]
 [15 16 17 18 19]
 [20 21 22 23 24]
 [25 26 27 28 29]], shape=(6, 5), dtype=int32)

tf.Tensor(
[[ 0  1  2  3  4  5  6  7  8  9]
 [10 11 12 13 14 15 16 17 18 19]
 [20 21 22 23 24 25 26 27 28 29]], shape=(3, 10), dtype=int32)
```

重构可以处理总元素个数相同的任何新形状，但是如果不遵从轴的顺序，则不会发挥任何作用。利用 tf.reshape 无法实现轴的交换，所以交换轴时需要使用 tf.transpose。

2.4 变量

深度学习在训练模型时，用变量来存储和更新参数。建模时它们需要被明确地初始化，模型训练后它们必须被存储到磁盘。这些变量的值可在之后模型训练和分析时被加载。变量通过 tf.Variable 类进行创建和跟踪，对变量执行运算可以改变其值。可以利用特定运算读取和修改变量的值，也可以通过使用张量或者数组的形式创建新的变量：

```
import tensorflow as tf

# 用tf.Variable生成变量
var = tf.Variable([[1, 2, 3],[4, 5, 6]])
print(var,'\n')

tensor = tf.constant([[1, 2, 3],[4, 5, 6]])
var=tf.Variable(tensor)
print(var)
```

运行结果如下：

```
<tf.Variable 'Variable:0' shape=(2, 3) dtype=int32, numpy=
array([[1, 2, 3],
       [4, 5, 6]])>

<tf.Variable 'Variable:0' shape=(2, 3) dtype=int32, numpy=
array([[1, 2, 3],
       [4, 5, 6]])>
```

变量与常量的定义方式以及操作行为都十分相似，实际上，它们都是 tf.Tensor 支持的一种数据结构。与常量类似，变量也有数据类型（dtype）和形状（shape），也可以与 NumPy 数组相互交换，并且大部分能够作用于常量的运算操作都可以应用于变量，形状变形（变量的 reshape 方法会生成一个新的常量）除外。示例如下：

```
import tensorflow as tf

var = tf.Variable([[1, 2, 3],[4, 5, 6]])
# 变量类型
print(type(var),"\n")
# 变量可以转换成NumPy数组
print(var.numpy(),"\n")

# 对变量执行reshape操作不会改变变量，而是生成一个新的常量
print(type(tf.reshape(var, [3,2])),"\n")
# 原变量属性不变
print(var)
```

运行结果如下：

```
<class 'tensorflow.python.ops.resource_variable_ops.ResourceVariable'>

[[1 2 3]
 [4 5 6]]

<class 'tensorflow.python.framework.ops.EagerTensor'>

<tf.Variable 'Variable:0' shape=(2, 3) dtype=int32, numpy=
array([[1, 2, 3],
       [4, 5, 6]])>
```

2.5　NumPy 与 tf.Tensor 比较

前文提到，NumPy 数组与 TenosrFlow 中的张量（即 tf.Tensor）有很多相似的地方，而且可以互相转换。表 2-1 总结了 NumPy 与 tf.Tensor 的异同点。

表 2-1　NumPy 与 tf.Tensor 的异同点

操作类别	NumPy	TensorFlow 2+
数据类型	np.ndarray	tf.Tensor
	np.float32	tf.float32
	np.float64	tf.double
	np.int64	tf.int64

从已有数据构建	np.array([3.2, 4.3], dtype=np.float16)	a=tf.constant([3.2, 4.3], dtype=tf.float16)# 常量
		v=tf.Variable([3.2, 4.3], dtype=tf.float16)# 变量

	x.copy()	tf.identity(x); tf.tile(a, (n, m))# 元组里的每个数值对应该轴的复制次数
	np.concatenate	tf.concat((a, b), axis) # 待拼接的轴对应的维度数值可以不相等，但其他维度形状需一致 tf.stack((a, b), axis) # 带堆叠张量的所有维度数值必须相等
线性代数	np.dot # 内积 np.multiply(*) # 逐元素相乘或哈达玛积	tf.matmul(x, y, name=None) 或 (@)# 内积 tf.multiply(x, y, name=None)，或 (*)# 逐元素相乘或哈达玛积
属性	x.ndim	x.ndim # 查看 rank
	x.shape	x.shape
	x.size	tf.size(x)
改变形状	x.reshape	tf.reshape(x, (n, (−1)))#−1 表示自动计算其他维度
	np.transpose(x, [新的轴顺序])	tf.transpose(x, [新的轴顺序])
	x.flatten()	tf.reshape(x, [−1]); tf.keras.layers.Flatten()
维度增减	np.expand_dims(arr, axis)	tf.expend_dims(a, axis)
	np.squeeze(arr, axis)	tf.squeeze(a, axis)，# 如果不声明 axis，那么将压缩所有数值为 1 的维度
类型转换	np.floor(x)	x=tf.cast(x, dtype=XX) x=x.numpy()=>np.array
比较	np.less	tf.less(x, threshold)
	np.less_equal	tf.less_equal(x, threshold)
	np.greater_equal	tf.greater_equal(x, threshold)
随机种子	np.random.seed	tf.random.set_seed(n)

它们可以互相转换，具体分析如下：

- 通过使用 np.array 或 tensor.numpy 方法，可以将 TensorFlow 张量转换为 NumPy 数组；
- 通过使用 tf.convert_to_tensor 或者 tf.constant、tf.Variable 可以把 Python 对象转换为 TensorFlow 张量。

2.6 计算图

TensorFlow 有 3 种计算图：TensorFlow 1.0 时代的静态计算图、TensorFlow 2.0 时代的动态计算图和自动图（Autograph）。对于静态计算图，我们需要先使用 TensorFlow 的各种算子创建计算图，再开启一个会话（Session）执行计算图。而在 TensorFlow 2.0 时代，默认采用的是动态计算图，即每使用一个算子后，该算子就会被动态加入隐含的默认计算图中立即执行并获取返回结果，而无须执行 Session。

使用动态计算图（即 Eager Excution 立即执行）的好处是方便调试程序，执行 TensorFlow 代码犹如执行 Python 代码一样，而且可以使用 Python，非常便捷。不过使用动态计算图的坏处是运行效率相对会低一些，因为在执行动态计算图期间会有很多次 Python 进程和 TensorFlow 的 C++ 进程之间的通信。静态计算图则不通过 Python 这个中间环节，基本在 TensorFlow 内核上使用 C++ 代码执行，效率更高。

为了兼顾速度与性能，在 TensorFlow 2.0 中我们可以使用 @tf.function 装饰器将普通 Python 函数转换成对应的 TensorFlow 计算图构建代码。与执行静态计算图方式类似，使用 @tf.function 构建静态计算图的方式叫作自动图，更多详细内容将在 2.7 节介绍。

2.6.1 静态计算图

在 TensorFlow 1.0 中，静态计算图的使用过程一般分两步：第 1 步是定义计算图，第 2 步是在会话中执行计算图。

```
import tensorflow as tf

# 定义计算图
grap = tf.Graph()
with grap.as_default():
    # placeholder为占位符，在执行会话时指定填充对象
    x = tf.placeholder(tf.float32,shape=[],name='x')
    y = tf.placeholder(tf.float32,shape=[],name='y')
    b= tf.Variable(15.0,dtype=tf.float32)
    z=tf.multiply(x,y,name='c')+b
    # 初始化参数
    init_op = tf.global_variables_initializer()

# 执行计算图
with tf.Session(graph = grap) as sess:
    sess.run(init_op)
    print(sess.run(fetches = z,feed_dict = {x:20,y:36,b:2}))
```

以上代码在 TensorFlow 2.0 环境中运行时将报错，因为该环境中已取消了占位符（placeholder）及会话（Session）等内容，不过考虑对老版本 Tensorflow 1.0 的兼容性，tf.compat.v1 子模块中保留了对 TensorFlow 1.0 那种静态计算图构建风格的支持，但是添加 tf.compat.v1 来对老版本提供支持的方式并不是官方推荐使用的方式。

```
import tensorflow as tf

# 定义计算图
grap = tf.compat.v1.Graph()
with grap.as_default():
    # placeholder 为占位符，在执行会话时指定填充对象
    x = tf.compat.v1.placeholder(tf.float32,shape=[],name='x')
    y = tf.compat.v1.placeholder(tf.float32,shape=[],name='y')
    b = tf.compat.v1.Variable(15.0,dtype=tf.float32)
    z=tf.multiply(x,y,name='c')+b
    # 初始化参数
    init_op = tf.compat.v1.global_variables_initializer()

# 执行计算图
with tf.compat.v1.Session(graph = grap) as sess:
    sess.run(init_op)
    print(sess.run(fetches = z,feed_dict = {x:20,y:36}))
```

运行结果如下：

```
735.0
```

2.6.2 动态计算图

上一节的代码如果采用动态计算图的方式实现，需要做如下处理。

1）把占位符改为其他张量，如 tf.constant 或 tf.Variable。

2）无须显式创建计算图。

3）无须变量初始化。

4）无须执行 Session，把 sess.run 中的 feed_dict 改为传入函数的参数，把 fetches 改为执行函数即可。

采用 TensorFlow 2.0 动态计算图执行的代码如下：

```
import tensorflow as tf

# 定义常量或变量
x=tf.constant(20,dtype=tf.float32)
y=tf.constant(36,dtype=tf.float32)

# 定义函数
def mul(x,y):
    # 定义常量或变量
    b=tf.Variable(15 ,dtype=tf.float32)
    z=tf.multiply(x,y,name='c')+b
    return z

# 执行函数
print(mul(x,y).numpy())
```

运行结果如下：

```
735.0
```

2.7 自动图

与静态计算图相比，动态计算图虽然调试编码效率高但是执行效率偏低，TensorFlow 2.0 之后的自动图可以将动态计算图转换成静态计算图，兼顾开发效率和执行效率。通过给函数添加 @tf.function 装饰器就可以实现自动图的功能，但是在编写函数时需要遵循一定的编码规范，否则可能达不到预期的效果，这些编码规范主要包括如下几点。

- 避免在函数内部定义变量 (tf.Variable)。
- 函数体内应尽可能使用 TensorFlow 中的函数而不是 Python 的自有函数。比如使用 tf.print 而不是 print，使用 tf.range 而不是 range，使用 tf.constant(True) 而不是 True。
- 函数体内不可修改该函数外部的 Python 列表或字典等数据结构变量。

用 @tf.fuction 装饰 2.6.2 节的函数，把动态计算图转换为自动图。

```
import tensorflow as tf

# 定义常量或变量
x=tf.constant(20,dtype=tf.float32)
y=tf.constant(36,dtype=tf.float32)

# 定义函数
@tf.function
def mul(x,y):
    # 定义常量或变量
    b=tf.Variable(15 ,dtype=tf.float32)
    z=tf.multiply(x,y,name='c')+b
    return z

# 执行函数
print(mul(x,y).numpy())
```

运行代码，出现如下错误信息：

```
ValueError: tf.function-decorated function tried to create variables on non-first call
```

这是为什么呢？报错是因为函数定义中定义了一个 tf.Variable 变量。实际上，在动态模式中，这个对象就是一个普通的 Python 对象，在定义范围之外会被自动回收，然后在下次运行时被重新定义，因此不会有错误。但是现在 tf.Variable 定义了一个持久的对象，如果函数被 @tf.function 修饰，动态模型被禁止，而 tf.Variable 定义的实际上是图中的一个节点，这个节点不会被自动回收，且图一旦编译成功，不能再创建变量，故执行函数时会报错。那么，如何避免这样的错误呢？方法有多种，列举如下。

1）把 tf.Variable 变量移到被 @tf.function 装饰的函数外面。

```
import tensorflow as tf

# 定义常量或变量
x=tf.constant(20,dtype=tf.float32)
```

```
y=tf.constant(36,dtype=tf.float32)
# 定义常量或变量
b=tf.Variable(15 ,dtype=tf.float32)
# 定义函数
@tf.function
def mul(x,y):
    z=tf.multiply(x,y,name='c')+b
    return z

# 执行函数
print(mul(x,y).numpy())
```

运行结果如下：

```
735.0
```

在函数外部定义 tf.Variable 变量，你可能会感觉这个函数有外部变量依赖，封装不够完美。那么，是否有两全其美的方法呢？利用类的封装性就可以完美解决这个问题，即创建一个包含该函数的类，并将相关的 tf.Variable 创建放在类的初始化方法中。

2）通过封装成类方法来解决这个问题。

```
import tensorflow as tf

# 定义一个类
class Test_Mul:
    def __init__(self):
        super(Test_Mul, self).__init__()
        self.b=tf.Variable(15 ,dtype=tf.float32)

    @tf.function
    def mul(self,x,y):
        z=tf.multiply(x,y,name='c')+self.b
        return z

# 执行函数
x=tf.constant(20,dtype=tf.float32)
y=tf.constant(36,dtype=tf.float32)
Test=Test_Mul()
print(Test.mul(x,y).numpy())
```

运行结果如下：

```
735.0
```

其他两个规范比较好理解，后面将详细说明。

2.8　自动微分

机器学习，尤其是深度学习，通常依赖反向传播求梯度来更新网络参数，而求梯度通常非常复杂且容易出错。TensorFlow 深度学习架构帮助我们自动地完成了求梯度运算。它一般使用梯度磁带 tf.GradientTape 来记录正向运算过程，然后使用反播磁带自动得到梯度值。这种利用 tf.GradientTape 求微分的方法叫作 TensorFlow 的自动微分机制，其基本流程如图 2-7 所示。

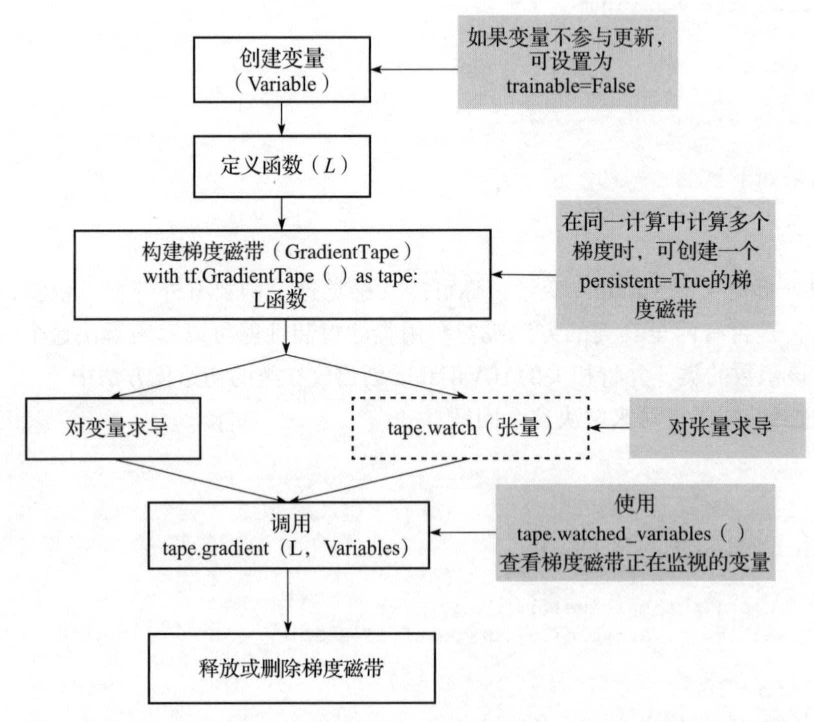

图 2-7　TensorFlow 自动微分机制的流程图

下面通过一些示例进行说明：

```
import tensorflow as tf
import numpy as np

# f(x) = a*x**2 + b*x + c 的导数
# 默认情况，张量 tf.constant 为常量，只有变量 tf.Variable 作为参数更新
x = tf.Variable(0.0,name = "x",dtype = tf.float32)
a = tf.constant(1.0)
b = tf.constant(5.0)
c = tf.constant(2.0)

# 对函数 y 实现自动求导
with tf.GradientTape() as tape:
    y = a*tf.pow(x,2) + b*x + c
dy_dx = tape.gradient(y,x)
print(dy_dx)
```

对常量张量也可以求导，但需要增加 watch。例如：

```
with tf.GradientTape() as tape:
    tape.watch([a,b,c])
    y = a*tf.pow(x,2) + b*x + c

dy_dx,dy_da,_,dy_dc = tape.gradient(y,[x,a,b,c])
print(dy_da)
print(dy_dc)
```

利用 tape 嵌套方法，可以求二阶导数。

```
with tf.GradientTape() as tape2:
    with tf.GradientTape() as tape1:
        y = a*tf.pow(x,2) + b*x + c
    dy_dx = tape1.gradient(y,x)
dy2_dx2 = tape2.gradient(dy_dx,x)

print(dy2_dx2)
```

默认情况下，只要调用 GradientTape.gradient 方法，系统就会自动释放 GradientTape 保存的资源。在同一计算图中计算多个梯度时，可创建一个 persistent=True 的梯度磁带，这样便可以对 GradientTape.gradient 方法进行多次调用。最后用 del 显式方式删除梯度磁带，例如：

```
x = tf.constant([1, 2.0])
with tf.GradientTape(persistent=True) as tape:
    tape.watch(x)
    y = x * x
    z = y * y

print(tape.gradient(y, x).numpy())
print(tape.gradient(z, x).numpy())
del tape        # 释放内存
```

梯度磁带会自动监视 tf.Variable，但不会监视 tf.Tensor。如果无意中将变量（tf.Variable）变为常量（tf.Tensor）（如 tf.Variable 与一个 tf.Tensor 相加，其和就变成常量了），梯度磁带将不再监控 tf.Tensor。为避免出现这种情况，可使用 Variable.assign 给 tf.Variable 赋值，示例如下：

```
x = tf.Variable(2.0)

for epoch in range(2):
    with tf.GradientTape() as tape:
        y = x+1

    dy_x=tape.gradient(y, x)
    #print(type(x).__name__, ":", tape.gradient(y, x))
    print(dy_x)
    # 变量变为常量 tf.Tensor
    x = x + 1   # This should be `x.assign_add(1)`
```

运行结果如下：

```
tf.Tensor(1.0, shape=(), dtype=float32)
None
```

如果在函数的计算中有TensorFlow之外的计算（如使用NumPy算法），则梯度磁带将无法记录梯度路径；同时，如果变量的值为整数，则无法求导。例如：

```
x = tf.Variable([[1.0, 2.0],
                 [3.0, 4.0]], dtype=tf.float32)

with tf.GradientTape() as tape:
    x2 = x**2

    # 使用TensorFlow之外的算子np.mean，它将把结果变为常量，梯度磁带将无法记录梯度路径
    y = np.mean(x2, axis=0)
    y1 = tf.reduce_mean(y, axis=0)

print(tape.gradient(y1, x))  #None
```

2.9 损失函数

TensorFlow内置了很多损失函数（又称为目标函数），如tf.keras模块中就有很多内置损失函数，这里仅列出一些常用的模块及功能说明。

用于分类的损失函数如下所示。

- binary_crossentropy（二元交叉熵）：用于二分类，参数from_logits说明预测值是否是logits（logits没有使用sigmoid激活函数全连接的输出），类实现形式为BinaryCrossentropy。
- categorical_crossentropy（类别交叉熵）：用于多分类，要求标签（label）为独热（One-Hot）编码（如：[0, 1, 0]），类实现形式为CategoricalCrossentropy。
- sparse_categorical_crossentropy（稀疏类别交叉熵）：用于多分类，要求label为序号编码形式（一般取整数），类实现形式为SparseCategoricalCrossentropy。
- hinge（合页损失函数）：用于二分类，最著名的应用是作为支持向量机（SVM）的损失函数，类实现形式为Hinge。

用于回归的损失函数如下所示。

- mean_squared_error（平方差误差）：用于回归，简写为mse，类实现形式为MeanSquaredError和MSE。
- mean_absolute_error（绝对值误差）：用于回归，简写为mae，类实现形式为MeanAbsoluteError和MAE。
- mean_absolute_percentage_error（平均百分比误差）：用于回归，简写为mape，类实现形式为MeanAbsolutePercentageError和MAPE。

- Huber：只有类实现形式，用于回归，介于 mse 和 mae 之间，对异常值进行比较。鲁棒性比 mse 好。

2.10　优化器

优化器（optimizer）在机器学习中占有重要地位，它是优化目标函数的核心算法。在进行低阶编程时，我们通常使用 apply_gradients 方法把优化器传入变量和对应梯度，从而对给定变量进行迭代，或者直接使用 minimize 方法对目标函数进行迭代优化。

在实现中高阶 API 编程时，我们往往会在编译时将优化器传入 Keras 的 Model，通过调用 model.fit 实现对损失的迭代优化。优化器与 tf.Variable 一样，一般需要在 @tf.function 外创建。

tf.keras.optimizers 和 tf.optimizers 完全相同，tf.optimizers.SGD 即 tf.keras.optimizers.SGD。最常用的优化器列举如下。

1. 随机梯度下降法（Stochastic Gradient Descent，SGD）

tf.keras.optimizers.SGD 默认参数为纯 SGD，其语法格式为：

```
tf.keras.optimizers.SGD(learning_rate=0.01, momentum=0.0, nesterov=False, name=
    'SGD', **kwargs)
```

设置 momentum 参数不为 0，即 SGD 实际上变成 SGDM。如果仅考虑一阶动量，设置 nesterov 为 True，则 SGDM 变成 NAG（Nesterov Accelerated Gradient），在计算梯度时计算的是向前走一步所在位置的梯度。

2. 自适应矩估计 (Adaptive Moment Estimation，Adam)

tf.keras.optimizers.Adam 的语法格式为：

```
tf.keras.optimizers.Adam(
    learning_rate=0.001, beta_1=0.9, beta_2=0.999, epsilon=1e-07, amsgrad=False,
        name='Adam', **kwargs)
```

它是自适应（所谓自适应主要是自适应学习率）优化器的典型代表，同时考虑了一阶动量和二阶动量，可以看成是在 RMSprop 的基础上进一步考虑了一阶动量。自适应类的优化器还有 Adagrad、RMSprop、Adadelta 等。

2.11　使用 TensorFlow 2.0 实现回归实例

在 1.7 节，我们用纯 NumPy 实现一个回归实例，这里我们使用 TensorFlow 2.0 中的自动微分来实现。数据一样，目标一样，但实现方法不一样，大家可以自行比较。

1）生成数据。这些内容与 1.7 节的内容一样，只是需要把 NumPy 数据转换为 TensorFlow

格式的张量或变量。

```
import tensorflow as tf
import numpy as np
from matplotlib import pyplot as plt

np.random.seed(100)
x0 = np.linspace(-1, 1, 100).reshape(100,1)
y0 = 3*np.power(x0, 2) +2+ 0.2*np.random.rand(x0.size).reshape(100,1)
# 画图
plt.scatter(x, y)
plt.show()
```

运行结果如图 2-8 所示。

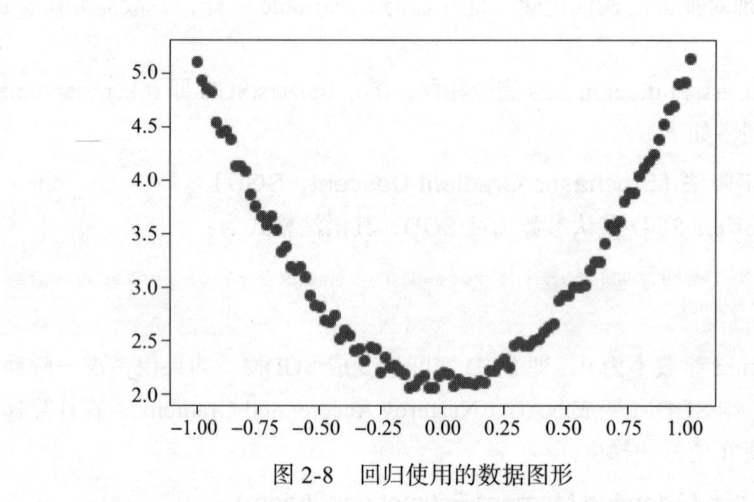

图 2-8 回归使用的数据图形

2）把 NumPy 数据转换为 TensorFlow 2.0 格式的张量或变量。

```
x=tf.constant(x0)
y=tf.constant(y0)

# 随机初始化参数
w0= np.random.rand(1,1)
b0 = np.random.rand(1,1)
```

3）定义回归模型。

```
class LinearRegression:
    # 定义构建函数，初始化权重参数
    def __init__(self,**args):
        super().__init__(*args)
        self.w=tf.Variable(w0)
        self.b=tf.Variable(b0)
    # 定义__call__ 函数，该模型为单层神经网络，正向传播操作
    def __call__(self,x):
        y1= tf.square(x)*self.w + self.b
```

```
        return y1

mymodel=LinearRegression()
```

4）自定义损失函数。

```
# 自定义损失函数
def myloss(x,y):
    mse=tf.reduce_mean(tf.square(y - mymodel(x)))
    return mse
```

5）使用自动微分及自定义梯度更新方法。

```
lr=0.001

@tf.function
def train_step(x,y,model,epoch):
    for i in range(epoch):
        with tf.GradientTape() as tape:
            loss=myloss(x,y)
        # 反向传播求梯度
        w=model.w
        b=model.b
        dw,db=tape.gradient(loss,[w,b])
        # 梯度下降法更新参数
        w.assign(w - lr*dw)
        b.assign(b - lr*db)
        if i%50==0:
            tf.print(w)
            tf.print(loss)
            tf.print()
return w,b
```

对模型进行训练。

```
train_step(x,y,mymodel,1000)
```

比较拟合程度。

```
plt.scatter(x, y, c="b")
plt.scatter(x, mymodel(x), c="r")
plt.show(
```

使用 TensorFlow 实现回归问题的拟合结果如图 2-9 所示。

6）使用自动微分及优化器。

虽然上述梯度计算采用自动微分的方法，但梯度更新采用自定义方式，如果损失函数比较复杂，自定义梯度难度会陡增，是否有更好的方法呢？使用优化器可以轻松实现自动微分、自动梯度更新，而这正是方向传播的核心内容。

使用优化器的常见方法有 3 种，介绍如下。

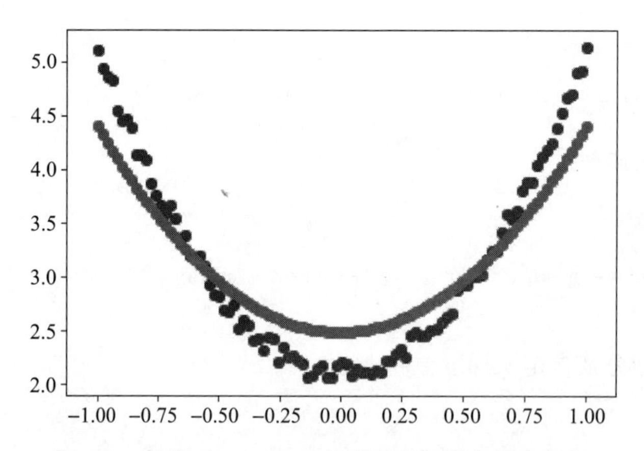

图 2-9 使用 TensorFlow 实现回归问题的拟合结果

- 使用 apply_gradients 方法：先计算损失函数关于模型变量的导数，然后将求出的导数值传入优化器，使用优化器的 apply_gradients 方法迭代更新模型参数以最小化损失函数。
- 用 minimize 方法：minimize(loss, var_list) 计算损失所涉及的变量 (tf.Variable) 组成的列表或者元组，即 tf.trainable_variables()，它是 compute_gradients() 和 apply_gradients() 方法的简单组合。用代码可表示如下：

```
# 计算变量列表的梯度
grads_and_vars = opt.compute_gradients(loss, <list of variables>)
# grads_and_vars 是元组 (gradient, variable). 构成的列表
# 使用优化器 optimizer 更新梯度
opt.apply_gradients(grads_and_vars)
```

- 在编译时将优化器传入 Keras 的 Model，通过调用 model.fit 实现对损失的迭代优化。具体实例可参考本书 3.3 节。

下面，我们先来了解如何使用优化器的 apply_gradients 方法。

```
lr=0.001
optimizer = tf.keras.optimizers.SGD(learning_rate=0.01)
@tf.function
def train_step01(x,y,model,epoch):
    for i in range(epoch):
        with tf.GradientTape() as tape:
            loss=myloss(x,y)
        # 说明权重参数
        w=model.w
        b=model.b
        # 自动计算损失函数，并返回自变量（模型参数）的梯度
        dw,db=tape.gradient(loss,[w,b])
        # 根据梯度自动更新参数，这就实现了梯度反向传播
        optimizer.apply_gradients(grads_and_vars=zip([dw,db],[w,b]))
        # 以下更新梯度步骤就不需要了!
        # w.assign(w - lr*dw)
        # b.assign(b - lr*db)
```

```
        if i%50==0:
            tf.print(w)
            tf.print(loss)
            tf.print()
    return w,b
```

训练模型。

```
train_step01(x,y,mymodel,1000)
```

使用自动微分的拟合结果如图 2-10 所示。

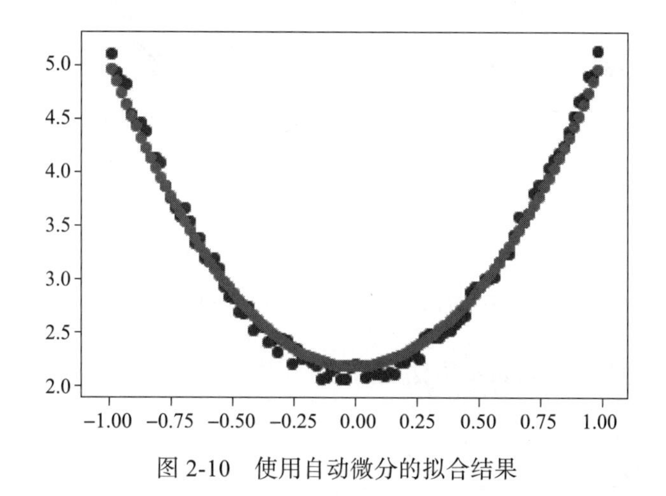

图 2-10　使用自动微分的拟合结果

由此可见，使用优化器不但可以使程序更简洁，也可以使模型更高效！

接下来，我们使用优化器的 minimize(loss, var_list) 方法更新参数。

```
lr=0.001

# 自定义损失函数
w=tf.Variable(w0,name = "w")
b=tf.Variable(b0,name = "b")
def myloss02():
    y1= tf.square(x)*w + b
    mse=tf.reduce_mean(tf.square(y - y1))
    return mse

optimizer = tf.keras.optimizers.SGD(learning_rate=0.01)
@tf.function
def train_step02(epoch):
    for i in range(epoch):
        optimizer.minimize(myloss02,var_list=[w,b])
        if i%100==0:
            tf.print(w)
            tf.print(b)
            tf.print()
    return w,b
```

训练模型。

```
train_step02(1000)
```

使用优化器的拟合结果如图 2-11 所示。

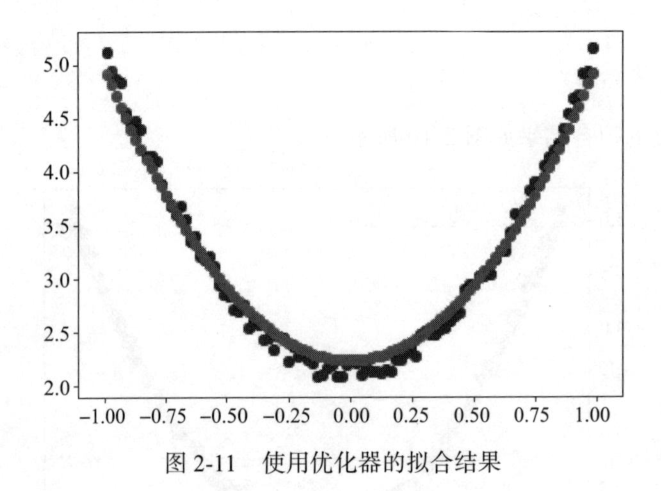

图 2-11　使用优化器的拟合结果

综上，使用优化器的 minimize 方法更简洁。

2.12　GPU 加速

深度学习的训练过程一般会非常耗时，通常需要几个小时或者几天来训练一个模型。如果数据量巨大、模型复杂，甚至需要几十天来训练一个模型。一般情况下，训练模型的时间主要耗费在准备数据和参数迭代上。当准备数据成为训练模型的主要瓶颈时，我们可以使用多线程来加速。当参数迭代成为训练模型的主要瓶颈时，我们可以使用系统的 GPU（或 TPU）资源来加速。

如果没有额外的标注，TensorFlow 将自动决定是使用 CPU 还是 GPU。如果有必要，TensorFlow 也可以在 CPU 和 GPU 内存之间复制张量。

查看系统的 GPU 资源以及张量的存放位置（系统内存还是 GPU）：

```
import tensorflow as tf

x = tf.random.normal((5, 5))

print("设备类型："),
print(tf.config.list_physical_devices())
# 设备类型：
# [PhysicalDevice(name='/physical_device:CPU:0', device_type='CPU'),
# PhysicalDevice(name='/physical_device:GPU:0', device_type='GPU')]
```

```
print("X 的存储信息： "),
print(x.device)
# X 的存储信息：
# /job:localhost/replica:0/task:0/device:GPU:0
```

在必要时，我们可以显式地指定希望的常量的存储位置以及是使用 CPU 还是使用 GPU 进行科学计算。如果没有显式指定，TensorFlow 将自动决定在哪个设备上执行，并且把需要的张量复制到对应的设备上。但是，在需要的时候，我们也可以用 tf.device 这个上下文管理器来指定设备。下面通过一个例子来说明。

```
import tensorflow as tf
import time

cpu_times = []
sizes = [1, 10, 100, 500, 1000, 2000, 3000, 4000, 5000, 8000, 10000]
for size in sizes:
    start = time.time()
    with tf.device('cpu:0'):
        v1 = tf.Variable(tf.random.normal((size, size)))
        v2 = tf.Variable(tf.random.normal((size, size)))
        op = tf.matmul(v1, v2)

    cpu_times.append(time.time() - start)
    print('cpu 运算耗时：{0:.4f}'.format(time.time() - start))

gpu_times = []
for size in sizes:
    start = time.time()
    with tf.device('gpu:0'):
        v1 = tf.Variable(tf.random.normal((size, size)))
        v2 = tf.Variable(tf.random.normal((size, size)))
        op = tf.matmul(v1, v2)

    gpu_times.append(time.time() - start)

    if size % 100==0:
        print('gpu 运算耗时：{0:.4f}'.format(time.time() - start))
```

从上面的日志中我们可以发现，在数据量不是很大的情况下（比如矩阵大小在 100×100 以内），使用 GPU 运算并没有太多的优势，这是因为前期的张量准备以及复制耗费了太多时间。但是随着数据量的逐步增加，GPU 的运算速度的优势逐步体现出来，在我们的数据是一个 10 000×10 000 的矩阵的时候，CPU 和 GPU 的运算速度会有 1000 倍的差距。我们把数据罗列在图表上会更加直观：

```
import tensorflow as tf
import matplotlib.pyplot as plt
%matplotlib inline

plt.rcParams['font.sans-serif']=['SimHei']
```

```
plt.rcParams['axes.unicode_minus'] = False
plt.title('CPU and GPU 耗时比较 ')
plt.xlabel(' 矩阵大小 ')
plt.ylabel(' 耗时 (秒) ')
plt.plot(sizes,cpu_times, color=(1, 0, 0), label='CPU')
plt.plot(sizes,gpu_times, color=(0, 0, 1), label='GPU')
plt.legend(loc='best')
plt.show()
```

CPU 与 GPU 耗时比较如图 2-12 所示。

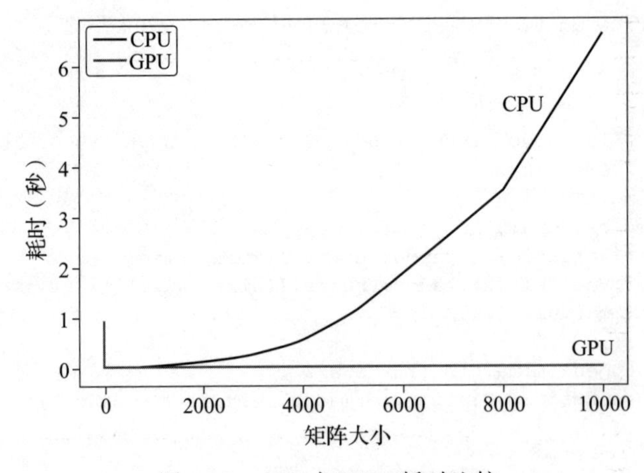

图 2-12　CPU 与 GPU 耗时比较

2.13　小结

本章首先简单介绍了 TensorFlow 2+ 版本的安装，然后介绍了 TensorFlow 的一些基本概念，如张量、变量以及计算图的几种方式，同时与 TensorFlow 1+ 版本的对应概念进行了比较。随后，对 TensorFlow 的核心内容，如自动微分、损失函数、优化器等进行了说明。为帮助大家更好地理解这些概念和方法，最后通过几个相关实例进行了详细说明。

CHAPTER 3

第 3 章

TensorFlow 构建模型的方法

第 2 章我们用 TensorFlow 的自动微分及优化器等方法，实现了一个比较简单的回归问题。在本章，我们将继续对如何高效构建模型、训练模型做进一步说明。根据构建模型的方式，本章将分为如下 3 种方法：

- 低阶 API 建模
- 中阶 API 建模
- 高阶 API 建模

3.1 利用低阶 API 构建模型

用 TensorFlow 低阶 API 构建模型主要包括张量、计算图及自动微分等操作，这种方法灵活性高，如果构建模型继承 tf.Module，还可以轻松实现保存模型及跨平台部署。为提高模型运行效率，我们还可以使用 @tf.function 装饰相关函数，将其转换为自动图。为了更好地掌握本节的相关内容，这里以分类项目为例进行举例说明。

3.1.1 项目背景

这里以 CIFAR-10 为数据集，数据导入和预处理使用自定义函数，为更有效地处理数据，这里使用 tf.data 工具。有关 tf.data 的详细使用将在第 4 章介绍，这里不再详述。构建模型只使用 TensorFlow 的低阶 API，如 tf.Variable、tf.nn.relu、自动微分等。然后自定义训练过程，最后保存和恢复模型。

CIFAR-10 为小型数据集，一共包含 10 个类别的 RGB 彩色图像：飞机（airplane）、汽车（automobile）、鸟（bird）、猫（cat）、鹿（deer）、狗（dog）、蛙（frog）、马（horse）、船（ship）和卡车（truck）。图像的尺寸为 32×32（像素，后续如无特殊要求，单位均为像素），3 个通道，数据集中一共有 50 000 张训练图像和 10 000 张测试图像。CIFAR-10 数据集有 3 个版本，这里使用 Python 版本。

3.1.2 导入数据

1）导入需要的模块。

```
import os
import math
import numpy as np
import pickle as p
import tensorflow as tf
import matplotlib.pyplot as plt
%matplotlib inline
```

2）定义导入单批次的函数。因数据源分成几个批次，这里定义一个导入各批次的函数。

```
def load_CIFAR_batch(filename):
    """ 导入单批次的cifar数据 """
    with open(filename, 'rb')as f:
        data_dict = p.load(f, encoding='bytes')
        images= data_dict[b'data']
        labels = data_dict[b'labels']

        # 把原始数据结构调整为：BCWH
        images = images.reshape(10000, 3, 32, 32)
        # tensorflow处理图像数据的结构：BWHC
        # 把通道数据C移动到最后一个维度
        images = images.transpose (0,2,3,1)

        labels = np.array(labels)

        return images, labels
```

3）导入整个数据集。

```
def load_CIFAR_data(data_dir):
    """导入CIFAR数据集"""

    images_train=[]
    labels_train=[]
    for i in range(5):
        f=os.path.join(data_dir,'data_batch_%d' % (i+1))
        print('loading ',f)
        # 调用 load_CIFAR_batch( )获得批量的图像及其对应的标签
        image_batch,label_batch=load_CIFAR_batch(f)
        images_train.append(image_batch)
        labels_train.append(label_batch)
        Xtrain=np.concatenate(images_train)
        Ytrain=np.concatenate(labels_train)
        del image_batch ,label_batch

    Xtest,Ytest=load_CIFAR_batch(os.path.join(data_dir,'test_batch'))
    print('finished loadding CIFAR-10 data')

    # 返回训练集的图像和标签，以及测试集的图像和标签
```

```
    return (Xtrain,Ytrain),(Xtest,Ytest)
```

4）指定数据文件所在路径。

```
data_dir = '../data/cifar-10-batches-py/'
(x_train,y_train),(x_test,y_test) = load_CIFAR_data(data_dir)
```

5）说明类别及对应索引，并随机可视化其中 5 张图像。

```
label_dict = {0:"airplane", 1:"automobile", 2:"bird", 3:"cat", 4:"deer",
              5:"dog", 6:"frog", 7:"horse", 8:"ship", 9:"truck"}

def plot_images_labels(images, labels, num):
    total = len(images)
    fig = plt.gcf()
    fig.set_size_inches(15, math.ceil(num / 10) * 7)
    for i in range(0, num):
        choose_n = np.random.randint(0, total)
        ax = plt.subplot(math.ceil(num / 5), 5, 1 + i)
        ax.imshow(images[choose_n], cmap='binary')
        title = label_dict[labels[choose_n]]
        ax.set_title(title, fontsize=10)
    plt.show()
```

随机抽取 CIFAR-10 数据集中 5 张图的结果如图 3-1 所示。

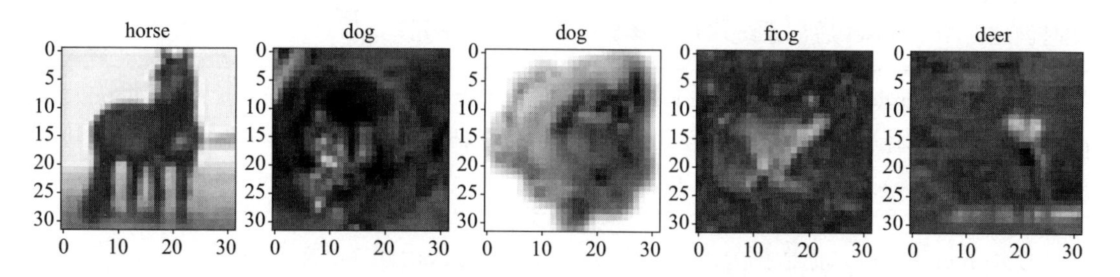

图 3-1　随机抽取 CIFAR-10 数据集中 5 张图的结果

3.1.3　预处理数据

1）对数据进行简单处理。对数据进行规范化，并设计相关超参数等。

```
x_train = x_train.astype('float32') / 255.0
x_test = x_test.astype('float32') / 255.0

train_num = len(x_train)
num_classes = 10
learning_rate = 0.0002
batch_size = 64
training_steps = 40000
display_step = 1000
```

2）使用 TensorFlow 的数据预处理工具 tf.data，将预处理过程打包为一个管道。

```
AUTOTUNE = tf.data.experimental.AUTOTUNE
train_data = tf.data.Dataset.from_tensor_slices((x_train, y_train))
train_data = train_data.shuffle(5000).repeat(training_steps).batch(batch_size).
    prefetch(buffer_size=AUTOTUNE)
```

dataset 中 shuffle()、repeat()、batch()、prefetch() 等函数的主要功能分析如下。

1）repeat(count=None) 表示重复此数据集 count 次，实际上，我们看到的 repeat 往往是接在 shuffle 后面的。为何要这么做，而不是先 repeat 再 shuffle 呢？如果 shuffle 在 repeat 之后，epoch 与 epoch 之间的边界就会模糊，出现未遍历完数据、已经计算过的数据又出现的情况。

2）shuffle(buffer_size, seed=None, reshuffle_each_iteration=None) 表示将数据打乱，数值越大，混乱程度越大。为了完全打乱，buffer_size 应等于数据集的数量。

3）batch(batch_size, drop_remainder=False) 表示按照顺序取出 batch_size 大小数据，最后一次输出可能小于 batch，如果程序指定了每次必须输入批次的大小，那么应将 drop_remainder 设置为 True 以防止产生较小的批次，默认为 False。

4）prefetch(buffer_size) 表示使用一个后台线程以及一个 buffer 来缓存 batch，以提前为模型的执行程序准备好数据。一般来说，buffer 的大小应该至少和每一步训练消耗的 batch 数量一致，也就是与 GPU/TPU 的数量相同。我们也可以使用 AUTOTUNE 来设置。此时创建一个 Dataset 后，系统便可从该数据集中预提取元素。

注意 examples.prefetch(2) 表示将预提取 2 个元素（2 个示例），而 examples.batch(20).prefetch(2) 表示将预提取 2 个元素（2 个批次，每个批次有 20 个示例）。buffer_size 表示预提取时将缓存的最大元素数返回 Dataset。

使用 prefetch 可以把数据处理与模型训练的交互方式由图 3-2 变为图 3-3。

CPU	准备1	空闲	准备2	空闲	准备3	空闲
GPU	空闲	训练1	空闲	训练2	空闲	训练3

图 3-2 未使用 prefetch 的数据处理流程

图 3-3 使用 prefetch 后的数据处理流程

3.1.4　构建模型

使用 tf.Module 封装变量及其计算，可以使用任何 Python 对象，有利于保存模型和跨平台部署使用。因此，可以基于 TensorFlow 开发任意机器学习模型（而非仅仅神经网络模型），并实现跨平台部署使用。

1）构建模型。构建一个继承自 tf.Module 的模型，修改基类的构造函数，把需要初始化的变量放在 __init__ 构造函数中，把参数变量的正向传播过程放在 __call__ 方法中。__call__ 方法在模型实例化时将被自动调用。为提供更好的运行效率，通常用 @tf.function 进行装饰。

```
random_normal = tf.initializers.RandomNormal()
# 继承 tf.Module 来构建模型变量
class NetModel(tf.Module):
    def __init__(self,name = None):
        super(NetModel, self).__init__(name=name)
        self.w1 = tf.Variable(random_normal([32*32*3, 256]))
        self.b1 = tf.Variable(tf.zeros([256]))
        self.w2 = tf.Variable(random_normal([256, 128]))
        self.b2 = tf.Variable(tf.zeros([128]))
        self.w3 = tf.Variable(random_normal([128, 64]))
        self.b3 = tf.Variable(tf.zeros([64]))
        self.wout=tf.Variable(random_normal([64, 10]))
        self.bout=tf.Variable(tf.zeros([10]))


    # 实现参数的正向传播，为加速训练，这里把动态计算图转换为自动图
    @tf.function
    def __call__(self,x):
        x = tf.nn.relu(x@self.w1 + self.b1)
        x = tf.nn.relu(x@self.w2 + self.b2)
        x = tf.nn.relu(x@self.w3 + self.b3)
        y = tf.nn.softmax(x@self.wout + self.bout)
        return y

model = NetModel()
```

2）定义损失函数和评估函数。

```
def cross_entropy(y_pred, y_true):
    y_pred = tf.clip_by_value(y_pred, 1e-9, 1.)
    loss_ = tf.keras.losses.sparse_categorical_crossentropy(y_true=y_true, y_pred=y_pred)
    return tf.reduce_mean(loss_)

def accuracy(y_pred, y_true):
    correct_prediction = tf.equal(tf.argmax(y_pred, 1), tf.reshape(tf.cast(y_true,
        tf.int64), [-1]))
    return tf.reduce_mean(tf.cast(correct_prediction, tf.float32))

optimizer = tf.optimizers.Adam(learning_rate)
```

3.1.5　训练模型

1）实现反向传播。这里使用自动微分机制，并使用优化器实现梯度的自动更新，具体过程如下：

- 打开一个 GradientTape() 作用域；
- 在此作用域内，调用模型（正向传播）并计算损失；
- 在作用域之外，检索模型权重相对于损失的梯度；
- 根据梯度使用优化器来更新模型的权重；
- 利用优化器进行反向传播（更新梯度）。

```
def run_optimization(x, y):
    with tf.GradientTape() as g:
        pred = model(x)
        loss = cross_entropy(pred, y)

    # 自动微分，并自动实现参数的反向传播
    gradients = g.gradient(loss, model.trainable_variables)
    optimizer.apply_gradients(zip(gradients, model.trainable_variables))
```

2）定义训练过程。

```
train_loss_list = []
train_acc_list = []

for step, (batch_x, batch_y) in enumerate(train_data.take(training_steps), 1):
    batch_x = tf.reshape(batch_x, [-1, 32 * 32 * 3])
    run_optimization(batch_x, batch_y)

    if step % display_step == 0:
        pred = model(batch_x)
        loss = cross_entropy(pred, batch_y)
        acc = accuracy(pred, batch_y)
        train_loss_list.append(loss)
        train_acc_list.append(acc)
        print("step: %i, loss: %f, accuracy: %f" % (step, loss, acc))
```

这是最后 6 次的运行结果：

```
step: 35000, loss: 0.910988, accuracy: 0.734375
step: 36000, loss: 0.790101, accuracy: 0.765625
step: 37000, loss: 0.753428, accuracy: 0.750000
step: 38000, loss: 0.658011, accuracy: 0.781250
step: 39000, loss: 0.817612, accuracy: 0.718750
step: 40000, loss: 0.723336, accuracy: 0.718750
```

3）可视化运行过程。

```
plt.rcParams['font.sans-serif']=['SimHei']
plt.title('训练准确率')
plt.xlabel('迭代次数')
```

```
plt.ylabel('准确率')
plt.plot(train_acc_list, color=(0, 0, 1), label='准确率')
plt.legend(loc='best')
plt.show()
```

随着迭代次数增加，模型准确率的变化如图 3-4 所示。

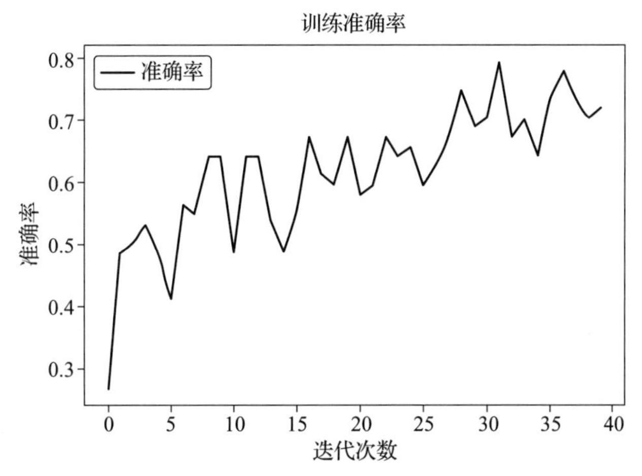

图 3-4　随着迭代次数增加，模型准确率的变化

3.1.6　测试模型

对模型进行测试。

```
test_total_batch = int(len(x_test) / batch_size)
test_acc_sum = 0.0
for i in range(test_total_batch):
    test_image_batch = x_test[i*batch_size:(i+1)*batch_size]
    test_image_batch = tf.reshape(test_image_batch, [-1, 32 * 32 * 3])
    test_label_batch = y_test[i*batch_size:(i+1)*batch_size]
    pred = model(test_image_batch)
    test_batch_acc = accuracy(pred,test_label_batch)
    test_acc_sum += test_batch_acc
test_acc = float(test_acc_sum / test_total_batch)
print("Test accuracy:{:.6f}".format(test_acc))
```

运行结果如下：

```
0.535256
```

构建模型只使用了全连接层，没有对网络进行优化，但测试能达到这个效果也不错。后续我们将采用数据增强、卷积神经网络等方法进行优化。

3.1.7　保存恢复模型

1）保存模型。

```
tf.saved_model.save(model, 'model_path')
```

2）恢复模型。

```
# 加载模型，包括权重参数，但没有 model 中定义的函数
mymodel = tf.saved_model.load("model_path")
```

3）利用恢复的模型进行测试。

```
test_total_batch = int(len(x_test) / batch_size)
test_acc_sum = 0.0
for i in range(test_total_batch):
    test_image_batch = x_test[i*batch_size:(i+1)*batch_size]
    test_image_batch = tf.reshape(test_image_batch, [-1, 32 * 32 * 3])
    test_label_batch = y_test[i*batch_size:(i+1)*batch_size]
    pred = mymodel(test_image_batch)
    test_batch_acc = accuracy(pred,test_label_batch)
    test_acc_sum += test_batch_acc
test_acc = float(test_acc_sum / test_total_batch)
print("Test accuracy:{:.6f}".format(test_acc))
```

运行结果如下：

```
0.535256
```

由结果可知，它与原模型的测试结果完全一样！

3.2 利用中阶 API 构建模型

用 TensorFlow 的中阶 API 构建模型，主要使用 TensorFlow 或 tf.keras 提供的各种模型层、损失函数、优化器、数据管道、特征列等，无须自己定义网络层、损失函数等。如果定制性要求不高，这种方法将大大提高构建模型的效率。利用中阶 API 构建模型时需要继承 tf.Module，它是各种模型层的基类。为更好地掌握相关内容，还是使用 3.1 节的数据集，架构相同，只是把定义层改为直接使用 tf.keras 提供的层、优化器、评估函数等。

利用中阶 API 构建模型的导入数据、预处理数据等部分，与 3.1 节的相应部分一样，这里不再赘述。下面主要介绍两种方法的不同之处。

3.2.1 构建模型

用 TensorFlow 的中阶 API 构建模型，需要使用 TensorFlow 或 tf.keras 提供的各种模型层、损失函数、优化器、数据管道、特征列等，无须自己定义网络层、损失函数等。因数据为图像，这里使用全连接层，故第一层使用 Flatten 层，把数据展平。

```
from tensorflow.keras import layers,losses,metrics,optimizers
# 继承 tf.Module 来构建模型变量
class NetModel(tf.Module):
    def __init__(self,name = None):
        super(NetModel, self).__init__(name=name)
```

```
        # 定义网络层
        self.flatten = tf.keras.layers.Flatten()
        self.dense1 = layers.Dense(256,activation = "relu")
        self.dense2 = layers.Dense(128,activation = "relu")
        self.dense3 = layers.Dense(64,activation = "relu")
        self.dense4 = layers.Dense(10)

    # 实现参数的正向传播，为加速训练，这里把动态图转换为自动图
    @tf.function
    def __call__(self,x):
        x = self.flatten(x)
        x = self.dense1(x)
        x = self.dense2(x)
        x = self.dense3(x)
        x = self.dense4(x)
        y = tf.nn.softmax(x)
        return y

model = NetModel()
```

3.2.2　创建损失评估函数

损失函数使用 tf.keras.metrics.Mean 类，评估函数使用 tf.keras.metrics.SparseCategoricalAccuracy 类，使用该类标签无须转换为独热编码。

```
# 选择优化器、损失函数和评估函数等
loss_object = tf.keras.losses.SparseCategoricalCrossentropy()

train_loss = tf.keras.metrics.Mean(name='train_loss')
train_accuracy = tf.keras.metrics.SparseCategoricalAccuracy(name='train_accuracy')

test_loss = tf.keras.metrics.Mean(name='test_loss')
test_accuracy = tf.keras.metrics.SparseCategoricalAccuracy(name='test_accuracy')

optimizer = tf.keras.optimizers.Adam(learning_rate)
```

3.2.3　训练模型

1）定义训练函数。

```
def train_step(model,images, labels):
    with tf.GradientTape() as tape:
        predictions = model(images)
        loss = loss_object(labels, predictions)
    gradients = tape.gradient(loss, model.trainable_variables)
    optimizer.apply_gradients(zip(gradients, model.trainable_variables))
    train_loss(loss)
    train_accuracy(labels, predictions)

def test_step(model,images, labels):
    predictions = model(images)
    t_loss = loss_object(labels, predictions)
```

```
    test_loss(t_loss)
    test_accuracy(labels, predictions)
```

2）训练模型。

```
train_loss_list = []
train_acc_list = []

for step, (batch_x, batch_y) in enumerate(train_data.take(training_steps), 1):
    train_step(model,batch_x, batch_y)
    if(step % display_step == 0):
        train_loss_list.append(train_loss.result())
        train_acc_list.append(train_accuracy.result())
        template = 'train: step {}, Loss: {:.4}, Accuracy: {:.2%}'
        print(template.format(step+1,train_loss.result(), train_accuracy.result(),))
```

最后6次的运行结果：

```
train: step 45001, Loss: 1.279, Accuracy: 54.51%
train: step 46001, Loss: 1.276, Accuracy: 54.63%
train: step 47001, Loss: 1.272, Accuracy: 54.76%
train: step 48001, Loss: 1.269, Accuracy: 54.88%
train: step 49001, Loss: 1.266, Accuracy: 55.00%
train: step 50001, Loss: 1.263, Accuracy: 55.12%
```

3）可视化训练结果。

```
plt.rcParams['font.sans-serif']=['SimHei']
plt.title('训练准确率')
plt.xlabel('迭代次数')
plt.ylabel('准确率')
plt.plot(train_acc_list, color=(0, 0, 1), label='准确率')
plt.legend(loc='best')
plt.show()
```

使用中阶API构建模型的可视化结果如图3-5所示。

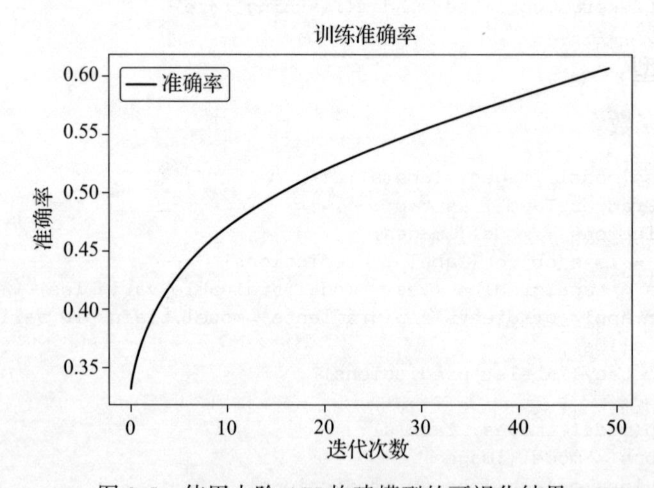

图3-5　使用中阶API构建模型的可视化结果

4）测试模型。

```
for step, (batch_x, batch_y) in enumerate(test_data.take(1), 1):
    test_step(model,batch_x, batch_y)
    template = ' Test Loss: {:.4}, Test Accuracy: {:.2%}'
    print(template.format(test_loss.result(),test_accuracy.result()))
```

运行结果如下：

```
Test Loss: 1.385, Test Accuracy: 52.14%
```

利用中阶 API 构建模型、实现训练，比直接使用低阶 API 简化了不少，但编码量还是比较大，尤其是定义评估函数、训练过程等，接下来我们介绍一种更简单、高效的方法，即利用高阶 API 构建模型。

3.3 利用高阶 API 构建模型

TensorFlow 的高阶 API 主要是指 tf.keras.models 提供的模型的类接口。目前 tf.keras 为官方推荐的高阶 API。使用 ff.keras 接口构建模型的方法有 3 种。

- 序列 API（Sequential API）模式，把多个网络层线性堆叠以构建模型。
- 函数式 API（Functional API）模式，可构建任意结构模型。
- 子类模型 API（Model Subclassing API）模式，使用继承 Model 基类的子类模型构建自定义模型。

这里先使用序列 API 按层顺序构建模型，其他构建方法将在第 7 章详细介绍。

数据导入与数据预处理过程与 3.1 节一样，这里不再赘述。

3.3.1 构建模型

这里主要使用 tf.keras.models 及 tf.keras.layers 高阶类，构建模型采用序列 API 方法，这种方法就像搭积木一样，非常直观和简单。首先实例化 Sequential 类，然后使用 add 方法把各层按序叠加在一起，并基于优化器、损失函数等方法编译模型，最后输入数据训练模型。这个过程可用图 3-6 来直观描述。

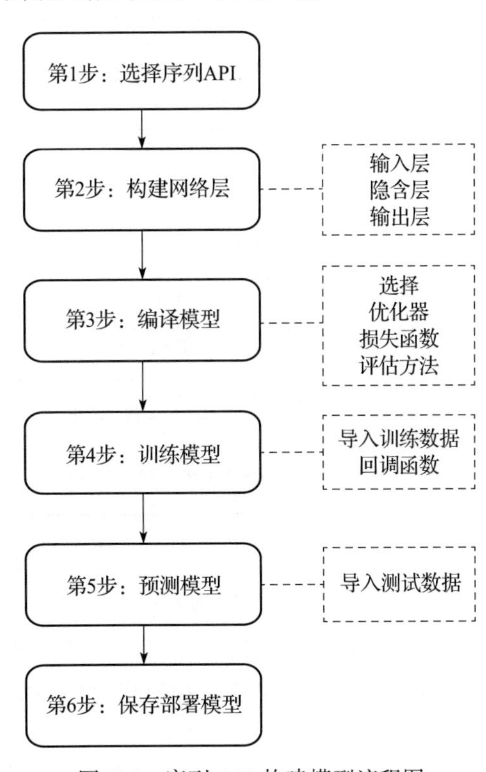

图 3-6 序列 API 构建模型流程图

导入需要的库，构建模型。

```
from tensorflow.keras.models import Sequentia
from tensorflow.keras.layers import Dense, Dropout, Flatten

# 定义模型
model = Sequential()
# 把输入数据形状展平为(batch_size,32*32*3)格式
model.add(Flatten(input_shape = x_train.shape[1:]))
model.add(Dense(256, activation='relu'))
model.add(Dropout(0.2))
model.add(Dense(128, activation='relu'))
model.add(Dropout(0.2))
model.add(Dense(64, activation='relu'))
model.add(Dropout(0.2))
# 输出类别个数为10，并使用softmax激活函数，获取各类的概率值
model.add(Dense(10, activation='softmax'))

model.summary()
```

显示模型各层及其结构，如图 3-7 所示。

```
Model: "sequential"
_________________________________________________________________
Layer (type)                 Output Shape              Param #
=================================================================
flatten (Flatten)            (None, 3072)              0
_________________________________________________________________
dense (Dense)                (None, 256)               786688
_________________________________________________________________
dropout (Dropout)            (None, 256)               0
_________________________________________________________________
dense_1 (Dense)              (None, 128)               32896
_________________________________________________________________
dropout_1 (Dropout)          (None, 128)               0
_________________________________________________________________
dense_2 (Dense)              (None, 64)                8256
_________________________________________________________________
dropout_2 (Dropout)          (None, 64)                0
_________________________________________________________________
dense_3 (Dense)              (None, 10)                650
=================================================================
Total params: 828,490
Trainable params: 828,490
Non-trainable params: 0
```

图 3-7　显示模型各层及其结构

构建 Sequential 模型时，第一层需要明确输入数据的形状，其他各层只要指明输出形状即可，输入形状可自动推导。因此，Sequential 的第一层需要接收一个关于输入数据形状（shape）的参数。那么，如何指定第一层的输入形状呢？有以下几种方法来为第一层指定输入数据的形状。

- 传递一个 input_shape 参数给第一层。它是一个表示形状的元组（一个由整数或

None 组成的元组，其中 None 表示可能为任何正整数）。input_shape 中不包含数据批次（batch）大小。
- 有些 2 维层，如全连接层（Dense），支持通过指定其输入维度（input_dim）来隐式指定输入数据的形状，input_dim 是一个整数类型的数据。一些 3 维的时域层支持通过参数 input_dim 和 input_length 来指定 shape。
- 对于某些网络层，如果需要为输入指定一个固定大小的批量值（batch_size），可以传递 batch_size 参数到一个层中。例如你想指定输入张量的 batch 大小为 32，数据 shape 为 (6, 8)，则需要传递 batch_size=32 和 input_shape=(6, 8) 给一个层，此时每一批输入的形状就为 (32, 6, 8)。

3.3.2 编译及训练模型

在训练模型之前，我们需要对模型进行编译配置，这是通过 compile 方法完成的。它接收 3 个参数。

- 优化器（optimizer）：可以是内置优化器的字符串标识符，如 rmsprop 或 adagrad，也可以是 Optimizer 类的对象。
- 损失函数（loss）：模型最小化的目标函数。它可以是内置损失函数的字符串标识符，如 categorical_crossentropy 或 mse 等，也可以是自定义的损失函数。
- 评估标准（metrics）：可以是内置的标准字符串标识符，也可以是自定义的评估标准函数。对于分类问题，一般设置 metrics=['accuracy']。

1）编译模型。

```
model.compile(loss='sparse_categorical_crossentropy', optimizer='adam', metrics=
    ['accuracy'])
```

2）训练模型。这里采用回调机制定时保存模型。

```
from tensorflow.keras.callbacks import ModelCheckpoint
checkpointer = ModelCheckpoint(filepath='MLP.best_weights.hdf5', verbose=1,
    save_best_only=True)

hist = model.fit(x_train, y_train, batch_size=64, epochs=20,validation_data=(x_
    valid, y_valid), callbacks=[checkpointer], verbose=2, shuffle=True)
```

最后两次的迭代结果：

```
Epoch 19/20
704/704 - 2s - loss: 1.6917 - accuracy: 0.3892 - val_loss: 1.6291 - val_accuracy:
    0.4120
Epoch 00019: val_loss did not improve from 1.62898
Epoch 20/20
704/704 - 2s - loss: 1.6903 - accuracy: 0.3869 - val_loss: 1.6163 - val_accuracy:
    0.4154
```

```
Epoch 00020: val_loss improved from 1.62898 to 1.61627, saving model to MLP.
    best_weights.hdf5
```

最后，根据模型训练的结果自动保存最好的那个模型。

3）可视化运行结果。

```
plt.rcParams['font.sans-serif']=['SimHei']
plt.title('训练与验证')
plt.xlabel('迭代次数')
plt.ylabel('损失值')
plt.plot(hist.history['loss'], color=(1, 0, 0), label='训练损失值')
plt.plot(hist.history['val_loss'], color=(0, 0, 1), label='验证损失值')
plt.legend(loc='best')
plt.show()
```

使用高阶 API 构建模型的可视化结果如图 3-8 所示。

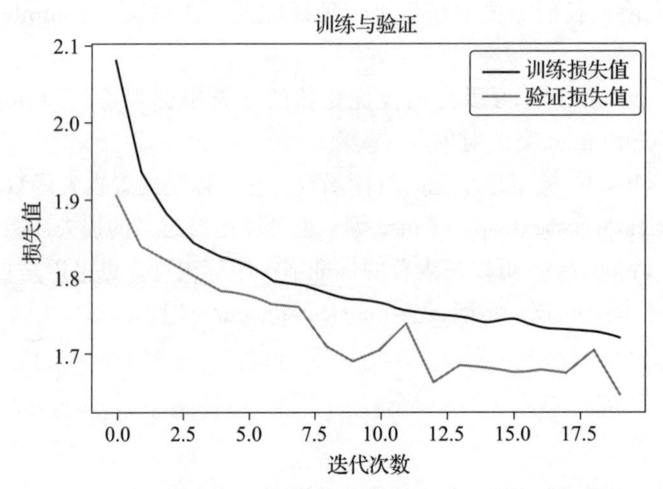

图 3-8　使用高阶 API 构建模型的可视化结果

3.3.3　测试模型

输入如下代码测试模型。

```
mlp_score = model.evaluate(x_test, y_test, verbose=0)
print('Test accuracy:{:.4f}'.format(mlp_score[1]))
```

运行结果如下：

```
Test accuracy:0.4329
```

3.3.4　保存恢复模型

1）选择最好的模型参数恢复模型。

```
# 重新创建完全相同的模型，包括其权重和优化程序
```

```
new_model = tf.keras.models.load_model('MLP.best_weights.hdf5')
```

2）查看网络结构。

```
# 显示网络结构
new_model.summary()
```

运行结果与图 3-7 的网络结构完全一致。

3）检查其准确率（accuracy）。

```
loss, acc = new_model.evaluate(x_test,  y_test, verbose=2)
print("Restored model, accuracy: {:5.2f}%".format(100*acc))
```

运行结果如下：

```
313/313 - 1s - loss: 1.6150 - accuracy: 0.4329
Restored model, accuracy: 43.29%
```

由结果可知，其结果与预测结果完全一致！

3.4　小结

本章介绍了几种常用的 API 构建网络和训练模型的方法。这些 API 从封装程度来划分，可分为低阶 API、中阶 API 和高阶 API。低阶 API 基本用 TensorFlow 实现，如自定义层、损失函数等；中阶 API 使用层模块（如 tf.keras.layers.Dense）、内置的损失函数、优化器等构建模型；高阶 API 的封装程度最高，使用 tf.keras 构建模型、训练模型。这 3 种方法各有优缺点，低阶 API 代码量稍多一些，但定制能力较高，而用高阶 API 构建模型和训练模型的代码比较简洁，但定制能力稍弱。实际上，我们的大部分任务基本都可以用高阶 API 来实现，对初学者来说，使用高阶 API 构建模型、训练模型是首选。

CHAPTER 4

第4章

TensorFlow 数据处理

在机器学习、深度学习的实际项目中，由于数据都是真实数据，可能涉及多个数据来源地，存在数据不统一、不规范、缺失，甚至错误的情况，因此，在实际项目中，数据处理环节的挑战很大，往往占据大部分时间，且这个环节的输出质量直接影响模型的性能。

面对这个棘手问题，TensorFlow 为我们提供了有效解决方法，即 tf.data 这个 API。使用 TensorFlow 2.0 提供的 tf.data 可以有效进行数据预处理，同时可以通过构建数据流或数据管道，大大提高开发效率及数据质量。本章主要涉及如下内容：

- tf.data 简介
- 构建数据集的常用方法
- 如何生成自己的 TFRecord 数据
- 数据增强方法

4.1 tf.data 简介

tf.data 是 TensorFlow 提供的构建数据管道的一个工具，与 PyTorch 的 utils.data 类似。使用 tf.data 构建数据集，可以使构建和管理数据管道更加方便。

tf.data API 的结构如图 4-1 所示，最上面为 Dataset 基类，实例化为 Iterator。TextLineDataset（处理文本）、TFRecordDataset（处理存储于硬盘的大量数据，不进行内存读取）、FixedLengthRecordDataset（二进制数据的处理）继承自 Dataset，这几个类的方法大体一致，主要包括数据读取、元素变换、过滤，数据集拼接、交叉等。Iterator 是 Dataset 中迭代方法的实例化，主要用于对数据进行访问。它有单次、可初始化、可重新初始化、可馈送等 4 种迭代方法，可实现对数据集中元素的快速迭代，供模型训练使用。因此，只要掌握 Dataset 以及 Iterator 的方法，即可掌握 TensorFlow 的数据读取方法。

接下来主要介绍 Dataset 的基本属性、创建方法，以及 Iterator 的使用等内容。

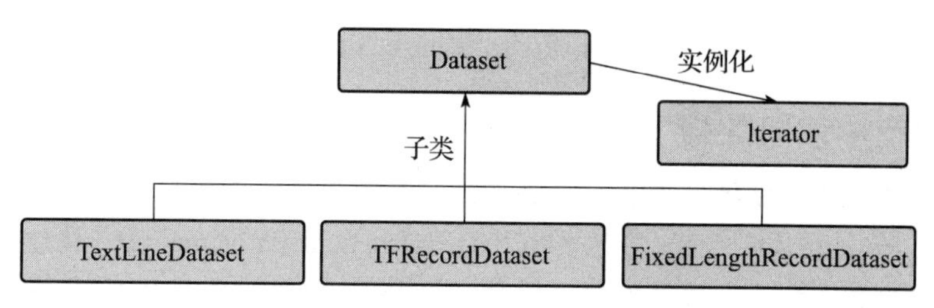

图 4-1 tf.data API 的结构图

4.2 构建数据集的常用方法

tf.data.Dataset 表示一串元素（element），其中每个元素包含一个或多个 Tensor 对象。例如：在一个图像流水线（pipeline）中，元素可以是单个训练样本，该样本带有一个表示图像数据的张量和一个标签组成的数据对（pair）。有两种不同的方式构建一个数据集，具体如下。

- 直接从 Tensor 创建数据集（例如 Dataset.from_tensor_slices()）；当然从 NumPy 创建也是可以的，TensorFlow 会自动将其转换为 Tensor。
- 通过对一个或多个 tf.data.Dataset 对象的变换（例如 Dataset.batch()）来创建数据集。

这两类构建方法又可以进一步分为 7 种方法，如表 4-1 所示。

表 4-1 构建数据集的常用方法

数据格式	读取方法	备 注
从 NumPy 数组读取	tf.data.Dataset.from_tensor_slices	当数据较小时
从 Python 生成器读取	tf.data.Dataset.from_generator	
从文本数据读取	tf.data.TextLineDataset	
从 CSV 数据读取	tf.data.experimental.CsvDataset	
从 TFRecord 数据集读取	tf.data.TFRecordDataset	TFRecord 是一种 TensorFlow 自带的、方便存储比较大的数据集的数据格式（二进制格式），当内存不足时，我们可以将数据集制作成 TFRecord 格式，再将其解压读取
从二进制文件读取	tf.data.FixedLengthRecordDataset	
从文件集中读取	tf.data.Dataset.list_files()	

1）直接从内存中读取（如 NumPy 数据），可使用 tf.data.Dataset.from_tensor_slices()。

2）使用一个 Python 生成器（Generator）初始化，从生成器中读取数据可以使用 tf.data.Dataset.from_generator()。

3）读取文本数据，可使用 tf.data.TextLineDataset()。

4）读取 CSV 数据，可使用 tf.data.experimental.make_csv_dataset()。

5）从 TFRecord 格式文件读取数据，可使用 tf.data.TFRecordDataset()。

6）从二进制文件读取数据，可用 tf.data.FixedLengthRecordDataset()。

7）从文件集中读取数据，可使用 tf.data.Dataset.list_files()。

4.2.1　从内存中读取数据

从内存中读取数据的方法适用于数据较少、可直接存储于内存中的情况，其主要包括 tf.data.Datasets.from_tensor_slices 方法和 tf.data.Datasets..from_generator（从生成器读取）方法。它从内存中读取数据，输入参数可以是 NumPy 的多维数组，也可以是 TensorFlow 的张量，还可以是 Python 的列表 (list)、元祖以及字典等。

1. 从 NumPy 中读取数据

如果输入数据为 NumPy 或 tf.Tensor，可使用 Dataset.from_tensor_slices() 读取。

```
import tensorflow as tf
import numpy as np

# 从NumPy数组构建数据集
dataset1 = tf.data.Dataset.from_tensor_slices(np.arange(10))
print(dataset1)
# <TensorSliceDataset shapes: (), types: tf.int64>

# 从张量中读取数据
dataset2 = tf.data.Dataset.from_tensor_slices(tf.constant([1,2,3,4]))
print(dataset2)
# <TensorSliceDataset shapes: (), types: tf.int64>
```

2. 从生成器中读取数据

可以读取 NumPy、张量数据，也可以读取生成器中的数据。生成器中的数据虽然也在内存中，但所耗的资源较小。在使用 tf.data.Dataset.from_generator() 方法构建数据集时，我们需要提供 3 个参数（generator、output_types、output_shapes），其中 generator 参数必须支持 iter() 协议，也就是生成器需要具有迭代功能，推荐使用 Python yield。

```
import numpy as np
import tensorflow as tf

# 定义数据生成器函数
def data_generator():
    dataset = np.array(range(5))
    for d in dataset:
        yield d

ds = tf.data.Dataset.from_generator(data_generator, (tf.int32), (tf.TensorShape([])))
# 查看数据
for i in ds:
    print(i.numpy(),end=",")
# 运行结果: 0,1,2,3,4
```

4.2.2　从文本中读取数据

内存数据一般较小，很多情况下，我们需要加载的数据保存在文本文件中，比如日志文件。tf.data.TextLineDataset 可以帮助我们从文本中读取数据，源文件（比如日志信息）中的一行代表一个样本。tf.data.TextLineDataset 的方法签名为 tf.data.TextLineDataset(filenames, compression_type=None, buffer_size=None, num_parallel_reads=None)，其中：

- filenames：一系列将要读取的文本文件的路径 + 名字。
- compression_type：文件的压缩格式，tf.data.TextLineDataset 可以从压缩文件中直接读取数据或者将数据写入压缩文件中以节省磁盘空间。它的默认值是 None，表示不压缩。
- buffer_size：一次读取的字节数量，如果不指定，则由 TensorFlow 根据一定策略选择。
- num_parallel_reads：如果有多个文件需要读取，用 num_parallel_reads 可以指定同时读取文件的数量。默认情况下按照文件顺序一个一个读取。

为了演示通过 TextLineDataset 读取数据的过程，这里以一个数据文件（test.txt）为例。

```
import tensorflow as tf

ds_txt = tf.data.TextLineDataset(filenames = ["./data/test.txt"] ).skip(1)
    # 忽略第一行，第一行为标题
for line in ds_txt.take(2):
    print(line)
```

运行结果如下：

```
tf.Tensor(b'Suzhou, JiangSu, 1', shape=(), dtype=string)
tf.Tensor(b'Wuxi, JiangSu, 0', shape=(), dtype=string)
```

实际上，CSV 文件也是一个文本文件，TextLineDataset 也可以读取 CSV 文件的数据，但是根据上面的例子我们知道，tf.data.TextLineDataset 会将文件中的每一行数据读成一个张量，如果我们想保留 CSV 文件中数据的结构（比如第一列代表了什么，第二列代表了什么），可以使用 tf.data.experimental.make_csv_dataset 函数。这里以泰坦尼克生存预测数据为例进行简单说明，第一行为标题。

```
import tensorflow as tf

ds4 = tf.data.experimental.make_csv_dataset(
      file_pattern = ["./data/train.csv"],
      batch_size=2,
      na_value="",
      ignore_errors=True)

for data in ds4.take(2):
    print(data)
```

此外，可以指定在读取数据时只读取我们感兴趣的列，具体通过传入参数 select_columns 来实现。

在 train.csv 文件中，survived 列是标签数据。可以通过指定 label_name 来分离样本数据和标签数据。

4.2.3 读取TFRecord格式文件

TFRecord是TensorFlow自带的一种数据格式，是一种二进制文件。它是TensorFlow官方推荐的数据保存格式，其数据的存储、读取操作更加高效。具体来说，TFRecord的优势可概括为：

1）支持多种数据格式；

2）更好地利用内存，方便复制和移动；

3）将二进制数据和标签存储在同一个文件中。

TFRecord格式文件的存储形式会很合理地帮我们存储数据。TFRecord内部使用了Protocol Buffer二进制数据编码方案，它只占用一个内存块，只需要一次性加载一个二进制文件的方式即可，简单，快速，尤其对大型训练数据很友好。当我们的训练数据量比较大的时候，可以使用TFRecord将数据分成多个TFRecord文件，以提高处理效率。

假设有一万张图像，我们可以使用TFRecord将其保存成5个.tfrecords文件（具体保存成几个文件，要看文件大小），这样我们在读取数据时，只需要进行5次数据读取。如果把这一万张图像保存为NumPy格式数据，则需要进行10 000次数据读取。

我们可以使用tf.data.TFRecordDataset类读取TFRecord文件。

```
import os

input_path="./data/"
ds = tf.data.TFRecordDataset([os.path.join(input_path, 'records')])
# 如果需要读取压缩文件，需要指定compression_type
# ds = tf.data.TFRecordDataset([os.path.join(output_dir, 'records')], compression_
# type='GZIP')
print(ds)
## <TFRecordDatasetV2 shapes: (), types: tf.string>
```

TFRecord格式非常高效，接下来我们将详细介绍如何把自己的数据转换为TFRecord格式的数据，以及转换的具体步骤等内容。

4.3 如何生成自己的TFRecord格式数据

上节我们介绍了TFRecord格式的一些优点，那么，如何把一般格式的数据，如图像、文本等格式数据，转换为TFRecord格式数据呢？这里通过介绍一个把有关小猫和小狗的jpg格式的图像转换为TFRecord格式，然后读取转换后的数据的例子，帮助你了解如何生成自己的TFRecord格式数据。

4.3.1 把数据转换为TFRecord格式的一般步骤

把非TFRecord格式数据转换为TFRecord格式数据的一般步骤如图4-2所示。

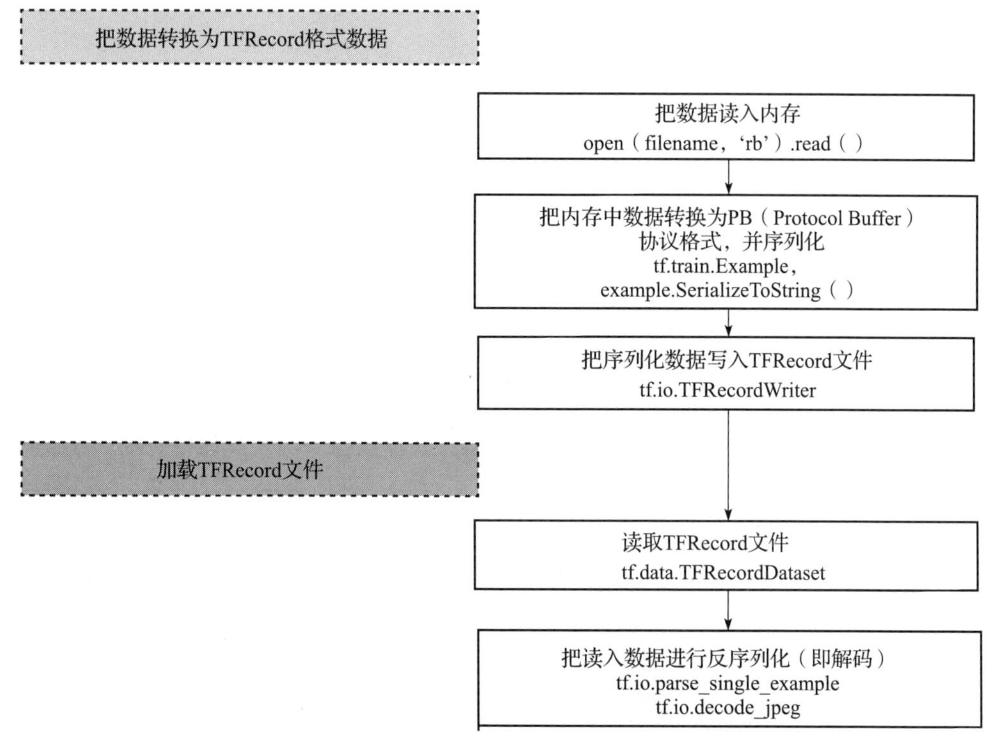

图 4-2　非 TFRecord 格式数据转换成 TFRecord 格式数据的一般步骤

在数据转换过程中，Example 是 TFReocrd 的核心。TFReocrd 包含一系列 Example，每个 Example 可以认为是一个样本。Example 是 TensorFlow 的对象类型，可通过 tf.train.example 来使用。

如表 4-2 所示，假设有样本（x，y）：输入 x（表征）和输出 y（标签）一起叫作样本。这里每个 x 是六维向量，每个 y 是一维向量。

1）表征（representation）：x 集合了代表个人的全部特征。其中特征（feature）是指 x 中的某个维度，如学历、年龄、职业，是某人的一个特点。

2）标签（label）：y 为输出。

表 4-2　一个样本格式

x						y
学历			年龄	职业	是否结婚	收入
高中	大学	研究生				
普通	本科	硕士	28	算法工程师	已婚	26 000

要存储表 4-2 中的数据，我们通常把输入 x 与标签 y 分开保存。假设有 100 个样本，把所有输入存储在 100×6 的 numpy 矩阵中，把标签存储在 100×1 的向量中。

Example 协议块格式如下：

```
message Example {
```

```
    Features features = 1;
};

message Features {
    map<string, Feature> feature = 1;
};

message Feature {
    one of kind {
        BytesList bytes_list = 1;
        FloatList float_list = 2;
        Int64List int64_list = 3;
    }
};
```

以 TFRecord 方式存储，输入和标签将以字典方式存放在一起，具体格式如图 4-3 所示。

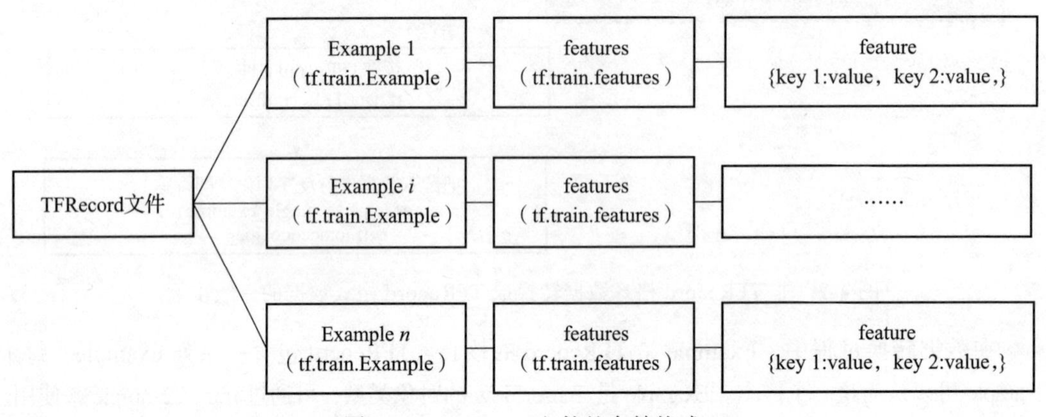

图 4-3　TFRecord 文件的存储格式

4.3.2　加载 TFRecord 文件流程

生成 TFRecord 文件后，我们可以通过 tf.data 来生成一个迭代器，设置每次调用都返回一个大小为 batch_size 的 batch。可以通过 TensorFlow 的两个重要函数读取 TFRecord 文件，如图 4-4 所示，分别是读取器（Reader）tf.data.TFRecordDataset 和解码器（Decoder）tf.io.parse_single_example。

4.3.3　代码实现

生成 TFRecord 格式数据的完整过程如下：

- 先把源数据（可以是文本、图像、音频、Embedding 等，这里是小猫、小狗的图片）导入内存（如 NumPy）;
- 把内存数据转换为 TFRecord 格式数据；
- 读取 TFRecord 数据。

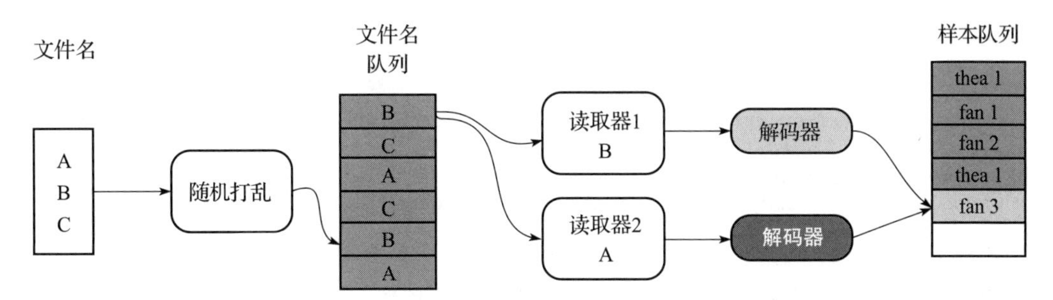

图 4-4 加载 TFRecord 文件流程

1）导入模块及数据。

```
import tensorflow as tf
import os

data_dir = "./data/cat-dog"
train_cat_dir = data_dir + '/train/cats/'
train_dog_dir = data_dir + "/train/dogs/"
train_tfrecord_file = data_dir + "/train/train.tfrecords"

test_cat_dir = data_dir + "/test/cats/"
test_dog_dir = data_dir + "/test/dogs/"
test_tfrecord_file = data_dir + "/test/test.tfrecords"

train_cat_filenames = [train_cat_dir + filename for filename in os.listdir(train_
    cat_dir)]
train_dog_filenames = [train_dog_dir + filename for filename in os.listdir(train_
    dog_dir)]
train_filenames = train_cat_filenames + train_dog_filenames
train_labels = [0]*len(train_cat_filenames) + [1]*len(train_dog_filenames)

test_cat_filenames = [test_cat_dir + filename for filename in os.listdir(test_
    cat_dir)]
test_dog_filenames = [test_dog_dir + filename for filename in os.listdir(test_
    dog_dir)]
test_filenames = test_cat_filenames + test_dog_filenames
test_labels = [0]*len(test_cat_filenames) + [1]*len(test_dog_filenames)
```

2）把数据转换为 TFRecord 格式。

```
def encoder(filenames, labels, tfrecord_file):
    with tf.io.TFRecordWriter(tfrecord_file) as writer:
        for filename, label in zip(filenames, labels):
            image = open(filename, 'rb').read()

            # 建立 feature 字典，这里特征 image、label 都以向量方式存储
            feature = {
                'image': tf.train.Feature(bytes_list=tf.train.BytesList(value=[image])),
                'label': tf.train.Feature(int64_list=tf.train.Int64List(value=[label]))
            }
```

```
            # 通过字典创建 example，example 对象对 label 和 image 数据进行封装
            example = tf.train.Example(features=tf.train.Features(feature=feature))
            # 将 example 序列化并写入字典
            writer.write(example.SerializeToString())

encoder(train_filenames, train_labels, train_tfrecord_file)
encoder(test_filenames, test_labels, test_tfrecord_file)
```

构建 Example 时，tf.train.Feature() 函数可以接收 3 种数据，具体如下。

- bytes_list：可以存储 string 和 byte 两种数据类型。
- float_list：可以存储 float(float32) 与 double(float64) 两种数据类型。
- int64_list：可以存储 bool、enum、int32、uint32、int64、uint64。

对于只有一个值的数据（比如 label），可以用 float_list 或 int64_list，而像图像、视频、Embedding 这种列表型的数据，通常转化为 byte 格式存储。

3）从 TFRecord 读取数据。这里使用 tf.data.TFRecordDataset 类来读取 TFRecord 文件。TFRecordDataset 对于标准化输入数据和优化性能十分有用。可以使用 tf.io.parse_single_example 函数对每个样本进行解析（tf.io.parse_example 用于对批量样本进行解析）。注意，这里的 feature_description 是必需的，因为数据集使用计算图方式执行，需要这些描述来构建它们的形状和类型签名。

可以使用 tf.data.Dataset.map 方法将函数应用于数据集的每个元素。

```
def decoder(tfrecord_file, is_train_dataset=None):
    # 构建数据集
    dataset = tf.data.TFRecordDataset(tfrecord_file)
    # 说明特征的描述属性，用于解码每个样本
    feature_discription = {
        'image': tf.io.FixedLenFeature([], tf.string),
        'label': tf.io.FixedLenFeature([], tf.int64)
    }

    def _parse_example(example_string): # 解码每一个样本
        # 将文件读入队列中
        feature_dic = tf.io.parse_single_example(example_string, feature_discription)
        feature_dic['image'] = tf.io.decode_jpeg(feature_dic['image'])
        # 对图像进行 resize
        feature_dic['image'] = tf.image.resize(feature_dic['image'], [256, 256])/255.0
        # tf.image.random_flip_up_down(image).shape
        return feature_dic['image'], feature_dic['label']

    batch_size = 4

    if is_train_dataset is not None:
        # tf.data.experimental.AUTOTUNE # 根据计算机性能进行运算速度的调整
        dataset = dataset.map(_parse_example).shuffle(buffer_size=2000).batch
            (batch_size).prefetch(tf.data.experimental.AUTOTUNE)
    else:
        dataset = dataset.map(_parse_example)
        dataset = dataset.batch(batch_size)
```

```
    return dataset

train_data = decoder(train_tfrecord_file, 1)
test_data = decoder(test_tfrecord_file)
```

4）可视化读取的数据。

```
import matplotlib.pyplot as plt
%matplotlib inline
# 查看数据集中样本的具体信息
i=1
for image,lable in train_data:
    plt.subplot(1,2,i)
    plt.imshow(image[0].numpy())
    i+=1
    if i==3:
        break
plt.show()
```

解码 TFRecord 数据的示意图如图 4-5 所示。

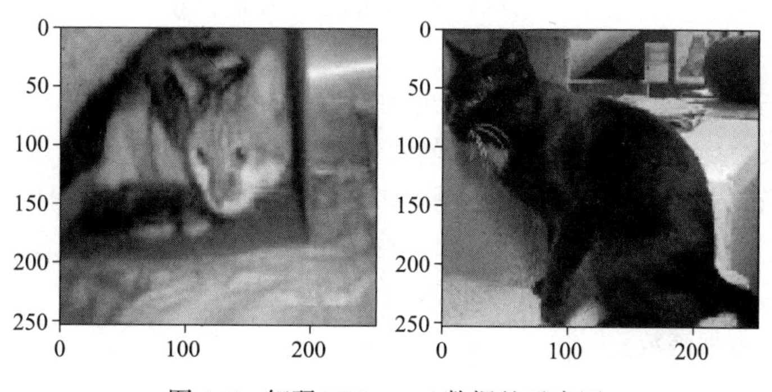

图 4-5　解码 TFRecord 数据的示意图

4.4　数据增强方法

在训练模型时，我们采用的图像数据越多，建立有效、准确的模型的概率就越大。如果没有理想的海量数据，我们应该怎么办呢？此时我们可以采取数据增强方法来增加数据集的大小以及多样性。数据增强（Data Augmentation）是指对图像进行随机旋转、裁剪、改变图像的亮度与对比度以及对数据进行标准化（数据的均值为 0，方差为 1）等一系列操作。

如图 4-6 所示，我们可以通过不同的数据增强方法制作出 6 张标签相同（都是狗）的图像，从而增加我们学习的样本。

4.4.1　常用的数据增强方法

常见的数据增强方法可以分为几何空间变换方法与像素颜色变换方法两大类。几何空间变换方法包括对图像进行翻转、剪切、缩放等，像素颜色变换方法包括增加噪声、进行颜色扰动、锐化、浮雕、模糊等。

图 4-6　通过 TensorFlow 数据增强方法得到不同状态的图像

在 TensorFlow 中，我们可以结合使用数据增强方法与数据流水线，通常有以下两种方式：

- 利用 TensorFlow 的预处理方法定义数据增强函数，然后通过 Sequential 类加以应用；
- 利用 tf.image 的内置方法手动创建数据增强路由。

相比而言，第一种方式更加简单，第二种方式相对复杂，但是更加灵活。接下来，我们以第二种方式为例进行演示，顺便探索 tf.image 为我们提供了哪些便利的函数。我们可以通过 dir(tf.image) 查看它的内置方法。

之前我们提到，图像的左右翻转可以使用 tf.image.flip_left_right 或者 tf.image.random_flip_left_right 来实现，而图像的上下翻转可以使用 tf.image.flip_up_down 或者 tf.image.random_flip_up_down 来实现。更多的图像转换方法，可以查阅 API 文档。

下面我们用一个完整的例子来演示如何在 TensorFlow 流水线中配合使用 tf.image 来进行数据增强。首先我们定义一个函数来读取图像数据。

1）定义导入数据函数。

```
import tensorflow as tf
import matplotlib.pyplot as plt
%matplotlib inline

def load_images(imagePath):
    # 从传入的路径中读取图像，并且转换数据成浮点数类型
    image = tf.io.read_file(imagePath)
    image = tf.image.decode_jpeg(image, channels=3)
    image = tf.image.convert_image_dtype(image, dtype=tf.float32)
    image = tf.image.resize(image, (156, 156))

    # 获得图像名称作为标签
    label = tf.strings.split(imagePath, ".")[-2]

    # 返回图像数据以及标签
    return (image, label)
```

2）可视化数据增强效果。

```
# 对图像进行上、下、左、右随机翻转以及调整明亮度，最后旋转图像
```

```
imagePath = "./data/dog.jpg"
images,labels=load_images(imagePath)

fig = plt.gcf()
fig.set_size_inches(20, 30)
images = tf.image.random_flip_left_right(images)
ax_raw1 = plt.subplot(1, 4, 1)
ax_raw1.imshow(images)
images = tf.image.random_flip_up_down(images)
ax_raw2 = plt.subplot(1, 4, 2)
ax_raw2.imshow(images)
images = tf.image.random_brightness(images, 1)
ax_raw3 = plt.subplot(1, 4, 3)
ax_raw3.imshow(images)
images = tf.image.rot90(images, 1)
ax_raw3 = plt.subplot(1, 4, 4)
ax_raw3.imshow(images)
```

运行结果如图 4-7 所示。

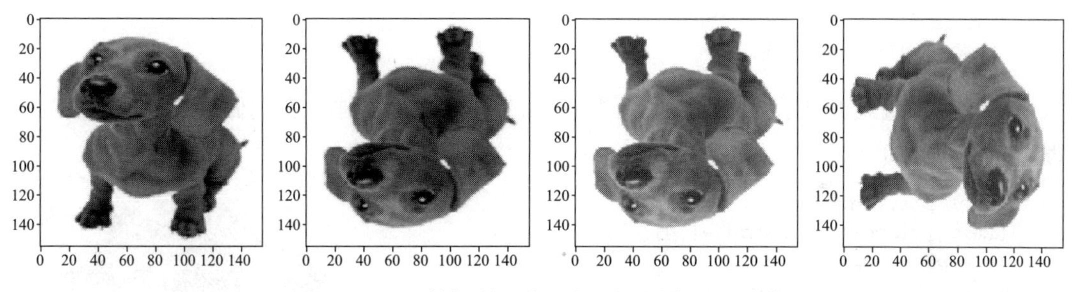

图 4-7 通过数据增强方法得到不同位置的图像

3）定义数据增强函数。

```
def augment_using_ops(images, labels):
    # 对图像进行上、下、左、右随机翻转，调整明亮度，最后旋转 90 度
    images = tf.image.random_flip_left_right(images)
    images = tf.image.random_flip_up_down(images)
    images = tf.image.random_brightness(images, 1)
    images = tf.image.rot90(images, 1)

    # 返回图像和标签
    return (images, labels)
```

4.4.2 创建数据处理流水线

在把数据应用于深度学习模型训练时，我们往往需要对数据进行各种预处理以满足模型输入参数的要求。tf.data 提供了一系列有用的 API 来帮助我们进行数据转换，比较常用的数据转换方法列举如下。

- map：将（自定义或者 TensorFlow 定义）转换函数应用到数据集的每一个元素。

- filter：选择数据集中符合条件的一系列元素。
- shuffle：对数据按照顺序打乱。
- repeat：将数据集中的数据重复 N 次，如果没有指定 N，则重复无限次。
- take：采样，取从开始起的 N 个元素。
- batch：构建批次，每次放一个批次。

具体实现如下：

```
BATCH_SIZE = 8
AUTOTUNE = tf.data.experimental.AUTOTUNE
# 输入图像的路径
imagePaths = ["./data/dog.jpg"]
# 创建数据输入流水线
ds = tf.data.Dataset.from_tensor_slices(imagePaths)

ds = ds.shuffle(len(imagePaths), seed=42).map(load_images,num_parallel_calls=
    AUTOTUNE).cache().batch(BATCH_SIZE)
ds = ds.map(augment_using_ops, num_parallel_calls=AUTOTUNE).prefetch(AUTOTUNE)

# 放到生成器里，便于单独取出数据
batch = next(iter(ds))
```

为了更加直观地显示数据增强的效果，我们用 matplotlib 画出我们做过数据转换后的图像，具体实现如下：

```
fig = plt.figure()
(image, label) = (batch[0][0], batch[1][0])
ax = plt.subplot()
plt.imshow(image.numpy())
print(label.numpy().decode("UTF-8"))
plt.title(label.numpy().decode("UTF-8"))
plt.axis("off")
plt.tight_layout()
plt.show()
```

经过处理后的图像如图 4-8 所示。

图 4-8　经过处理后的图像

4.5　小结

数据预处理、数据增强等方法是机器学习和深度学习中经常用到的方法，我们在使用这些方法时也会遇到一定的挑战，尤其对于一些不规范的数据，数据预处理显得尤为重要。而数据增强方法是扩充数据量、丰富数据多样性的有效方法。TensorFlow 内置了很多数据预处理、数据增强的方法。

CHAPTER 5

第 5 章

可 视 化

俗话说，“一图胜千言”，可见图像给我们带来的震撼效果。生活如此，机器学习也如此。那么，如何把数据变成图？如何把一些比较隐含的规则通过图像展示出来呢？

本章主要介绍几个基于 Python、TensorFlow 开发的可视化的强大工具，具体包括：

- ❑ matplotlib
- ❑ pyecharts
- ❑ TensorBoard

5.1 matplotlib

matplotlib 是 Python 中最著名的 2D 绘图库，它提供了与 matlab 相似的 API，十分适合交互式绘图，不仅简单明了、功能强大，而且可以方便地作为绘图控件，嵌入 GUI 应用程序中。下面进入 matplotlib 的世界，开始我们的数据可视化之旅。

5.1.1 matplotlib 的基本概念

在介绍 matplotlib 前，首先要保证环境中安装了 Python。建议使用 Anaconda 安装，因为 Anaconda 安装包中包含很多常用的工具包，如 matplotlib、NumPy、Pandas、Sklearn 等，并且后续的更新维护也非常方便。

在绘制第一个图形之前，我们先来了解 matplotlib 的几个非常重要的概念，以帮助大家更快地理解 matplotlib 的各种 API。

matplotlib 设置坐标的主要参数配置的详细说明及示例如下。

1）导入绘图相关模块；

2）生成数据；

3）plot 绘制图形，选择“线条设置”设置线 linestyle 或标记 marker；

4）选择“坐标轴设置”→“添加坐标标签”给 x 轴添加标签 xlabel，给 y 轴添加标签

ylabel；

5）选择"坐标轴设置"→"添加坐标刻度"设置 x 轴的刻度 xlim() 和 y 轴的刻度 ylim()；

6）选择"图例设置 label"设置图例 legend()；

7）输出图形 show()。

下面来看一个使用 matplotlib 绘图的实例，具体如下：

```
# 导入绘图相关模块
import matplotlib.pyplot as plt
import numpy as np
%matplotlib inline

# 生成数据
x = np.arange(0, 20, 1)
y1 = (x-3)**2 + 1
y2 = (x+5)**2 + 8

# 设置线的颜色、线宽、样式
plt.plot(x, y1, linestyle='-', color='b', linewidth=5.0, label='convert A')
# 添加点，设置点的样式、颜色、大小
plt.plot(x, y2, marker='o', color='r', markersize=10, label='convert B')

# 给 x 轴加上标签
plt.xlabel('x', size=15)

# 给 y 轴加上标签
plt.ylabel('y', size=15, rotation=90, horizontalalignment='right', verticalalignment=
    'center')

# 设置 x 轴的刻度
plt.xlim(0, 20)
# 设置 y 轴的刻度
plt.ylim(0, 400)

# 设置图例
plt.legend(labels=['A', 'B'], loc='upper left', fontsize=15)

# 输出图形
plt.show()
```

使用 matplotlib 对数据进行可视化的示例的运行结果如图 5-1 所示。

也可以把图 5-1 拆成两个图，代码如下。

```
# 设置线的颜色、线宽、样式 plt.subplot(1, 2, 1) # 画板包含 1 行 2 列子图，当前画在第一行第一列上
plt.plot(x, y1, linestyle='-', color='b', linewidth=5.0, label='convert A')

plt.subplot(1, 2, 2)                               # 画板包含 1 行 2 列子图，当前画在第一行第二列上
# 添加点，设置点的样式、颜色、大小
plt.plot(x, y2, marker='o', color='r', markersize=10, label='convert B')
plt.show()
```

把图 5-1 拆成两个图的运行结果如图 5-2 所示。

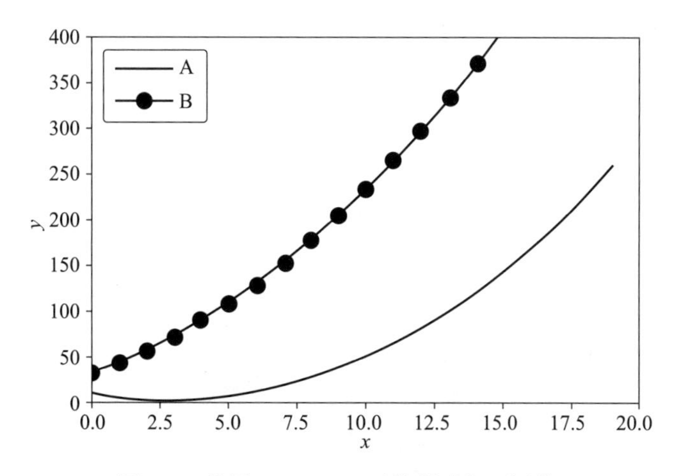

图 5-1 使用 matplotlib 对数据进行可视化

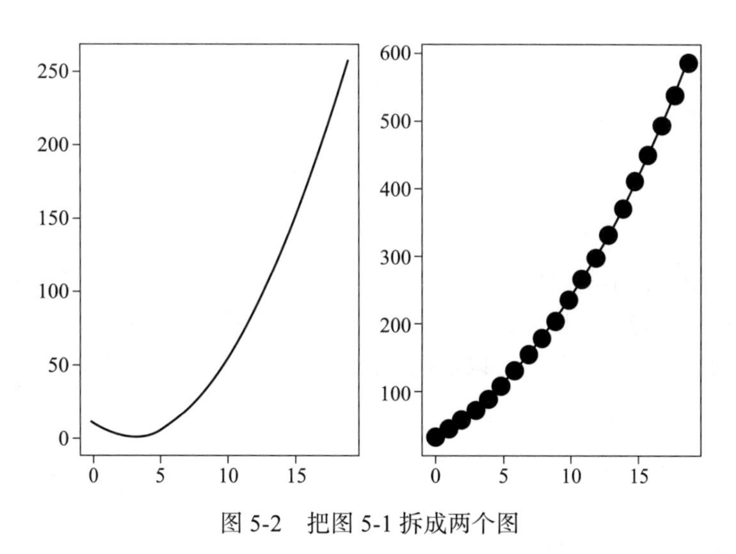

图 5-2 把图 5-1 拆成两个图

5.1.2 使用 matplotlib 绘制图表

matplotlib 能绘制出各种各样的图表，所以开发人员可根据需要展示的数据格式、内容以及图表效果来选择合适的图形种类。下面我们通过日常工作中最常用的 4 种图表来做一个演示。

1. 柱状图

柱状图是指用一系列高度不等的纵向条纹或者线段直观地显示统计报告来帮助人们理解数据的分布情况。在绘制柱状图时，我们可以使用 plt.bar(x，y，tick_label)，给出 x，y 坐标值，同时给出 x 坐标轴上对应刻度的含义等，示例如下。

```
import matplotlib.pyplot as plt
```

```
ages = [5, 20, 15, 25, 10]
labels = ['Tom', 'Dick', 'Harry', 'Slim', 'Jim']
plt.bar(range(len(ages)), ages, tick_label=labels)
plt.show()
```

绘制出的柱状图如图 5-3 所示。

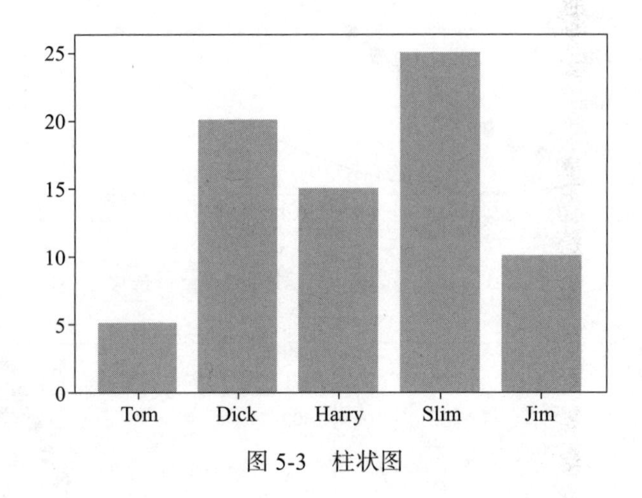

图 5-3　柱状图

2. 折线图

折线图通常用来显示随时间变化而变化的连续的数据，它非常适用于展示在相等的时间间隔下数据的变化趋势。比如，使用折线图展示一个系统从 2010 年到 2020 年每年的注册人数。在绘制折线图时，我们可以使用 plt.plot()。下面我们用折线图来显示系统注册人数的变化情况。

```
import matplotlib.pyplot as plt
import numpy as np

years = range(2010, 2020)
num_of_reg = np.random.randint(1000, 2000, 10)

plt.plot(years, num_of_reg)
plt.xticks(years)
plt.show()
```

绘制出的折线图如图 5-4 所示。

从图 5-4 中我们可以直观地看到，系统的注册人数在 2011 年到达谷值，而 2014 年是峰值。

3. 饼图

饼图常用来显示一个数据系列中各项的大小及其在整体中的占比。比如我们可以用下面的饼图来展示每个人的月收入，并显示他们的月收入占总体收入的比例。

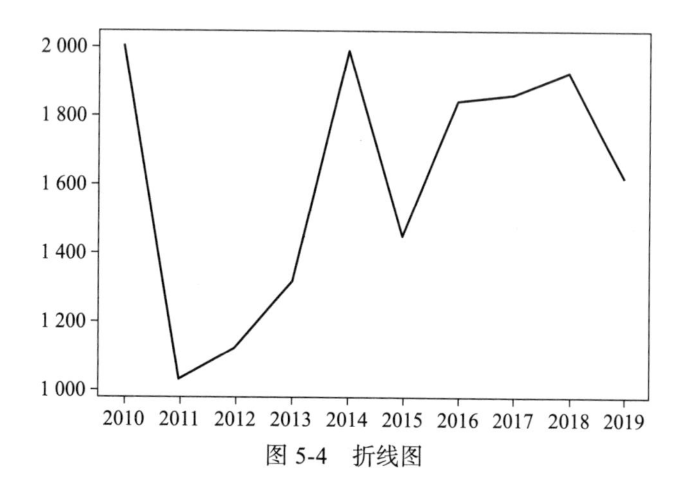

图 5-4　折线图

```
import matplotlib.pyplot as plt
import numpy as np

incomings = [18882, 8543, 20012, 6311, 10000] # 各人的月收入
plt.pie(incomings, labels=labels, autopct='%1.1f%%')
plt.show()
```

绘制出的饼图如图 5-5 所示。

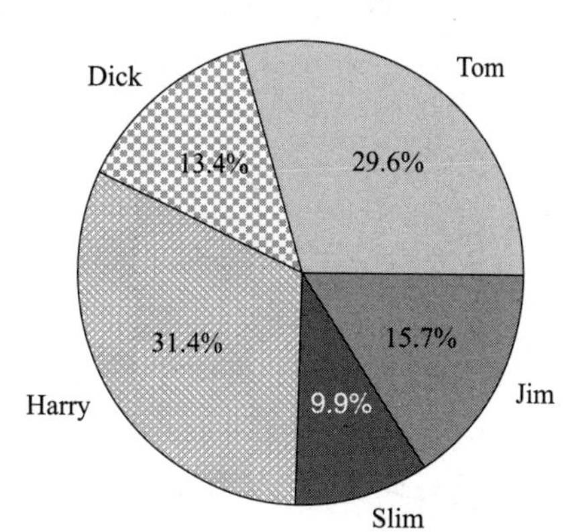

图 5-5　饼图

4. 散点图

散点图是指在回归分析中数据点在坐标系平面上的分布图，用于表示因变量随自变量变化而变化的大致趋势，从而帮助我们根据其中的关系选择合适的函数对数据点进行拟合。下面我们绘制一张身高和体重关系的散点图。

```
import matplotlib.pyplot as plt

heights = [110, 120, 130, 140, 150, 160,
    165, 167, 169, 172, 173, 173, 175]
weights = [60,  62,  65,  67,  68,  69,  69,  72, 71,   73,  73, 71, 71]

# c 指明标记颜色，s 指明标记大小，marker 指明标记形状
plt.scatter(heights, weights, c='b',s=100, marker='o')
plt.show()
```

绘制出的散点图如图 5-6 所示。

除了上面介绍的 4 种图形，matplotlib 还可以绘制其他图形，比如线箱图、极限图、气泡图等。感兴趣的读者可以自行查阅 matplotlib 的网站或者源代码，以了解更多内容。

5.1.3　使用 rcParams

rcParams 用于存放 matplotlib 的图表全局变量，可以用来设置全局的图表属性。当然

在进行具体图表绘制的时候，我们也可以对全局变量进行覆盖。下面介绍几个常用的全局变量。注意，如果想在图表中显示中文内容，比如显示中文标题，则需要在 matplotlib 的全局变量 rcParams 里进行设置。

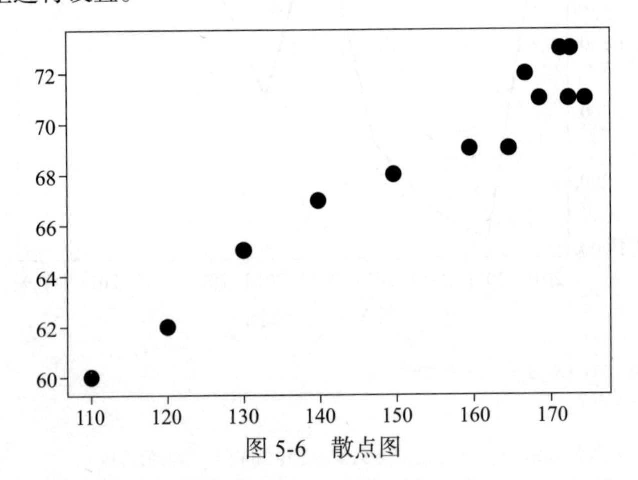

图 5-6 散点图

先来看没有设置 rcParams 属性的情况。

```
import matplotlib.pyplot as plt

x=np.arange(-10,11)
y=x**2
plt.plot(x,y)
plt.title(" 抛物线 ")
plt.xlabel("x 坐标轴 ")
plt.ylabel("y 坐标轴 ")
plt.show()

plt.show()
```

运行结果如图 5-7 所示。

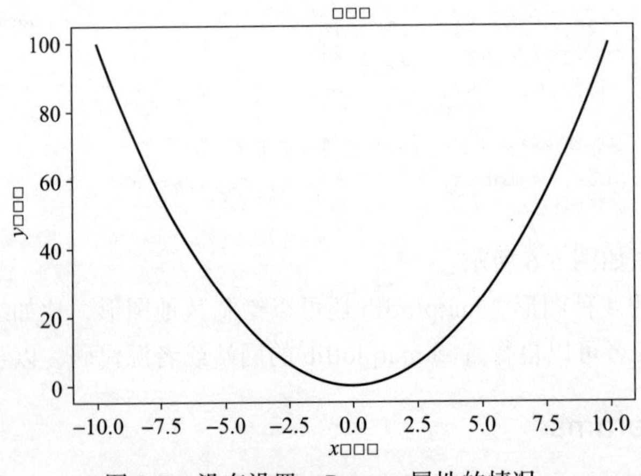

图 5-7 没有设置 rcParams 属性的情况

如图 5-7 所示，中文标题没有正确显示，而是随机变成几个方框。此时，通过 rcParams 设置文字属性即可使标题正确显示。

```
plt.rcParams['font.sans-serif']=['SimHei']
# 以下适用于 mac 系统
# plt.rcParams['font.sans-serif'] = ['Arial Unicode MS']
plt.rcParams['axes.unicode_minus'] = False

plt.plot(x,y,color="blue",label="y=x**2")
plt.title(" 抛物线 ")
plt.xlabel("x 坐标轴 ")
plt.ylabel("y 坐标轴 ")
plt.show()
```

运行结果如图 5-8 所示。

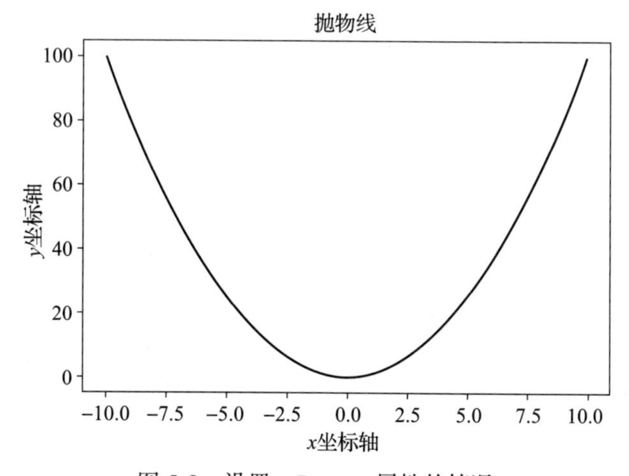

图 5-8　设置 rcParams 属性的情况

更多关于 rcParams 的设置问题请参照 matplotlib 官网（https://matplotlib.org/stable/api/matplotlib_configuration_api.html#matplotlib.RcParams）。

5.2　pyecharts

我们接下来介绍的 pyecharts 是 Python 版本的 EChart。

相较于经典的 matplotlib，pyecharts 可以在保证易用、简洁、交互性的基础上让开发人员绘制出种类更加丰富（比如与地图模块的集成）、样式更加新颖的图表。下面我们先来看如何安装 pyecharts。

5.2.1　pyecharts 的安装

pyecharts 是一个用于生成 EChart 图表的类库，官网为 https://pyecharts.org/。

pyecharts 有两个大的版本，v0.5.x 与 v1.x。其中，v0.5.x 支持 Python 2.7 以及 Python 3.4，v1.x 支持 Python 3.6 及以上版本。考虑到 v0.5 版本已经不再维护，而且大多数公司已经升级到 Python 3.7 及以上版本，所以本节只介绍 1.x 版本，并且以最新版 v1.9 为基础进行讲解。pyecharts 的安装主要有两种方式，通过源码或者 pip 安装，这里以 pip 安装为例进行讲解：

```
pip install pyecharts
```

说明 安装 pyecharts 时，可改用国内的安装源，如清华安装源，以提高下载速度，具体代码如下：

```
pip install pyecharts -i https://pypi.tuna.tsinghua.edu.cn/simple some-package
```

5.2.2 使用 pyecharts 绘制图表

我们先来用一个简单的例子直观地了解如何使用 pyecharts 绘图，体会它的便利性和优雅。

```
from pyecharts.charts import Bar
from pyecharts import options

bar = (
    Bar()
    .add_xaxis(["鱼钩", "防晒用品", "鱼饵", "鱼线", "钓箱", "鱼竿"])
    .add_yaxis("2020", [5, 20, 36, 10, 75, 90])
    .add_yaxis("2021", [15, 6, 45, 20, 35, 66])
    .set_global_opts(title_opts=options.TitleOpts(title="苏州某渔具公司", subtitle=
        '销售金额（万元）'))
)

bar.render_notebook() # 运行在 Jupyter Notebook 环境下
```

绘制出的 pyecharts 的柱状图如图 5-9 所示。

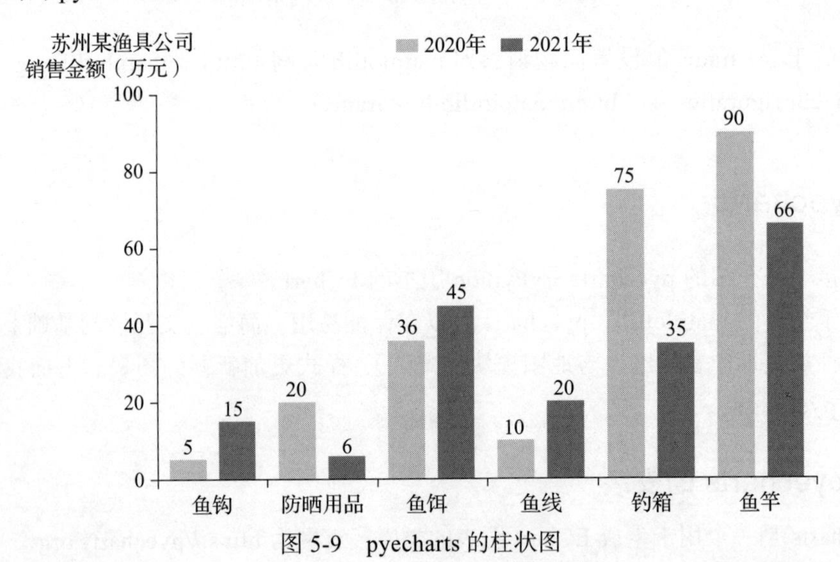

图 5-9 pyecharts 的柱状图

上述代码显示了苏州某渔具公司在2020年和2021年各种子品类的销售金额。首先我们创建了一个Bar类型的图表，添加了x轴（add_xaxis）来代表各种品类，之后添加了两个y轴的数据（add_yaxis）来代表2020年以及2021年的业绩。为了让图表更加容易理解，我们增加了标题以及副标题（title以及subtitle）。

用pyecharts画的柱状图非常优雅，当然，用它画其他图形同样如此。

1. 仪表盘（Gauge）

我们先来模拟汽车的仪表盘。仪表盘会显示这辆汽车的最高时速，以及当前行驶速度，还会使用醒目的红色提醒驾驶员不要超速行驶。我们把这些信息一并添加到需要绘制的图形里面。

```
from pyecharts import options as opts
from pyecharts.charts import Gauge

dashboard = (
    Gauge()
    .add(
        series_name = " 当前车速 ",
        data_pair= [("", 88)], min_=0, max_=240, split_number=12, # 当前时速为 88，最低
                                                                  # 0km/h 最高 240km/h，
                                                                  # 分为 12 段
        detail_label_opts=opts.LabelOpts(formatter="{value}km/h"), # 显示格式
        axisline_opts=opts.AxisLineOpts(
            linestyle_opts=opts.LineStyleOpts(
                color=[(0.83, "#37a2da"), (1, "red")], width=20 # 超过 240km/h 的 0.83 后，
                                                                # 仪表板变成红色，以警示
            )
        ),
    )
    .set_global_opts(
        title_opts=opts.TitleOpts(title=" 汽车仪表盘 "),
        legend_opts=opts.LegendOpts(is_show=False),
    )
)
# 使图像在 Notebook 显示
dashboard.render_notebook()
```

运行结果如图5-10所示。

从图5-10可以看到，仪表盘图形非常适合展示进度或者占比信息，通常我们会把几个仪表盘图形组合成一个组合图表进行展示，这样能让使用者快速了解全局信息。比如，我们可以用几个仪表盘图形展示我们集群中各个节点的健康状态、它们的CPU的使用率、IO的吞吐是不是在可承受的范围内等。

图5-10 汽车仪表盘

2. 地理坐标系（Geo）

这几年，各大 App 都推出了显示用户出行轨迹的应用，广受各位旅游达人以及“飞人”的喜欢，在一张中国地图或者世界地图上，用箭头代表自己的飞行路径，用线段的粗细代表飞行这条航线的频率，让用户对自己过去一年的行踪有个直观的认识。接下来，我们用 pyecharts 来大概模拟这个功能。

```
from pyecharts import options as opts
from pyecharts.charts import Geo
from pyecharts.globals import ChartType, SymbolType

c = (
    Geo()
    .add_schema(maptype="china")
    .add(
        "",
        [("上海", 1)],
        type_=ChartType.EFFECT_SCATTER,
        color="green",
    )
    .add(
        "",
        [("北京", 11), ("大连", 3), ("西安", 4), ("重庆", 2), ("西藏", 4)],
        type_=ChartType.EFFECT_SCATTER,
        color="red",
    ) # 以下我们用两个城市绘制带有箭头的连线
    .add(
        "",
        [("上海", "北京")],
        type_=ChartType.LINES,
        effect_opts=opts.EffectOpts(
            symbol=SymbolType.ARROW, symbol_size=11, color="blue"
                # 用 symbol_size 指定连线的宽度，以代表飞行的频率
        ),
        linestyle_opts=opts.LineStyleOpts(curve=0.2),
    )
    .add(
        "",
        [("上海", "大连")],
        type_=ChartType.LINES,
        effect_opts=opts.EffectOpts(
            symbol=SymbolType.ARROW, symbol_size=3, color="blue"
        ),
        linestyle_opts=opts.LineStyleOpts(curve=0.2),
    )
    .add(
        "",
        [("上海", "西安")],
        type_=ChartType.LINES,
        effect_opts=opts.EffectOpts(
            symbol=SymbolType.ARROW, symbol_size=4, color="blue"
        ),
```

```
            linestyle_opts=opts.LineStyleOpts(curve=0.2),
        )
        .add(
            "",
            [("上海", "重庆")],
            type_=ChartType.LINES,
            effect_opts=opts.EffectOpts(
                symbol=SymbolType.ARROW, symbol_size=2, color="blue"
            ),
            linestyle_opts=opts.LineStyleOpts(curve=0.2),
        )
         .add(
            "",
            [("上海", "西藏")],
            type_=ChartType.LINES,
            effect_opts=opts.EffectOpts(
                symbol=SymbolType.ARROW, symbol_size=4, color="blue"
            ),
            linestyle_opts=opts.LineStyleOpts(curve=0.2),
        )
        .set_series_opts(label_opts=opts.LabelOpts(is_show=False))

    )

    c.render_notebook()
```

pyecharts内嵌了各个省份的矢量图，可以方便地绘制出你想要的区域，使用者可以用坐标或者城市名称的形式标定出具体的位置，进而用不同的颜色代表特殊的含义。

5.3 TensorBoard

在我们学习神经网络和使用TensorFlow的大多数时候，大多数人都会感觉很吃力，因为整个过程不可见，我们很难理清楚神经网络内部的结构，以及数据的流转情况，这给进一步理解和使用神经网络带来了很大的挑战。TensorBoard就是为了解决这个问题而研发出来的，它是TensorFlow内置的一个可视化工具，它利用TensorFlow运行时所产生的日志文件可视化指标，如培训和验证数据的损失与准确率、权重与偏差、模型图等，从而帮助我们进行调试和优化等工作。

那么，我们应该如何使用TensorBoard呢？首先，我们来定义一个简单的计算图。

1）导入数据。

```
import tensorflow as tf
import datetime, os
fashion_mnist = tf.keras.datasets.fashion_mnist
(x_train, y_train),(x_test, y_test) = fashion_mnist.load_data()
x_train, x_test = x_train / 255.0, x_test / 255.0
```

2）构建模型。

```
def create_model():
    return tf.keras.models.Sequential([
        tf.keras.layers.Flatten(input_shape=(28, 28)),
        tf.keras.layers.Dense(512, activation='relu'),
        tf.keras.layers.Dropout(0.2),
        tf.keras.layers.Dense(10, activation='softmax')
    ])
```

3）训练模型。

```
def train_model():

    model = create_model()
    model.compile(optimizer='adam',
                  loss='sparse_categorical_crossentropy',
                  metrics=['accuracy'])

    logdir = os.path.join("logs", datetime.datetime.now().strftime("%Y%m%d-%H%M%S"))
    tensorboard_callback = tf.keras.callbacks.TensorBoard(logdir, histogram_freq=1)

    model.fit(x=x_train,
              y=y_train,
              epochs=5,
              validation_data=(x_test, y_test),
              callbacks=[tensorboard_callback])

train_model()
```

在 Windows 的命令行启动 TensorBoard 服务，指定日志读写路径，如果是 Linux 环境，请根据实际情况，修改 logdir 的值。

```
tensorboard --logdir="C:\\Users\\wumg\\jupyter-ipynb\\tensorflow2-book\\char-
    05\\logs"
```

标量图将显示每个循环（epoch）后损失与准确率的变化（当整个数据集通过神经网络正向和反向传播时）。随着训练的进行，了解损失与准确率很重要，因为了解这些指标在什么时候趋于稳定，有助于防止过拟合。本例对应的准确率随迭代次数变化的情况如图 5-11 所示。

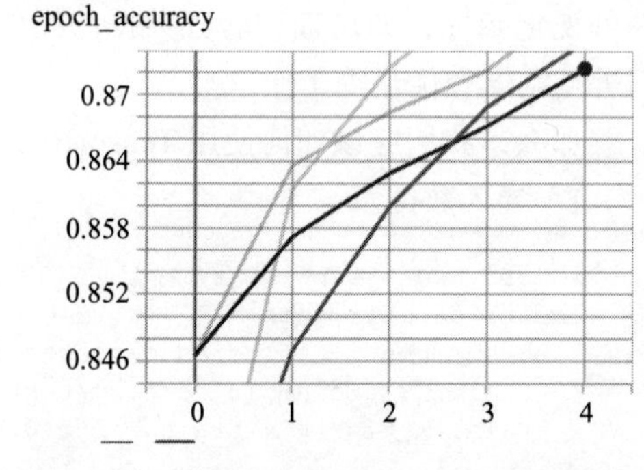

图 5-11　使用 TensorBoard 显示的标量图

模型图显示了模型的设计，默认情况下，操作（op）级别图为默认值，可以在标记上选择其他级别。当左边的 Tag 使用默认状态时，可以看到如图 5-12 所示的结果。

如果左边的 Tag 更改为 Keras，则操作级别图显示 TensorFlow 对程序的理解，可以看到如图 5-13 所示的主干图。

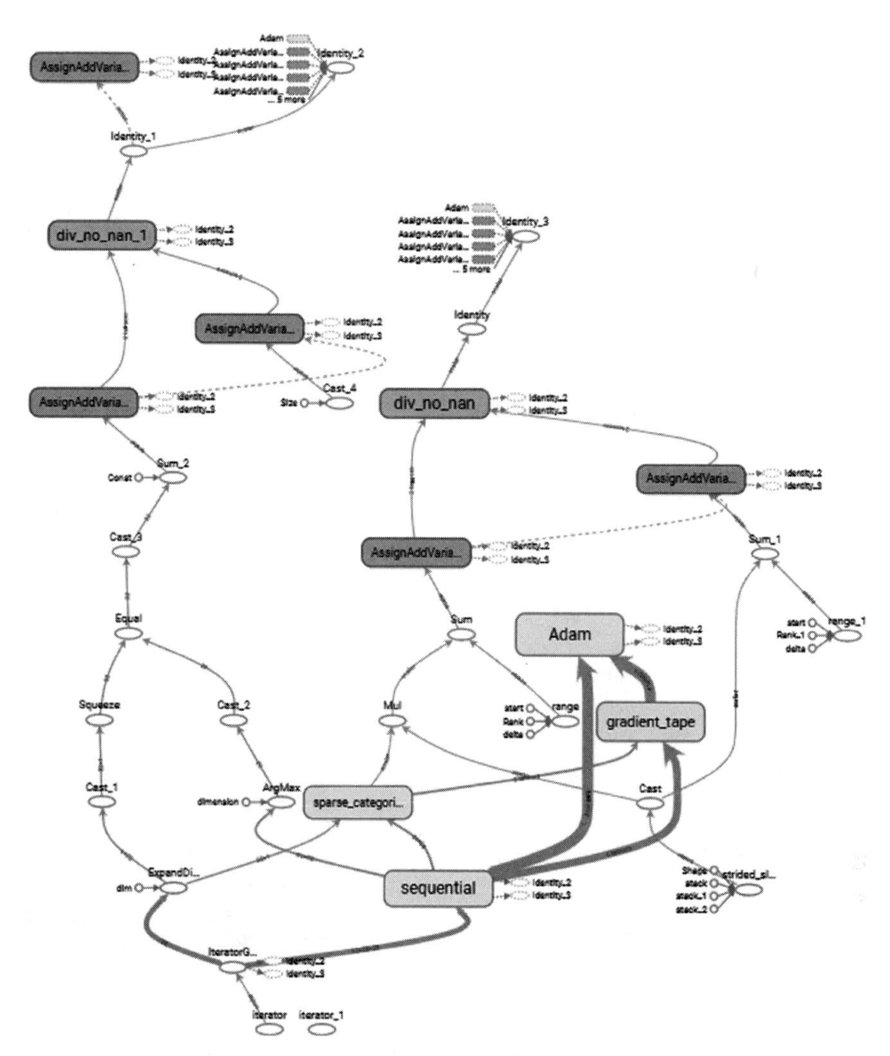

图 5-12 Tag 使用默认状态时看到的计算图

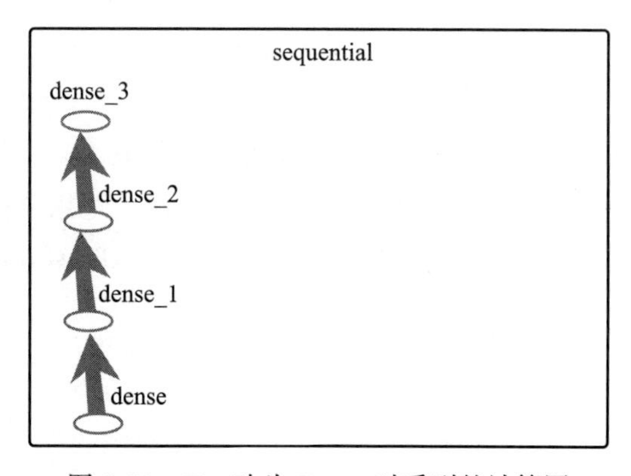

图 5-13 Tag 改为 Keras 时看到的计算图

分布图用于显示张量的分布，显示每个循环权重和偏差的分布情况，如图 5-14 所示。

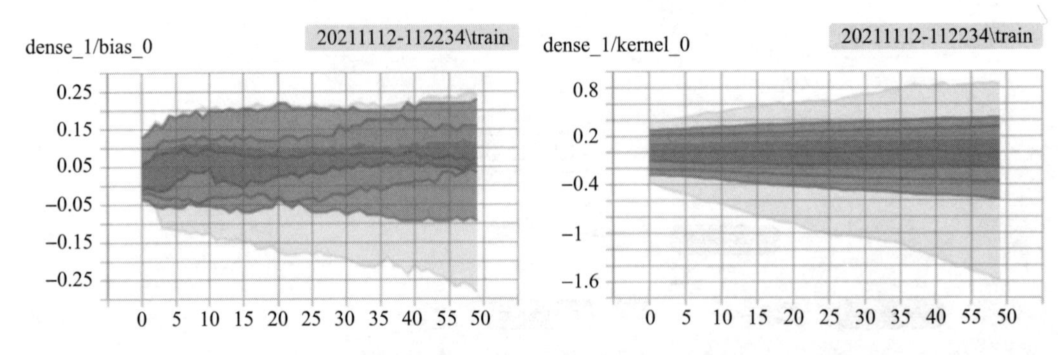

图 5-14 权重和偏差的分布图（分布图）

直方图用于显示张量的分布，显示每个循环中权重和偏差的分布情况，如图 5-15 所示。

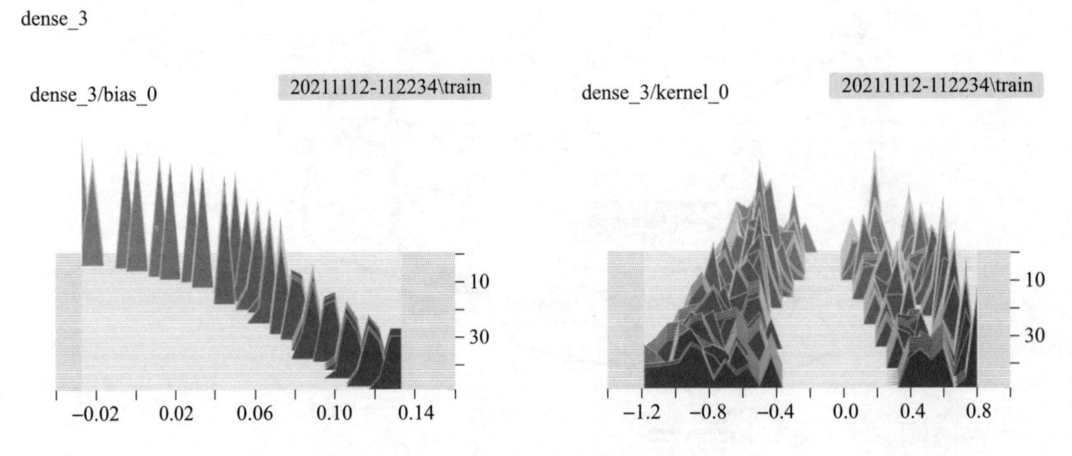

图 5-15 权重和偏差的分布图（直方图）

5.4 小结

可视化往往能锦上添花，所以无论是数据分析还是深度学习，都非常重视可视化。这里我们介绍了 3 种可视化工具，matplotlib 最基础、最常用、适用范围最广；pyecharts 功能强大，容易制成动态图像，外观丰富多彩；TensorBoard 是 TensorFlow 为深度学习定制的可视化工具。

第二部分

深度学习基础

CHAPTER 6

第6章

机器学习基础

在本书的第一部分，我们介绍了 NumPy、TensorFlow 基础等内容，这些内容是继续学习 TensorFlow 的基础。在第二部分，我们将介绍深度学习的一些基本内容，以及如何通过 TensorFlow 解决机器学习、深度学习的一些实际问题。

深度学习是机器学习的重要分支，也是机器学习的核心，它是在机器学习的基础上发展起来的，因此在了解深度学习之前，理解机器学习的基本概念、原理会对理解深度学习大有裨益。

机器学习的体系很庞大，限于篇幅，本章主要介绍一些基本知识及其与深度学习密切相关的内容，如果读者希望进一步学习机器学习的相关知识，建议参考周志华老师的《机器学习》或李航老师的《统计学习方法》。

本章先介绍机器学习中常用的监督学习、无监督学习等，然后介绍神经网络及相关算法，最后介绍一个机器学习实例，主要内容如下：

- 机器学习的一般流程
- 监督学习
- 无监督学习
- 数据预处理
- 机器学习实例

6.1 机器学习的一般流程

机器学习的一般流程包括明确目标、收集数据、数据探索与预处理、模型选择、模型评估等步骤，如图 6-1 所示。

图 6-1 直观地展示了机器学习的一般步骤及整体架构，接下来我们就各部分分别加以说明。

6.1.1 明确目标

在实施一个机器学习项目之初，定义需求、明确目标、了解要解决的问题以及目标涉及的范围等非常重要，它们直接影响着后续工作的质量甚至成败。明确目标，首先需要明确大方向，比如当前需求是分类问题、预测问题还是聚类问题等。清楚大方向后，需要进一步明确目标的具体含义。如果是分类问题，还需要区分是二分类、多分类还是多标签分类；如果是预测问题，要区别是标量预测还是向量预测；其他方法与此类似。明确目标有助于选择模型架构、损失函数及评估方法等。

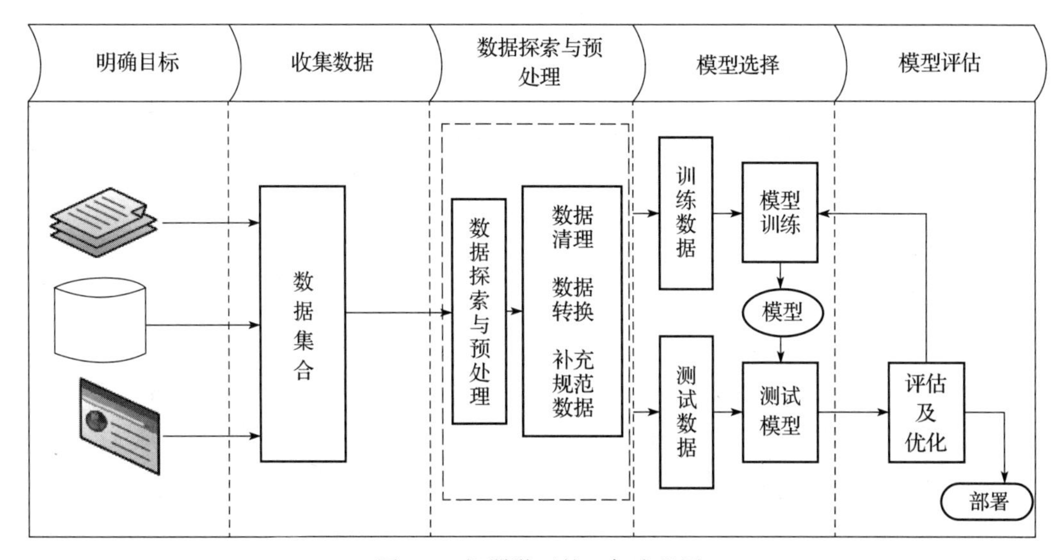

图 6-1　机器学习的一般流程图

当然，明确目标还包含需要了解目标的可行性，因为并不是所有问题都可以通过机器学习来解决。

6.1.2 收集数据

目标明确后，接下来就是收集数据。例如，为了解决这个问题，需要用到哪些数据，数据是否充分，哪些数据能获取，哪些数据无法获取，这些数据是否包含我们学习的一些规则等，都需要我们全面把握。

数据可能涉及不同平台、不同系统、不同部分、不同形式等，对这些问题的了解有助于确定具体数据收集方案、实施步骤等。收集数据时尽量实现自动化、程序化。

6.1.3 数据探索与预处理

收集到的数据，不一定规范和完整，这就需要我们对数据进行初步分析或探索，然后根据探索结果与目标，确定数据预处理方案。

对数据的探索包括了解数据的大致结构、数据量、各特征的统计信息、整个数据质量情况、数据的分布情况等。为了更好地体现数据分布情况，数据可视化是一个不错的方法。

通过数据探索后，我们可能会发现不少问题，如存在缺失数据、数据不规范、数据分布不均衡、存在奇异数据、有很多非数值数据、存在很多无关或不重要的数据等，这些问题直接影响着数据质量。为此，数据预处理工作应该是接下来的重点工作，它是机器学习过程中必不可少的重要步骤，特别是在生产环境中，数据往往是原始、未加工、未处理过的，此时数据预处理工作常常会占据整个机器学习过程的大部分时间。

数据预处理一般包括数据清理、数据转换、规范数据、特征选择等工作。

6.1.4　模型选择

数据准备好以后，接下来就是根据目标选择模型。可以先用一个简单的、自己比较熟悉的方法来实现一个原型或比基准更好一点的模型。这个简单模型有助于你快速了解整个项目的主要内容。

- 了解整个项目的可行性、关键点。
- 了解数据质量、数据是否充分。
- 为开发一个更好的模型奠定基础。

在进行模型选择时，一般不存在某种在任何情况下都表现很好的算法。因此在实际选择时，我们一般会选用几种不同的方法来训练模型，然后比较它们的性能，从中选择最优的那个。

模型选择好后，还需要考虑以下几个关键点：

- 最后一层是否需要添加 softmax 或 sigmoid 激活函数；
- 选择合适损失函数。

表 6-1 列出了根据问题类型的最后一层激活函数选择损失函数的建议，供大家参考。

表 6-1　根据问题类型选择损失函数

<table>
<tr><th>问题类型</th><th>最后一层激活函数</th><th>损失函数</th></tr>
<tr><td>回归模型</td><td></td><td>tf.losses.（或 tf.keras.losses.）
mean_squared_error（函数形式，简写为 mse）
MeanSquaredError（类形式，简写为 MSE）</td></tr>
<tr><td>SVM</td><td></td><td>hinge</td></tr>
<tr><td>二分类模型</td><td></td><td>binary_crossentropy（函数形式）
BinaryCrossentropy（类形式）</td></tr>
<tr><td rowspan="2">多分类模型</td><td>label 是类别序号编码</td><td>categorical_crossentropy</td></tr>
<tr><td>label 进行了独热编码</td><td>sparse_categorical_crossentropy</td></tr>
<tr><td>自定义损失函数</td><td colspan="2">自定义损失函数接收两个张量（y_true, y_pred）作为输入参数，并输出一个标量作为损失函数值；同时继承 tf.keras.losses.Loss 类，重写 call 方法实现损失的计算逻辑，从而得到损失函数的类的实现</td></tr>
</table>

6.1.5　模型评估

模型确定后，还需要确定一种评估模型性能的方法，即评估方法。评估方法大致有以下 3 种，分析如下。

1）留出法（holdout）：留出法的实施步骤相对简单，它直接将数据集划分为两个互斥的集合，一个集合作为训练集，另一个作为测试集。在训练集上训练出模型后，用测试集来评估测试误差，作为泛化误差的估计。使用留出法时，还有一种更好的划分方法就是把数据分成三部分：训练数据集、验证数据集、测试数据集。训练数据集用来训练模型，验证数据集用来调优超参数，测试数据集用来测试模型的泛化能力。推荐在数据量较大时使用这种方法。留出法的实施步骤可用图 6-2 表示。

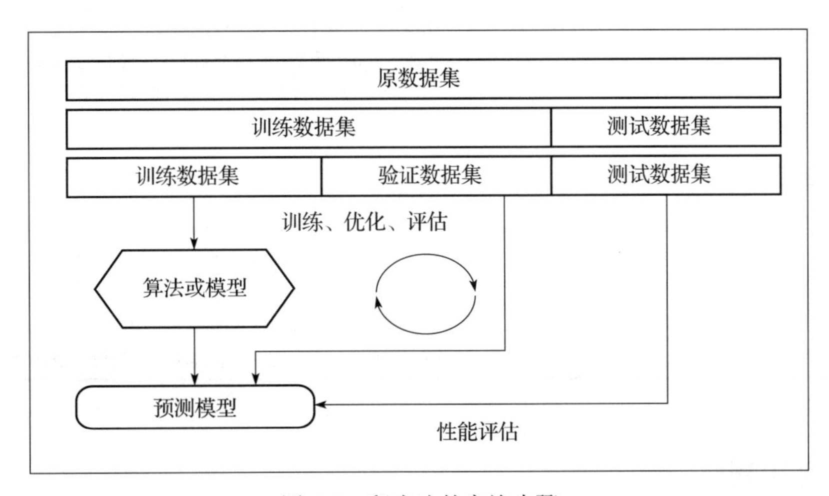

图 6-2　留出法的实施步骤

2）K 折交叉验证：不重复地随机将训练数据集划分为 k 个，其中 $k-1$ 个用于训练模型，剩余的一个用于测试模型，具体如图 6-3 所示。

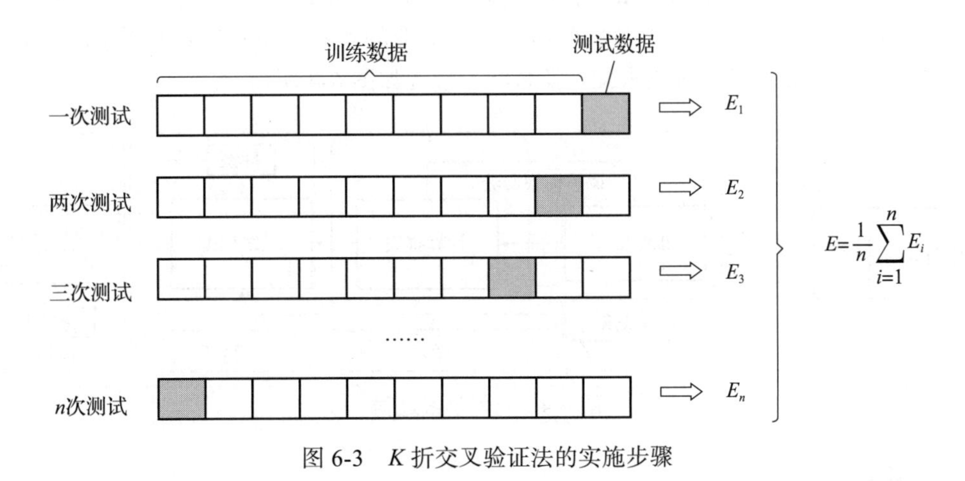

图 6-3　K 折交叉验证法的实施步骤

3）重复的 K 折交叉验证：当数据量比较小、数据分布不均匀时可以使用这种方法。

使用训练数据构建模型后，通常使用测试数据对模型进行测试。如果对模型的测试结果满意，就可以用此模型进行预测；如果对测试结果不满意，可以优化模型。优化模型的方法有很多，其中网格搜索参数是一种有效方法，当然我们也可以采用手工调节参数等方法进行优化。如果出现过拟合，尤其对于回归类问题，可以考虑正则化方法来降低模型的泛化误差。

这里简单列举一些评估指标及其概述，如表 6-2 所示。

表 6-2　评估指标及其概述

问题类型	最后一层激活函数	评估指标
回归模型		tf.losses.（或 tf.keras.losses.） mean_squared_error（函数形式，简写为 mse） MeanSquaredError（类形式，简写为 MSE）
二分类模型	要求 y_true(label) 为独热编码形式 要求 y_true(label) 为序号编码形式	Accuracy（准确率） Precision（精确率） Recall（召回率） CategoricalAccuracy（分类准确率，与 Accuracy 含义相同 SparseCategoricalAccuracy（稀疏分类准确率，与 Accuracy 含义相同
多分类模型	要求 y_true(label) 为独热编码形式	TopKCategoricalAccuracy（多分类 TopK 准确率）
	要求 y_true(label) 为序号编码形式	SparseTopKCategoricalAccuracy（稀疏多分类 TopK 准确率）

6.2　监督学习

机器学习大致可分为监督学习（Supervised Learning）、无监督学习（Unsupervised Learning）和半监督学习（Semi-supervised Learning）。本节主要介绍监督学习的有关算法。

监督学习的数据集一般含有很多特征或属性，数据集中的样本都有对应标签或目标值。监督学习的任务就是根据这些标签，学习调整分类器的参数，使其达到所要求的性能的过程。简单来说，就是由已知推出未知。监督学习过程如图 6-4 所示。

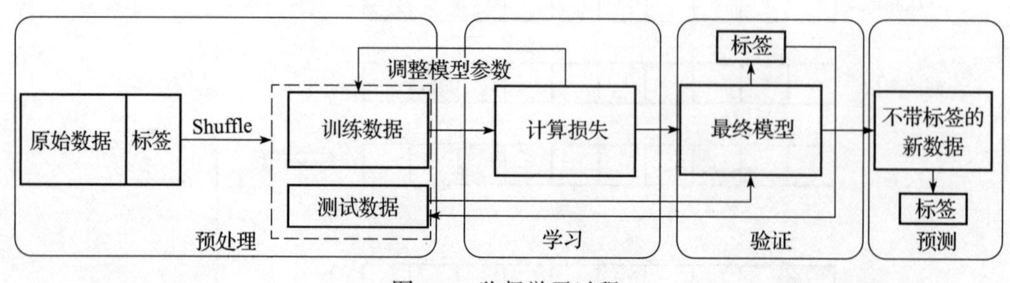

图 6-4　监督学习过程

6.2.1　线性回归

线性回归是一种线性模型，所以在介绍线性回归之前，我们先简单介绍一下线性模型。

线性模型是监督学习中比较简单的一种模型，虽然简单，但却非常有代表性，而且是学习线性模型其他算法很好的入口。

线性模型的任务是：在给定样本数据集上（假设该数据集特征数为 n），学习得到一个模型或一个函数 $f(z)$，使得对任意输入特征向量 $\boldsymbol{X}=(x_1,x_2,\cdots,x_n)^{\mathrm{T}}$，$f(z)$ 能表示为 $\boldsymbol{X}$ 的线性函数，即满足 $z=w_1x_1+w_2x_2+\cdots+w_nx_n+b$，则有：

$$f(z)=f(w_1x_1+w_2x_2+\cdots+w_nx_n+b) \tag{6.1}$$

其中 $w_i(1\leqslant i\leqslant n)$，$b$ 为模型参数，这些参数需要在训练过程学习或确定。

把式（6.1）写成矩阵的形式：

$$f(z)=f(\boldsymbol{W}^{\mathrm{T}}\boldsymbol{X}+b) \tag{6.2}$$

其中 $\boldsymbol{W}=(w_1,w_2,\cdots,w_n)^{\mathrm{T}}$

线性模型可以用于分类、回归等学习任务，例如线性回归、逻辑回归等算法。另外，我们从式（6.2）可以看出，它与单层神经网络（又称为感知机，见图 6-5）的表达式一致，因此，人们往往也把单层神经网络纳入线性模型范围中。单层神经网络属于神经网络，具体将在本书第 7 章介绍。

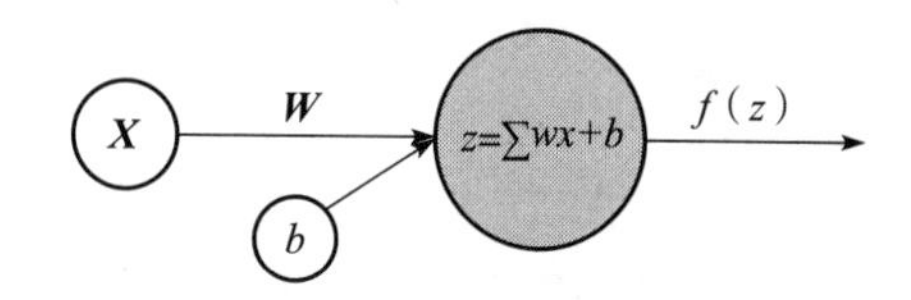

图 6-5 单层单个神经元

线性回归是回归学习中的一种，其任务就是在给定的数据集 D 中，通过学习得到一个线性模型或线性函数 $f(x)$，使得数据集与函数 $f(x)$ 之间具有式（6.1）的关系。如果把这种函数关系可视化，则如图 6-6 所示。

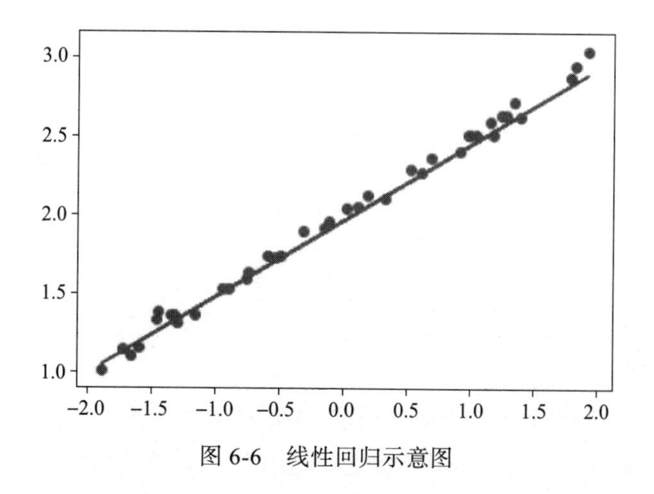

图 6-6 线性回归示意图

如图 6-6 所示，这条直线是如何训练出来的呢？要画出这条直线（$f(x)=wx+b$），就需要知道直线的两个参数：w 和 b。如何求 w 和 b？那就需要用到所有的已知条件：样本（含 x 和目标值或标签）。样本用字符可表示为：$\{(x^1,y^1),(x^2,y^2),\cdots,(x^m,y^m)\}$。

这里假设共有 m 个样本，每个样本由输入特征向量 $\boldsymbol{x}^i$ 和目标值 y^i 构成，其中 $\boldsymbol{x}^i$ 一般是向量，如 $\boldsymbol{x}^i=(x_1,x_2,\cdots,x_n)^{\mathrm{T}}$，$y^i$ 是目标值（又称为实际值或标签），它是一个实数，即 $y\in\mathbf{R}$。为简单起见，我们假设 x^i 是一维的，所以样本就是图 6-6 中的各个点。

根据这些点，如何拟合预测函数 $f(x)=wx+b$ 呢？通过这些点，可以画出很多类似的直线，在这些直线中哪条直线最能反映这些样本的特点呢？这就涉及一个衡量标准问题，通常用一个代价函数来表示：

$$L(w,b)=\frac{1}{2}\sum_{i=1}^{m}(f(\boldsymbol{x}^i)-y^i)^2 \tag{6.3}$$

由式（6.3）可知，当 m 个样本点的预测值 $f(x^i)$ 与实际值 y^i 的距离最小时，这条直线应该就是最好的。把 $f(\boldsymbol{x}^i)=w\boldsymbol{x}^i+b$ 代入式（6.3）：

$$L(w,b)=\frac{1}{2}\sum_{i=1}^{m}((w\boldsymbol{x}^i+b)-y^i)^2 \tag{6.4}$$

所以上述拟合直线问题就转换为求代价函数 $L(w, b)$ 的最小值问题。要求解最小值问题，我们可以使用：

1）迭代法，每次迭代沿梯度的反方向（如图 6-7 所示），逐步靠近或收敛最小值点；

2）最小二乘法，直接求出参数 w、b。

第二种方法计算量比较大而且复杂，所以我们通常采用第一种方法，具体实现请参考 6.5 节，这里不再展开。

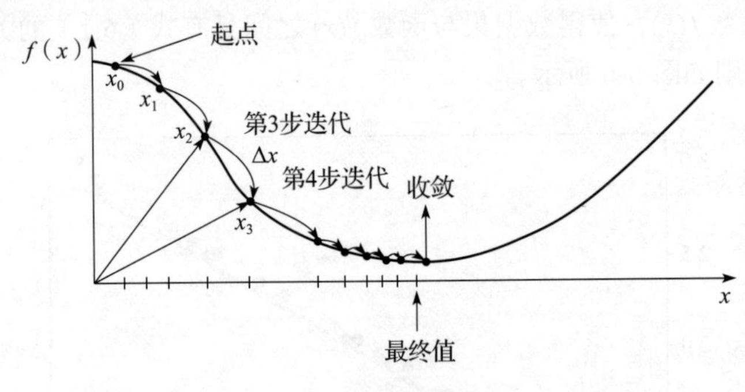

图 6-7　梯度下降法

6.2.2　逻辑回归

上节我们介绍了线性回归，利用线性回归来拟合一条直线，这条直线就是一个函数或一个模型，然后根据这个函数对新输入数据 x 进行预测，即根据输入 x，预测其输出值 y。这是一个典型的回归问题。线性模型除了可用于回归，也可用于分类。最常用的方法就是逻辑回归（Logistic Regression）。分类，顾名思义，就是根据数据集的特点将其划分成几类，输出为有限的离散值，如 {A, B, C}，{是，否}，{0, 1} 等。图 6-8 为逻辑回归分类可视化示意图。

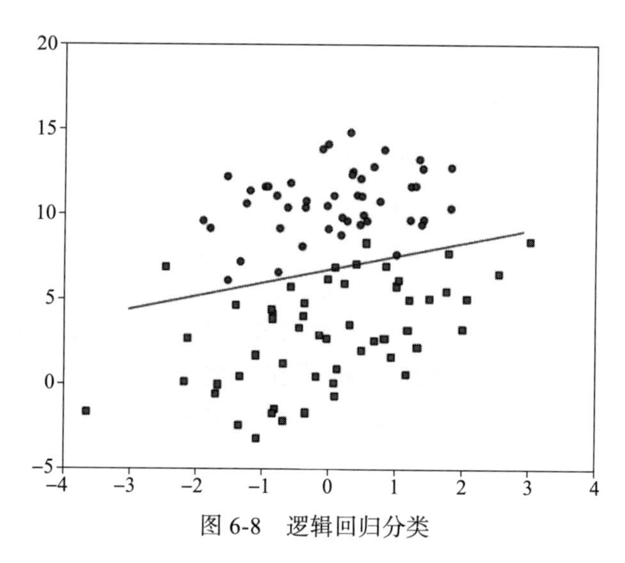

图 6-8　逻辑回归分类

其任务就是在数据集 D={ 若干圆点，若干小方块 } 中，找出一条直线或曲线，把这两类点区分开。划分结果是，在直线一边尽可能为同一类的点，如圆点，在直线另一边尽可能是另一类的点，如小方块，如图 6-8 所示。那么，如何求出拟合分类直线或这条直线的表达式呢？当然这条直线的表达式不像式（6.1），其输出结果最好为是或否，0 或 1，具体表达式为：

$$f(z)=\begin{cases}0 & z=\boldsymbol{w}^{\mathrm{T}}\boldsymbol{x}+b\leqslant 0\\ 1 & z=\boldsymbol{w}^{\mathrm{T}}\boldsymbol{x}+b>0\end{cases} \tag{6.5}$$

其中 $\boldsymbol{w}^{\mathrm{T}}\boldsymbol{x}+b=0$ 被称为划分边界。

式（6.5）虽然结果很完备，但是其并不连续，所以我们一般转向次优的方案，采用 sigmoid 函数：

$$f(z)=\frac{1}{1+\mathrm{e}^{-z}} \tag{6.6}$$

其对应的函数曲线如图 6-9 所示。

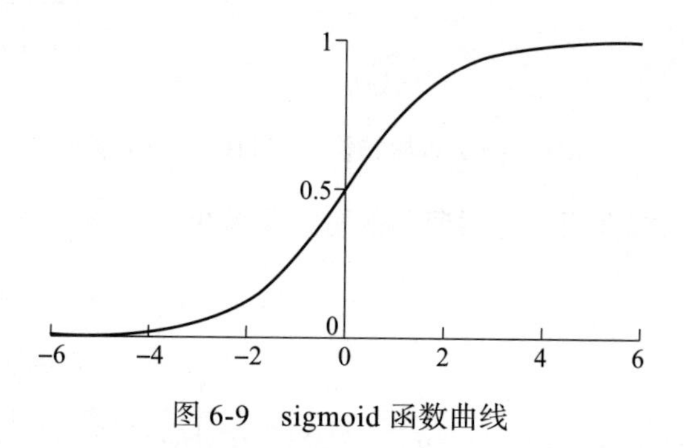

图 6-9　sigmoid 函数曲线

该函数将输出数据压缩到 0 ～ 1 的范围内，这也是概率取值范围，如此便可将分类问题转换为一个概率问题来处理。把 $z=\boldsymbol{w}^{\mathrm{T}}\boldsymbol{x}+b$ 代入式（6.6）便可得到逻辑回归的预测函数：

$$f(z)=\frac{1}{1+\mathrm{e}^{-(\boldsymbol{w}^{\mathrm{T}}\boldsymbol{x}+b)}} \tag{6.7}$$

对于二分类问题，我们可以用预测 $y=1$ 或 0 的概率表示为：

$$p(y=1|x;w,b)=f(z) \tag{6.8}$$

$$p(y=0|x;w,b)=1-f(z) \tag{6.9}$$

确定了模型的函数表达式后，剩下就是求解模型中的参数（如 w、b）。与线性回归一样，要确定参数，需要使用代价函数。逻辑回归属于分类问题，此时就不宜用式（6.3）的代价函数。如果还以式（6.3）作为代价函数，我们会发现 $L(w, b)$ 为非凸函数，此时就存在很多局部极值点，无法用梯度迭代得到最终的参数，因此分类问题通常采用对数最大似然函数作为代价函数：

$$L(w,b)=\log\left(\prod_{i=1}^{m}p(y^i\mid x^i;w,b)\right)=\sum_{i=1}^{m}\log(p(y^i\mid x^i;w,b)) \tag{6.10}$$

这节我们介绍了线性模型中的线性回归、逻辑回归及其简单应用。这里使用的数据集是比较理想的线性数据集，但实际生活中很多数据集是非线性数据集，此时我们该如何划分呢？6.2.4 节将介绍一种强大的分类器——支持向量机，它不但可以处理线性数据集，也可以处理非线性数据集。

6.2.3　树回归

前面我们介绍了线性回归、逻辑回归等，这节将介绍树回归。在介绍树回归之前，先简单介绍一下决策树。决策树一般用于分类，但也有一些决策树可用于回归预测，如 CART 决策树，甚至效果会更好。图 6-10 是把决策树转换为回归模型的示意图。

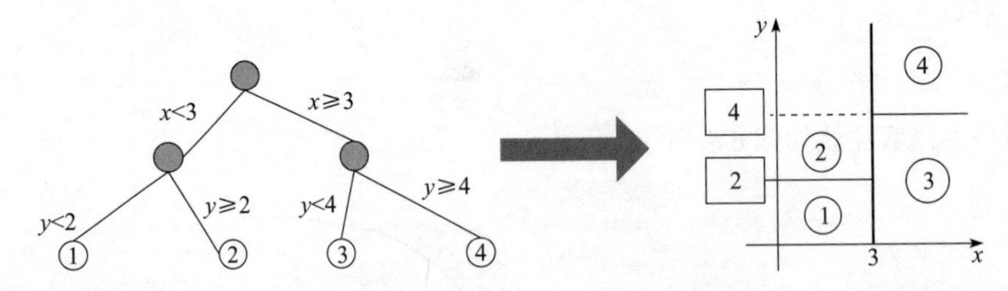

图 6-10　把决策树转换为回归模型的示意图

图 6-11 对比了使用线性回归与树回归的可视化效果，在该场景中，树回归的性能高于线性回归的性能。

6.2.4　支持向量机

支持向量机（Support Vector Machine，SVM）在处理线性数据集、非线性数据集时都有较好效果，在机器学习或者模式识别领域可谓无人不知，无人不晓。在 20 世纪八九十年代，支持向量机曾与神经网络一决雌雄，独领风骚几十年，甚至有人把神经网络在八九十年代的再度沉寂归功于它。

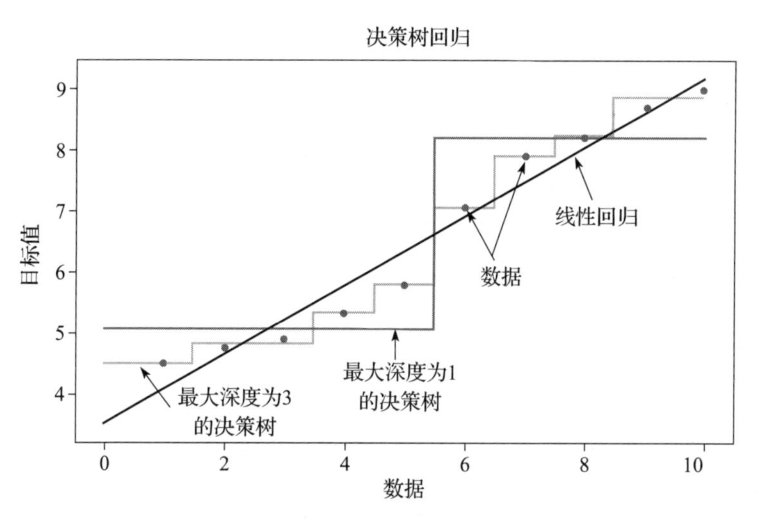

图 6-11　线性回归与树回归的可视化效果对比

它的强大或神奇与它采用的相关技术不无关系，如最大类间隔、松弛变量、核函数等，这些技术使其在众多机器学习方法中脱颖而出，即使几十年过去了，仍风采依旧。究其原因，这与其高效、简洁、易用的特点分不开。其中一些处理思想与当今深度学习技术有很大关系，如使用核方法解决非线性数据集分类问题的思路，类似于带隐含层的神经网络，二者有异曲同工之妙。

使用支持向量机进行分类，目的与使用逻辑回归得到一个分类器或分类模型类似，不过它的分类器是一个超平面（如果数据集是二维的，则这个超平面是直线；如果数据集是三维的，则是平面，以此类推），该超平面把样本一分为二。当然，这种划分不是简单划分，需要使正例和反例之间的间隔越大。间隔越大，其泛化能力就越强。那么，如何得到这样的超平面呢？下面我们通过一个二维空间例子来说明。

1. 最优间隔分类器

SVM 的分类器为超平面，何为超平面？哪种超平面是我们所需要的？我们先来看图 6-12 所示的几个超平面或直线。

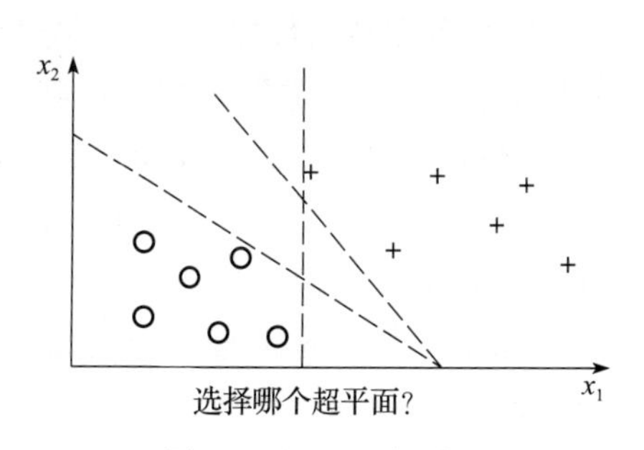

图 6-12　SVM 超平面

如何获取最大化分类间隔？分类算法的优化目标通常是最小化分类误差，但对 SVM 而言，其优化目标是最大化分类间隔。间隔是指两个分离的超平面间的距离，而超平面 H_1 和 H_2 上的训练样本又称为支持向量（support vector）。

假设一个二维空间的数据集分布如图 6-13 所示（图中的样本点有些是圆点，有些是方块）。

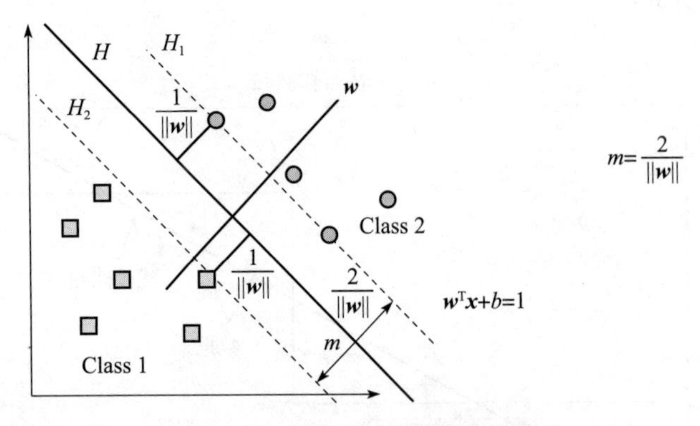

图 6-13　二维空间的数据集分布

其中，H_1 为 $\boldsymbol{w}^{\mathrm{T}}\boldsymbol{x}+b=1$，$H_2$ 为 $\boldsymbol{w}^{\mathrm{T}}\boldsymbol{x}+b=-1$，$H$ 为 $\boldsymbol{w}^{\mathrm{T}}\boldsymbol{x}+b=0$，$W$=[w1, w2], X=[x1, x2] 或 [x, y]。

接下来我们需要用这些样本去训练学习一个线性分类器（超平面），即直线 H: $f(x)=\mathrm{sgn}(\boldsymbol{w}^{\mathrm{T}}\boldsymbol{x}+b)$，当 $\boldsymbol{w}^{\mathrm{T}}\boldsymbol{x}+b$ 大于 0 时，输出 +1，当其小于 0 时，输出 −1，其中 sgn() 表示取符号。而 $g(x)=\boldsymbol{w}^{\mathrm{T}}\boldsymbol{x}+b=0$ 就是我们要寻找的分类超平面（即直线 H），如图 6-13 所示。我们需要这个超平面尽可能分隔这两类，即该分类面到两个类的最近的那些样本的距离相同，而且最大。为了更好地说明这个问题，假设我们在图 6-13 中找到了两个与超平面并行且距离相等的超平面：$H_1(y=\boldsymbol{w}^{\mathrm{T}}\boldsymbol{x}+b=+1)$ 和 $H_2(y=\boldsymbol{w}^{\mathrm{T}}\boldsymbol{x}+b=-1)$。

这时候我们就需要满足两个条件：

1）没有任何样本在这两个平面之间；

2）这两个平面的距离需要最大。

有了超平面以后，我们就可以对数据集进行划分了。不过还有一个关键问题，如何把非线性数据集转换为线性数据集？我们可以利用核函数技术把非线性数据集映射到一个更高或无穷维的空间，在新空间转换为线性数据集，具体介绍如下。

2. 核函数

如何利用核函数把线性不可分数据集转换为线性可分数据集呢？为了给大家一个直观的认识，我们先来看图 6-14，直观感受一下 SVM 的核威力。

图 6-14a 为一个线性不可分数据集，中间为一个核函数 ϕ：

$$\phi(x_1,x_2)=(z_1,z_2,z_3)=(x_1,x_2,x_1^2+x_2^2) \tag{6.11}$$

其功能就是将左边的二维空间线性不可分的数据集映射到三维空间，变成一个线性可分数据集，其中超平面可以把数据分成上下两部分。这里使用的核为一个多项式核：$k(\boldsymbol{x},\boldsymbol{y})=(\boldsymbol{x}^{\mathrm{T}}\boldsymbol{y}+c)^d$。

除了用多项式核，还可以用其他核，如：

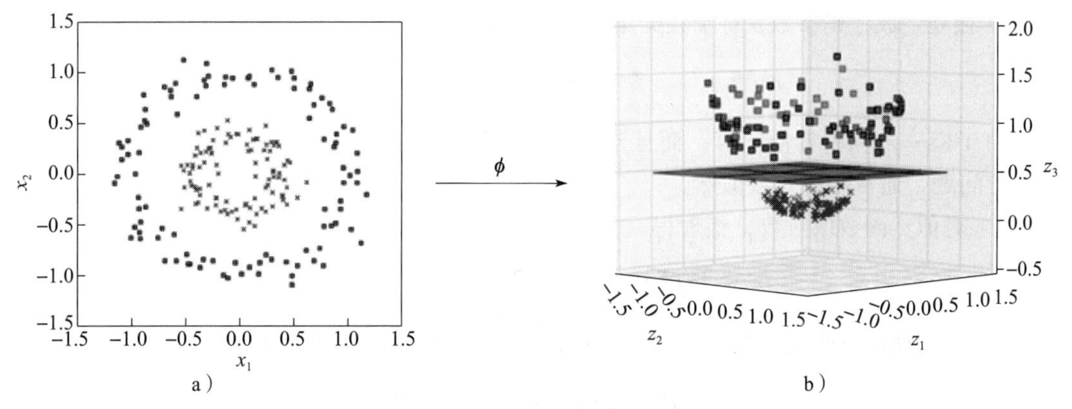

图 6-14　SVM 核函数数据集映射

- 径向基核函数（Radial Basis Function），又称为高斯核：

$$k(\boldsymbol{x},\boldsymbol{y})=\exp\left(\frac{-\|\boldsymbol{x}-\boldsymbol{y}\|^2}{2\delta^2}\right) \tag{6.12}$$

- sigmoid 核：

$$k(\boldsymbol{x},\boldsymbol{y})=\tan\mathrm{h}(\boldsymbol{\alpha x}^{\mathrm{T}}+c) \tag{6.13}$$

在 SVM 中添加核函数，就相当于在神经网络中添加隐含层，所以 SVM 曾经风靡一时，但目前已被神经网络，尤其是深度学习所超越。究其原因，SVM 核函数比较难选择是重要原因。此外，SVM 的灵活性、扩展性也不如神经网络。神经网络将在第 7 章介绍。

6.2.5　朴素贝叶斯分类器

概率论是很多机器学习算法的基础，所以熟悉这一主题非常重要。朴素贝叶斯是一种基于概率论来构建分类器的经典方法。

一些概率模型在监督学习的样本集中能获得非常好的分类效果。在很多实际应用中，朴素贝叶斯模型的参数估计使用最大似然估计法。

1. 最大似然估计法

概率模型的训练过程就是一个参数估计过程，对于参数估计，统计学界有两个派别，即频率派和贝叶斯派，两个派别分别提出了不同的思想和解决方案，这些方法各有自己的特点和理论依据。频率派认为参数虽然未知，但却是固定的，因此，可以通过优化似然函数等准则来确定；贝叶斯派认为参数是随机值，因为没有观察到，与一个随机数没有什么区别，因此参数可以有分布，也就是说，可以假设参数服从一个先验分布，然后基于观察到的数据计算参数的后验分布。

本节介绍的最大似然估计（Maximum Likelihood Estimate，MLE）法属于频率派。如何求解最大似然估计呢？以下为求解 MLE 的一般过程。

1）写出似然函数。假设我们有一组含 m 个样本的数据集 $X=\{x^{(1)},x^{(2)},\cdots,x^{(m)}\}$，由分布

$P(x;\theta)$ 独立生成，则参数 θ 对于数据集 X 的似然函数为：

$$\prod_{i=1}^{m} p(x^{(i)};\theta) \tag{6.14}$$

由于概率乘积不方便计算，而且连乘容易导致数值下溢，所以为了得到一个便于计算的等价问题，通常使用对数似然。

2）对似然函数取对数，整理得：

$$\log\prod_{i=1}^{m} p(x^{(i)};\theta)=\sum_{i=1}^{m}\log p(x^{(i)};\theta) \tag{6.15}$$

3）利用梯度下降法，求解参数 θ。根据式（6.15），最大似然估计可表示为：

$$\hat{\theta}=\arg\max_{\theta}\sum_{i=1}^{m}\log p(x^{(i)};\theta) \tag{6.16}$$

2. 朴素贝叶斯分类器法

前面我们介绍了利用逻辑回归、支持向量机进行分类，这里我们介绍一种新的分类方法。这就是朴素贝叶斯分类器法，它基于贝叶斯定理，同时假设样本的各特征相互独立且互不影响，假设特征互相独立是称其为“朴素”的重要原因。

利用 LR 或 SVM 进行分类的一般步骤如下。

1）定义模型函数：$y=f(x)$ 或 $p(y|x)$。

2）定义代价函数。

3）利用梯度下降方法，求出模型函数中的参数。

如果我们用朴素贝叶斯分类器进行分类，其步骤是否与 LR 或 SVM 一样呢？要回答这个问题，我们首先看一下朴素贝叶斯分类器的主要思想。

假设给定输入数据 x 及类别 c 的条件下，求 x 属于类别 c 的概率 $p(c|x)$，那么朴素贝叶斯公式可表示为：

$$p(c|x)=\frac{p(x\mid c)p(c)}{p(x)} \tag{6.17}$$

也就是说，朴素贝叶斯分类的基本思想是，通过求取 $p(c)$ 与 $p(x|c)$ 来求 $p(c|x)$，而不是直接求 $p(c|x)$。利用式（6.17）求最优分类，$p(x)$ 对所有类别都是相同的。

输入数据 x 一般含有多个特征或多个属性，假设 x 有 n 个特征，即 $x=(x_1,x_2,\cdots,x_n)$，那么计算 $p(x|c)$ 会比较麻烦，需要计算在条件 c 下的联合分布。好在朴素贝叶斯假设“属性条件独立性”，所以 $p(x|c)$ 就可以写成：

$$p(x\mid c)=p((x_1,x_2,\cdots,x_n)\mid c)=\prod_{i=1}^{n}p(x_i\mid c) \tag{6.18}$$

假设类别集合为 Y, $p(x)$ 对所有类别都相同，因此在输入数据 x 条件下，最优分类可表示为：

$$\arg\max_{c\in Y} p(c)\prod_{i=1}^{n}p(x_i\mid c) \tag{6.19}$$

由此，我们可以看出，利用朴素贝叶斯分类器进行分类，不是首先定义 $p(c|x)$，而是先求出 $p(x|c)$，再求出不同分类下的最优值，其间不涉及求代价函数。

6.2.6　集成学习

集成（Aggregation）学习为什么能起到 1+1>2 的效果？集成学习的原理与盲人摸象揭示的道理类似，即综合多个盲人的观点从而得到一个更全面的观点。

我们知道，艺术源于生活，又高于生活，实际上很多算法也是如此。在介绍集成学习之前，我们先看一下生活中的集成学习。假如你有 m 个朋友，每个朋友向你推荐明天某只股票是涨还是跌，对应的建议分别是 t_1，t_2，…，t_m，那么你该选择哪个朋友的建议呢？你可能会采用如下几种方法进行判断。

- 第一种方法，从 m 个朋友中选择一个最受信任、对股票预测能力最强的朋友，直接听从他的建议就好。这是一种普遍的做法。
- 第二种方法，如果每个朋友在股票预测方面都比较厉害，各有专长，那么就同时考虑 m 个朋友的建议，对所有结果做个投票，一人一票，最终选择票数最高的那只股票。
- 第三种方法，如果每个朋友水平不一，有的比较厉害，有的比较差，那么，仍然对 m 个朋友进行投票，只是设置每个人的投票权重不同，厉害的朋友的投票权重大一些，反之则权重小一些。
- 第四种方法与第三种方法类似，但是权重不是固定的，而是根据不同的条件，给予不同的权重。比如，如果是传统行业的股票，那么给这方面比较厉害的朋友较高的投票权重，如果是服务行业，那么就给这方面比较厉害的朋友较高的投票权重。

上述四种方法都是将不同人、不同意见融合起来的方式，接下来我们讨论如何将这些做法对应到机器学习中。集成学习的思想与这个例子类似，即把多个人的想法结合起来，以得到一个更好、更全面的想法。

集成学习的主要思想：对于一个比较复杂的任务，综合多人的意见来进行决策往往比一家独大好，正所谓集思广益。其过程如图 6-15 所示。

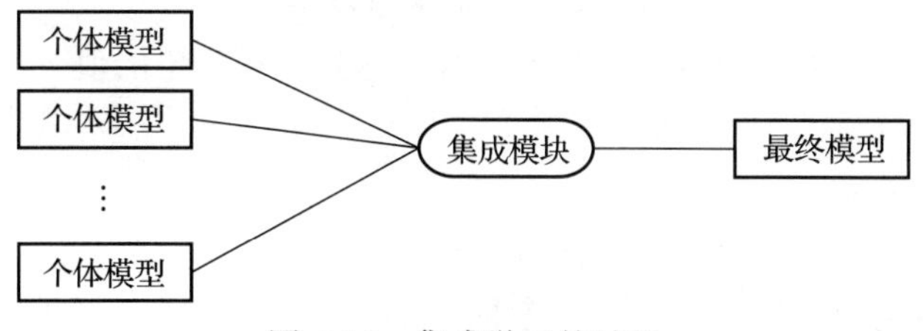

图 6-15　集成学习的过程

接下来介绍两种典型的集成学习算法：装袋（Bagging）算法和提升（Boosting）分类器。

1. 装袋算法

装袋算法的过程如下。

1）从原始样本集中抽取训练集。每轮从原始样本集中使用 Bootstrap 的方法抽取 n 个训练样本。Bootstrap 算法是指利用有限的样本多次重复抽样，重新建立起足以代表母体样本分布的新样本。在训练集中，有些样本可能被多次抽取到，而有些样本可能一次都没有被抽中。该方法可简单表述为进行 k 轮抽取，得到 k 个训练集。这 k 个训练集之间是相互独立的。

2）每次使用一个训练集得到一个模型，k 个训练集可得到 k 个模型。训练时我们可以根据具体问题采用不同的分类或回归方法，如决策树、单层神经网络等。

3）针对分类问题，将上步得到的 k 个模型采用投票的方式得到分类结果；针对回归问题，计算上述模型的均值并将其作为最后的结果。

随机森林是装袋算法的典型代表，在随机森林中，每个树模型都是装袋采样训练的。另外，特征也是随机选择的，最后对于训练好的树也是随机选择的。

这种处理的结果是随机森林的偏差增加得很少，而由于对弱相关树模型的结果进行平均，也使得方差降低，最终得到一个方差小、偏差也小的模型。

2. 提升分类器

提升分类器是指通过算法集合将弱学习器转换为强学习器，其主要原则是训练一系列弱学习器。所谓弱学习器是指仅比随机猜测好一点点的模型，例如较小的决策树，可利用加权的数据进行训练。在训练的早期，对于错分数据会给予较大的权重。

对于训练好的弱分类器，如果是分类任务则按照权重进行投票，如果是回归任务，则先进行加权，再进行预测。提升分类器和装袋算法的区别在于它是对加权后的数据利用弱分类器依次进行训练。

提升分类器是一族可将弱学习器提升为强学习器的算法，这族算法的工作机制类似，分析如下：

- 先从初始训练集训练出一个基学习器；
- 再根据基学习器的表现对训练样本分布进行调整，使得先前的基学习器做错的训练样本在后续受到更多关注；
- 基于调整后的样本分布来训练下一个基学习器；
- 重复进行上述步骤，直至基学习器的数目达到事先指定的值 T，最终将这 T 个基学习器进行加权结合。

下面我们通过一些图形来说明。

1）假设我们有如下样本，如图 6-16 所示。

2）对以上数据集进行替代式分类。第 1 次划分后得到如图 6-17 所示的样本图。

第 2 次划分后得到如图 6-18 所示的样本图。

在图 6-18 中被正确预测的点有较小的权重（尺寸较小），而被错误预测的点（+）则有较大的权重（尺寸较大）。

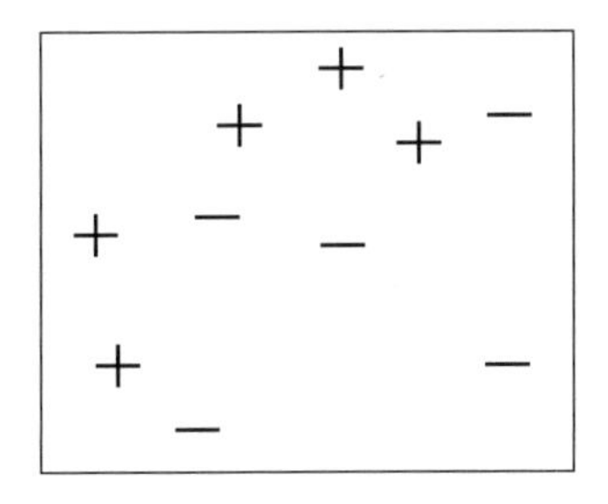

图 6-16 最初样本图

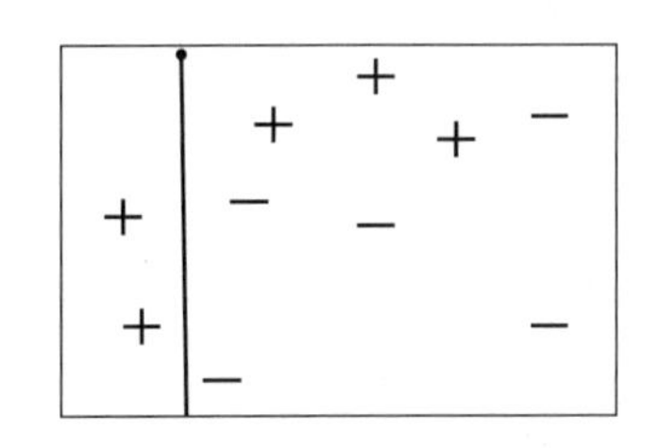

图 6-17 第 1 次划分后的样本图

第 3 次划分后得到如图 6-19 所示的样本图。

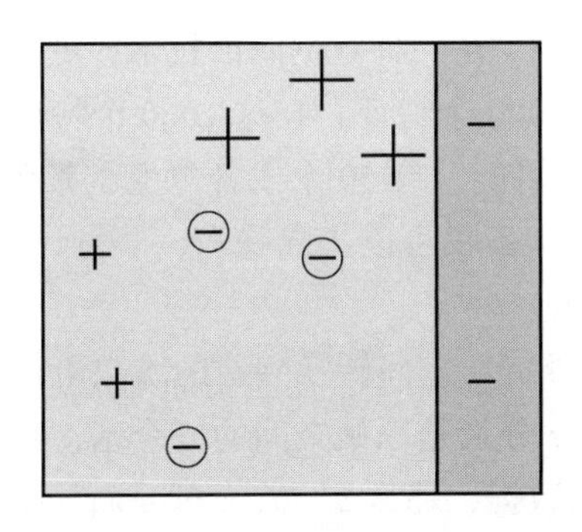

图 6-18 第 2 次划分后的样本图

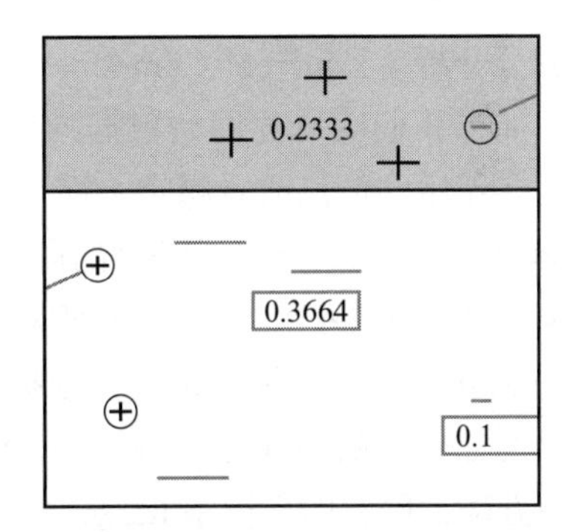

图 6-19 第 3 次划分后的样本图

在图 6-19 中被正确预测的点有较小的权重（尺寸较小），而被错误预测的点（－）则有较大的权重（尺寸较大）。

第 4 次综合以上分类，得到最后的分类结果，如图 6-20 所示。

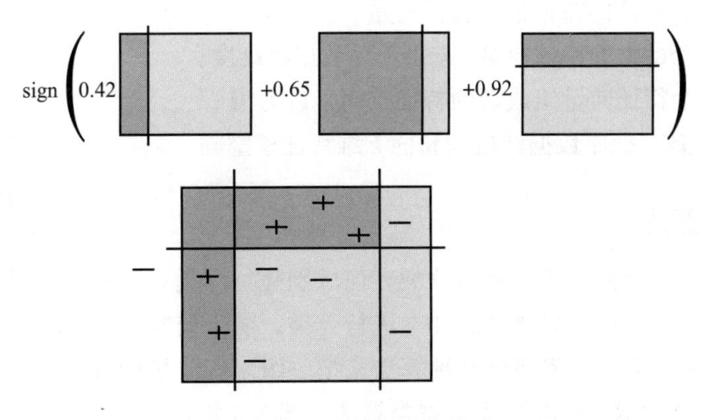

图 6-20 最后的分类结果

基于提升分类器思想的算法主要有 AdaBoost、GBDT、XGBoost 等。

6.3　无监督学习

上节我们介绍了监督学习，监督学习的输入数据中有标签或目标值，但在实际生活中，很多数据是没有标签的，或者标签代价很高，那么，对这些没有标签的数据我们该如何学习呢？这类问题可用机器学习中的无监督学习解决。在无监督学习中，我们通过推断输入数据中的结构来建模，如通过提取一般规律，通过数学处理系统地减少冗余，或者根据相似性组织数据等，这分别对应无监督学习的关联学习、降维、聚类。无监督学习的方法有很多，限于篇幅，我们这里只介绍两种典型的无监督算法：主成分分析与 k 均值算法。

6.3.1　主成分分析

主成分分析（Principal Component Analysis，PCA）是一种数据降维技术，可用于数据预处理。如果我们获取的原始数据维度很大，比如 1000 个特征，在这 1000 个特征中可能包含了很多无用的信息或者噪声，而真正有用的特征可能只有 50 个或者更少，那么我们可以运用 PCA 算法将 1000 个特征降到 50 个特征。这样不仅可以去除噪声，节省计算资源，还可以保持模型性能变化不大。如何实现 PCA 算法呢？

我们从直观上来理解就是，将数据从原来的多维特征空间转换到新的维数更低的特征空间中。例如原始的空间是三维 (x, y, z) 的，x、y、z 分别是原始空间的三个基，我们可以通过某种方法，用新的坐标系 (a, b, c) 来表示原始的数据，那么 a、b、c 就是新的基，它们组成了新的特征空间。在新的特征空间中，可能所有的数据在 c 上的投影都接近于 0，即可以忽略，那么我们就可以直接用 (a, b) 来表示数据，这样数据就从三维 (x, y, z) 降到了二维 (a, b)。如何求新的基 (a, b, c)？下面是求新基的一般步骤：

1）对原始数据集做标准化处理；

2）求协方差矩阵；

3）计算协方差矩阵的特征值和特征向量；

4）选择前 k 个最大的特征向量，k 小于原数据集维度；

5）通过前 k 个特征向量组成新的特征空间，设为 $\boldsymbol{W}$；

6）通过矩阵 $\boldsymbol{W}$，把原数据转换到新的 k 维特征子空间。

6.3.2　*k* 均值算法

前面我们介绍了分类，那聚类与分类有何区别呢？分类是根据一些已知类别标识的样本训练模型，使它能够对未知类别的样本进行分类，属于监督学习。聚类是指事先并不知道任何样本的类别标识，希望通过某种算法来把一组未知类别的样本划分成若干类别，属于无监督学习。k 均值算法就是典型的聚类算法。那么 k 均值算法如何实现聚类呢？它的基本思想是：

1）适当选择 k 个类的初始中心；

2）在第 i 次迭代中，对任意一个样本，求其到 k 个中心的距离，并将该样本归到距离最短的中心所在的类；

3）利用均值等方法更新该类的中心值；

4）对于所有的 k 个聚类中心，如果利用步骤 2）、3）的迭代法更新后，值保持不变，则迭代结束，否则继续迭代；

5）同一类簇中的对象相似度极高，不同类簇中的数据相似度极低。

图 6-21 为 k 均值算法示意图。

如果原数据很多，则 k 均值算法的计算量会非常大，是否有更好的方法呢？每次处理聚类算法时，我们可以采用少批量而不是所有数据进行训练，如 Scikit-learn 提供的小批量 k 均值（Mini Batch K-Means）算法。这种方法非常高效，在深度学习计算梯度下降时，经常采用类似方法，称为随机梯度下降法，具体内容将在第 7 章介绍。

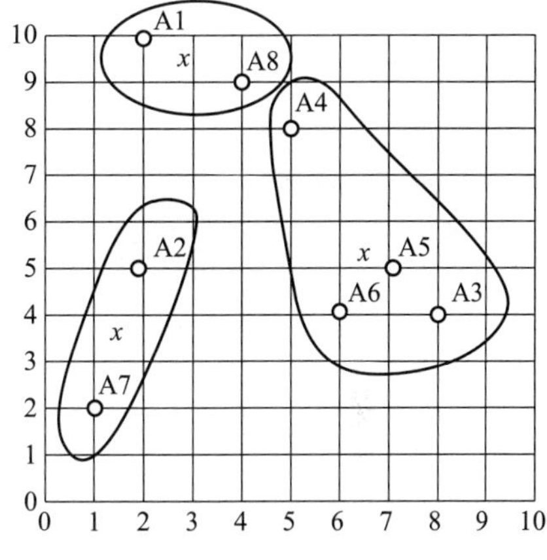

图 6-21　k 均值算法示意图

6.4　数据预处理

特征工程是机器学习任务中的一项重要内容，而数据预处理又是特征工程的核心内容，本节将介绍基于 Python、Pandas 及 Sklearn 的几种数据预处理工具。

首先，我们简单介绍机器学习中经常出现的特征工程中的数据预处理，然后，用葡萄酒数据集实现一个完整的机器学习任务。

6.4.1　处理缺失值

机器学习中经常遇到缺失值的情况，此时如果只是简单地删除缺失数据，可能因此删除一些有用信息，更重要的是可能删除数据的历史轨迹。所以，我们往往采用补填方式进行处理。补填的方法很多，如用 0 补填，用所在列的平均数、中位数、自定义数补填，或者用缺失值的相邻项进行补填等。以下代码是用所在列的平均数来补填缺失数据。

```
import pandas as pd
from io import StringIO

csv_data = '''A,B,C,D
1.0,2.0,3.0,4.0
5.0,6.0,,8.0
10.0,11.0,12.0,'''

df = pd.read_csv(StringIO(csv_data))
df
```

运行结果如图 6-22 所示。

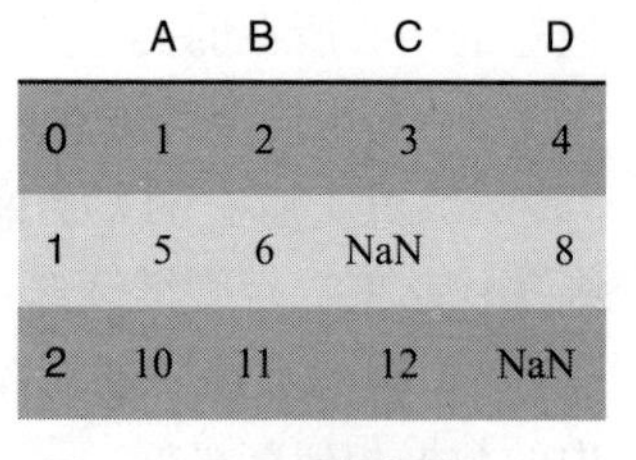

	A	B	C	D
0	1	2	3	4
1	5	6	NaN	8
2	10	11	12	NaN

图 6-22　查看数据集（一）

查看有缺失值的个数及对应列。

```
df.isnull().sum()
```

运行结果如下：

```
A    0
B    0
C    1
D    1
dtype: int64
```

如结果所示，C、D 列各有一个缺失值。用缺失值所在列的平均值补填。

```
from sklearn.preprocessing import Imputer

imr = Imputer(missing_values='NaN', strategy='mean', axis=0)
imr = imr.fit(df)
imputed_data = imr.transform(df.values)
imputed_data
```

运行结果如下：

```
array([[  1. ,   2. ,   3. ,   4. ],
       [  5. ,   6. ,   7.5,   8. ],
       [ 10. ,  11. ,  12. ,   6. ]])
```

6.4.2　处理分类数据

机器学习的数据集中往往包含很多分类数据，其中有些是有序的（即有大小的区别，如衣服的型号，M<X<XL），有些是无序的（即没有大小的区别，如表示颜色的类别等）。如果对这些类别处理不当，则会影响模型性能，尤其在涉及几何距离方面的机器学习任务中。为此，我们一般把有序类别直接转换成整数，把无序类别转换为独热编码。如果把无序类别也转换为整数，如把红色转换为 1，黄色转换为 2，蓝色转换为 3 等，这样就给颜色类别赋予了大小的含义，实际上颜色应该与大小无关，这破坏了其本来属性。

```
import pandas as pd
df = pd.DataFrame([
            ['green', 'M', 10.1, 'class1'],
            ['red', 'L', 13.5, 'class2'],
            ['blue', 'XL', 15.3, 'class1']])

df.columns = ['颜色', '型号', '价格', '类别']
df
```

运行结果如图 6-23 所示。

	颜色	型号	价格	类别
0	green	M	10.1	class1
1	red	L	13.5	class2
2	blue	XL	15.3	class1

图 6-23　查看数据集（二）

把有序特征型号变为整数：

```
size_mapping = {
```

```
            'XL': 3,
            'L': 2,
            'M': 1}

df['型号'] = df['型号'].map(size_mapping)
df
```

运行结果如图 6-24 所示。

然后把无序特征颜色变为独热编码。

```
pd.get_dummies(df[['价格', '颜色', '型号']])
```

运行结果如图 6-25 所示。

	颜色	型号	价格	类别
0	green	1	10.1	class1
1	red	2	13.5	class2
2	blue	3	15.3	class1

图 6-24　把有序特征型号变为整数

	价格	型号	颜色_blue	颜色_green	颜色_red
0	10.1	1	0	1	0
1	13.5	2	0	0	1
2	15.3	3	1	0	0

图 6-25　把无序特征颜色变为独热编码

主要颜色由 1 列变为 3 列，这 3 列中每列只有一个 1，其余都是 0。

说明　把无序类别数据转换为独热编码，对涉及距离计算类算法（如线性回归、KNN 等算法）尤其重要。对于概率或比率类算法（如决策树、朴素贝叶斯等算法），直接将无序类别数据转换为整数即可，不一定需要转换为独热编码。

6.5　机器学习实例

这里以葡萄酒数据集（wine）为例，因数据集不大，可以直接从网上下载。

葡萄酒数据集中的数据包括 3 种酒的 13 种不同成分的数量。文件中，每行代表一种酒的样本，共 178 个样本。数据集一共 14 列，其中，第一个属性是类标识符，分别用 1、2、3 来表示，代表葡萄酒的 3 个分类，后面的 13 列为每个样本的对应属性的样本值，分别是酒精、苹果酸、灰、灰的碱度、镁、总酚、类黄酮、非类黄酮酚、原花青素、色彩强度、色调、稀释酒的 OD280/OD315、脯氨酸。其中第 1 类葡萄酒有 59 个样本，第 2 类有 71 个样本，第 3 类有 48 个样本。具体属性描述如表 6-3 所示。

表 6-3　葡萄酒数据集属性

英文字段	中文字段
Class label	类别
Alcohol	酒精

（续）

英文字段	中文字段
Malic acid	苹果酸
Ash	灰
Alcalinity of ash	灰的碱度
Magnesium	镁
Total phenols	总酚
Flavanoids	类黄酮
Nonflavanoid phenols	非类黄酮酚
Proanthocyanins	原花青素
Color intensity	色彩强度
Hue	色调
OD280/OD315 of diluted wines	稀释酒的 OD280 / OD315
Proline	脯氨酸

1）从网上下载数据。

```
df_wine = pd.read_csv('https://archive.ics.uci.edu/ml/machine-learning-databases/
    wine/wine.data', header=None)

df_wine.columns = ['类别', '酒精', '苹果酸', '灰',
'灰的碱度', '镁', '总酚',
'类黄酮', '非类黄酮酚', '原花青素',
'色彩强度', '色调', '稀释酒的OD280 / OD315', '脯氨酸']

#查看共有哪几种类别
print('类别', np.unique(df_wine['类别']))
#查看数据集前5行
df_wine.head()
```

运行结果如下，效果如图 6-26 所示。

```
类别 [1 2 3]
```

	类别	酒精	苹果酸	灰	灰的碱度	镁	总酚	类黄酮	非类黄酮酚	原花青素	色彩强度	色调	稀释酒的OD280/OD315	脯氨酸
0	1	14.23	1.71	2.43	15.6	127	2.80	3.06	0.28	2.29	5.64	1.04	3.92	1 065
1	1	13.20	1.78	2.14	11.2	100	2.65	2.76	0.26	1.28	4.38	1.05	3.40	1 050
2	1	13.16	2.36	2.67	18.6	101	2.80	3.24	0.30	2.81	5.68	1.03	3.17	1 185
3	1	14.37	1.95	2.50	16.8	113	3.85	3.49	0.24	2.18	7.80	0.86	3.45	1 480
4	1	13.24	2.59	2.87	21.0	118	2.80	2.69	0.39	1.82	4.32	1.04	2.93	735

图 6-26　下载数据集

2）对数据进行标准化处理。

```
from sklearn.preprocessing import StandardScaler
```

```
stdsc = StandardScaler()
X_train_std = stdsc.fit_transform(X_train)
X_test_std = stdsc.transform(X_test)
```

3）使用逻辑回归进行训练。

```
from sklearn.linear_model import LogisticRegression

lr = LogisticRegression(penalty='l1', C=0.1,solver='liblinear')
lr.fit(X_train_std, y_train)
print('Training accuracy:', lr.score(X_train_std, y_train))
print('Test accuracy:', lr.score(X_test_std, y_test))
```

运行结果如下：

```
Training accuracy: 0.9838709677419355
Test accuracy: 0.9814814814814815
```

说明准确率还不错。

4）可视化各特征的权重系统。

```
import matplotlib.pyplot as plt
%matplotlib inline

plt.rcParams['font.sans-serif']=['Microsoft YaHei']
plt.rcParams['axes.unicode_minus'] = False

fig = plt.figure()
ax = plt.subplot(111)

colors = ['blue', 'green', 'red', 'cyan',
          'magenta', 'yellow', 'black',
           'pink', 'lightgreen', 'lightblue',
           'gray', 'indigo', 'orange']

weights, params = [], []
for c in np.arange(-4, 6):
    lr = LogisticRegression(penalty='l1', C=10.**c, solver='liblinear',random_state=0)
    lr.fit(X_train_std, y_train)
    weights.append(lr.coef_[1])
    params.append(10.**c)

weights = np.array(weights)

for column, color in zip(range(weights.shape[1]), colors):
    plt.plot(params, weights[:, column],
             label=df_wine.columns[column+1],
             color=color)
plt.axhline(0, color='black', linestyle='--', linewidth=3)
plt.xlim([10**(-5), 10**5])
plt.ylabel('权重系数')
plt.xlabel('C')
```

```
plt.xscale('log')
plt.legend(loc='upper left')
ax.legend(loc='upper center',
        bbox_to_anchor=(1.38, 1.03),
        ncol=1, fancybox=True)
# plt.savefig('./figures/l1_path.png', dpi=300)
plt.show()
```

运行结果如图 6-27 所示。

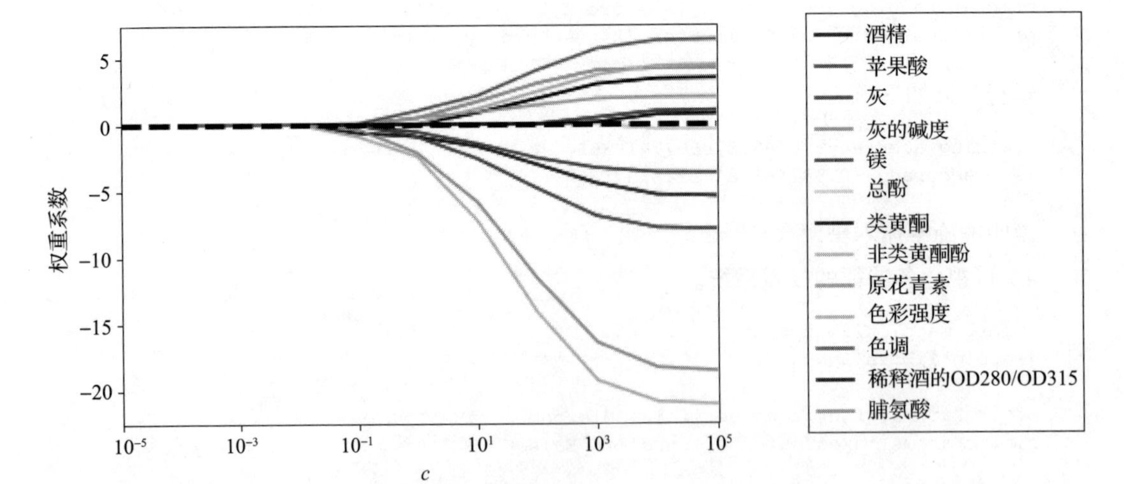

图 6-27 各特征随着惩罚系数 c 变化的情况

5）查看选择的特征数量与模型的准确率的关系。先来定义数据预处理函数。

```
from sklearn.base import clone
from itertools import combinations
import numpy as np
from sklearn.model_selection import train_test_split
from sklearn.metrics import accuracy_score

class SBS():
    def __init__(self, estimator, k_features, scoring=accuracy_score,
                 test_size=0.25, random_state=1):
        self.scoring = scoring
        self.estimator = clone(estimator)
        self.k_features = k_features
        self.test_size = test_size
        self.random_state = random_state

    def fit(self, X, y):

        X_train, X_test, y_train, y_test = \
                train_test_split(X, y, test_size=self.test_size,
                                 random_state=self.random_state)
```

```
        dim = X_train.shape[1]
        self.indices_ = tuple(range(dim))
        self.subsets_ = [self.indices_]
        score = self._calc_score(X_train, y_train,
                                 X_test, y_test, self.indices_)
        self.scores_ = [score]

        while dim > self.k_features:
            scores = []
            subsets = []

            for p in combinations(self.indices_, r=dim-1):
                score = self._calc_score(X_train, y_train,
                                         X_test, y_test, p)
                scores.append(score)
                subsets.append(p)

            best = np.argmax(scores)
            self.indices_ = subsets[best]
            self.subsets_.append(self.indices_)
            dim -= 1

            self.scores_.append(scores[best])
        self.k_score_ = self.scores_[-1]

        return self

    def transform(self, X):
        return X[:, self.indices_]

    def _calc_score(self, X_train, y_train, X_test, y_test, indices):
        self.estimator.fit(X_train[:, indices], y_train)
        y_pred = self.estimator.predict(X_test[:, indices])
        score = self.scoring(y_test, y_pred)
        return score
```

6）可视化特征数与准确率之间的关系。

```
%matplotlib inline
from sklearn.neighbors import KNeighborsClassifier
import matplotlib.pyplot as plt

knn = KNeighborsClassifier(n_neighbors=2)

# 选择特征
sbs = SBS(knn, k_features=1)
sbs.fit(X_train_std, y_train)

# 可视化特征子集的性能
k_feat = [len(k) for k in sbs.subsets_]

plt.plot(k_feat, sbs.scores_, marker='o')
plt.ylim([0.7, 1.1])
```

```
plt.ylabel('Accuracy')
plt.xlabel('Number of features')
plt.grid()
plt.tight_layout()
# plt.savefig('./sbs.png', dpi=300)
plt.show()
```

运行结果如图 6-28 所示。

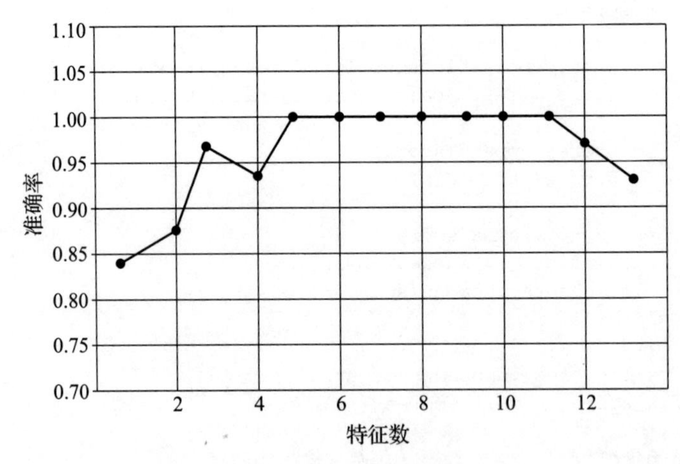

图 6-28　特征数与准确率之间的关系

7）可视化各特征对模型的贡献率。使用随机森林算法计算特征对模型的贡献。

```
from sklearn.ensemble import RandomForestClassifier

feat_labels = df_wine.columns[1:]

forest = RandomForestClassifier(n_estimators=10000,
                                random_state=0,
                                n_jobs=-1)

forest.fit(X_train, y_train)
importances = forest.feature_importances_

indices = np.argsort(importances)[::-1]

for f in range(X_train.shape[1]):
    print("%2d) %-*s %f" % (f + 1, 30,
                            feat_labels[f],
                            importances[indices[f]]))

plt.title('Feature Importances')
plt.bar(range(X_train.shape[1]),
        importances[indices],
        color='lightblue',
        align='center')
```

```
plt.xticks(range(X_train.shape[1]),
           feat_labels, rotation=45)
plt.xlim([-1, X_train.shape[1]])
plt.tight_layout()
# plt.savefig('./figures/random_forest.png', dpi=300)
plt.show()
```

运行结果如图 6-29 所示。

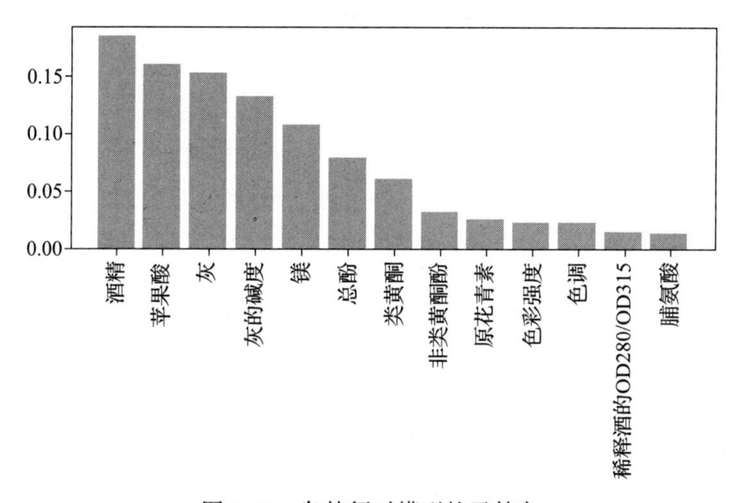

图 6-29 各特征对模型的贡献率

由图 6-29 可知，酒精这个特征贡献最大，其次是苹果酸、灰等特征。

6.6 小结

机器学习是深度学习的基础，机器学习的很多方法在深度学习中得到进一步拓展，如机器学习中正则化方法、核函数、优化方法等。本章主要介绍机器学习的基本原理，为了解深度学习打下基础。

CHAPTER 7

第 7 章

神经网络基础

神经网络（Neural Network，NN）是一种重要的机器学习技术。它是目前最火热的研究方向——深度学习的基础。学习神经网络不仅可以让你掌握一种强大的机器学习方法，也可以更好地理解深度学习技术。

神经网络最早是人工智能领域的一种算法或者模型，所以又称为人工神经网络（Artificial Neural Network，ANN），目前神经网络已经发展为多学科交叉的学科领域，并随着深度学习取得的进展重新受到重视和推崇。

前面我们介绍了机器学习中的几种常用算法，如线性回归、支持向量机、集成学习等，这些算法我们都可以用神经网络来实现，如图 7-1 所示，神经网络的万能近似定理（Universal Approximation Theorem）为重要理论依据。用神经网络来实现还有很多便利，如可自动获取特征、自动（或半自动）选择模型函数等。神经网络可以解决传统机器学习问题，也可以解决传统机器学习无法解决或难以解决的问题，因此近些年发展非常快，应用也非常广泛。

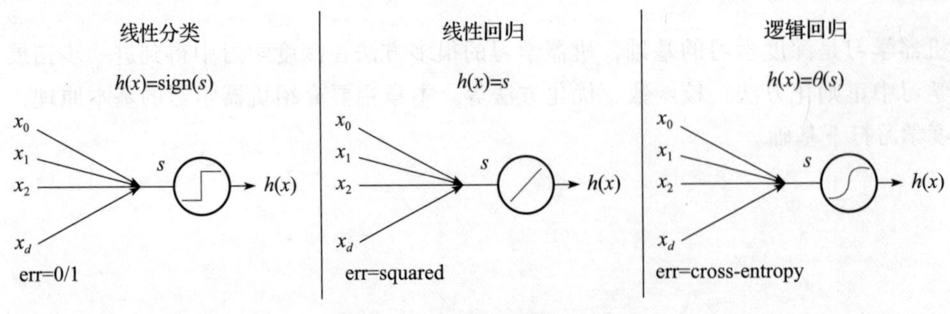

图 7-1　线性模型的神经元

神经网络是深度学习的重要基础，深度学习中的深一般指神经网络的层次较深。接下来我们从以下几个方面进行说明：

- 单层神经网络
- 多层神经网络

- ❑ 激活函数
- ❑ 正向和反向传播算法
- ❑ 解决过拟合问题
- ❑ 选择优化算法
- ❑ 使用 tf.keras 构建神经网络

7.1　单层神经网络

1943 年，心理学家 McCulloch 和数学家 Pitts 参考生物神经元的结构，发表了抽象的神经元模型 MP。一个神经元模型包含输入、计算、输出等功能。图 7-2 是一个典型的神经元模型，包含 3 个输入、1 个输出、计算功能（先求和，然后把求和结果传递给激活函数 f ）。

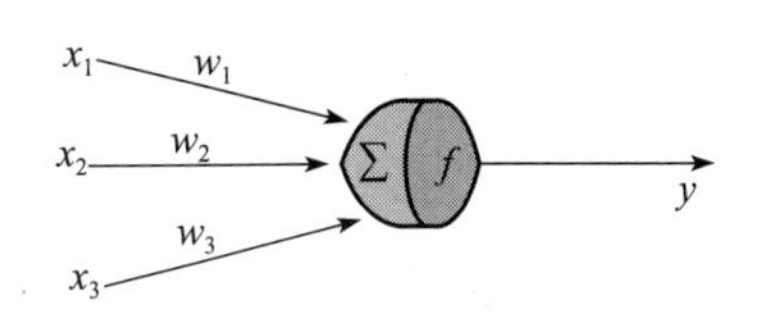

图 7-2　神经元结构图

其中 $z=\sum_{i=1}^{3}x_i \times w_i$，$y=f(z)$。其间的箭头线称为“连接”。每个连接上有一个“权重”，如图 7-2 中的 w_i。一个神经网络的训练算法就是让权重的值调整到最佳，以使整个网络的预测效果最好。

我们使用 x 来表示输入，使用 w 来表示权值。一个表示连接的有向箭头可以这样理解：在初端，传递的信号大小仍然是 x，中间有加权参数 w，经过加权后，信号会变成 $x \times w$，因此在连接的末端，信号的大小就变成了 $x \times w$。

输出 y 是在输入和权值的线性加权上叠加了一个函数 f 后的值。在 MP 模型里，函数 f 又称为激活函数。激活函数将数据压缩到一定范围区间内，其值大小将决定该神经元是否处于活跃状态。

从机器学习的角度来看，我们习惯把输入称为特征，输出 $y=f(z)$ 为目标函数。

6.2.2 节介绍的逻辑回归可认为是一个神经元结构，输入为 x，参数有 w（权重），b（偏移量），求和得到 $z=wx+b$，式（6.5）中的函数 f 就是激活函数，该激活函数为阶跃函数。

在单层神经网络中，“输入”也作为神经元节点，标为“输入单元”。单层神经网络仅有两层，分别是输入层和输出层。输入层里的“输入单元”只负责传输数据，不做计算。输出层里的“输出单元”则需要对前面一层的输入进行计算。

图 7-3 就是一个单层神经网络模型，输入层有 3 个输入单元，输出层有 2 个神经元。输出值分别为 y_1 和 y_2，其中输出：

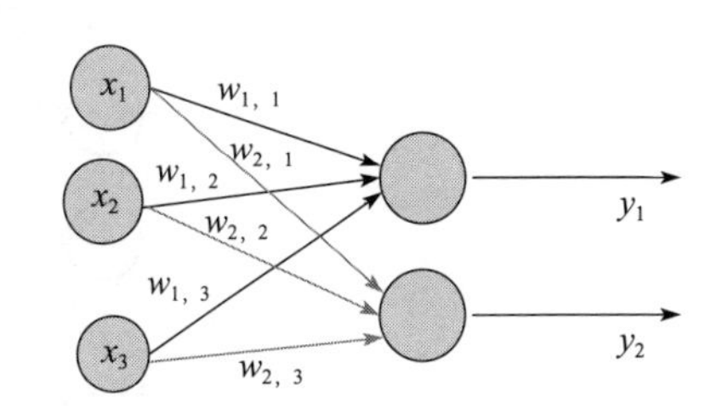

图 7-3　单层神经网络模型

$$y_1 = f\left(\sum_{i=1}^{3} x_{1,i} \times w_{1,i}\right) \tag{7.1}$$

$$y_2 = f\left(\sum_{i=1}^{3} x_{2,i} \times w_{2,i}\right) \tag{7.2}$$

如果我们把输入的变量 x_1、x_2、x_3 用向量 $\boldsymbol{X}$ 来表示，即 $\boldsymbol{X}=[x_1, x_2, x_3]^{\mathrm{T}}$。权重构成一个 2×3 矩阵 $\boldsymbol{W}$（第一行下标为 1 开头的权重，第 2 行下标为 2 开头的权重），输出表示为 $\boldsymbol{Y}=[y_1, y_2]^{\mathrm{T}}$。这样输出公式可以改写成：

$$\boldsymbol{Y}=f(\boldsymbol{W}\times\boldsymbol{X}) \tag{7.3}$$

其中 f 是激活函数。

与神经元模型不同，神经网络中的权重是通过训练得到的。如何训练？这主要通过正向传播和反向传播，具体将在后续详细介绍。单层神经网络对线性可分或近似线性可分数据有很好的效果，对线性不可分数据则效果不理想。Minsky 在 1969 年出版了 *Perceptron* 一书，书中用详细的数学证明了单层神经网络无法解决 XOR（异或）分类问题。XDR 问题是比较简单的分类问题，可以用传统的机器学习算法如 SVM 等很好解决，但无法用单层神经网络解决。当时很多人做过多种尝试，如增加输出层的神经个数、调整激活函数等，但结果都不尽如人意。后来有人通过增加层数很好地解决了该问题。接下来我们就来介绍多层神经网络。

7.2　多层神经网络

单层神经网络结构简单，功能也相对简单。增加网络层是增强其功能的有效途径，随着层数的增加，网络的性能也在不断提升，但面临的挑战也越来越大。由此，特别发展出针对此类深层神经网络的处理算法，即多层神经网络。

7.2.1　多层神经网络的结构

我们先看一个简单的三层神经网络，如图 7-4 所示。

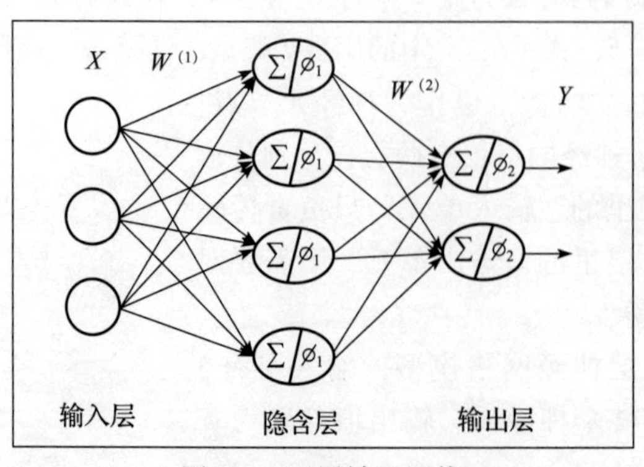

图 7-4　三层神经网络

图 7-4 所示的三层神经网络有如下特点。

1）神经元按层布局，左边的是输入层，负责接收数据。中间的是隐含层。右边的是输出层，负责输出数据。

2）同一层神经元之间没有连接。

3）前后两层的所有神经元均有连接（又称为全连接）。

4）前一层的输出是后一层的输入。

5）每个连接都有一个权重。

7.2.2　各层之间的信息传输

神经网络层之间的信息传输的大致流程如下。

1）从输入层到隐含层，然后从隐含层到输出层。

2）输出层的值是否满足需求？通常使用损失函数来衡量，表示输出值（或预测值）与实际值的接近程度，可以使用任何损失函数，不过回归问题一般使用均方误差，分类问题一般使用交叉熵误差。

3）完成第 1）、2）步信息的正向传播。

4）基于损失函数更新各层参数，使用误差的反向传播，从输出层到输入层，依次更新每层的权重参数。

5）然后再执行正向传播，计算损失值，依次循环，直到精度达到指定值或循环到指定次数为止。

7.2.3　使用多层神经网络解决 XOR 问题

解决 XOR 问题并不是一帆风顺的，增加层数很简单，但增加层数后会增加计算量、计算的复杂度，也会带来如何缩小误差，如何求最优解等问题。在传统机器学习中我们可以通过梯度下降或最小二乘法等算法解决，但不适合神经网络。

直到 1986 年，Hinton 和 Rumelhar 等人提出了反向传播（Back Propagation，BP）算法，才终于解决了两层神经网络所需要的复杂计算量问题，从而带动了业界使用两层神经网络研究的热潮。

前面提到，单层神经网络无法解决 XOR 问题，多层神经网络则可以轻松解决，接下来介绍如何用包含 1 个隐含层的神经网络来处理 XOR 问题，以下为具体步骤。

1）首先我们来看何为 XOR（XOR=OR-AND）问题，如图 7-1 所示。

表 7-1　XOR 问题

x_1	x_2	AND	OR	XOR
0	0	0	0	0
0	1	0	1	1
1	0	0	1	1
1	1	1	1	0

表 7-1 的可视化结果为图 7-5，其中圆点表示 0，方块表示 1。AND、OR、NAND 问题都是线性可分问题，但 XOR 是线性不可分问题。

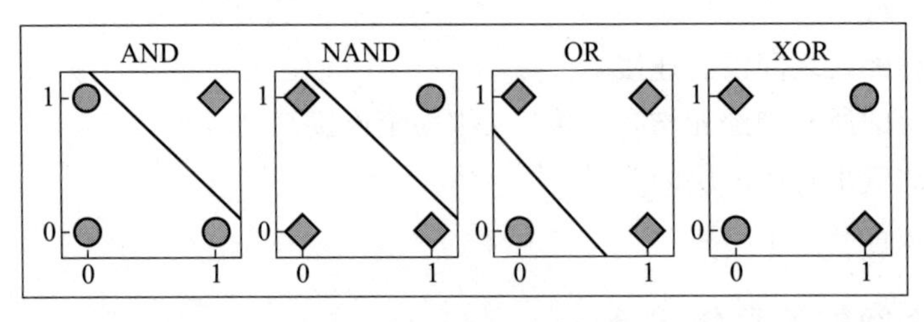

图 7-5 XOR 问题示意图

2）构建多层网络。先来确定网络结构，如图 7-6 所示。

如图 7-6 所示，左边为详细结构，右边为向量式结构，这种结构比较简洁，而且更贴近矩阵运算模型。

接着确定输入。由表 7-1 可知，输入数据中有两个特征，x_1、x_2，共 4 个样本，分别为 $[0,0]^T,[0,1]^T,[1,0]^T,[1,1]^T$。取 x_1、x_2 两列，每行代表一个样本，每个样本都是一个向量，如果用矩阵表示就是：

$$\boldsymbol{X}=\begin{bmatrix}0 & 0\\0 & 1\\1 & 0\\1 & 1\end{bmatrix}$$

确定隐含层及初始化权重矩阵 $\boldsymbol{W}$、$\boldsymbol{w}$。在隐含层，我们主要需要确定激活函数，这里采用整流线性激活函数：$g(z)=\max\{0, z\}$，如图 7-7 所示。

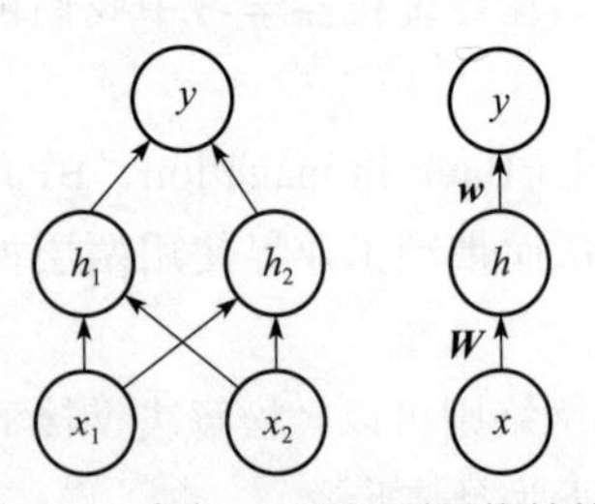

图 7-6 确定 XOR 问题网络结构

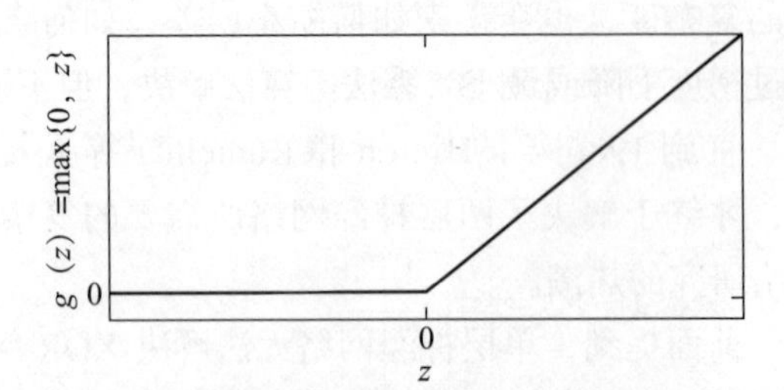

图 7-7 整流线性激活函数（ReLU）图形

初始化以下矩阵：输入层到隐含层的权重矩阵 $\boldsymbol{W}=\begin{bmatrix}1 & 1\\1 & 1\end{bmatrix}$，偏移量为 $\boldsymbol{c}=\begin{bmatrix}0,\\-1\end{bmatrix}$，隐含层到输出层的权重矩阵 $\boldsymbol{w}=\begin{bmatrix}1\\-2\end{bmatrix}$，偏移量 $b=0$。

确定输出层。$\boldsymbol{z}=\boldsymbol{W}^{\mathrm{T}}x+c$，由激活函数 $g(z)=\max\{0, z\}$ 可得 $A=g(z)=\max(0, z)$，而 $\boldsymbol{y}=\boldsymbol{w}^{\mathrm{T}}\boldsymbol{A}+b$，所以：

$$y = w^{\mathrm{T}}(\max(0, z)) + b = w^{\mathrm{T}}(\max(0, W^{\mathrm{T}}x + c) + b \tag{7.4}$$

下面进行计算。输入矩阵：

$$XW + c^{\mathrm{T}} = \begin{bmatrix} 0 & 0 \\ 0 & 1 \\ 1 & 0 \\ 1 & 1 \end{bmatrix} \begin{bmatrix} 1 & 1 \\ 1 & 1 \end{bmatrix} + [0, -1] = \begin{bmatrix} 0 & -1 \\ 1 & 0 \\ 1 & 0 \\ 2 & 1 \end{bmatrix}$$

$$\max(0, XW + c^{\mathrm{T}}) = \begin{bmatrix} 0 & 0 \\ 1 & 0 \\ 1 & 0 \\ 2 & 1 \end{bmatrix} = H$$

再乘以权重矩阵 w，然后加上 b，可得到输出值为：

$$y = Hw + b = \begin{bmatrix} 0 & 0 \\ 1 & 0 \\ 1 & 0 \\ 2 & 1 \end{bmatrix} \begin{bmatrix} 1 \\ -2 \end{bmatrix} + 0 = \begin{bmatrix} 0 \\ 1 \\ 1 \\ 0 \end{bmatrix}$$

这样就得到了我们希望的神经网络。至于如何用程序解决 XOR 问题，下节将具体说明。

7.2.4　使用 TensorFlow 解决 XOR 问题

上节通过一个实例具体说明了如何用多层神经网络来解决 XOR 问题，不过在计算过程中我们做了很多人工设置，如对权重及偏移量的设置。如果用程序来实现，则一般不会这样，且维度较多时，手工设置参数也是不现实的。接下来我们介绍如何使用 TensorFlow 解决 XOR 问题。用程序实现的思路是：用反向传播算法（BP），循环迭代，直到满足终止条件为止。如果你对 BP 算法不熟悉，可参考 7.4 节。具体步骤如下。

1）导入需要的库，同时明确输入数据、目标数据。

输入值为 $X = \begin{bmatrix} 0 & 0 \\ 0 & 1 \\ 1 & 0 \\ 1 & 1 \end{bmatrix}$，目标值 $y = \begin{bmatrix} 0 \\ 1 \\ 1 \\ 0 \end{bmatrix}$

实现代码如下：

```
import tensorflow as tf
import numpy as np

# 定义输入与目标值
X = tf.constant([[0., 0.], [0., 1.], [1., 0.], [1., 1.]])
Y = tf.constant([[0.], [1.], [1.], [0.]])
```

2）确定网络架构。构建网络架构，这里使用简单的两层神经网络，通过继承 tf.keras.

models 基类，构建一个类，并在该类中初始化参数，在 call 函数中说明网络结构，这里激活函数还是使用 ReLU 函数，代价函数使用 MSE。

```
class CustModel(tf.keras.models.Model):
    # 定义构建函数，初始化权重参数
    def __init__(self,*args):
        super().__init__(*args)
        self.w1 = tf.Variable(tf.random.normal([2,2]))
        self.w2 = tf.Variable(tf.random.normal([2,1]))
        self.b1=tf.Variable([0.1,0.1])
        self.b2=tf.Variable(0.1)

    # 定义 call 函数，该模型为两层神经网络，实现正向传播操作
    def call(self,inputs):
        h=tf.nn.relu(tf.matmul(inputs,self.w1)+self.b1)
        # 计算输出层的值
        out=tf.matmul(h,self.w2)+self.b2
        return out

# 定义损失函数
def myloss(out,y):
    loss = tf.reduce_mean(tf.square(out - y))
    return loss

mymodel=CustModel()
```

3）使用优化器，进行培训模型。

```
## 使用优化器，通过 model.fit 实现对损失的迭代优化
mymodel.compile(optimizer = tf.keras.optimizers.SGD(learning_rate=0.02),loss = myloss)
history = mymodel.fit(X,Y,batch_size = 1,epochs = 1000)  # 迭代 1000 次
```

4）模型预测。

```
mymodel.predict(X)
```

运行结果如下：

```
array([[-1.3911724e-04],
       [ 1.0008231e+00],
       [ 9.9953419e-01],
       [ 8.3208084e-05]], dtype=float32)
```

从以上运行结果来看，效果非常不错。

7.3 激活函数

激活函数是深度学习的基础，在神经网络中起着非常重要的作用。在隐含层，我们可以利用激活函数进行信号的转换，再将转换后的信号传送到下一个神经元。在输出层，我

们可以利用激活函数把输出数据压缩在一定范围。神经网络的激活函数一般需要满足如下 3 个条件。

1）非线性：为提高模型的学习能力，如果是线性，那么层数再多，其效果都只相当于两层网络的效果。

2）可微性：有时可以弱化，在一些点存在偏导即可。

3）单调性：保证模型简单。

TensorFlow 的内置激活函数一般存储在 tf.nn 或 tf.keras.activations 下。tf.nn 常用的激活函数有：

```
tf.nn.sigmoid
tf.nn.softmax
tf.nn.tanh
tf.nn.relu
tf.nn.leaky_relu
tf.nn.softplus
```

接下来详细介绍几种常用的激活函数。

7.3.1 sigmoid 函数

sigmoid 函数是传统神经网络常用的激活函数，如图 7-2 所示，其优点在于输出映射在（0，1）内，具有很好的性能，可以被表示为概率或者用于输入的归一化等，单调连续，适合用作输出层，求导容易；缺点在于具有软饱和性，一旦输入数据落入饱和区，一阶导数变得接近 0，会导致反向传播的梯度变得非常小，此时网络参数可能甚至得不到更新，难以有效训练，这种现象也被称为梯度消失。一般来说，sigmoid 网络在 5 层之内就会产生梯度消失现象。

sigmoid 函数的表达式如下：

$$f(x)=\frac{1}{1+\mathrm{e}^{-x}} \tag{7.5}$$

sigmoid 函数示意图如图 7-8 所示。

针对二分类问题，sigmoid 经常作为输出单元上的激活函数（sigmoid 视为 softmax 的特例）。然而，sigmoid 在隐含层中已经较少使用，它在大部分时候已经被更简单、更容易训练的 ReLU 所取代。

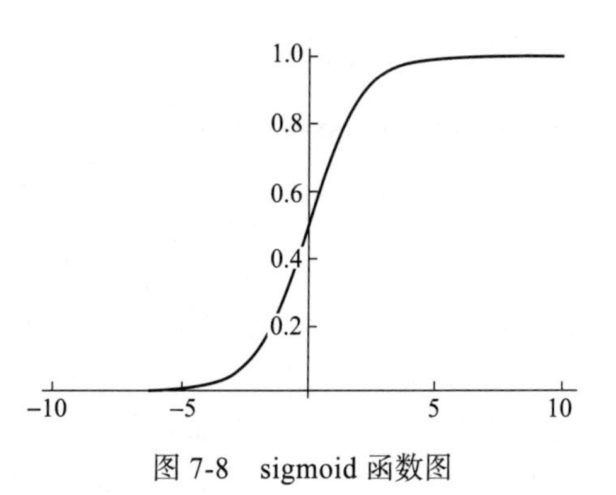

图 7-8　sigmoid 函数图

7.3.2 softmax 函数

softmax 函数用于多分类，它将多个神经元的输出映射到（0, 1）区间内，类似于概率值，从而可用来实现多分类任务，其表达式为：

$$\sigma_i(z)=\frac{e^{z_i}}{\sum_{j=0}^{m}e^{z_j}} \tag{7.6}$$

其中：

- ❑ z_i 是分类器前级输出单元的输出。
- ❑ i 表示类别索引，总的类别个数为 m。
- ❑ $\sigma_i(z)$ 表示的是当前元素的指数与所有元素指数和的比值，输出范围为 (0, 1)，所有 $\sigma_i(z)$ 的和为 1。

softmax 函数把输入转换为概率输出的实现流程如图 7-9 所示。

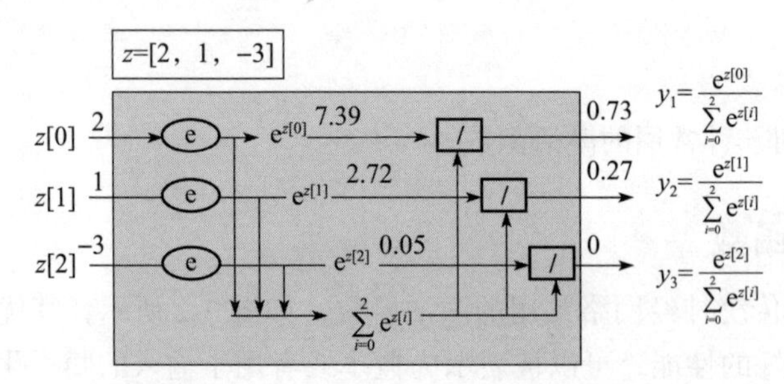

图 7-9　softmax 函数把输入转换为概率输出

假设我们有一个输入向量 [2, 1, −3]，该向量通过 softmax 函数后，会映射为 [0.73, 0.27, 0]，这些值的累和为 1（满足概率的性质），那么我们就可以将它理解成概率。假设输入对应的标签依次为（小猫，小狗，小鸡），我们就可以选取概率最大值对应的类别作为预测类别。如图 7-9 所示，我们可以此推断 z 为小猫。

softmax 激活函数的范围是 [0, 1]，通过 softmax 函数，我们就可以将多分类的输出数值转化为相对概率，所有单位输出和总是 1，因此 softmax 函数常常用于多分类任务的最后一层。

7.3.3　tanh 函数

tanh 激活函数的表达式如下：

$$f(x)=\frac{e^x-e^{-x}}{e^x+e^{-x}} \tag{7.7}$$

tanh 激活函数的示意图如图 7-10 所示。

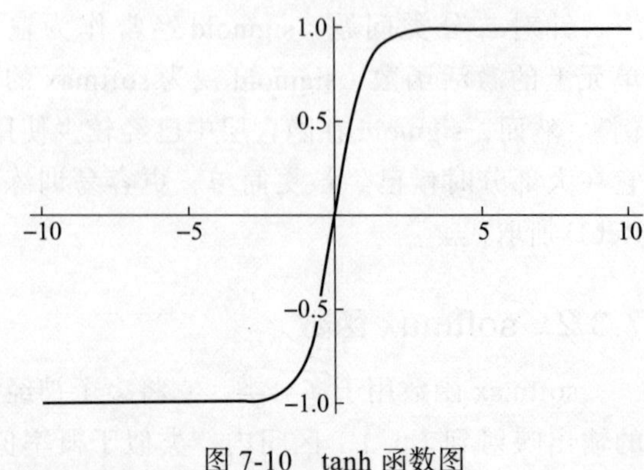

图 7-10　tanh 函数图

tanh 也是一种非常常见的激活函数，与 sigmoid 相比，它的输出均值为 0，这使得它的收敛速度要比 sigmoid 快，减少了迭代更新的次数。然而 tanh 和 sigmoid 一样具有饱和性，会造成梯度消失。

7.3.4 ReLU 函数

ReLU 函数是目前最受欢迎的激活函数，表达式如下：

$$f(x)=\begin{cases}0, & x<0\\ x, & x\geqslant 0\end{cases} \tag{7.8}$$

ReLU 激活函数的示意图如图 7-11 所示。

ReLU 是针对 sigmoid 和 tanh 的饱和性而提出的新的激活函数。从图 7-11 中可以很容易地看到，当 $x>0$ 时，不存在饱和问题，所以 ReLU 能够在 $x>0$ 的时候保持梯度不衰减，从而缓解梯度消失的问题。这让我们可以有监督的方式训练深度神经网络，而无须依赖无监督的逐层训练。然而，随着训练的推进，部分输入会落入硬饱和区（即 $x<0$ 的区域），导致权重无法更新，这种现象称为"神经元死亡"。

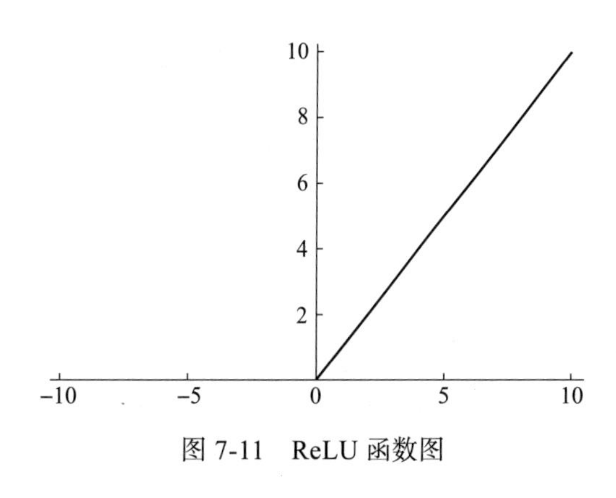

图 7-11　ReLU 函数图

与 sigmoid 类似，ReLU 的输出均值也大于 0，偏移现象和神经元死亡会共同影响网络的收敛性。

7.3.5 Leaky-ReLU 函数

Leaky-ReLU 激活函数的表达式为：

$$f(x)=\begin{cases}ax, & x<0\\ x, & x\geqslant 0\end{cases} \tag{7.9}$$

该激活函数对应的图形如图 7-12 所示。

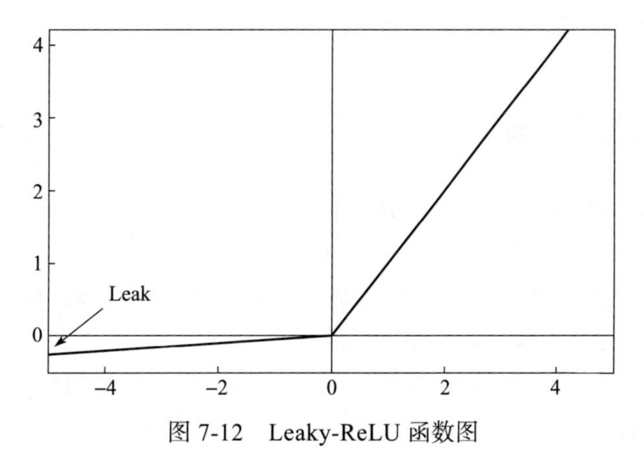

图 7-12　Leaky-ReLU 函数图

针对 $x<0$ 的硬饱和问题，我们对 ReLU 做出改进，提出 Leaky-ReLU，即在 $x<0$ 部分添加一个参数 a。P-ReLU 则认为 a 也应当作为一个参数来学习，一般建议将 a 初始化为 0.25。

7.3.6　softplus 函数

softplus 函数对 ReLU 函数做了平滑处理，如图 7-13 所示。

$$f(x)=\log(1+e^x) \tag{7.10}$$

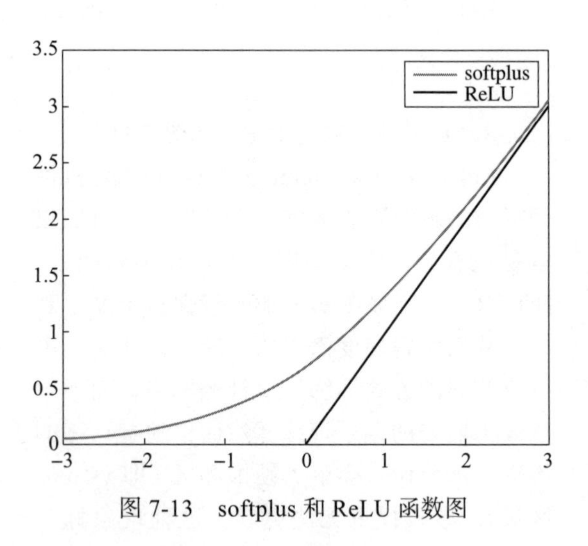

图 7-13　softplus 和 ReLU 函数图

7.3.7　Dropout 函数

一个神经元以概率 keep_prob 决定是否被抑制。如果被抑制，则神经元的输出为 0；如果不被抑制，则该神经元的输出将被放大到原来的 1/keep_prob 倍。默认情况下，每个神经元是否被抑制是相互独立的。Dropout 激活函数格式为：

```
tf.nn.dropout(x, keep_prob, noise_shape=None, seed=None, name=None)
```

激活函数在神经网络中起着非常重要的作用，理论上添加激活函数的神经网络可以收敛于任意一个函数。因激活函数各有特色，所以具体使用时，应根据具体情况进行选择，一般规则为：

- 当输入数据特征相差明显时，tanh 函数效果较好；
- 当特征相差不明显时，sigmoid 函数效果较好；
- sigmoid 和 tanh 函数都需要对输入进行规范化，否则激活后的值将全部进入平坦区，而 ReLU 函数不会出现这种情况，有时也不需要对输入进行规范化，因此 85% ～ 90% 的神经网络会采用 ReLU 函数。

7.4　正向和反向传播算法

上节我们使用 TensorFlow 解决了 XOR 问题，效果不错。整个训练过程就是通过循环迭代，逐步使代价函数值越来越小。那么，如何使代价函数值越来越小？主要采用 BP 算法。BP 算法是目前训练神经网络最常用且最有效的算法，也是整个神经网络的核心之一，它由正向和反向两个操作构成，其主要思想是：

1）利用输入数据及当前权重，从输入层经过隐含层，最后到达输出层，求出预测结果，并利用预测结果与真实值构成代价函数，这是正向传播过程；

2）利用代价函数，将误差从输出层向隐含层反向传播，直至传播到输入层，利用梯度下降法，求解参数梯度并优化参数；

3）在反向传播的过程中，根据误差调整各种参数的值，不断迭代上述过程，直至收敛。

这样说或许不够具体、不好理解，没关系，接下来我们将以单个神经元如何实现 BP 算法为易撕口，由点扩展到面、由特殊推广到一般的神经网络，降低学习 BP 算法的难度。

7.4.1　单个神经元的 BP 算法

以下推导要用到微积分中的链式法则，这里先简单介绍一下。链式法则用于计算复合函数，而 BP 算法需要利用链式法则。设 x 是实数，假设 $y=g(x), z=f(y)=f(g(x))$，根据链式法则可得：

$$\frac{\mathrm{d}z}{\mathrm{d}x}=\frac{\mathrm{d}z}{\mathrm{d}y}\frac{\mathrm{d}y}{\mathrm{d}x} \tag{7.11}$$

可以对式（7.11）进行扩展，把 x、y 由实数扩展为一般标量（如向量），假设 $x\in \mathrm{R}^n$，$y\in \mathrm{R}^m$，g 是 R^n 到 R^m 的映射 ($y_j=g(x)$，j=1, 2, ⋯, m), z 是 R^m 到 R 的映射，则式（7.11）可扩展为：

$$\frac{\partial z}{\partial x_i}=\sum_j \frac{\partial z}{\partial y_j}\frac{\partial y_j}{\partial x_i} \tag{7.12}$$

如果用向量表示，式（7.12）可简化为：

$$\nabla_x z=\left(\frac{\partial y}{\partial x}\right)^{\mathrm{T}}\nabla_y z \tag{7.13}$$

其中 $\frac{\partial y}{\partial x}$ 是 $m\times n$ 的雅可比（Jacobian）矩阵。

我们以单个神经元为例，以下是详细步骤。

1. 定义神经元结构

首先我们来看只有一个神经元的 BP 过程。假设这个神经元有 3 个输入，激活函数为 sigmoid 函数，具体表达式请看式（7.5）。其结构如图 7-14 所示。

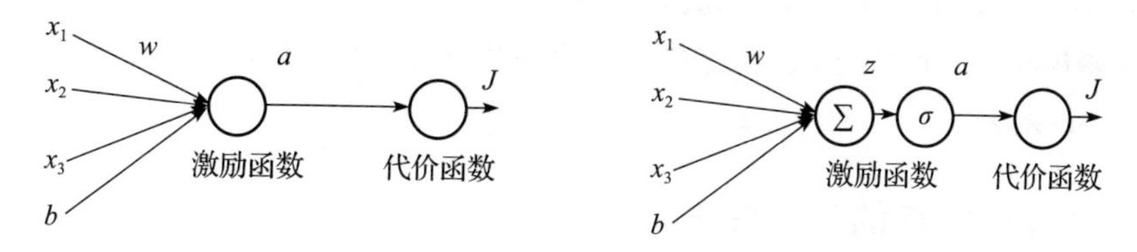

图 7-14　单个神经元，把左图中的神经元展开就得到右图

2. 进行正向传播

从输入数据及权重开始向输出层传递，最后求出预测值 a，并与目标值 y 构成代价函数 J。

假设一个训练样本为 $(\boldsymbol{x}, \boldsymbol{y})$，其中 $\boldsymbol{x}$ 是输入向量，$\boldsymbol{x}=[x_1,x_2,x_3]^{\mathrm{T}}$，$y$ 是目标值。先把输入数据与权重 $\boldsymbol{w}=[w_1,w_2,w_3]$ 乘积和求得 z，然后通过一个激活函数 sigmoid 得到输出 a，最后 a 与 y 构成代价函数 J。具体正向传播过程如下：

$$z=\sum_{i=1}^{3} w_i x_i + b = \boldsymbol{w}\boldsymbol{x}+b \tag{7.14}$$

$$a=f(z)=\frac{1}{1+\mathrm{e}^{-z}} \tag{7.15}$$

$$J(\boldsymbol{w},b,\boldsymbol{x},y)=\frac{1}{2}\|(a-y)\|^2 \tag{7.16}$$

3. 进行反向传播

从代价函数开始，从输出到输入，求各节点的偏导。这里分成两步，先求 J 对中间变量的偏导，然后求关于权重 $\boldsymbol{w}$ 及偏移量 b 的偏导。先求 J 关于中间变量 a 和 z 的偏导：

$$\delta^{(a)}=\frac{\partial}{\partial a}J(\boldsymbol{w},b,\boldsymbol{x},y)=-(y-a) \tag{7.17}$$

其中 J 是 a 的函数，而 a 是 z 的函数，利用复合函数的链式法则，可得：

$$\delta^{(z)}=\frac{\partial}{\partial z}J(\boldsymbol{w},b,\boldsymbol{x},y)=\frac{\partial J}{\partial a}\frac{\partial a}{\partial z}=\delta^{(a)}a(1-a) \tag{7.18}$$

再根据链导法则，求得 J 关于 $\boldsymbol{w}$ 和 b 的偏导数，即得 $\boldsymbol{w}$ 和 b 的梯度。

$$\nabla_w J(\boldsymbol{w},b,\boldsymbol{x},y)=\frac{\partial}{\partial w}J=\frac{\partial J}{\partial z}\frac{\partial z}{\partial w}=\delta^{(z)}x^{\mathrm{T}} \tag{7.19}$$

$$\nabla_b J(\boldsymbol{w},b,\boldsymbol{x},y)=\frac{\partial}{\partial b}J=\frac{\partial J}{\partial z}\frac{\partial z}{\partial b}=\delta^{(z)} \tag{7.20}$$

在这个过程中，先求 $\frac{\partial J}{\partial a}$，进一步求 $\frac{\partial J}{\partial z}$，最后求得 $\frac{\partial J}{\partial w}$ 和 $\frac{\partial J}{\partial b}$，然后利用梯度下降优化算法，变更参数权重参数 w 及偏移量 b，结合图 7-14 及链式法则，可以看出这是一个将代价函数的增量 ∂J 自后向前传播的过程，因此称为反向传播。

4. 重复第 2 步

查看代价函数 J 的误差是否满足要求或是否达到指定迭代步数，如果不满足条件，则继续第 3 步，如此循环，直到满足条件为止。

这节介绍了单个神经元的 BP 算法。虽然只有一个神经元，但包括了 BP 的主要内容，正所谓“麻雀虽小，五脏俱全”，不过与一般神经网络还是有一些区别。下节我们介绍多层神经网络的 BP 算法。

7.4.2　多层神经网络的 BP 算法

这里我们介绍一个包含隐含层、两个输入、两个输出的神经网络。为简便起见，这里省略偏差 b，则输入可以看作 $X_n \times w_n (X_n=1,\ w_n=b)$ 。激活函数为 sigmoid 函数，共有三层：第一层为输入层，第二层为隐含层，第三层为输出层，详解结构如图 7-15 所示。

整个过程与单个神经元的过程基本相同，包括正向传播和反向传播两个操作，只是在求偏导时有些区别。

1. 正向传播

把当前的权重参数和输入数据，从输入层向输出层传递，求取预测结果，并利用预测结果与真实值求解代价函数的值，如图 7-16 所示。

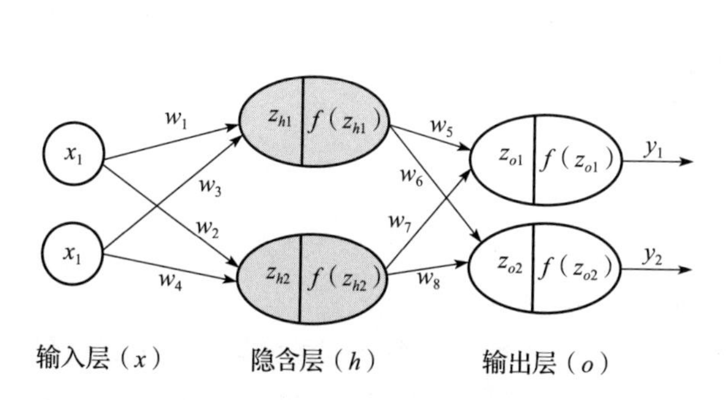

图 7-15 多层神经网络结构

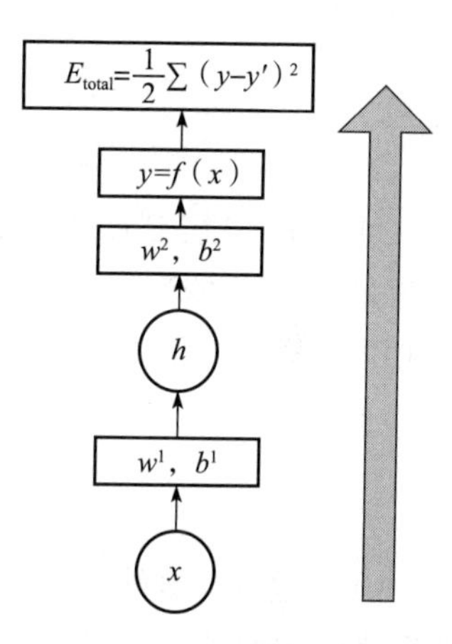

图 7-16 正向传播示意图

具体步骤如下。

1）从输入层到隐含层：

$$z_{h1}=w_1\times x_1+w_2\times x_2 \tag{7.21}$$

$$z_{h2}=w_3\times x_1+w_4\times x_2 \tag{7.22}$$

$$f(z_{h1})=\frac{1}{1+\mathrm{e}^{-z_{h1}}} \tag{7.23}$$

$$f(z_{h2})=\frac{1}{1+\mathrm{e}^{-z_{h2}}} \tag{7.24}$$

2）从隐含层到输出层：

$$z_{o1}=w_5\times f(z_{h1})+w_6\times f(z_{h2}) \tag{7.25}$$

$$z_{o2}=w_7\times f(z_{h1})+w_8\times f(z_{h2}) \tag{7.26}$$

$$y_1=f(z_{o1})=\frac{1}{1+\mathrm{e}^{-z_{o1}}} \tag{7.27}$$

$$y_2=f(z_{o2})=\frac{1}{1+\mathrm{e}^{-z_{o2}}} \tag{7.28}$$

3）计算总误差：

$$E_{total}=\frac{1}{2}\Sigma(y-y')^2 \text{（其中，}y\text{ 为预测值，}y'\text{ 为实际值，}y=(y_1, y_2)\text{）} \tag{7.29}$$

2. 反向传播

反向传播是利用正向传播求解的代价函数，从输出层到输入层，求解网络的参数梯度或新的参数值，如图 7-17 所示。经过正向和反向两个操作后，我们就完成了一次迭代过程。

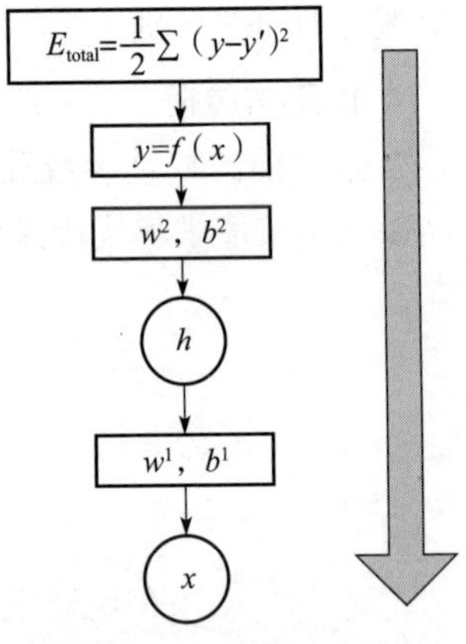

$E_{\text{total}}=\frac{1}{2}\Sigma(y-y')^2$

$y=f(x)$

w^2，b^2

h

w^1，b^1

x

图 7-17　反向传播示意图

具体步骤如下。

1）计算总误差：

$$E_{\text{total}}=\frac{1}{2}\Sigma(y-y')^2 \tag{7.30}$$

$$E_{\text{total}}=E_{o1}+E_{o2} \tag{7.31}$$

2）由输出层到隐含层，假设我们需要分析权重参数 w_5 对整个误差的影响，可以用整体误差对 w_5 求偏导。这里利用微分中的链式法则，过程包括 $f(z_{o1})\to z_{o1}\to w_5$，如图 7-18 所示。

$$\frac{\partial E_{\text{total}}}{\partial w_5}=\frac{\partial E_{\text{total}}}{\partial f(z_{o1})}\frac{\partial f(z_{o1})}{\partial z_{o1}}\frac{\partial z_{o1}}{\partial w_5} \tag{7.32}$$

3）由隐含层到输入层，假设我们需要分析权重参数 w_1 对整个误差的影响，可以用整体误差对 w_1 求偏导，过程包括 $f(z_{h1})\to z_{h1}\to w_1$，不过 $f(z_{h1})$ 会接收 E_{o1} 和 E_{o2} 两个地方传来的误差，具体计算如图 7-19 所示。

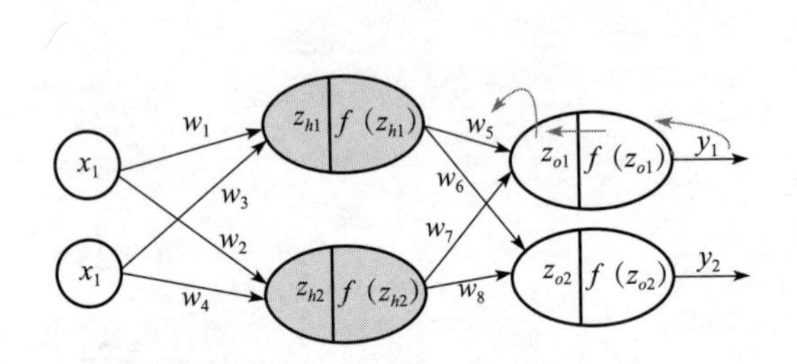

图 7-18　反向传播有输出层到权重 w_5

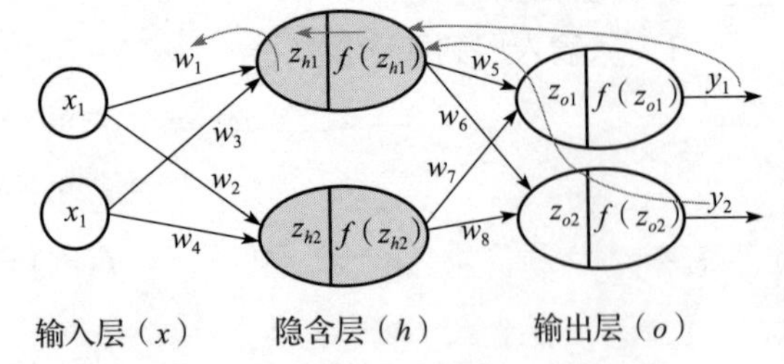

图 7-19　反向传播由隐含层再到权重 w_1

代价函数偏导由隐含层到权重 w_1 的计算如下：

$$\frac{\partial E_{\text{total}}}{\partial w_1}=\frac{\partial E_{\text{total}}}{\partial f(z_{h1})}\frac{\partial f(z_{h1})}{\partial z_{h1}}\frac{\partial z_{h1}}{\partial w_1} \tag{7.33}$$

其中：

$$\frac{\partial E_{\text{total}}}{\partial f(z_{h1})}=\frac{\partial E_{o1}}{\partial f(z_{h1})}+\frac{\partial E_{o2}}{\partial f(z_{h1})} \tag{7.34}$$

而

$$\frac{\partial E_{o1}}{\partial f(z_{h1})}=\frac{\partial E_{o1}}{\partial z_{o1}}\frac{\partial z_{o1}}{\partial f(z_{h1})} \tag{7.35}$$

$$\frac{\partial E_{o2}}{\partial f(z_{h1})}=\frac{\partial E_{o2}}{\partial z_{o2}}\frac{\partial z_{o2}}{\partial f(z_{h1})} \tag{7.36}$$

至此，可求得权重 w_1 的偏导数，按类似方法，可得到其他权重的偏导。权重和偏移量的偏导求出后，再根据梯度优化算法，可更新各权重和偏移量。

3. 判断是否满足终止条件

根据更新后的权重、偏移量，进行正向传播，计算输出值及代价函数，根据误差要求或迭代次数，查看是否满足终止条件，满足则终止，否则，继续循环以上步骤。

现在很多架构都提供了自动微分功能，在具体训练模型时，只需要选择优化器及代价函数，其他无须过多操心。但是，理解反向传播算法的原理对学习深度学习的调优、架构设计等还是非常有帮助的。

7.5　解决过拟合问题

前面我们介绍了机器学习的一般流程，确定模型后，开始训练模型，然后对模型进行评估和优化，这个过程往往需要循环多次。训练模型过程中经常出现刚开始训练时训练和测试精度不高（或损失值较大），通过增加迭代次数或优化，使得训练精度和测试精度不断提升的情况（当然出现这种情况最好），但也可能出现训练精度或损失值继续改善，但测试精度或损失值不降反升的情况，如图 7-20 所示。

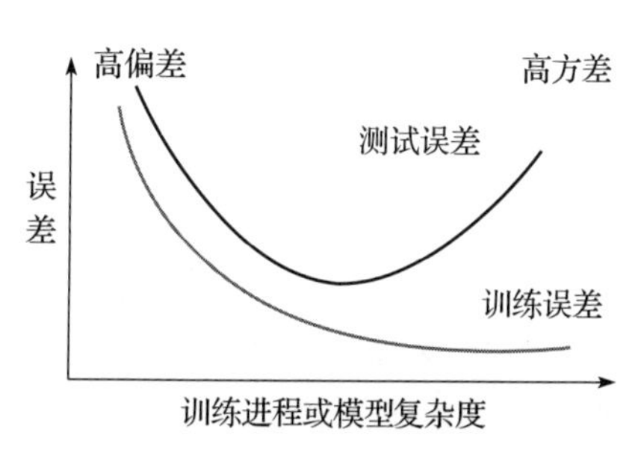

图 7-20　训练误差与测试误差

出现这种情况的原因是我们优化过头了，如把训练数据中一些无关紧要甚至错误的模式也学到了。这就是我们通常说的过拟合问题。如何解决这类问题？接下来我们介绍一些常用的解决过拟合问题的方法。

7.5.1　权重正则化

正则化是解决过拟合问题的有效方法之一。正则化不仅可以有效降低高方差，还有利于降低偏差。何为正则化？在机器学习中，很多被显式地用来减少测试误差的策略统称为正则化。正则化旨在减少泛化误差而不是训练误差。为使大家对正则化的作用及原理有个直观印象，先来看正则化的内容，如图 7-21 所示。

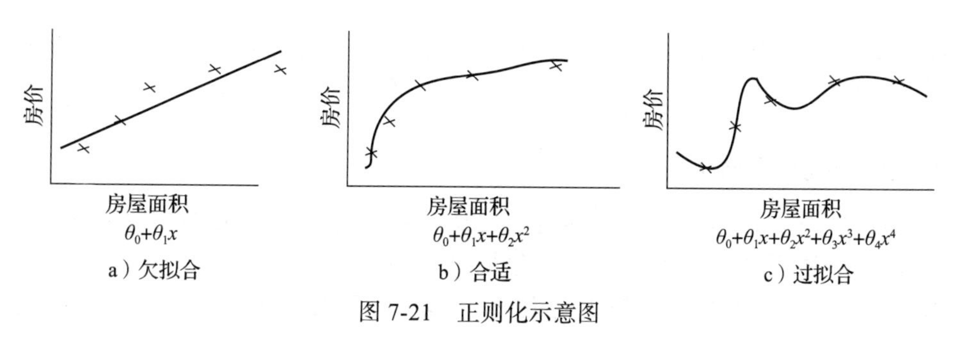

图 7-21　正则化示意图

图 7-21 是根据房屋面积（Size）预测房价（Price）的回归模型。正则化是如何解决模型过拟合这个问题的呢？主要是通过正则化使参数变小甚至趋于原点来解决。如图 7-21c 所示，其模型或目标函数是一个 4 次多项式，因它把一些噪声数据也包括进来了，所以导致模型很复杂，实际上房价与房屋面积应该是 2 次多项式函数，如图 7-21b 所示。

如果要降低模型的复杂度，可以通过缩减它们的系数来实现，如把第 3 次、第 4 次项的系数 θ_3、θ_4 缩减到接近于 0 即可。

在算法中如何实现呢？这个得从其损失函数或目标函数着手。

假设房价与房屋面积间模型的损失函数为：

$$\min_{\theta} \frac{1}{2m} \sum_{i=1}^{m} (h_{\theta}(x^{(i)}) - y^{(i)})^2 \tag{7.37}$$

这个损失函数是我们的优化目标，也就是说我们需要尽量减少损失函数的均方误差。对它添加一些正则项，如加上 10 000 乘以 θ_3 的平方，再加上 10 000 乘以 θ_4 的平方，得到如下函数：

$$\min_{\theta} \frac{1}{2m} \sum_{i=1}^{m} (h_{\theta}(x^{(i)}) - y^{(i)})^2 + 10\,000 \times \theta_3^2 + 10\,000 \times \theta_4^2 \tag{7.38}$$

这里取 10 000 只是用来代表它是一个“大值”，现在，如果要最小化这个新的损失函数，我们要让 θ_3 和 θ_4 尽可能小。因为，如果你在原有损失函数的基础上加上 10 000 乘以 θ_3 这一项，那么这个新的损失函数将变得很大，所以，当最小化这个新的损失函数时，将使 θ_3 的值接近于 0，同样 θ_4 的值也接近于 0，就像我们忽略了这两个值一样。如果做到这一点（θ_3 和 θ_4 接近 0），那么将得到一个近似的二次函数，如图 7-22 所示。

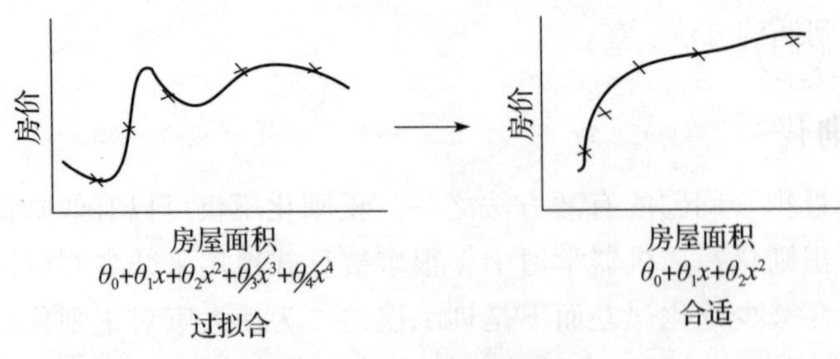

图 7-22 用正则化提升模型泛化能力

希望通过上面的简单介绍，能让大家有个直观理解。传统意义上的正则化一般分为 L0、L1、L2、L∞ 等。

7.5.2 Dropout 正则化

Dropout 是 Srivastava 等人在 2014 年的论文 *Dropout: A Simple way to Prevent Neural Networks from Overfitting* 中提出的一种针对神经网络模型的正则化方法。

Dropout 在训练模型中是如何实现的呢？Dropout 的做法是在训练过程中按一定比例

（比例参数可设置）随机忽略或屏蔽一些神经元。这些神经元被随机“抛弃”，也就是说它们在正向传播过程中对于下游神经元的贡献效果暂时消失了，在反向传播时也不会有任何权重的更新。所以，通过传播过程，Dropout 将产生与 L2 范数相同的收缩权重的效果。

随着神经网络模型的不断学习，神经元的权值会与整个网络的上下文相匹配。神经元的权重针对某些特征进行调优，会产生一些特殊化，而周围的神经元则会依赖于这种特殊化。如果过于特殊化，模型会因为对训练数据过拟合而变得脆弱不堪。神经元在训练过程中的这种依赖于上下文的现象被称为复杂的协同适应（complex co-adaptation）。

加入 Dropout 以后，输入的特征都是有可能会被随机清除的，所以该神经元不会再特别依赖于任何一个输入特征，也就是说不会给任何一个输入设置太大的权重。网络模型对神经元特定的权重不那么敏感。这反过来又提升了模型的泛化能力，不容易对训练数据过拟合。

Dropout 训练的集成包括所有从基础网络除去非输出单元形成的子网络，如图 7-23 所示。

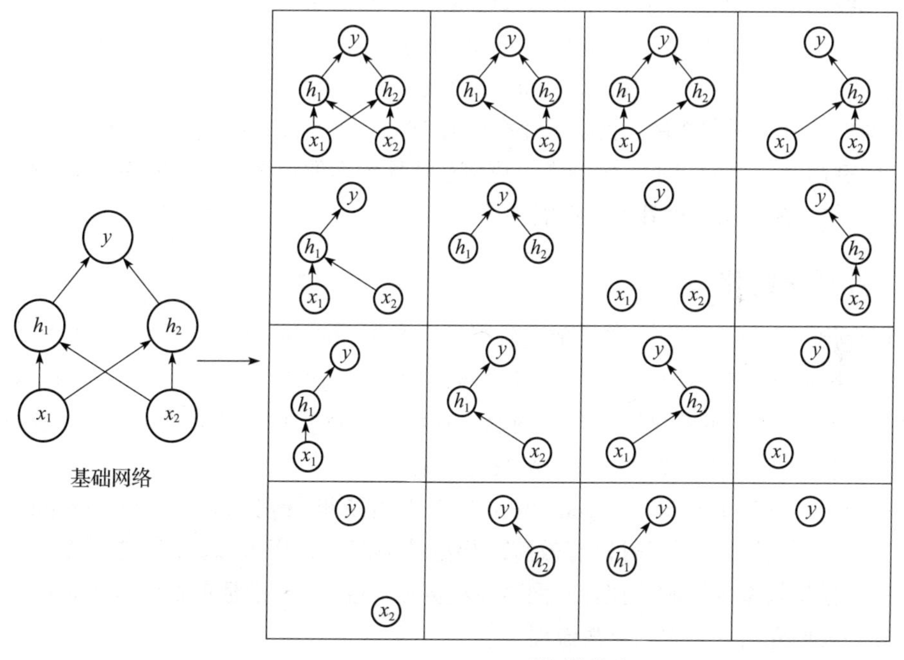

图 7-23　基础网络 Dropout 为多个子网络

Dropout 训练所有子网络组成的集合，其中子网络是从基本网络中删除非输出单元构建的。我们从具有两个可见单元和两个隐藏单元的基本网络开始，这四个单元有十六个可能的子集。图 7-23 中的右图展示了从原始网络中丢弃不同的单元子集而形成的十六个子网络。在这个例子中，所得到的大部分网络没有输入单元或没有从输入连接到输出的路径。当层较宽时，丢弃所有从输入到输出的可能路径的概率变小，所以，这个问题对于层较宽的网络不是很重要。

考虑到较先进的神经网络基于一系列仿射变换和非线性变换，所以我们将一些单元的输出乘零就能有效地删除一些单元。这个过程需要对模型进行一些修改，如径向基函数网络，单元的状态和参考值之间存在一定区别。为简单起见，在这里提出乘零的简单 Dropout 算法，修改后，可以与其他操作一起工作。

Dropout 在训练阶段和测试阶段是不同的，一般在训练中使用，而不在测试中使用。不过测试时，为了平衡（因训练时舍弃了部分节点或输出），一般将输出按丢弃率（Dropout Rate）比例缩小。

如何使用 Dropout 呢？以下是一般使用原则。

1）通常丢弃率控制在 20% ～ 50% 比较好，可以从 20% 开始尝试。比例太低则起不到效果，比例太高则导致模型的欠拟合。

2）在大的网络模型上应用。当 Dropout 用在较大的网络模型时，更有可能提升效果，因为此时模型有更多的机会学习到多种独立的表征。

3）在输入层和隐含层都使用 Dropout。对于不同的层，设置的 keep_prob 不同。一般来说，对于神经元较少的层，会将 keep_prob 设为 1.0 或接近于 1.0 的数；对于神经元多的层，则会将 keep_prob 设置的较小，如 0.5 或更小。

4）增加学习速率和冲量。把学习速率扩大 10 ～ 100 倍，冲量值调高到 0.9 ～ 0.99。

5）限制网络模型的权重。大的学习速率往往导致大的权重值。对网络的权重值做最大范数的正则化，被证明能提升模型性能。

7.5.3　批量正则化

我们介绍了数据归一化，它一般是针对输入数据而言的。但实际训练过程中还会经常出现隐含层因数据分布不均，导致梯度消失或不起作用的情况。如采用 sigmoid 函数或 tanh 函数为激活函数时，如果数据分布在两侧，这些激活函数的导数就接近于 0，这样一来，BP 算法得到的梯度也就消失了。如何解决这个问题？

Sergey Ioffe 和 Christian Szegedy 两位学者提出了批量正则化（Batch Normalization，BN）方法。批量正则化不仅可以有效解决梯度消失问题，还可以让调试超参数更加简单，在提高训练模型效率的同时，让神经网络模型更加“健壮”。批量正则化是如何做到这些的呢？首先，我们介绍一下它的算法流程。

输入：微批次（mini-batch）数据：$B=\{x_1, x_2, \cdots, x_m\}$

学习参数：γ,β 类似于权重参数，可以通过梯度下降等算法求得。

其中 x_i 并不是网络的训练样本，而是指原网络中任意一个隐含层激活函数的输入，这些输入是训练样本在网络中正向传播得来的。

输出：$\{y_i=\mathrm{NB}_{\gamma,\beta}(x_i)\}$

求微批次样本均值：

$$\mu_B \leftarrow \frac{1}{m}\sum_{i=1}^{m} x_i \tag{7.39}$$

求微批次样本方差：

$$\sigma_B^2 \leftarrow \frac{1}{m}\sum_{i=1}^{m}(x_i - \mu_B)^2 \tag{7.40}$$

对 x_i 进行标准化处理：

$$\hat{x}_i \leftarrow \frac{x_i - \mu_B}{\sqrt{\sigma_B^2 + \varepsilon}} \tag{7.41}$$

反标准化操作：

$$y_i = \gamma \hat{x}_1 + \beta \equiv \mathrm{NB}_{\gamma,\beta}(x_i) \tag{7.42}$$

BN 是对隐含层的正则化处理，它与输入的正则化处理是有区别的。输入的正则化是使所有输入的均值为 0，方差为 1。而批量正则化可使各隐含层输入的均值和方差为任意值。实际上，从激活函数的角度来说，如果各隐含层的输入均值在靠近 0 的区域，即处于激活函数的线性区域，将不利于训练好的非线性神经网络，而且得到的模型效果也不会太好，如式（7.41）所示。当然它还有将正则化后的 x 还原的功能。BN 一般用在哪里呢？ BN 应作用在非线性映射前，即对 $x=Wu+b$ 做规范化时，用在每一个全连接和激活函数之间。

何时使用 BN 呢？一般在神经网络训练中遇到收敛速度很慢，或梯度爆炸等无法训练的状况时，可以尝试用 BN 来解决。另外，在一般情况下，也可以加入 BN 来加快训练速度，提高模型精度，进而提高训练模型的效率。BN 的具体功能如下。

1）可以选择比较大的初始学习率，让训练速度飙涨。以前我们需要慢慢调整学习率，甚至在网络训练到一半的时候，还需要想着学习率进一步调小的比例选择多少比较合适，现在我们可以采用初始很大的学习率，同时学习率的衰减速度也很大，因为这个算法收敛很快。当然，在 BN 算法中，即使你选择了较小的学习率，其收敛速度也比以前快，因为它具有快速训练收敛的特性。

2）不用再去理会过拟合中 Dropout、L2 正则项参数的选择问题，采用 BN 算法后，你可以移除这两项参数，或者可以选择更小的 L2 正则约束参数，因为 BN 具有提高网络泛化能力的特性。

3）也不需要使用局部响应归一化层。

4）可以把训练数据彻底打乱。

7.5.4　权重初始化

深度学习为何要初始化？在传统机器学习中，很多算法并没有采用迭代式优化的方法，因此需要初始化的内容不多。但深度学习的算法一般采用迭代方法，而且参数多、层数也多，所以很多算法会在不同程度受到初始化的影响。

初始化对训练有哪些影响？初始化能决定算法是否收敛，如果初始值过大，可能会在正向传播或反向传播中产生爆炸的值；如果初始值太小，将导致信息丢失。对收敛算法适当初始化能加快收敛速度。初始值的选择将影响模型收敛是局部最小值还是全局最小值。如图 7-24

所示，不同的初始值，会导致收敛到不同的极值点。另外，初始化也可以影响模型的泛化。

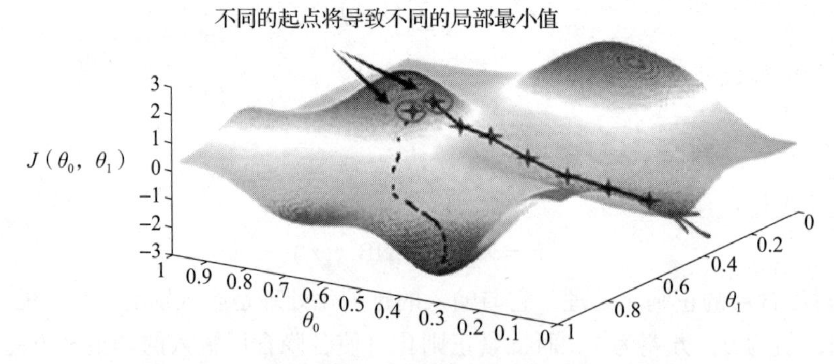

图 7-24　初始点的选择影响算法是否陷入局部最小点

如何对权重、偏移量进行初始化？初始化这些参数是否有一般性原则？常见的参数初始化有零值初始化、随机初始化、均匀分布初始、正态分布初始和正交分布初始等。一般采用正态分布或均匀分布的初始值，因为实践表明正态分布、正交分布、均匀分布的初始值能带来更好的效果。

7.5.5　残差网络

残差网络是由微软亚洲研究院的何凯明、张翔宇、任少卿、孙剑等提出的卷积神经网络，在 2015 年的 ImageNet 大规模视觉识别竞赛（ILSVRC）中获得图像分类和物体识别的冠军。残差网络的特点是容易优化，并且能够通过增加相当的深度来提高准确率。其内部的残差块使用了跳跃连接，缓解了在深度神经网络中增加深度带来的梯度消失、信息丢失等问题。

在深度学习中，随着网络层数增多，一般会出现以下几个问题：

- 增加计算资源的消耗
- 模型容易过拟合
- 出现梯度消失 / 梯度爆炸等问题
- 信息丢失

针对增加资源消耗的问题，我们可以通过 GPU 或分布式处理来解决；针对过拟合问题，可以通过采集海量数据，并配合 Dropout 正则化等方法进行有效避免或缓解；针对梯度消失或梯度爆炸问题，可以通过选择合适的激活函数、批量正则化等方法来解决；针对信息丢失问题，以上这些方法效果不理想，此时可以使用残差连接。残差连接是如何解决信息丢失问题的呢？图 7-25 为残差连接的示意图。

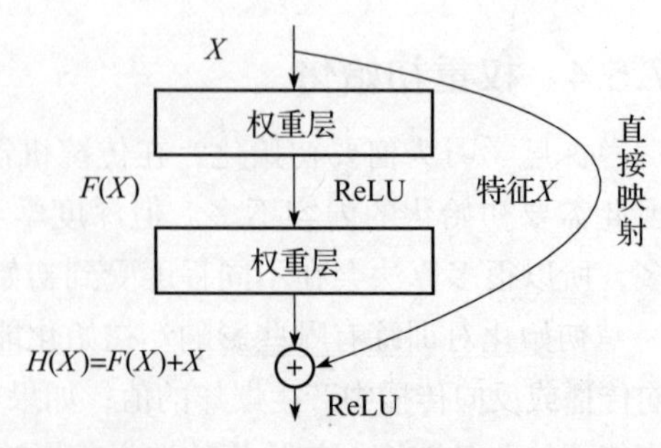

图 7-25　残差连接的示意图

从信息论的角度来看，由于数据处理不等式（Data Processing Inequality）的存在，在正向传输的过程中，随着层数的加深，特征图包含的图像信息会逐层减少，而残差连接的直接映射的加入，保证了 $L+1$ 层的网络一定比 L 层包含更多的图像信息。

7.6　选择优化算法

优化器在机器学习、深度学习中往往起着举足轻重的作用。同一个模型，因选择的优化器不同，性能可能相差很大，甚至导致一些模型无法训练。所以，了解各种优化器的基本原理非常必要。本节重点介绍几种优化器或算法的主要原理，及各自的优缺点。

7.6.1　传统梯度更新算法

传统梯度更新算法为最常见、最简单的一种参数更新策略。其基本思想是：先设定一个学习率 λ，参数沿梯度的反方向移动。假设需更新的参数为 θ，梯度为 g，则其更新策略可表示为：

$$\theta \leftarrow \theta - \lambda g \tag{7.43}$$

这种梯度更新算法非常简洁，当学习率取值恰当时，可以收敛到全面最优点（凸函数）或局部最优点（非凸函数）。

但其不足也很明显，对超参数学习率比较敏感（过小将导致收敛速度过慢，过大将越过极值点），如图 7-26b 所示。在比较平坦的区域，因梯度接近于 0，易导致提前终止训练，如图 7-26a 所示。但是，要选中一个恰当的学习率往往要花费不少时间。

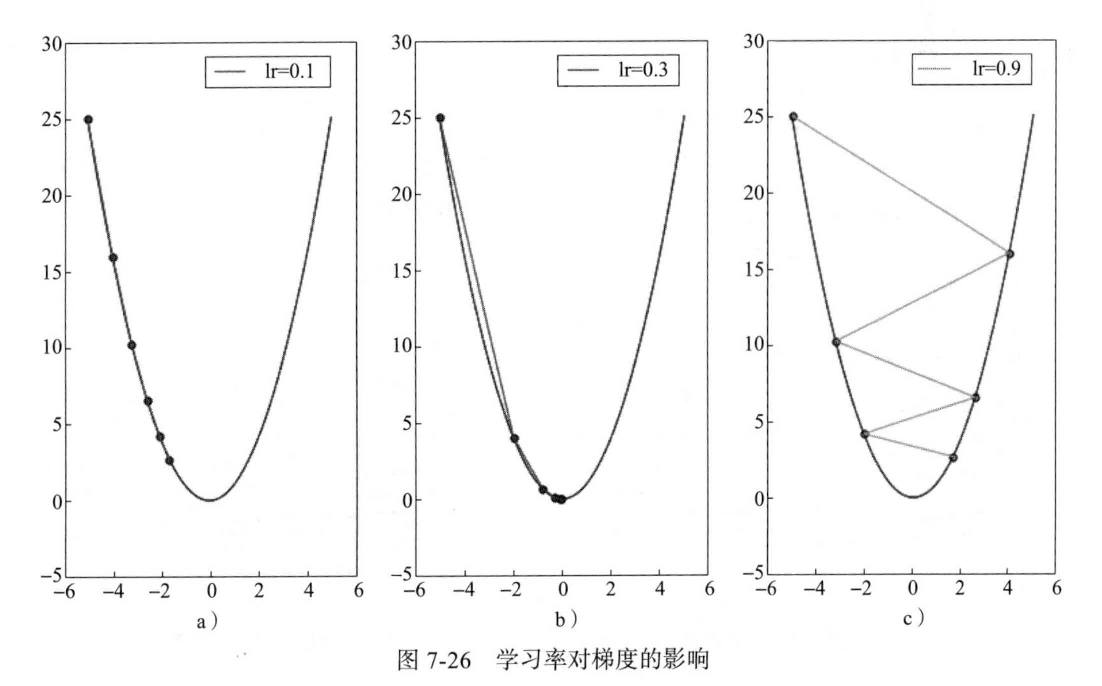

图 7-26　学习率对梯度的影响

有时还会因学习率在迭代过程中保持不变，很容易造成算法被卡在鞍点的位置，如图 7-27 所示。

另外，在较平坦的区域，因梯度接近于 0，优化算法往往因误判在还未到达极值点时就提前结束迭代，如图 7-28 所示。

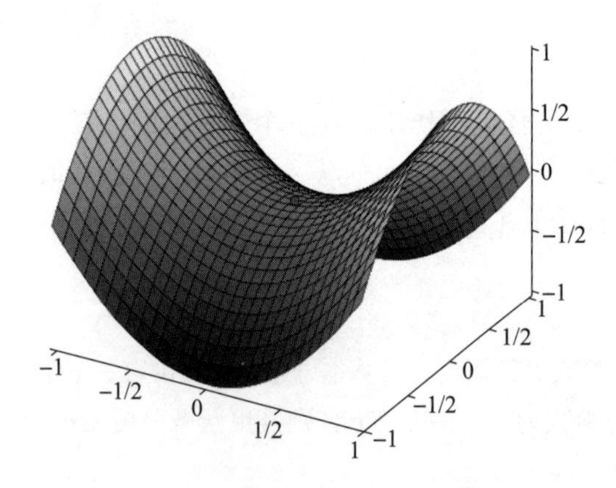

图 7-27　算法卡在鞍点示意图

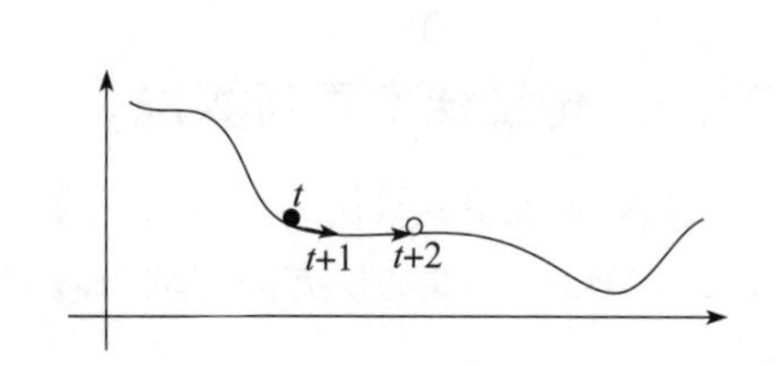

图 7-28　优化算法因误判而提前结束迭代

传统梯度优化方面的这些不足，在深度学习中会更加明显。从式（7.43）可知，影响优化的因素无非有两个：一个是梯度方向，一个是学习率。所以很多优化方法大多从这两方面入手，有些从梯度方向入手，如 7.6.2 节介绍的动量算法；有些从学习率入手，这涉及调参问题；还有从两方面同时入手，如自适应更新算法。接下来将详细介绍这些算法。

7.6.2　动量算法

梯度下降法在遇到平坦或高曲率区域时，其学习过程会很慢。利用动量算法能比较好地解决这个问题。我们以求解函数 $f(x_1,x_2)=0.1x_1^2+2x_1^2$ 极值为例，使用梯度下降法和动量算法分别进行迭代求解，具体迭代轨迹如图 7-29、图 7-30 所示。

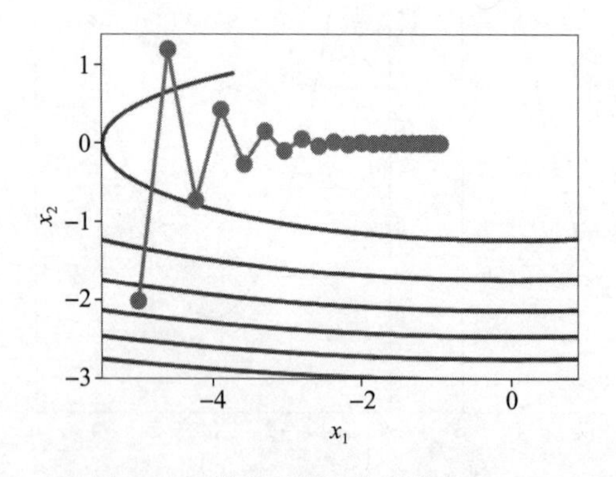

图 7-29　梯度下降法的迭代轨迹

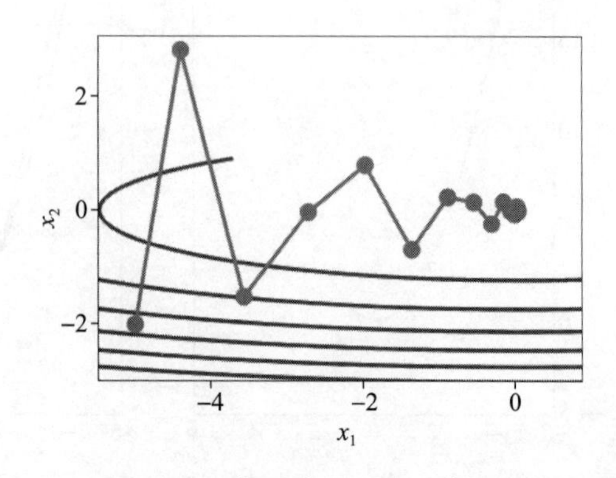

图 7-30　使用动量项的迭代轨迹

从图中可以看出，不使用动量算法的 SGD 学习速度比较慢，振幅比较大；使用动量算法的 SGD 的振幅较小，而且较快到达极值点。动量算法是如何做到这点的呢？

动量（momentum）是模拟物理中动量的概念，具有物理上惯性的含义。一个物体在运动时具有惯性，把这个思想运用到梯度下降计算中，可以增加算法的收敛速度和稳定性，具体实现如图 7-31 所示。

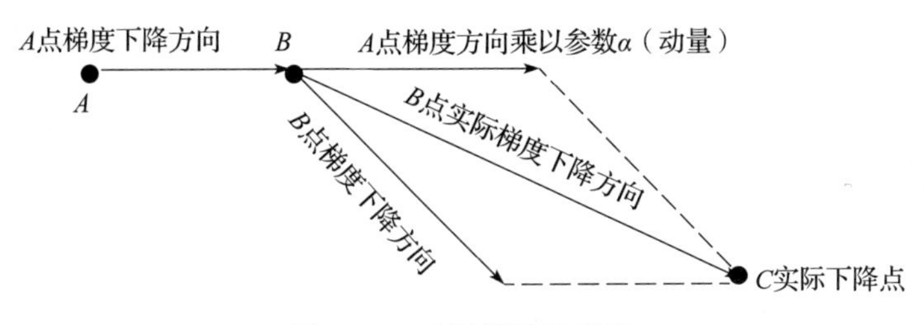

图 7-31　动量算法示意图

由图 7-31 可知，动量算法每下降一步都是由前面下降方向的一个累积和当前点的梯度方向组合而成。含动量的随机梯度下降法的算法伪代码如下：

假设 batch_size = 10, m = 1000

初始化参数向量 θ、学习率为 λ、动量参数 α、初始速度 v

while 停止准则未满足 do

Repeat {

for j = 1, 11, 21, .., 991 {

更新梯度：$\hat{g} \leftarrow \frac{1}{\text{batch\_size}} \sum_{i=j}^{j+\text{batch\_size}} \nabla_\theta L(f(x^{(i)},\theta), y^{(i)})$　（7.44）

计算速度：$v \leftarrow \alpha v - \lambda \hat{g}$　（7.45）

更新参数：$\theta \leftarrow \theta + v$

}

}

end while

具体使用动量算法时，动量项的计算公式如下：

$$v_k = \alpha v_{k-1} + (-\lambda \hat{g}(\theta_k)) \tag{7.46}$$

如果按时间展开，则第 k 次迭代使用了从 1 ～ k 次迭代的所有负梯度值，且负梯度按动量系数 α 指数级衰减，相当于使用了移动指数加权平均，具体展开过程如下：

$$\begin{aligned} v_k &= \alpha v_{k-1} + (-\lambda \hat{g}(\theta_k)) = \alpha(\alpha v_{k-2} + (-\lambda \hat{g}(\theta_{k-1})) + (-\lambda \hat{g}(\theta_k)) \\ &= -\lambda \hat{g}(\theta_k) - \alpha\lambda \hat{g}(\theta_{k-1}) + \alpha^2 v_{k-2} \\ &\cdots\cdots \\ &= -\lambda \hat{g}(\theta_k) - \lambda\alpha \hat{g}(\theta_{k-1}) - \lambda\alpha^2 \hat{g}(\theta_{k-2}) - \lambda\alpha^3 \hat{g}(\theta_{k-3}) \cdots\cdots \end{aligned} \tag{7.47}$$

假设每个时刻的梯度 $\hat{g}$ 相似，则得到：

$$v_k \approx \frac{\lambda \hat{g}}{1-\alpha} \tag{7.48}$$

由此可知，当在比较平缓处，但 $\alpha=0.5$、0.9 时，v_k 将分别是梯度下降法的 2 倍、10 倍。使用动量算法，不但可以加速迭代速度，还可以跨过局部最优找到全局最优，如图 7-32 所示。

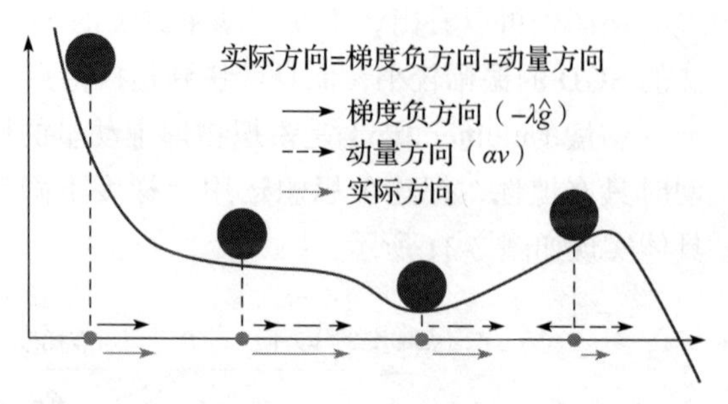

图 7-32　使用动量算法的潜在优势

7.6.3　NAG 算法

既然每一步都要将两个梯度方向（历史梯度、当前梯度）做一个合并再下降，那为什么不先按照历史梯度往前走一小步，按照前面一小步位置的“超前梯度”来做梯度合并呢？如此一来，可以先往前走一步，在靠前一点的位置（如图 7-33 中的 C 点）看到梯度，然后按照那个位置再来修正这一步的梯度方向，这就得到动量算法的一种改进算法，称为 NAG 算法（Nesterov Accelerated Gradient）。这种预更新算法能防止大幅振荡，不会错过最小值，并对参数更新更加敏感。

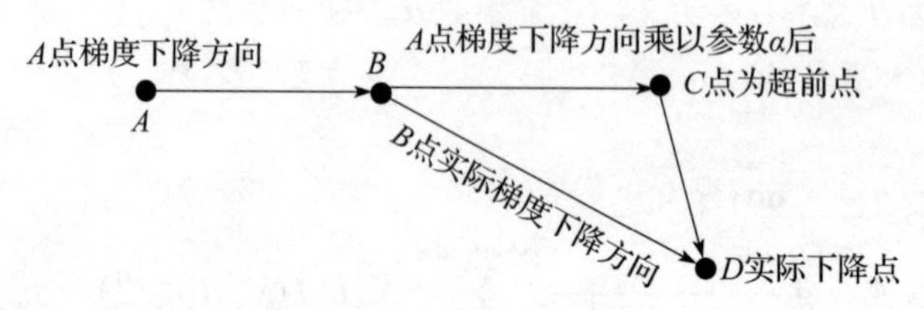

图 7-33　NAG 算法示意图

NAG 算法的算法伪代码如下。

假设 batch_size=10, $m=1000$

初始化参数向量 θ、学习率 λ、动量参数 α、初始速度 v

while 停止准则未满足 do

　　更新超前点：$\tilde{\theta} \leftarrow \theta+\alpha v$

　　Repeat {

　　for $j=1, 11, 21, .., 991$ {

　　　　更新梯度（在超前点）：$$\hat{g} \leftarrow \frac{1}{\text{batch\_size}} \sum_{i=j}^{j+\text{batch\_size}} \nabla_{\tilde{\theta}} L(f(x^{(i)},\tilde{\theta}), y^{(i)}) \tag{7.49}$$

　　　　计算速度：$$v \leftarrow \alpha v-\lambda \hat{g} \tag{7.50}$$

　　　　更新参数：$\theta \leftarrow \theta+v$

　　　　}

　　}

end while

NAG 算法和经典动量算法的差别就在 B 点和 C 点梯度的不同。NAG 算法更关注梯度下降方法的优化，如果能从方向和学习率同时优化，效果或许更理想。事实也确实如此，而且这些优化在深度学习中显得尤为重要。接下来我们介绍几种自适应优化算法，这些算法同时从梯度方向及学习率进行优化，效果非常好。

7.6.4 AdaGrad 算法

传统梯度下降算法对学习率这个超参数非常敏感，难以驾驭；对参数空间的某些方向也没有很好的方法。这些不足在深度学习中，因高维空间、多层神经网络等因素，常会出现平坦、鞍点、悬崖等问题，因此，传统梯度下降法在深度学习中显得力不从心。还好现在已有很多解决这些问题的有效方法。上节介绍的两种算法在一定程度上可以解决对参数空间某些方向的问题，但需要新增一个参数，而且对学习率的控制不是很理想。为了更好地驾驭这个超参数，人们想出来多种自适应优化算法。在自适应优化算法中，学习率不再是一个固定不变值，而是会根据不同情况自动调整来适用情况。

AdaGrad 算法通过参数来调整合适的学习率 λ，能独立地自动调整模型参数的学习率，对稀疏参数进行大幅更新，对频繁参数进行小幅更新，因此，非常适合处理稀疏数据。AdaGrad 算法在某些深度学习模型上的效果不错，但还有些不足，这可能是因其累积梯度平方导致学习率过早或过量减少所致。

AdaGrad 算法伪代码如下。

假设 batch_size=10, $m=1000$

初始化参数向量 θ、学习率 λ

小参数 δ，一般取一个较小值（如 10^{-7}），该参数避免分母为 0

初始化梯度累积变量 $r=0$

while 停止准则未满足 do

Repeat {

for $j=1, 11, 21, .., 991$ {

更新梯度：$$\hat{g} \leftarrow \frac{1}{\text{batch\_size}} \sum_{i=j}^{j+\text{batch\_size}} \nabla_{\theta} L(f(x^{(i)},\theta), y^{(i)}) \tag{7.51}$$

累积平方梯度：$$r \leftarrow r + \hat{g} \odot \hat{g} \quad \# \odot \text{表示逐元运算} \tag{7.52}$$

计算速度：$$\Delta\theta \leftarrow -\frac{\lambda}{\delta + \sqrt{r}} \odot \hat{g} \tag{7.53}$$

更新参数：$\theta \leftarrow \theta + \Delta\theta$

}

}

end while

由上面算法的伪代码可知：

1）随着迭代时间越长，累积梯度 r 越大，学习速率 $\frac{\lambda}{\delta+\sqrt{r}}$ 会越小，所以在接近目标值时，不会因为学习率过大而越过极值点。

2）不同参数之间学习率不同，因此，与前面的固定学习率相比，不容易在鞍点卡住。

3）如果梯度累积参数 r 比较小，则学习率会比较大，所以参数迭代的步长就会比较大。相反，如果梯度累积参数比较大，则学习率会比较小，所以迭代的步长会比较小。

7.6.5 RMSProp 算法

RMSProp 算法在 AdaGrad 算法的基础上做了修改，以使非凸背景下的效果更好。针对梯度平方和累积越来越大的问题，RMSProp 采用指数加权的移动平均代替梯度平方和。RMSProp 为了使用移动平均，引入了一个新的超参数 ρ，用来控制移动平均的长度范围。

RMSProp 算法伪代码如下。

假设 batch_size = 10, $m = 1000$

初始化参数向量 θ、学习率 λ、衰减速率 ρ

小参数 δ，一般取一个较小值（如 10^{-7}），该参数避免分母为 0

初始化梯度累积变量 $r = 0$

while 停止准则未满足 do

Repeat {

for $j = 1, 11, 21, .., 991$ {

更新梯度：$\hat{g} \leftarrow \frac{1}{\text{batch\_size}} \sum_{i=j}^{j+\text{batch\_size}} \nabla_\theta L(f(x^{(i)},\theta), y^{(i)})$ （7.54）

累积平方梯度：$r \leftarrow \rho r + (1-\rho)\hat{g} \odot \hat{g}$ （7.55）

计算参数更新：$\Delta\theta \leftarrow -\frac{\lambda}{\delta+\sqrt{r}} \odot \hat{g}$ （7.56）

更新参数：$\theta \leftarrow \theta + \Delta\theta$

}

}

end while

RMSProp 算法在实践中已被证明是一种有效且实用的深度神经网络优化算法，在深度学习中得到广泛应用。

7.6.6 Adam 算法

Adam（Adaptive Moment Estimation，自适应矩估计）算法本质上是带有动量项的 RMSprop，它利用梯度的一阶矩估计和二阶矩估计动态调整每个参数的学习率。Adam 算法的优点主要在于经过偏置校正后，每一次迭代学习率都有一个确定范围，使得参数比较平稳。

Adam 算法伪代码如下：

假设 batch_size=10, m=1000

初始化参数向量 θ、学习率 λ

矩估计的指数衰减速率 ρ_1 和 ρ_2 在区间 [0, 1) 内。

小参数 δ，一般取一个较小值（如 10^{-7}），该参数避免分母为 0

初始化一阶和二阶矩变量 s=0，$r=0$

初始化时间步 t=0

while 停止准则未满足 do

　Repeat {

　for $j=1, 11, 21, .., 991$ {

　　更新梯度：$\hat{g} \leftarrow \frac{1}{\text{batch\_size}} \sum_{i=j}^{j+\text{batch\_size}} \nabla_\theta L(f(x^{(i)},\theta), y^{(i)})$　（7.57）

　　　$t \leftarrow t+1$

　　更新有偏一阶矩估计：$s \leftarrow \rho_1 s + (1-\rho_1)\hat{g}$　（7.58）

　　更新有偏二阶矩估计：$r \leftarrow \rho_2 r + (1-\rho_2)\hat{g} \odot \hat{g}$　（7.59）

　　修正一阶矩偏差：$\hat{s} = \frac{s}{1-\rho_1^t}$　（7.60）

　　修正二阶矩偏差：$\hat{r} = \frac{r}{1-\rho_2^t}$　（7.61）

　　　累积平方梯度：$r \leftarrow \rho r + (1-\rho)\hat{g} \odot \hat{g}$　（7.62）

　　　计算参数更新：$\Delta\theta = -\lambda \frac{\hat{s}}{\delta + \sqrt{\hat{r}}}$　（7.63）

　　　更新参数：$\theta \leftarrow \theta + \Delta\theta$

　　}

　}

end while

7.6.7　如何选择优化算法

前文介绍了深度学习的正则化方法，它是深度学习核心之一；优化算法也是深度学习的核心之一。优化算法很多，如随机梯度下降法、自适应优化算法等，那么具体该如何选择呢？

RMSprop、Adadelta 和 Adam 被认为是自适应优化算法，因为它们会自动更新学习率。而使用 SGD 时，必须手动选择学习率和动量参数，通常会随着时间的推移而降低学习率。

有时可以考虑综合使用这些优化算法，如先用 Adam 算法，然后用 SGD 优化方法。这个想法有利于克服在训练的早期阶段，SGD 对参数调整和初始化非常敏感的问题。先使用 Adam 优化算法进行训练，既能大大节省训练时间，又能避免初始化和参数调整问题。用 Adam 算法训练获得较好的参数后，再使用 SGD+ 动量优化算法，以达到最佳性能。如

图 7-34 所示，我们先使用 Adam 算法迭代次数超过 150 后再改用 SGD 算法的效果要优于继续使用 Adam 算法。

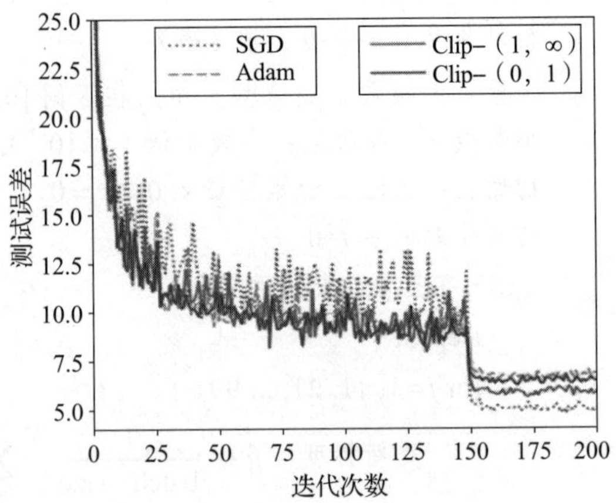

图 7-34　迭代次数与测试误差间的对应关系

7.7　使用 tf.keras 构建神经网络

Keras 是一个主要由 Python 语言开发的开源神经网络计算库，最初由 François Chollet 编写，它被设计为高度模块化和易扩展的高层神经网络接口，使得用户可以不需要过多的专业知识就可以简洁、快速地完成模型的搭建与训练。Keras 库分为前端和后端，其中后端可以基于现有的深度学习架构实现，如 TensorFlow、Theano、CNTK 等。

TensorFlow 与 Keras 存在既竞争又合作的关系，甚至连 Keras 创始人都在 Google 工作。在 2015 年 11 月，TensorFlow 被加入 Keras 后端支持。从 2017 年开始，Keras 的大部分组件被整合到 TensorFlow 架构中。在 2019 年 6 月 TensorFlow 2 版本发布时，Keras 被指定为 TensorFlow 官方高级 API，用于快速简单的模型设计和训练。现在只能使用 Keras 的接口来完成 TensorFlow 层的模型搭建与训练。在 TensorFlow 中，Keras 被实现在 tf.keras 模块中。下文如无特别说明，Keras 均指代 tf.keras 实现，而不是以往的 Keras 实现。

7.7.1　tf.keras 概述

在 TensorFlow 2.0 及以上版本中，tf.keras 是一个用于构建和训练深度学习模型的高阶 API。tf.keras 由模块（Module）、类（Class）和函数（Function）三部分构成。

模块中有构建训练模型的各种必备的组件，如激活函数、网络层、损失函数、优化器等。

类中有 Sequential 和 Model 两个类，用于堆叠模型，分析如下。

- Sequential：将层进行线性堆叠形成一个 tf.keras.Model 对象。
- Model：将层分组为具有训练和推理功能的对象。

函数中有 Input() 函数，用来实例化张量。

7.7.2　tf.keras 的常用模块

表 7-2 为 tf.keras 的常用模块及对应功能简介。

表 7-2　tf.keras 常用模块及对应功能简介

主要模块	功能概述
activations	内置的激活函数
applications	预先训练权重的罐装架构 Keras 应用程序
Callbacks	在模型训练期间的某些时刻被调用的实用程序
Constraints	约束模块，对权重施加约束的函数
datasets	tf.keras 数据集模块，包括 boston_housing、cifar10、fashion_mnist、imdb、mnist、reuters
estimator	Keras 估计量 API
initializers	初始序列化 / 反序列化模块
layers	Keras 层 API，包括卷积层、全连接层、池化层、Embedding 层等
losses	内置损失函数
metircs	内置度量函数
mixed_precision	混合精度模块
models	模型克隆的代码，以及与模型相关的 API
optimizers	内置的优化器模块
preprocessing	Keras 数据的预处理模块
regularizers	内置的正则模块

7.7.3　构建模型的几种方法

前文提到，在 tf.keras 的类中有 Sequential 和 Model 两个类，分别用来堆叠网络层和把堆叠好的层实例化为可以训练的模型。

Sequential 将层进行线性堆叠后形成一个 tf.keras.Model 对象。Sequential 可按层顺序构建模型，只适用于多层简单堆叠网络，不能构建复杂模型（如多个输入或输出、拼接网络层等）。如果要构建复杂的网络，可以通过应用或继承 tf.keras.Model 类来实现。如通过应用 tf.keras.Model 类用函数式 API 构建任意结构模型，通过继承 Model 基类用子类模型 API（Model SubClassing API）构建网络模型。图 7-35 为使用 tf.keras 构建神经网络的 3 种模式的示意图。

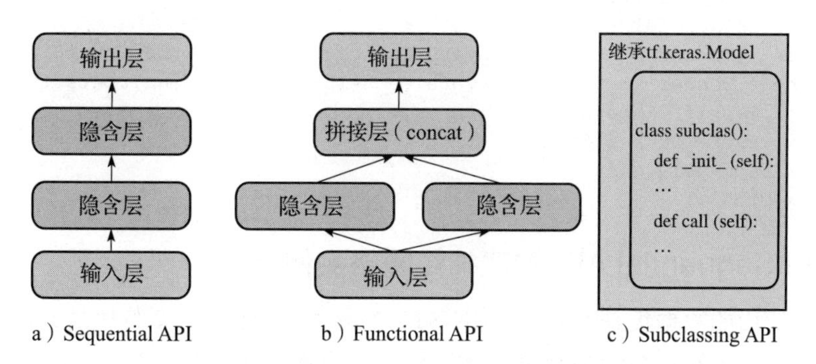

图 7-35　使用 tf.keras 构建神经网络的 3 种模式

1. 使用 Sequential 按层顺序构建模型

使用 tf.keras.Sequential 构建模型，整个网络结构是串行的，一个输入、一个输出、中间的隐含层是串行的。这种方式简洁直观，能满足我们的大部分需求。

下面是代码示例：

```
import tensorflow as tf
from tensorflow import keras
from tensorflow.keras import layers

model = tf.keras.Sequential()
model.add(layers.Dense(32, activation='relu'))
model.add(layers.Dense(32, activation='relu'))
model.add(layers.Dense(10, activation='softmax'))
model.compile(optimizer=tf.keras.optimizers.Adam(0.001),
             loss=tf.keras.losses.categorical_crossentropy,
             metrics=[tf.keras.metrics.categorical_accuracy])
```

2. 构建函数式模型

使用 tf.keras.Model 类构建函数式模型。

```
import tensorflow as tf
from tensorflow import keras

inputs = tf.keras.Input(shape=(3,))
input = keras.layers.Input(shape=[], name="input")
hidden1 = keras.layers.Dense(60, activation="relu")(input)
hidden2 = keras.layers.Dense(60, activation="relu")(input)
concat = keras.layers.concatenate([hidden1, hidden2])
output = keras.layers.Dense(1, name="output")(concat)
model = keras.Model(inputs=[input], outputs=[output])
```

3. 构建子类模型

通过继承 tf.keras.Model 类来构建子类模型。

```
import tensorflow as tf
class MyModel(tf.keras.Model):
    def __init__(self):
        super(MyModel, self).__init__()
        self.dense1 = tf.keras.layers.Dense(4, activation=tf.nn.relu)
        self.dense2 = tf.keras.layers.Dense(5, activation=tf.nn.softmax)
    def call(self, inputs):
        x = self.dense1(inputs)
        return self.dense2(x)
model = MyModel()
```

7.7.4　使用 Sequential API 构建神经网络实例

这里我们使用的数据集是 Fashion MNIST，它是 MNIST 的一个替代品，格式与 MNIST 完全相同。该数据集共有 70 000 张灰度图，每张的像素是 28×28，共有 10 类，其中 60 000 张用于训练，10 000 张用来测试。图的内容是日常物品，如上衣、裤子、鞋子等。相比 MNIST，Fashion MNIST 的每类中的图像更丰富，识图的挑战性比 MNIST 高很多。为便于大家使用，这里采用本地加载数据的方式。主要步骤如下：

- ❑ 加载数据
- ❑ 预处理数据
- ❑ 构建模型
- ❑ 训练模型
- ❑ 测试模型
- ❑ 使用回调机制保存模型
- ❑ 使用 TensorBoard 可视化运行结果

1. 加载数据

1）先导入需要的库。

```
import os
import math
import numpy as np
import pickle as p
import gzip
import time
import tensorflow as tf
from tensorflow import keras
import matplotlib.pyplot as plt
%matplotlib inline
```

2）定义加载数据的函数。数据存放在本地，共有 4 个压缩文件。

```
def load_data_fromlocalpath(input_path):
    """ 加载数据集 Fashion MNIST
        input_path 为本地目录 .
        返回以下元组 :
        (x_train, y_train), (x_test, y_test).
    """
    files = [
        'train-labels-idx1-ubyte.gz', 'train-images-idx3-ubyte.gz',
        't10k-labels-idx1-ubyte.gz', 't10k-images-idx3-ubyte.gz'
    ]

    paths = []
    for fname in files:
        paths.append(os.path.join(input_path, fname))    # The location of the dataset.

    with gzip.open(paths[0], 'rb') as lbpath:
        y_train = np.frombuffer(lbpath.read(), np.uint8, offset=8)

    with gzip.open(paths[1], 'rb') as imgpath:
        x_train = np.frombuffer(
            imgpath.read(), np.uint8, offset=16).reshape(len(y_train), 28, 28)

    with gzip.open(paths[2], 'rb') as lbpath:
        y_test = np.frombuffer(lbpath.read(), np.uint8, offset=8)

    with gzip.open(paths[3], 'rb') as imgpath:
```

```
        x_test = np.frombuffer(
            imgpath.read(), np.uint8, offset=16).reshape(len(y_test), 28, 28)
    return (x_train, y_train), (x_test, y_test)
```

3）加载数据。

```
data_dir = r'../data/fashion-mnist'
(x_train,y_train),(x_test,y_test) = load_data_fromlocalpath(data_dir)
# 查看数据大小
print("训练集大小:{}, 测试集大小: {}".format(x_train.shape,x_test.shape))
```

运行结果如下：

```
训练集大小:(60000, 28, 28),测试集大小: (10000, 28, 28)
```

4）随机查看 10 个图。

```
label_dict={0:'t-shirt',1:'trouser',2:'pullover',3:'dress',4:'coat',5:'sandal',
    6:'shirt',7:'sneaker',8:'bag',9:'ankle boost'}

def plot_images_labels(images, labels, num):
    total = len(images)
    fig = plt.gcf()
    fig.set_size_inches(15, math.ceil(num / 10) * 7)
    for i in range(0, num):
        choose_n = np.random.randint(0, total)
        ax = plt.subplot(math.ceil(num / 5), 5, 1 + i)
        ax.imshow(images[choose_n], cmap='binary')
        title = label_dict[labels[choose_n]]
        ax.set_title(title, fontsize=10)
    plt.show()

plot_images_labels(x_train, y_train, 10)
```

运行结果如图 7-36 所示。

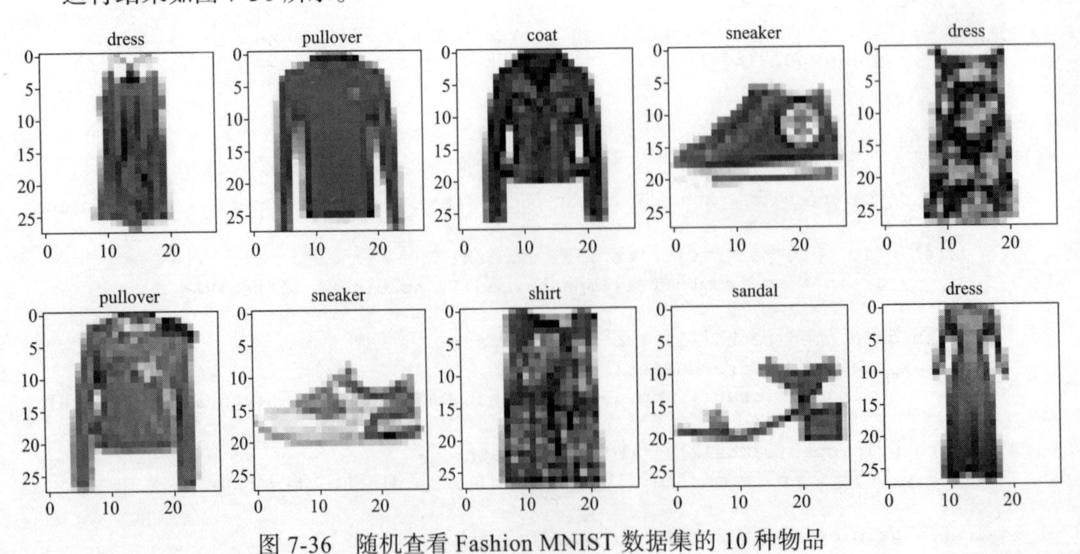

图 7-36　随机查看 Fashion MNIST 数据集的 10 种物品

2. 预处理数据

主要对数据进行规范化及类型转换。

```
x_train = x_train.astype('float32') / 255.0
x_test = x_test.astype('float32') / 255.0
```

3. 构建模型

1）使用 keras.models.Sequential 构建模型。

```
se_model = keras.models.Sequential([
          keras.layers.Flatten(input_shape=[28,28,1]),
          keras.layers.Dense(300,'relu'),
          keras.layers.Dense(100,'relu'),
          keras.layers.Dense(10, "softmax"),
          ])
```

代码说明如下。

- 第一行代码创建了一个 Sequential 模型，这是 Keras 中最简单的模型，是由单层神经元顺序串联起来的，故称为 Sequential API。
- 接下来创建第一层，这是一个 Flatten 层，它的作用是将每个输入图像展平为数组：如果输入数据是 X，则计算 X.reshape(−1, 1)。该层没有任何参数，只是做一些简单预处理。因为这是模型的第一层，所以必须要指明 input_shape，input_shape 不包括批次大小，只是实例的形状。另外，第一层也可以是 keras.layers.InputLayer，设置 input_shape=[28, 28]。
- 然后，添加一个有 300 个神经元的全连接层（Dense Layer），激活函数是 ReLU。接着再添加第二个全连接层，激活函数仍然是 ReLU。
- 最后，加上一个拥有 10 个神经元的输出层，这里共有 10 个类别，故输出节点数为 10，因为是多类别问题，所有激活函数使用 softmax。如果是二分类问题，则可以使用 sigmoid 激活函数。

2）查看模型结构。

```
se_model.summary()
```

运行结果如下：

```
Model: "sequential"

_________________________________________________________________
Layer (type)                 Output Shape              Param #
=================================================================
flatten (Flatten)            (None, 784)               0
_________________________________________________________________
dense (Dense)                (None, 300)               235500
_________________________________________________________________
dense_1 (Dense)              (None, 100)               30100
_________________________________________________________________
```

```
dense_2 (Dense)              (None, 10)              1010
=================================================================
Total params: 266,610
Trainable params: 266,610
Non-trainable params: 0
```

4. 训练模型

训练模型的代码如下：

```
se_model.compile(optimizer='adam', loss='sparse_categorical_crossentropy',
    metrics=['accuracy'])
history = se_model.fit(x_train,y_train,epochs=20,)
```

最后几次迭代的运行结果如下：

```
1875/1875 [==============================] - 4s 2ms/step - loss: 0.1846 -
    accuracy: 0.9304
Epoch 17/20
1875/1875 [==============================] - 4s 2ms/step - loss: 0.1753 -
    accuracy: 0.9331
Epoch 18/20
1875/1875 [==============================] - 4s 2ms/step - loss: 0.1668 -
    accuracy: 0.9347
Epoch 19/20
1875/1875 [==============================] - 4s 2ms/step - loss: 0.1655 -
    accuracy: 0.9355
Epoch 20/20
1875/1875 [==============================] - 4s 2ms/step - loss: 0.1619 -
    accuracy: 0.9382
```

从结果来看，训练精度达到93%左右，说明效果还不错。接下来看看测试结果。

5. 测试模型

输入如下代码测试模型：

```
test_loss, test_acc = se_model.evaluate(x_test,  y_test, verbose=1)
print("测试集loss:{:.2f},测试集准确率：{:.2f}".format(test_loss,test_acc))
```

运行结果如下：

```
测试集loss:0.40,测试集准确率：0.89
```

6. 使用回调机制保存模型

1）fit()方法接收参数回调参数，可以让用户指明一个Keras列表，让Keras在训练开始和结束、每个周期开始和结束，甚至每个批次的前后调用。例如，ModelCheckpoint可以在每个时间间隔保存检查点，默认是在每个周期结束之后。

Keras使用HDF5格式保存模型（包括每层的超参数）和每层的所有参数值（连接权重和偏置项），还保存了优化器（包括超参数和状态）。通常用脚本训练和保存模型，这样加载、恢复模型也很简单。包模型保存在当前目录下，文件名为my_keras_model.h5。基于这个文件，可以恢复模型。

```
checkpoint = keras.callbacks.ModelCheckpoint("my_keras_model.h5")
history = se_model.fit(x_train, y_train, epochs=20, callbacks=[checkpoint])
se_model_ck = keras.models.load_model("my_keras_model.h5") # 恢复模型
```

2）检测恢复模型。

```
test_loss, test_acc = se_model_ck.evaluate(x_test,  y_test, verbose=1)
print(" 测试集 loss:{:.2f}, 测试集准确率: {:.2f}".format(test_loss,test_acc))
```

运行结果如下：

```
测试集 loss:0.38, 测试集准确率: 0.89
```

7. 使用 TensorBoard 可视化运行结果

TensorBoard 是 TensorFlow 自带的一个强大的交互可视化工具，使用它可以查看训练过程中的学习曲线、比较每次运行的学习曲线、可视化计算图、分析训练数据、查看学习参数的变化情况等。

1）定义生成获取日志的路径的函数。

```
def get_logdir():
    root_logdir = os.path.join(os.curdir, "my_logs")
    run_id = time.strftime("run_%Y%m%d-%H%M%S")
    return os.path.join(root_logdir, run_id)

logdir = get_logdir()
```

2）在训练模型中调用该函数。

```
tensorboard_cb = keras.callbacks.TensorBoard(logdir)
history = se_model.fit(x_train, y_train, epochs=20,
                    callbacks=[tensorboard_cb])
```

3）启动 tensorboard 服务。在命令行（cmd）输入以下命令启动 tensorboard 服务，如果是 Linux 环境，则需要对路径做一些修改，然后在网页输入 localhost:6060 就可以看到生成的各种图形。

```
tensorboard --logdir="C:\\Users\wumg\\
    jupyter-ipynb\\tensorflow2-
    book\\char-07\\my_logs"
```

4）通过浏览器查看生成的各种图形。在网页中输入 localhost:6060 查看图形。图 7-37 为准确率随着迭代次数的变化而变化的图形。

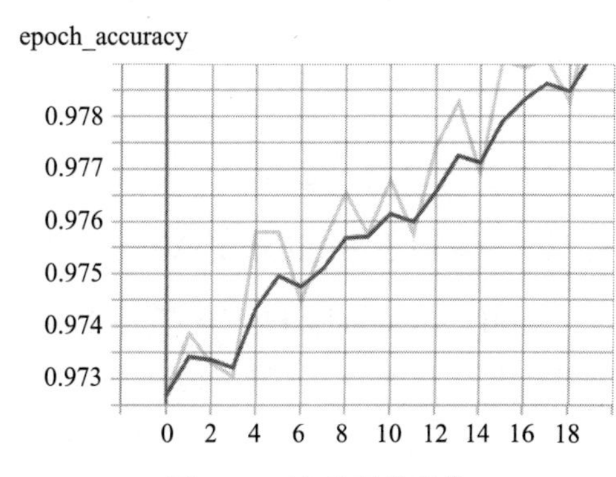

图 7-37　准确率的变化

图 7-38 为采用 Sequential API 构建网络

的计算图。

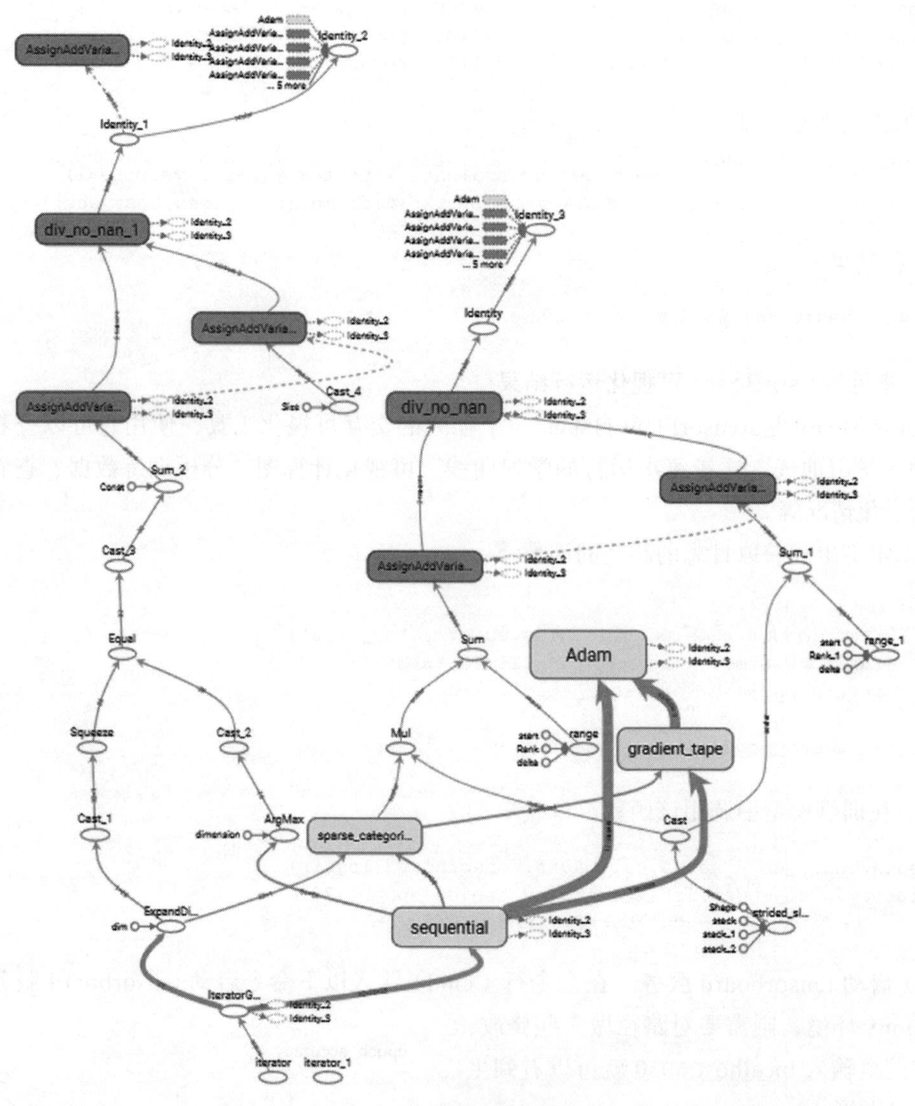

图 7-38　可视化计算图

7.7.5　使用 Functional API 构建神经网络实例

使用 Functional API 方式可搭建更复杂多样的网络结构图，可以实现多个输入、输出、隐含层与输入拼接、隐含层与隐含层拼接等。本例的网络架构如图 7-35b 所示。实现代码如下：

```
input = keras.layers.Input(shape=(28, 28))
```

```
x = keras.layers.Flatten()(input)
hidden1 = keras.layers.Dense(300, activation="relu")(x)
hidden2 = keras.layers.Dense(100, activation="relu")(hidden1)
concat = keras.layers.concatenate([x, hidden2],axis=-1)
output = keras.layers.Dense(10, activation="softmax",name="output")(concat)
fu_model = keras.Model(inputs=[input], outputs=[output])
```

其他导入数据、训练模型与 3.1 节一样，完整代码可参考本书代码与数据部分。

7.7.6 使用 Subclassing API 构建神经网络实例

前面介绍的 Sequential API 和 Functional API 都是声明式的，各类内置层直接拿来用即可。这种方式简单快捷：模型可以方便地进行保存、克隆和分享；模型架构可以方便地展示，便于分析；架构可以推断数据形状和类型，便于及时发现错误。调试也很容易，因为模型是层的静态图。但是，如果要满足一些更高要求，如包含循环、可变数据形状、条件分支等，就很难使用这些方式实现了。对于这些情况，使用 Subclassing API 可以轻松实现。

使用这种子类方式构建网络需要继承一个基类——tf.keras.Model，在构造器（即 __init__() 函数）中创建需要的层，在 call() 函数中构建网络结构。构建思路如图 7-39 所示。

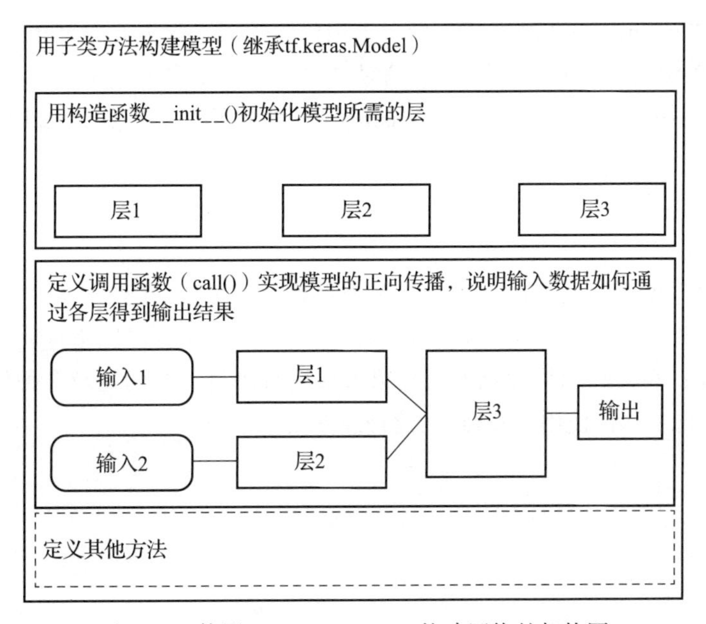

图 7-39 使用 Subclassing API 构建网络的架构图

例如，通过创建一个 CustomModel 类的实例，可以创建与 Functional API 例子中的相同的模型，同样可以进行编译、评估、预测。

```
class CustomModel(tf.keras.Model):

    def __init__(self, **kwargs):
```

```
        super(CustomModel, self).__init__(**kwargs)
        self.layer_1 = keras.layers.Flatten()
        self.layer_2 = keras.layers.Dense(300, "relu")
        self.layer_3 = keras.layers.Dense(100, "relu")
        self.layer_4 = keras.layers.Dense(10,'softmax')

    def call(self, inputs):
        x = self.layer_1(inputs)
        x = self.layer_2(x)
        x = self.layer_3(x)
        x = self.layer_4(x)
        return x
    # 为使用summary函数时能显示张量的形状
    def model01(self):
        x = keras.layers.Input(shape=(28, 28))
        return tf.keras.Model(inputs=[x], outputs=self.call(x))

sub_model = CustomModel(name='mnist_model')
```

函数 model01 用于查看网络结构，具体运行方式如下：

```
sub_model.model01().summary()
```

这个例子和 Functional API 有所不同，不用创建输入，只需要在 call() 使用参数 input，同时将层的创建和使用分开了。在 call() 方法中，你可以做任意想做的事，如 for 循环、if 语句、低级的 TensorFlow 操作等。Subclassing API 将赋予开发者更大的想象空间。

7.8　小结

神经网络是深度学习的基础，本章从多个视角进行详细介绍，在结构方面介绍了单层神经网络和多层神经网络；在构建方面介绍了激活函数；在神经网络计算方面介绍了正向传播和反向传播；在神经网络优化方面介绍了如何解决过拟合问题及多种优化算法等；最后通过实例详细说明如何使用 tf.keras 构建神经网络。

CHAPTER 8

第 8 章

视觉处理基础

传统神经网络层之间都采用全连接方式，这种连接方式，如果层数较多且输入是高维数据，那么其参数数量可能是一个天文数字。比如训练一张 1000×1000 像素的灰色图像，输入节点数就是 1000×1000，如果隐含层节点是 100，那么输入层到隐含层间的权重矩阵就是 1 000 000×100！如果在此基础上增加隐含层，还要进行反向传播，那结果可想而知。同时，采用全连接方式还容易导致过拟合。

因此，为了更有效地处理像图像、视频、音频、自然语言等数据，我们必须另辟蹊径。经过多年不懈努力，人们终于找到了一些有效方法或工具。其中卷积神经网络、循环神经网络就是典型代表。接下来我们将介绍卷积神经网络，下一章将介绍循环神经网络。

本章主要内容如下：

- ❑ 从全连接层到卷积层
- ❑ 卷积层
- ❑ 池化层
- ❑ 现代经典网络
- ❑ 卷积神经网络分类实例

8.1 从全连接层到卷积层

前面我们使用多层神经网络处理表格数据、图像数据等，对于表格数据，其行对应样本，列对应特征，我们寻找的模式可能涉及特征之间的交互，不能预先假设任何与特征交互相关的结构，此时使用多层神经网络比较合适，若使用全连接，参数量比较大，同时如果数据不足时，很容易导致过拟合。

对于图像数据，例如，在之前飞机、汽车、马、狗、猫等分类的例子中，输入层需要把这些二维图像展平为一维向量，如果隐含层都使用全连接层，网络参数将是一大挑战，拟合如此多的参数需要收集大量的数据。

由此可知，使用多层神经网络来处理图像，有两个明显不足：

1）把图像展平为向量，极易丢失图像的一些固有属性；

2）使用全连接层极易导致参数量呈指数级增长。

是否有更好的神经网络来处理图像数据呢？如果要处理图像数据，该神经网络应该满足哪些条件呢？

8.1.1　图像的两个特性

图像中拥有丰富的结构特性，其中最具代表性的特性是平移不变性、局部性，一个高效的神经网络应该力保图像的这两个特性。

1）平移不变性（translation invariance）：不管检测对象出现在图像中的哪个位置，神经网络的前面几层应该对相同的图像区域具有相似的反应，即“平移不变性”。

2）局部性（locality）：神经网络的前面几层应该只探索输入图像中的局部区域，而不过度在意图像中相隔较远的区域的关系，这就是“局部性”原则。最终，在后续神经网络，整个图像级别上可以集成这些局部特征用于预测。

神经网络是如何实现这两个特性的呢？假设我们处理的图像为二维矩阵 $\boldsymbol{X}$（不展平为向量），隐含层也是一个矩阵，记为 $\boldsymbol{H}$。为便于理解，假设 $\boldsymbol{X}$ 和 $\boldsymbol{H}$ 具有相同形状，且都拥有空间结构。使用 $[\boldsymbol{X}]_{i,j}$ 和 $[\boldsymbol{H}]_{i,j}$ 分别表示输入图像和隐含层表示的 (i, j) 处的像素。为了使每个隐含神经元都能接收到每个输入像素的信息，需要把输入到隐含层的权重矩阵设置为4阶矩阵 $\boldsymbol{W}$。为便于理解，这里暂不考虑偏置参数，如果输入层与隐含层仍采用全连接的形式，其表达公式为：

$$[\boldsymbol{H}]_{i,j}=\sum_{k}\sum_{l}[\boldsymbol{W}]_{i,j,k,l}[\boldsymbol{X}]_{k,l} \tag{8.1}$$

重新索引下标 (k, l)，使 $k=i+a$、$l=j+b$，使 $[\boldsymbol{V}]_{i,j,a,b}=[\boldsymbol{W}]_{i,j,i+a,j+b}$。索引 a 和 b 通过在正偏移和负偏移之间移动覆盖整个图像。因此，式（8.1）可转换为：

$$[\boldsymbol{H}]_{i,j}=\sum_{a}\sum_{b}[\boldsymbol{V}]_{i,j,a,b}[\boldsymbol{X}]_{i+a,j+b} \tag{8.2}$$

对于隐含表示中任意给定位置（i, j）处的像素值 $[\boldsymbol{H}]_{i,j}$，可以通过在 $\boldsymbol{X}$ 中以 (i, j) 为中心对像素进行加权求和得到，加权使用的权重为 $[\boldsymbol{V}]_{i,j,a,b}$。

新的神经网络要满足平移不变性，则要求其检测对象在输入 $\boldsymbol{X}$ 中的平移仅导致隐藏表示 $\boldsymbol{H}$ 中的平移。也就是说，$\boldsymbol{V}$ 实际上不依赖于 (i, j) 的值，即 $[\boldsymbol{V}]_{i,j,a,b}=[\boldsymbol{V}]_{a,b}$。因此，我们可以简化 $\boldsymbol{H}$ 的定义：

$$[\boldsymbol{H}]_{i,j}=\sum_{a}\sum_{b}[\boldsymbol{V}]_{a,b}[\boldsymbol{X}]_{i+a,j+b} \tag{8.3}$$

新的神经网络要满足局部性，则要求我们不应关注距离 (i, j) 很远的地方。这就意味着在 $|a|>\Delta$ 或 $|b|>\Delta$ 的范围之外，我们可以设置 $[\boldsymbol{V}]_{a,b}=0$。因此，我们可以将 $[\boldsymbol{H}]_{i,j}$ 重写为：

$$[\boldsymbol{H}]_{i,j}=\sum_{a=-\Delta}^{\Delta}\sum_{b=-\Delta}^{\Delta}[\boldsymbol{V}]_{a,b}[\boldsymbol{X}]_{i+a,j+b} \tag{8.4}$$

此时这个新的神经网络即卷积（convolution）神经网络。使用系数 $[\boldsymbol{V}]_{a,b}$ 对位置 (i, j) 附近的像素 $(i+a, j+b)$ 进行加权得到 $[\boldsymbol{H}]_{i,j}$。这里 $[\boldsymbol{V}]_{a,b}$ 的系数比 $[\boldsymbol{V}]_{i,j,a,b}$ 少很多，因为前者不再依赖于图像中的位置。这是一个巨大的进步！

卷积神经网络是一类包含卷积层的特殊的神经网络。其中 $\boldsymbol{V}$ 被称为卷积核（convolution kernel）或者过滤器（filter），它仅仅是可学习的一个层的权重。当图像处理的局部区域很小时，卷积神经网络与多层神经网络的训练差异可能是巨大的：多层神经网络可能需要数几万，甚至过亿个参数来表示网络中的一层，而卷积神经网络通常只需要几百个参数，而且不需要改变输入或隐含表示的维数。

8.1.2　卷积神经网络概述

卷积神经网络（Convolutional Neural Network, CNN）是一种前馈神经网络，最早可以追溯到 1986 年 BP 算法的提出。1989 年 LeCun 将其用到多层神经网络中，但直到 1998 年 LeCun 提出 LeNet-5 模型，卷积神经网络的雏形才基本形成。在接下来近十年的时间里，卷积神经网络的相关研究一直处于低谷，原因有两个：一是研究人员意识到多层神经网络在进行 BP 训练时的计算量极大，而当时的硬件计算能力完全不可能支持；二是包括 SVM 在内的浅层机器学习算法也开始崭露头角，对其产生一定冲击。

2006 年，Hinton 一鸣惊人，在《科学》上发表文章，使得 CNN 再度觉醒，并取得长足发展。2012 年，在 ImageNet 大赛上 CNN 夺冠。2014 年，谷歌研发出 20 层的 VGG 模型。同年，DeepFace、DeepID 模型横空出世，直接将 LFW 数据库上的人脸识别、人脸认证的正确率提高到 99.75%，超越人类平均水平。

卷积神经网络由一个或多个卷积层和顶端的全连接层（对应经典的神经网络）组成，同时包括关联权重和池化层（pooling layer）等。图 8-1 就是一个典型的卷积神经网络架构。

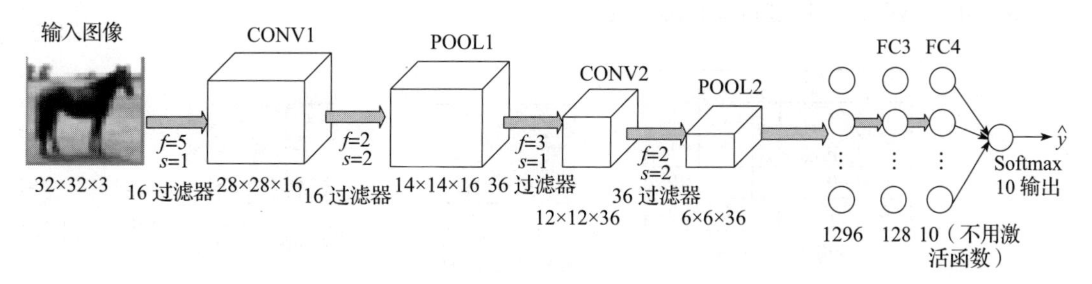

图 8-1　卷积神经网络架构示意图

与其他深度学习架构相比，卷积神经网络在图像和语音识别方面能够提供更好的结果。这一模型也可以使用反向传播算法进行训练。相比其他深度、前馈神经网络，卷积神经网络用更少的参数，却能获得更高的性能。

如图 8-1 所示，卷积神经网络一般包括卷积神经网络的常用层，如卷积层、池化层、全连接层和输出层；有些还包括其他层，如正则化层、高级层等。接下来我们就对各层的结构、原理等进行详细说明。

8.2　卷积层

卷积层是卷积神经网络的核心层，而卷积又是卷积层的核心。卷积，直观理解就是两个函数的一种运算，这种运算也被称为卷积运算。这样说或许比较抽象，下面我们通过具体实例来加深理解。图 8-2 就是一个简单的二维空间卷积运算示例，虽然简单，但是包含卷积的核心内容。

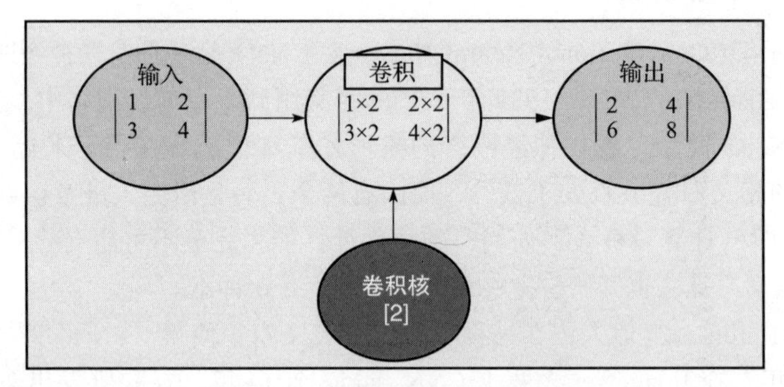

图 8-2　二维空间卷积运算示例

在图 8-2 中，输入和卷积核都是张量，卷积运算就是用卷积分别乘以输入张量中的每个元素，然后输出一个代表每个输入信息的张量。接下来我们把输入、卷积核推广到更高维空间，输入由 2×2 矩阵拓展为 5×5 矩阵，卷积核由一个标量拓展为一个 3×3 矩阵，如图 8-3 所示。这时该如何进行卷积运算呢？

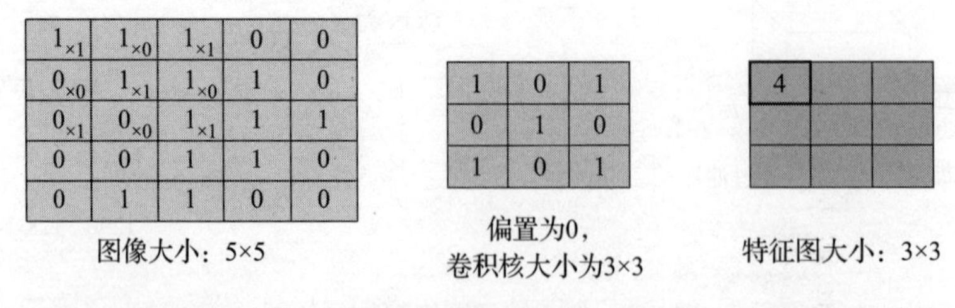

图 8-3　卷积神经网络卷积运算，生成右边矩阵中第 1 行第 1 列的数据

图 8-3 的右图中的 4 是左图的左上角的 3×3 矩阵与过滤矩阵的对应元素相乘后的汇总结果，如图 8-4 所示。

图 8-4 的右图中的 4 由表达式 1×1+1×0+1×1+0×0+1×1+1×0+0×1+0×0+1×1 得到。当卷积核在输入图像中右移一个元素时，便得到图 8-5。

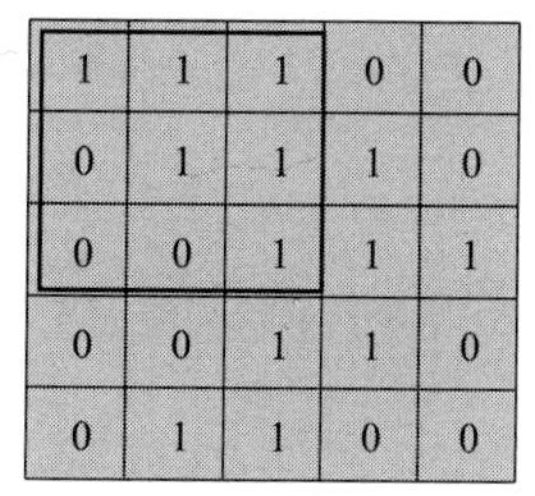

图像大小：5×5

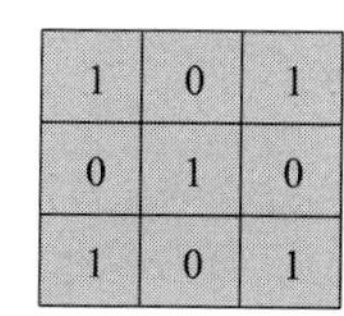

偏置为0，
卷积核大小为3×3

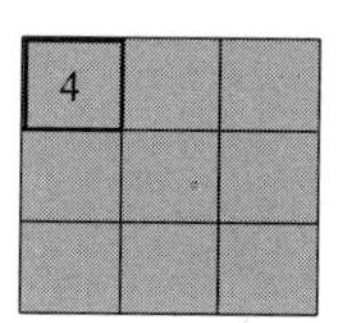

特征图大小：3×3

图 8-4　对应元素相乘后的结果

1	1	1	0	0
0	1	1	1	0
0	0	1	1	1
0	0	1	1	0
0	1	1	0	0

图像大小：5×5

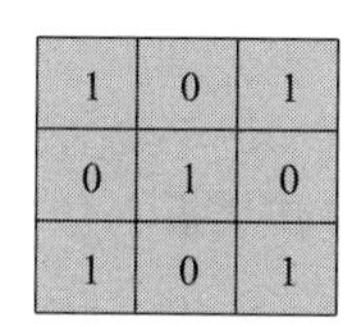

偏置为0，
卷积核大小为3×3

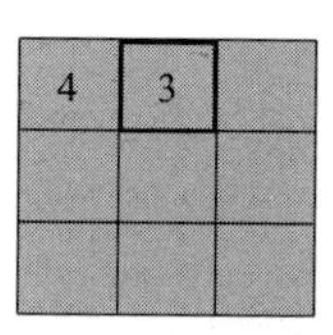

特征图大小：3×3

图 8-5　卷积核往右移到一格

图 8-5 的右图中的 3 由表达式 1×1+1×0+0×1+1×0+1×1+1×0+0×1+1×0+1×1 得到。

卷积核窗口从输入张量的左上角开始，从左到右、从上到下滑动。当卷积核窗口滑动到一个新的位置时，包含在该窗口中的部分张量与卷积核张量进行对应元素相乘，得到的张量再求和得到一个单一的标量值，进而得到这一位置的输出张量值，输出结果如图 8-6 所示。

4	3	4
2	4	3
2	3	4

图 8-6　输出结果

用卷积核的每个元素乘以对应输入矩阵中的对应元素，原理很简单，但输入张量为 5×5 矩阵，而卷积核为 3×3 矩阵，所以这里首先要解决一个元素与元素的对应问题，把卷积核作为输入矩阵上的一个移动窗口，通过移动与所有元素相乘，可以很好地解决这个问题。

那么，如何确定卷积核？如何在输入矩阵中移动卷积核？移动过程中如果超越边界应该如何处理？这种因移动可能带来的问题将在后续详细说明。

8.2.1　卷积核

作为整个卷积过程的核心，比较简单的卷积核（或称为过滤器）有垂直卷积核（Vertical Filter）、水平卷积核（Horizontal Filter）、索贝尔卷积核（Sobel Filter）等。这些卷积核能够检测图像的水平边缘、垂直边缘、增强图像中心区域权重等。下面我们通过一些图来说明卷积核的具体作用。

1. 垂直边缘检测

卷积核对垂直边缘的检测的示意图如图 8-7 所示。

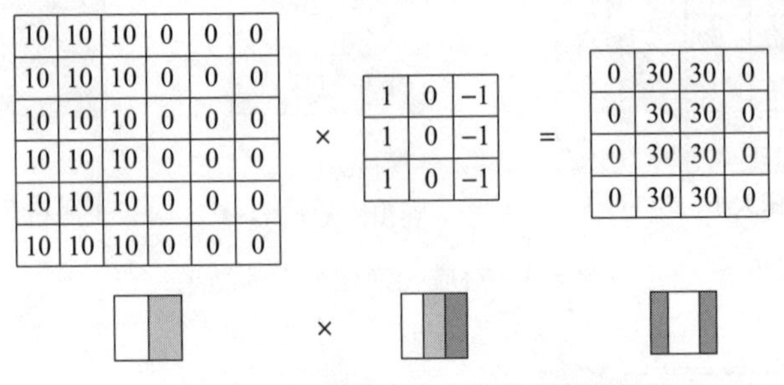

图 8-7　卷积核对垂直边缘的检测

这个卷积核是 3×3 矩阵（注意，卷积核一般是奇数阶矩阵），其特点是有值的是第 1 列和第 3 列，第 2 列为 0。经过卷积核作用后，原数据垂直边缘就检测出来了。

2. 水平边缘检测

卷积核对水平边缘的检测的示意图如图 8-8 所示。

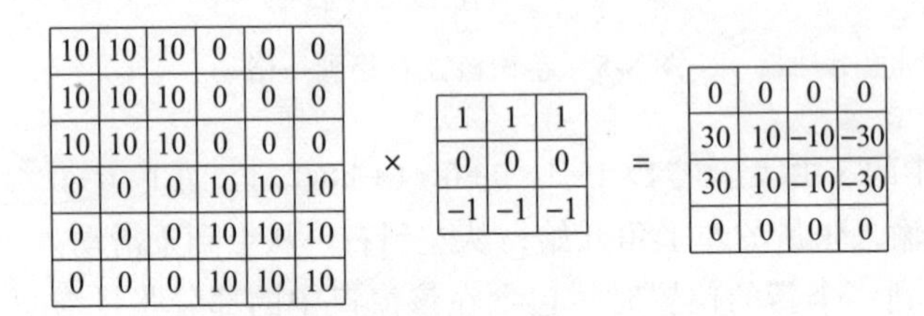

图 8-8　卷积核对水平边缘的检测

这个卷积核也是 3×3 矩阵，其特点是有值的是第 1 行和第 3 行，第 2 行为 0。经过卷积核作用后，原数据水平边缘就检测出来了。

3. 对图像的垂直、水平边缘检测

卷积核对图像垂直、水平边缘检测的对比效果图如图 8-9 所示。

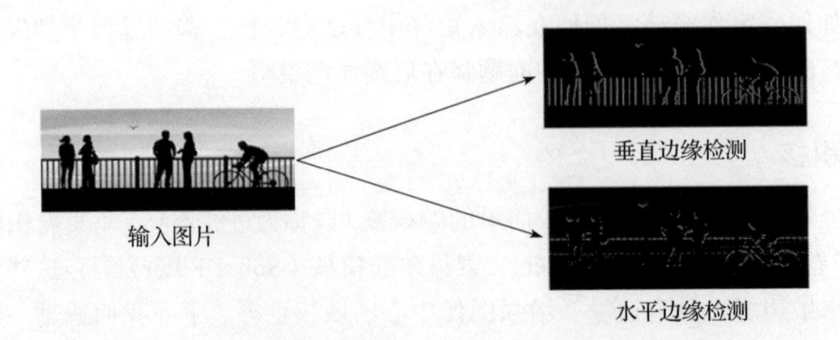

图 8-9　卷积核对图像垂直、水平边缘检测的对比效果图

以上这些卷积核是比较简单的，在深度学习中，卷积核的作用不仅在于检测垂直边缘、水平边缘等，还需要检测其他边缘特征。

如何确定卷积核呢？卷积核类似于标准神经网络中的权重矩阵 **W**，**W** 需要通过梯度下降算法反复迭代求得。同样，在深度学习中，卷积核也需要通过模型训练求得。卷积神经网络的主要目的就是计算出这些卷积核的数值。确定得到了这些卷积核后，卷积神经网络的浅层网络也就实现了对图像所有边缘特征的检测。

本节简单说明了卷积核的生成方式及作用。假设卷积核已确定，如何对输入数据进行卷积运算呢？具体将在下节进行介绍。

8.2.2　步幅

如何对输入数据进行卷积运算？回答这个问题之前，我们先回顾一下图 8-3。在图 8-3 的左图中，左上方的小窗口实际上就是卷积核，其中 x 后面的值就是卷积核的值。如第 1 行 x1、x0、x1 对应卷积核的第 1 行 [1 0 1]。图 8-3 的右图的第 1 行第 1 列的 4 就是由 5×5 矩阵中由前 3 行、前 3 列构成的矩阵各元素乘以卷积核中对应位置的值，然后累加得到的，即 1×1+1×0+1×1+0×0+1×1+1×0+0×1+0×0+1×1=4。那么，如何得到右图中第 1 行第 2 列的值呢？我们只要把左图中小窗口往右移动一格，然后进行卷积运算即可；如此类推，得到完整的特征图的值，如图 8-10 所示。

1	1	1	0	0
0	$1_{\times1}$	$1_{\times0}$	$1_{\times1}$	0
0	$0_{\times0}$	$1_{\times1}$	$1_{\times0}$	1
0	$0_{\times1}$	$1_{\times0}$	$1_{\times1}$	0
0	1	1	0	0

图像大小5×5

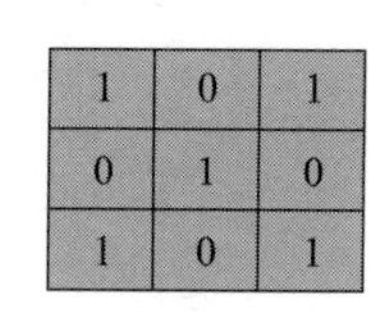

偏置为0
卷积核大小3×3

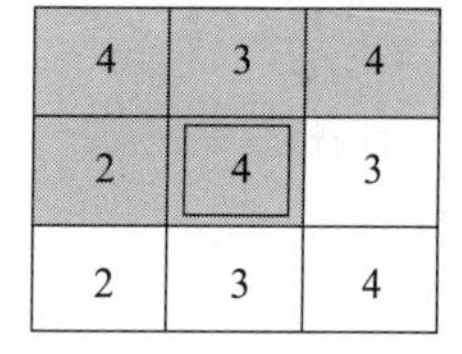

特征图大小3×3

图 8-10　通过卷积运算，生成右边矩阵的数据

小窗口（实际上就是卷积核）在左图中每次移动的格数（无论是自左向右移动，还是自上向下移动）称为步幅（stride)，在图像中就是跳过的像素个数。在上面的示例中，小窗口每次只移动一格，故参数 strides=1。这个参数也可以是 2 或 3 等其他数值。如果是 2，则每次移动时就跳 2 格或 2 个像素，如图 8-11 所示。

$1_{\times1}$	$1_{\times0}$	$1_{\times1}$	0	0
$0_{\times0}$	$1_{\times1}$	$1_{\times0}$	1	0
$0_{\times1}$	$0_{\times0}$	$1_{\times1}$	1	1
0	0	1	1	0
0	1	1	0	0

每次移动2格 →
strides=2

1	1	$1_{\times1}$	$0_{\times0}$	$0_{\times1}$
0	1	$1_{\times0}$	$1_{\times1}$	$0_{\times0}$
0	0	$1_{\times1}$	$1_{\times0}$	$1_{\times1}$
0	0	1	1	0
0	1	1	0	0

图 8-11　strides=2 示意图

在小窗口移动过程中，卷积核的值始终保持不变。也就是说，卷积核的值在整个过程中是共享的，所以又把卷积核的值称为共享变量。卷积神经网络采用参数共享的方法大大降低了参数的数量。

步幅是卷积神经网络中的一个重要参数，在用 TensorFlow 具体实现时，其参数格式为单个整数或两个整数的元组（分别表示在 height 和 width 维度上的值）。

在图 8-11 中，如果小窗口继续往右移动 2 格，那么卷积核将移到输入矩阵之外，如图 8-12 所示。此时该如何处理呢？具体处理方法就涉及下节要讲的内容——填充（padding）了。

8.2.3 填充

当输入图像与卷积核不匹配或卷积核超过图像边界时，可以采用边界填充的方法，即对图像尺寸进行扩展，扩展区域补零，如图 8-13 所示。当然也可以不扩展。

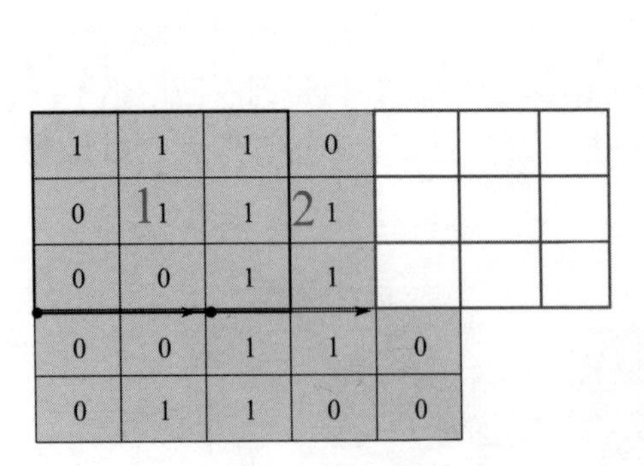

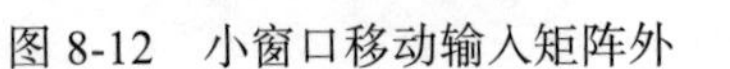
图 8-12 小窗口移动输入矩阵外

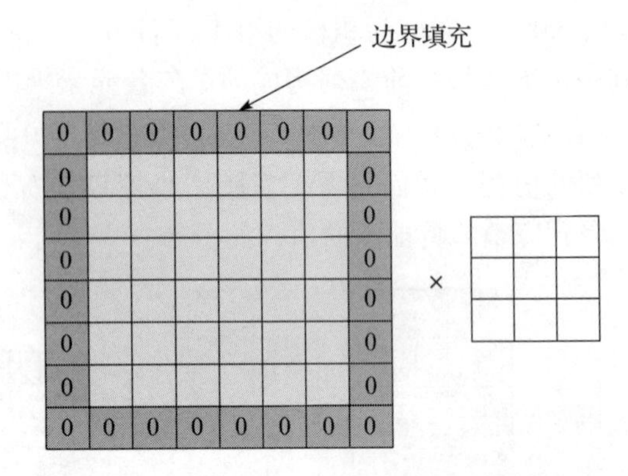

图 8-13 采用边界填充方法，对图像尺寸进行扩展，然后补零

根据是否扩展可将填充方式分为 Same、Valid 两种。采用 Same 方式时，对图像进行扩展并补 0；采用 Valid 方式时，不对图像进行扩展。具体如何选择呢？在实际训练过程中，我们一般选择 Same 方式，因为这种方式不会丢失信息。设补 0 的圈数为 p，输入数据大小为 n，卷积核大小为 f，步幅大小为 s，则有：

$$p=\frac{f-1}{2} \tag{8.5}$$

卷积后的大小为：

$$\frac{n+2p-f}{s}+1 \tag{8.6}$$

8.2.4 多通道上的卷积

前面我们对卷积在输入数据、卷积核的维度上进行了扩展，但输入数据、卷积核都是单一的。从图形的角度来说就是二者都是灰色的，没有考虑彩色图像的情况。在实际应用中，输入数据往往是多通道的，如彩色图像是 3 通道，即 R、G、B 通道。此时应该如何实现卷积运算呢？ 3 通道图像的卷积运算与单通道图像的卷积运算基本一致，对于 3 通道的 RGB 图像，其对应的卷积核算子同样也是 3 通道的。例如一个图像是 6×6×3，3 个维度分别表示图像的高度（height）、宽度（weight）和通道（channel）。卷积过程是将每个单通道（R、G、B）与对应的过滤器进行卷积运算，然后将 3 通道的和相加，得到输出图像的一个像素值。具体过程如图 8-14 所示。

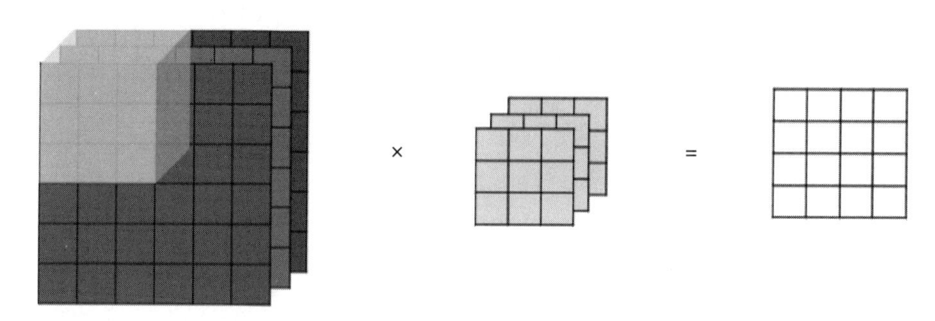

图 8-14　3 通道卷积示意图

为了实现更多边缘检测，可以增加更多的卷积核组。图 8-15 就用到了两组卷积核，即 Filter W0 和 Filter W1。这里的输入是 7×7×3，经过两个 3×3×3 的卷积（步幅为 2），得到的输出为 3×3×2。另外我们也会看到图 8-13 中的补零填充是 1，也就是在输入元素的周围补 0。补零填充对于图像边缘部分的特征提取是很有帮助的，可以防止信息丢失。最后，不同卷积核组卷积得到不同的输出，个数由卷积核组决定。

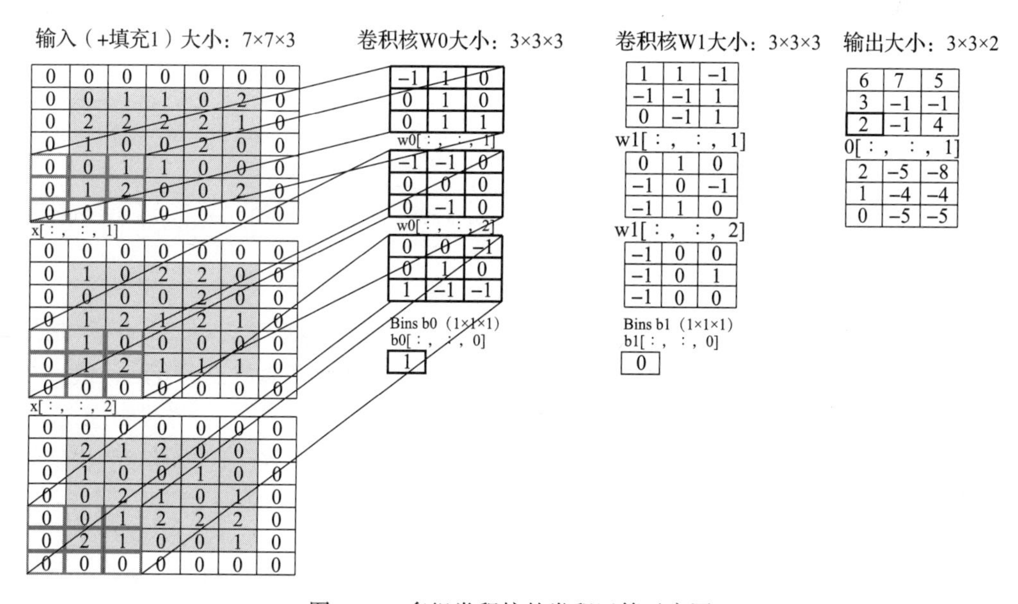

图 8-15　多组卷积核的卷积运算示意图

8.2.5　激活函数

卷积神经网络与标准的神经网络类似，为保证非线性，也需要使用激活函数，即在卷积运算后，把输出值另加偏移量输入激活函数，作为下一层的输入，如图 8-16 所示。

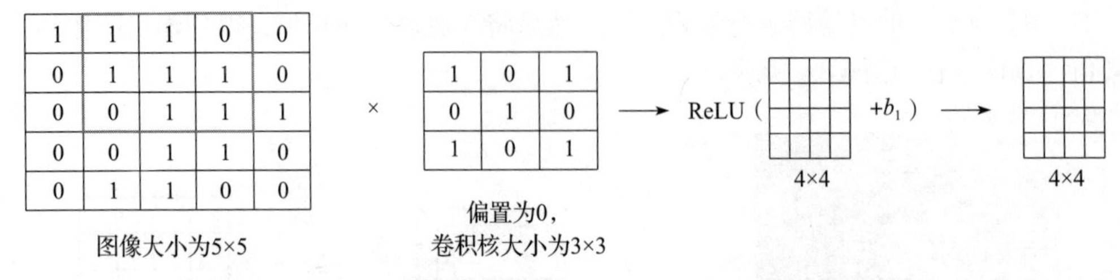

图 8-16　把卷积运算后的输出值 + 偏移量输入激活函数 ReLU

常用的激活函数有 tf.sigmoid、tf.nn.relu、tf.tanh、tf.nn.dropout 等，这些激活函数的详细介绍可参考 7.3 节。

8.2.6　卷积函数

卷积函数是构建神经网络的重要支架，通常 TensorFlow 的卷积函数存放在 tf.keras.layers. 或 tf.nn. 中，tf.nn 中的层都采用小写格式，tf.keras.layers 中的层采用驼峰的命名格式。此外，tf.nn 中的层属于更底层，而 tf.keras.layers 中的层属于更高级的层。下面介绍 tf.keras.layers.Conv2d 的参数及如何计算输出的形状（shape）。

1. Conv2d 函数

Conv2d 函数定义如下：

```
tf.keras.layers.Conv2D(
    filters, kernel_size, strides=(1, 1), padding='valid',
    data_format=None, dilation_rate=(1, 1), groups=1, activation=None,
    use_bias=True, kernel_initializer='glorot_uniform',
    bias_initializer='zeros', kernel_regularizer=None,
    bias_regularizer=None, activity_regularizer=None, kernel_constraint=None,
    bias_constraint=None, **kwargs
)
```

从这个函数的定义可以看出，卷积核个数（filters）、卷积核尺寸（kernel_size）是位置参数，没有默认值，在定义时必须设置。其他参数则都是关键字参数，都有默认值，在定义时可以不设置。下面逐一分析每个参数的含义。

- filters。这是第一个参数，位置是固定的，表示卷积核个数，它的值与卷积后的输出通道数一样，比如下面 filters 为 2 时，卷积输出的通道数就是 2。

```
import tensorflow as tf
# 假设输入是 28×28 彩色图像，数据格式为 channels_last，具体形状是 (28,28,3)，批量大小
# (batch_size) 为 4
```

```
input_shape = (4, 28, 28, 3)
# 根据这个输入形状，生成随机数
x = tf.random.normal(input_shape)
# 对输入数据进行卷积操作
y = tf.keras.layers.Conv2D(2, 3, activation='relu', input_shape=input_shape[1:])(x)
# 查看卷积后数据 y 的形状，数据格式为 channels_last，即通道数在最后一位，第一位是批量大小，中间
# 两位表示特征图的长和宽
print(y.shape)
```

运行结果如下：

```
(4, 26, 26, 2)
```

- kernel_size。卷积核的大小或尺寸，也即卷积核的大小。如果值为一个整数，则表示卷积核的宽和高的值相同。
- stride(int or tuple, optional)。横向和纵向的步长，如果值为一个整数，则表示横向和纵向的步长相同。
- padding。有两种取值：valid, same。valid 表示不够卷积核大小的块，则丢弃；same 表示不够卷积核大小的块就补 0，以保证输出和输入形状相同。
- dilation(int or tuple, optional)。卷积核元素之间的间距。
- bias(bool, optional)。如果 bias=True，则添加偏置。

其中参数 kernel_size、stride、padding、dilation 可以是一个 int 数据，此时卷积的 height 和 width 值相同；也可以是一个 tuple 数组，tuple 的第一维度表示 height 的数值，tuple 的第二维度表示 width 的数值。

2. 输出形状

输出的形状为：$(\boldsymbol{N}, \boldsymbol{H}_{\text{out}}, \boldsymbol{W}_{\text{out}}, \boldsymbol{C}_{\text{out}})$，channel_last 默认选项。

假设滑动步长为 s，卷积核的尺寸为 f，输入的尺寸为 i，padding= “valid”，则卷积后的 $\boldsymbol{H}_{\text{out}}$、$\boldsymbol{W}_{\text{out}}$ 的计算公式如下：

$$\boldsymbol{H}_{\text{out}} = \boldsymbol{W}_{\text{out}} = \text{ceil}\left(\frac{i-f+1}{s}\right) \tag{8.7}$$

其中 ceil 为向上取整。这里假设输入、输出及卷积核的高和宽相等。

如果 padding= “same”，则输出的形状为：

$$\boldsymbol{H}_{\text{out}} = \boldsymbol{W}_{\text{out}} = \text{ceil}\left(\frac{i}{s}\right) \tag{8.8}$$

8.2.7 转置卷积

转置卷积（Transposed Convolution）在一些文献中也被称为反卷积（Deconvolution）或部分跨越卷积（Fractionally-strided Convolution）。何为转置卷积，它与卷积又有哪些不同？

通过卷积的正向传播的图像一般会越来越小，类似于下采样（downsampling）。卷积的

反向传播实际上就是一种转置卷积，类似于上采样（upsampling）。

我们先简单回顾卷积的正向传播是如何运算的，假设卷积操作的输入大小为 4，卷积核大小为 3，步幅为 2，填充为 0，即 (n=4, f=3, s=1, p=0)，根据公式（8.6）可知，输出 o=2。

整个卷积过程可用图 8-17 表示。

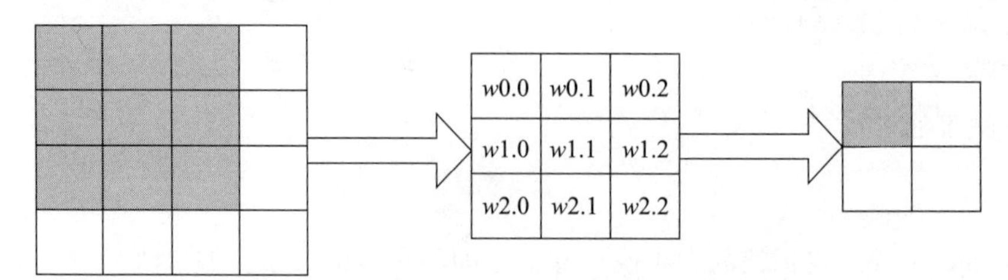

图 8-17　卷积运算示意图

对于上述卷积运算，我们把图 8-17 中的 3×3 的卷积核展平成一个如下所示的 [4, 16] 的稀疏矩阵 $\boldsymbol{C}$，其中非 0 元素 $w_{i,j}$ 表示卷积核的第 i 行和第 j 列。

$$\boldsymbol{C}=\begin{bmatrix} w_{0,0} & w_{0,1} & w_{0,2} & 0 & w_{1,0} & w_{1,1} & w_{1,2} & 0 & w_{2,0} & w_{2,1} & w_{2,2} & 0 & 0 & 0 & 0 & 0 \\ 0 & w_{0,0} & w_{0,1} & w_{0,2} & 0 & w_{1,0} & w_{1,1} & w_{1,2} & 0 & w_{2,0} & w_{2,1} & w_{2,2} & 0 & 0 & 0 & 0 \\ 0 & 0 & 0 & 0 & w_{0,0} & w_{0,1} & w_{0,2} & 0 & w_{1,0} & w_{1,1} & w_{1,2} & 0 & w_{2,0} & w_{2,1} & w_{2,2} & 0 \\ 0 & 0 & 0 & 0 & 0 & w_{0,0} & w_{0,1} & w_{0,2} & 0 & w_{1,0} & w_{1,1} & w_{1,2} & 0 & w_{2,0} & w_{2,1} & w_{2,2} \end{bmatrix}$$

我们再把 4×4 的输入特征展平成 [16, 1] 的矩阵 $\boldsymbol{X}$，那么 $\boldsymbol{Y}=\boldsymbol{CX}$ 则是一个 [4, 1] 的输出特征矩阵，把它重新排列成 2×2 的输出特征就得到最终的结果，从上述分析可以看出，卷积层的计算其实可以转化成矩阵相乘。

反向传播时又会如何呢？首先从卷积的反向传播算法开始。假设损失函数为 L，则反向传播时，可以利用链式法则得到对 L 关系的求导：

$$\frac{\partial L}{\partial x_j}=\sum_i \frac{\partial L}{\partial y_i}\frac{\partial y_i}{\partial x_j}=\sum_i \frac{\partial L}{\partial y_i}\boldsymbol{C}_{i,j}=\frac{\partial L}{\partial y}\boldsymbol{C}_{*,j}=\mathrm{C}_{*,j}^{\mathrm{T}}\frac{\partial L}{\partial y} \tag{8.9}$$

由此，可得 $\boldsymbol{X}=\boldsymbol{C}^{\mathrm{T}}\boldsymbol{Y}$，即反卷积就是要对这个矩阵运算过程进行逆运算。

转置卷积主要用于生成对抗网络（GAN）、语义分割中，后续还会详细介绍。图 8-18 为使用转置卷积的一个示例，它是一个上采样过程。

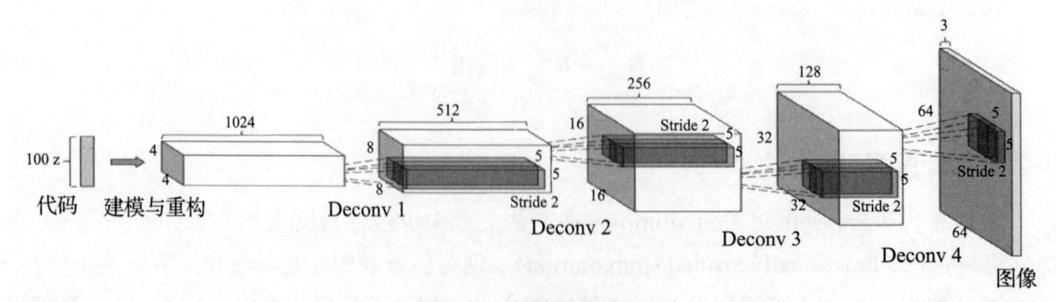

图 8-18　转置卷积示例

TensorFlow 二维转置卷积的格式为：

```
tf.nn.conv2d_transpose(input,filters,output_shape,strides,padding='SAME',
data_format='NHWC',dilations=None,name=None,)
```

8.2.8　特征图与感受野

输出的卷积层有时被称为特征图（Feature Map），因为它可以被视为一个输入映射到下一层的空间维度的转换器。在 CNN 中，对于某一层的任意元 x，其感受野（Receptive Field）是指在正向传播期间可能影响 x 计算的所有元素（来自所有先前层）。

注意，感受野的覆盖率可能大于某层输入的实际区域大小。下面我们以图 8-19 为例来解释感受野。感受野的定义是卷积神经网络每一层输出的特征图上的像素点在输入图像上映射的区域大小。再通俗点的解释是，感受野是特征图上的一个点对应输入图上的区域。

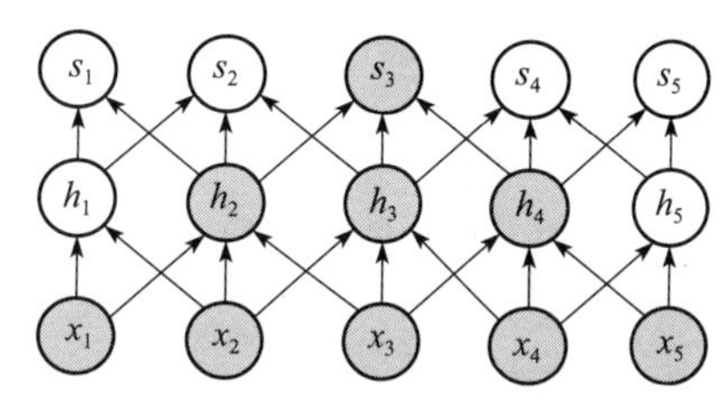

图 8-19　通过增加网络层扩大感受野

由图 8-19 可以看出，经过几个卷积层之后，特征图逐渐变小，一个特征所表示的信息量越来越多，如一个 s_3 表示了 x_1、x_2、x_3、x_4、x_5 的信息。

8.2.9　全卷积网络

利用卷积神经网络进行图像分类或回归任务时，我们通常会在卷积层之后接上若干个全连接层，将卷积层产生的特征图映射成一个固定长度的特征向量。因为它们最后都期望得到整个输入图像属于哪类对象的概率值，比如 AlexNet 的 ImageNet 模型输出一个 1000 维的向量表示输入图像属于每一类的概率（经过 softmax 归一化），如图 8-20 所示。

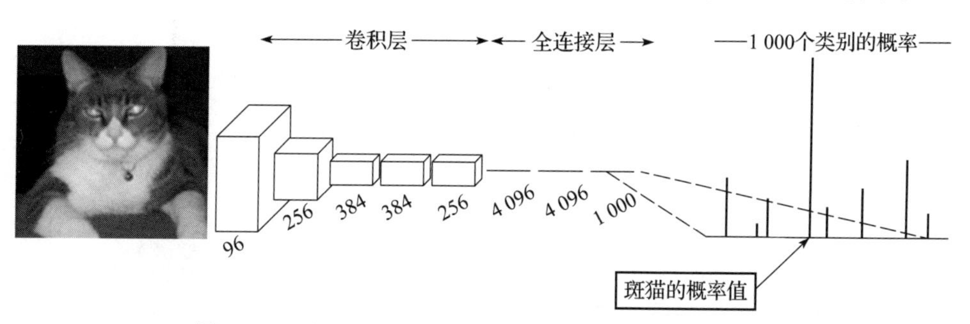

图 8-20　利用卷积神经网络及全连接层对图像进行分类

与常用于分类或回归任务的卷积神经网络不同，全卷积网络（Fully Convolutional Network, FCN）可以接收任意尺寸的输入图像。例如，把图 8-20 中三个全连接层改为卷积核尺寸为 1×1、通道数为向量长度的卷积层，然后，采用转置卷积运算对最后一个卷积层的特征图进行上采样，使它恢复到与输入图像相同的尺寸，从而可以对每个像素都产生一个预测，同时保留原始输入图像中的空间信息，接着在上采样的特征图上进行逐像素分类，最后逐个像素计算分类的损失，相当于每一个像素对应一个训练样本，即整个网络全是卷积层。这或许就是全卷积网络名称的由来。该网络的输出类别预测与输入图像在像素级别上具有一一对应关系，其通道维度的输出为该位置对应像素的类别预测，如图 8-21 所示。

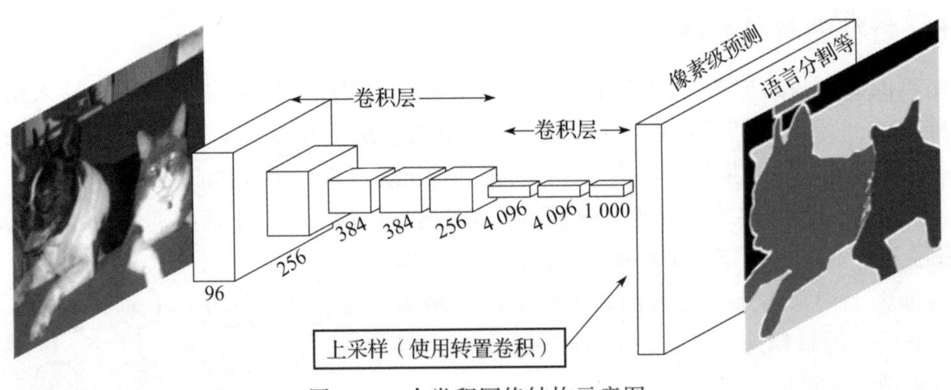

图 8-21　全卷积网络结构示意图

8.3　池化层

池化（Pooling）又称下采样，通过卷积层获得图像的特征后，理论上可以直接使用这些特征训练分类器（如 softmax）。但是，这样做将面临巨大的计算量挑战，而且容易产生过拟合的现象。为了进一步降低网络训练参数及模型的过拟合程度，我们需要对卷积层进行池化处理。常用的池化方式通常有 3 种。

- 最大池化（Max Pooling）：选择 Pooling 窗口中的最大值作为采样值。
- 平均池化（Mean Pooling）：将 Pooling 窗口中的所有值相加取平均，以平均值作为采样值。
- 全局最大（或均值）池化：与最大或平均池化不同，全局池化是对整个特征图的池化，而不是在移动窗口范围内的池化。

这 3 种池化方法可用图 8-22 来描述。

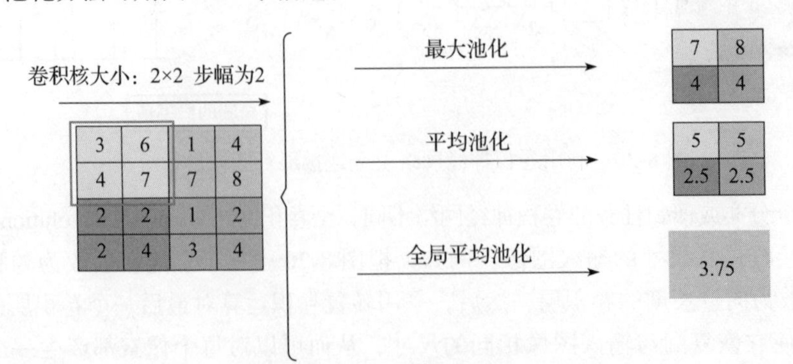

图 8-22　3 种池化方法

池化层在 CNN 中可用来减小尺寸，提高运算速度及减小噪声影响，让各特征更加健壮。池化层比卷积层简单，它没有卷积运算，只是在卷积核算子滑动区域内取最大值或平均值。池化的作用体现在下采样：保留显著特征、降低特征维度，增大感受野。深度网络越往后面越能捕捉到物体的语义信息，这种语义信息是建立在较大的感受野的基础上的。

8.3.1 局部池化

我们通常使用的最大或平均池化，是在特征图上以窗口的形式滑动（类似卷积的窗口滑动），取窗口内的最大值或平均值作为结果，经过操作后，特征图下采样，减少了过拟合现象。这种在移动窗口内的池化被称为局部池化。

在 TensorFlow 中，最大池化常使用 tf.keras.layers.MaxPool2D，平均池化使用 tf.keras.layers.AvgPool2D。在实际应用中，最大池化比其他池化方法常用。它们的具体格式如下：

```
tf.keras.layers.MaxPool2D(
    pool_size=(2, 2), strides=None, padding='valid', data_format=None,
    **kwargs)
```

主要参数说明如下。

- pool_size：2 个整数的整数或元组 / 列表，如 (pool_height, pool_width)，用于指定池窗口的大小。可以是单个整数，表示所有空间维度的值相同。
- strides：2 个整数的整数或元组 / 列表，用于指定池操作的步幅。可以是单个整数，表示所有空间维度的值相同。
- padding：一个字符串，表示填充方法，包括“valid”与“same”，不区分大小写。
- data_format：一个字符串，表示输入的维度的顺序，支持 channels_last（默认）和 channels_first。channels_last 对应具有类似（batch, height, width, channels）形状的输入，而 channels_first 对应具有（batch, channels, height, width）形状的输入。

假设输入 input 的形状为（$\boldsymbol{N}$, $\boldsymbol{H}_{\text{in}},\boldsymbol{W}_{\text{in}},\boldsymbol{C}$），输出 output 的形状为（$\boldsymbol{N}$, $\boldsymbol{H}_{\text{out}},\boldsymbol{W}_{\text{out}},\boldsymbol{C}$），则输出大小与输入大小的计算公式如下。

当 padding 取 valid 时：

$$\boldsymbol{H}_{\text{out}}=\text{ceil}\left(\frac{\boldsymbol{H}_{\text{in}}-\text{pool\_size}+1}{\text{strides}}\right) \tag{8.10}$$

$$\boldsymbol{W}_{\text{out}}=\text{ceil}\left(\frac{\boldsymbol{W}_{\text{in}}-\text{pool\_size}+1}{\text{strides}}\right) \tag{8.11}$$

当 padding 取 same 时：

$$\boldsymbol{H}_{\text{out}}=\text{ceil}\left(\frac{\boldsymbol{H}_{\text{in}}}{\text{strides}}\right) \tag{8.12}$$

$$\boldsymbol{W}_{\text{out}}=\text{ceil}\left(\frac{\boldsymbol{W}_{\text{in}}}{\text{strides}}\right) \tag{8.13}$$

实例代码如下：

```
x = tf.constant([[1., 2., 3.],
                 [4., 5., 6.],
                 [7., 8., 9.]])
x = tf.reshape(x, [1, 3, 3, 1])
max_pool_2d = tf.keras.layers.MaxPool2D(pool_size=(2, 2), strides=(1, 1),
    padding='valid')
max_pool_2d(x).shape
#TensorShape([1, 2, 2, 1])
```

8.3.2 全局池化

与局部池化相对的就是全局池化，它也分为最大或平均池化。所谓的全局就是针对常用的平均池化而言，平均池化会有它的卷积核大小限制，比如2×2，全局平均池化就没有大小限制，它针对的是整张特征图。下面以全局平均池化为例进行讲解。全局平均池化（Global Average Pooling，GAP）不以窗口的形式取均值，而是以特征图为单位进行均值化，即一个特征图输出一个值。

如何理解全局池化呢？我们通过图8-23来说明。

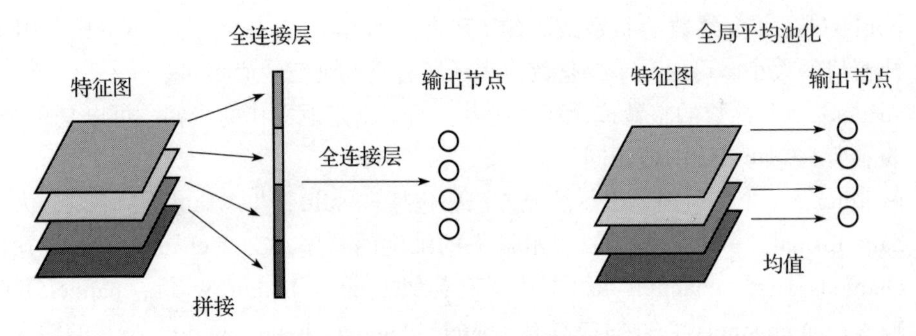

图8-23　全局平均池化原理

图8-23左边把4个特征图先用一个全连接层展平为一个向量，然后通过一个全连接层输出为4个分类节点。GAP可以把这两步合二为一。我们可以把GAP视为一个特殊的平均池化层，只不过池的大小和整个特征图一样大，其实就是求每张特征图所有像素的均值，输出一个数据值，这样4个特征图就会输出4个数据点，而这些数据点则组成一个1×4的向量。

使用全局平均池化代替CNN中传统的全连接层。在使用卷积层的识别任务中，全局平均池化能够为每一个特定的类别生成一个特征图。

GAP的优势在于：各个类别与特征图之间的联系更加直观（相比全连接层的黑箱），特征图被转化为分类概率更加容易；GAP中没有参数需要调，避免了过拟合问题；GAP汇总了空间信息，因此对输入的空间转换更为鲁棒。所以目前卷积神经网络中最后几个全连接层大都被GAP替换了。

全局池化层在Keras中有对应的层，如全局最大池化层（GlobalMaxPooling2D）。关于如何使用 TensorFlow 中的全局池化层（tf.keras.layers.GlobalMaxPool2D）实现的内容将在后续的实例中介绍，这里先简单介绍全局最大池化层，其一般格式为：

```
tf.keras.layers.GlobalMaxPool2D(
    data_format=None, keepdims=False, **kwargs)
```

说明　*TensorFlow 2.6 之后才有参数 keepdims。*

代码实例如下所示。

```
input_shape = (2, 4, 5, 3)
x = tf.random.normal(input_shape)
y = tf.keras.layers.GlobalMaxPool2D()(x)
print(y.shape) #(2, 3)
```

8.4　现代经典网络

图 8-24 为最近几年卷积神经网络大致的发展轨迹。

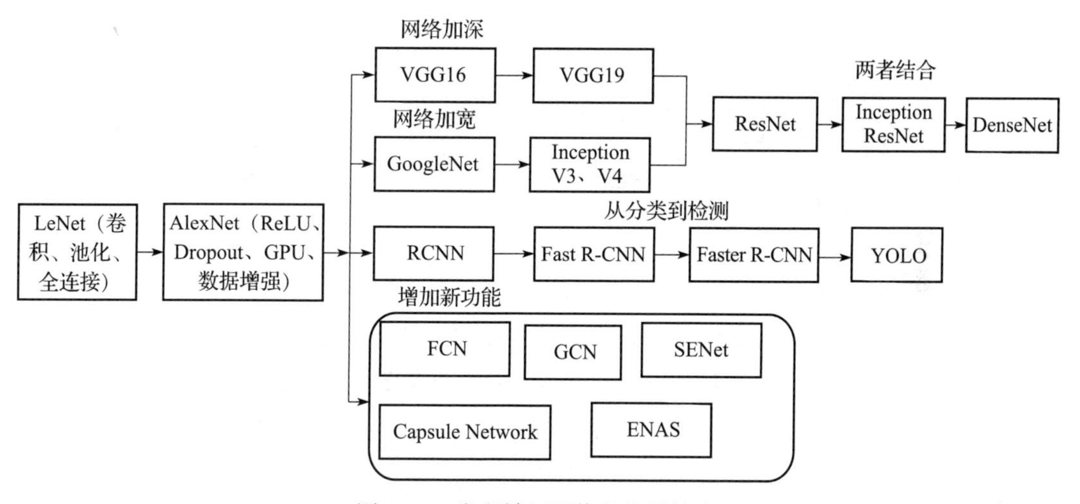

图 8-24　卷积神经网络的发展轨迹

1998 年 LeCun 提出了 LeNet，可谓开山鼻祖，系统地提出了卷积层、池化层、全连接层等概念。时隔多年后，2012 年 Alex 等提出 AlexNet，提出一些训练深度网络的重要方法或技巧，如 Dropout、ReLU、GPU、数据增强方法等。此后，卷积神经网络迎来了爆炸式的发展。接下来我们就一些经典网络架构进行说明。

8.4.1　LeNet-5 模型

LeNet 是卷积神经网络的大师 LeCun 在 1998 年提出的，用于完成手写数字识别的视觉任务。自那时起，CNN 的最基本的架构就定下来了：卷积层、池化层、全连接层。

LeNet-5 模型架构为输入层→卷积层→池化层→卷积层→池化层→全连接层→全连接层→输出，为串联模式，如图 8-25 所示。

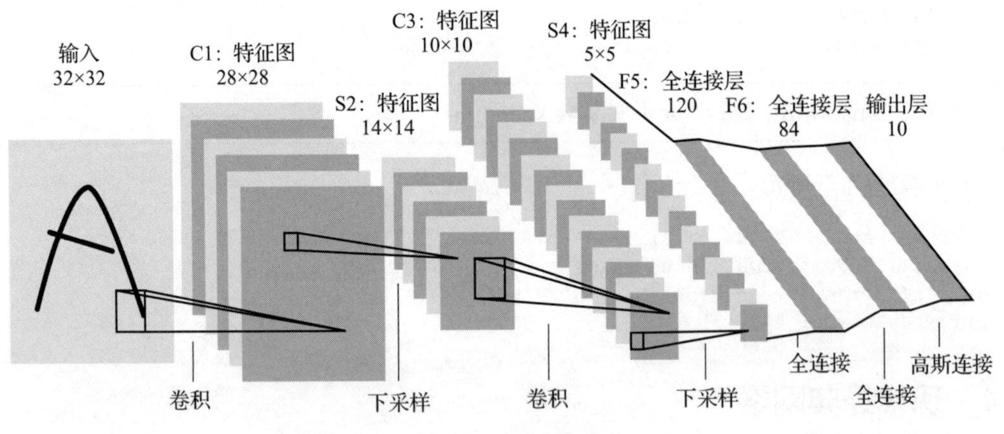

图 8-25　LeNet-5 模型

LeNet-5 模型具有如下特点。

- 每个卷积层包含 3 个部分：卷积、池化和非线性激活函数。
- 使用卷积提取空间特征。
- 采用下采样的平均池化层。
- 使用双曲正切（tanh）的激活函数。
- 最后用 MLP 作为分类器。

8.4.2　AlexNet 模型

AlexNet 在 2012 年 ImageNet 竞赛中以超过第二名 10.9 个百分点的绝对优势一举夺冠，从此，深度学习和卷积神经网络如雨后春笋般得到迅速发展。

AlexNet 为 8 层深度网络，包含 5 层卷积层和 3 层全连接层，不计 LRN 层和池化层，如图 8-26 所示。

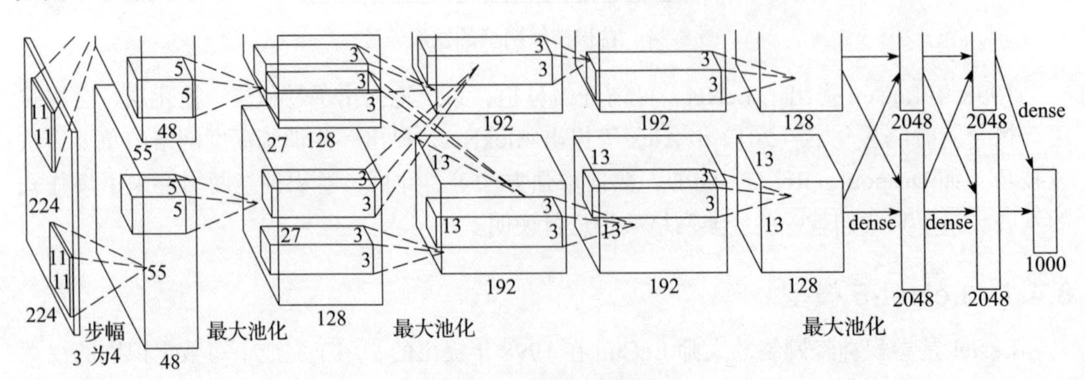

图 8-26　AlexNet 模型

AlexNet 模型具有如下特点。

- ❑ 由 5 层卷积层和 3 层全连接层组成，输入图像为三通道，大小为 224×224，网络规模远大于 LeNet。
- ❑ 使用 ReLU 激活函数。
- ❑ 使用 Dropout，可以作为正则项以防止过拟合，提升模型鲁棒性。
- ❑ 具备一些很好的训练技巧，包括数据增广、学习率策略、权重衰减（weight decay）等。

8.4.3　VGG 模型

在 AlexNet 之后，另一个提升很大的网络是 VGG，在 ImageNet 竞赛中将排名前 5 的错误率都减小到 7.3%。VGG-Nets 是由牛津大学 VGG（Visual Geometry Group）提出的，是 2014 年 ImageNet 竞赛定位任务的第一名和分类任务的第二名。VGG 可以看成是升级版本的 AlexNet，也是由卷积层和全连接层组成，且层数高达十六或十九层，如图 8-27 所示。

卷积网络配置					
A	A-LRN	B	C	D	E
11 weight layers	11 weight layers	13 weight layers	16 weight layers	16 weight layers	19 weight layers
input（224×224 RGB image）					
conv3-64	conv3-64 **LRN**	conv3-64 **conv3-64**	conv3-64 conv3-64	conv3-64 conv3-64	conv3-64 conv3-64
maxpool					
conv3-128	conv3-128	conv3-128 **conv3-128**	conv3-128 conv3-128	conv3-128 conv3-128	conv3-128 conv3-128
maxpool					
conv3-256 conv3-256	conv3-256 conv3-256	conv3-256 conv3-256	conv3-256 conv3-256 **conv1-256**	conv3-256 conv3-256 **conv3-256**	conv3-256 conv3-256 conv3-256 **conv3-256**
maxpool					
conv3-512 conv3-512	conv3-512 conv3-512	conv3-512 conv3-512	conv3-512 conv3-512 **conv1-512**	conv3-512 conv3-512 **conv3-512**	conv3-512 conv3-512 conv3-512 **conv3-512**
maxpool					
conv3-512 conv3-512	conv3-512 conv3-512	conv3-512 conv3-512	conv3-512 conv3-512 **conv1-512**	conv3-512 conv3-512 **conv3-512**	conv3-512 conv3-512 conv3-512 **conv3-512**
maxpool					
FC-4096					
FC-4096					
FC-1000					
softmax					

图 8-27　VGG 模型

VGG 模型具有如下特点。

- ❑ 更深的网络结构。网络层数由 AlexNet 的 8 层增至 16 或 19 层。更深的网络意味着更强大的网络能力，也意味着需要更强大的计算力，不过后来硬件发展也很快，显卡运算力也在快速增长，助推了深度学习的快速发展。

- 使用较小的 3×3 的卷积核。模型中使用 3×3 的卷积核，因为两个 3×3 的感受野相当于一个 5×5，同时参数量更少。之后的网络都基本遵循这个范式。

8.4.4 GoogLeNet 模型

VGG 模型增加了网络的深度，但深度达到一个程度时，可能就成为瓶颈。GoogLeNet 模型则从另一个维度来增加网络能力，即让每个单元有许多层并行计算，使网络更宽，基本单元（Inception 模块）如图 8-28 所示。

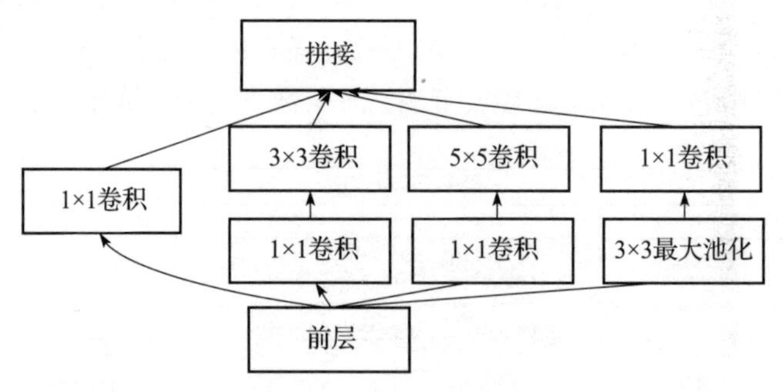

图 8-28 Inception 模块

GoogLeNet 模型架构如图 8-29 所示，包含多个 Inception 模块，且为便于训练，还添加了两个辅助分类分支补充梯度。

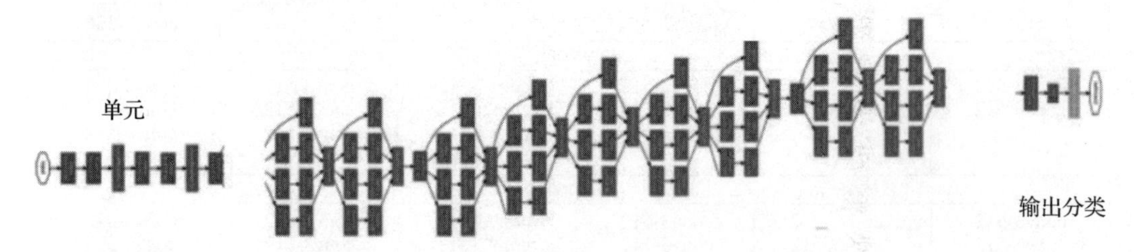

图 8-29 GoogLeNet 模型

GoogLeNet 模型具有如下特点。

- 引入 Inception 模块，这是一种网中网（Network In Network）的结构。通过网络的水平排布，可以用较浅的网络得到很好的模型能力，并进行多特征融合，同时更容易训练。另外，为了减少计算量，使用了 1×1 卷积来先对特征通道进行降维。Inception 模块堆叠起来就形成了 Inception 网络，而 GoogLeNet 就是一个精心设计的、性能良好的 Inception 网络（Inception v1）的实例，即 GoogLeNet 是一种 Inception v1 网络。

- 采用全局平均池化层。将后面的全连接层全部替换为简单的全局平均池化层，最后的参数会变得更少。例如，AlexNet 中最后 3 层的全连接层参数差不多占总参数的 90%，GoogLeNet 的宽度和深度部分移除了全连接层，并不会影响结果的精度，在 ImageNet 竞赛中实现 93.3% 的精度，而且比 VGG 还要快。不过，网络太深无法很好训练的问题一直没有解决，直到 ResNet 提出了残差连接。

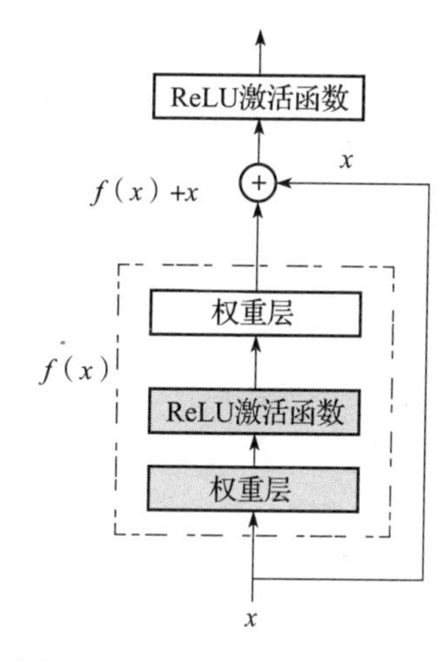

图 8-30　ResNet 残差单元结构

8.4.5　ResNet 模型

2015 年，何恺明推出的 ResNet 在 ISLVRC 和 COCO 上超越所有选手，获得冠军。ResNet 在网络结构上做了一大创新，即采用残差网络结构，而不再简单地堆积层数，为卷积神经网络提供了一个新思路。残差网络的核心思想用一句话来说就是：输出的是两个连续的卷积层，并且输入到下一层去，如图 8-30 所示。

其完整网络结构如图 8-31 所示。

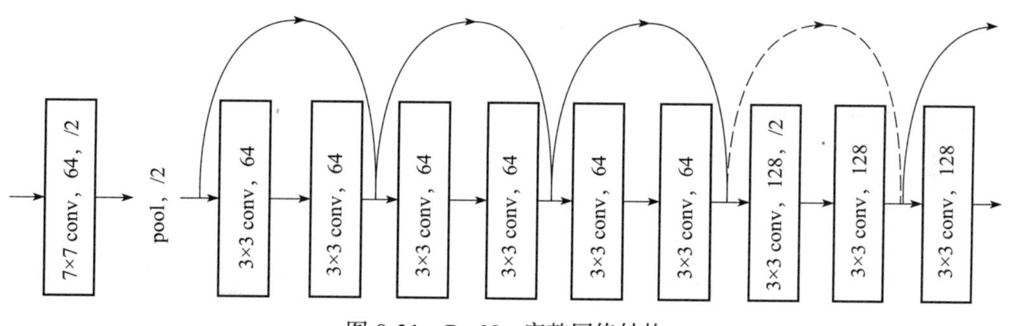

图 8-31　ResNet 完整网络结构

通过引入残差，identity 恒等映射，相当于一个梯度高速通道，使训练更简洁，且避免了梯度消失问题，所以，可以得到很深的网络，如网络层数由 GoogLeNet 的 22 层发展到 ResNet 的 152 层。

ResNet 模型具有如下特点。

- 层数非常深，已经超过百层。
- 引入残差单元来解决退化问题。

8.4.6　DenseNet 模型

ResNet 模型极大地改变了参数化深层网络中函数的方式，DenseNet（稠密网络），在某种程度上可以说是 ResNet 的逻辑扩展，其每一层的特征图是后面所有层的输入。DenseNet

网络结构如图 8-32 所示。

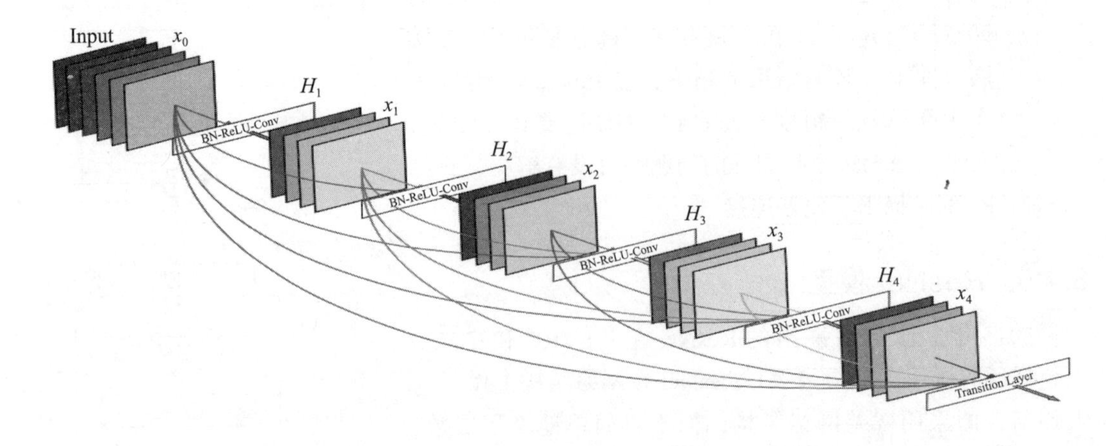

图 8-32 DenseNet 网络结构图

ResNet 和 DenseNet 的主要区别如图 8-33 所示（阴影部分）。

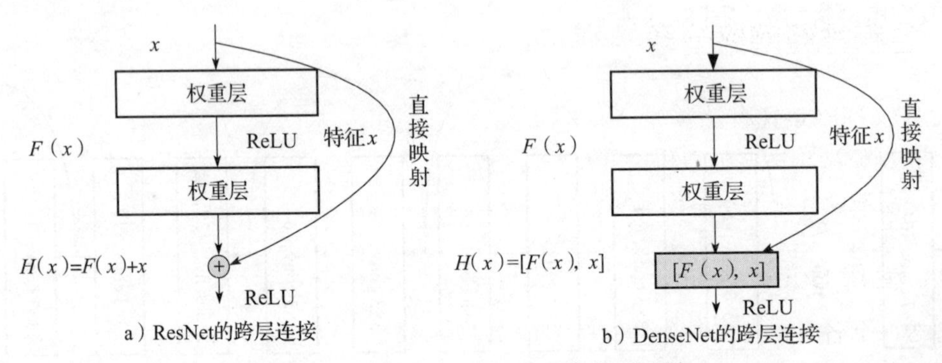

图 8-33 ResNet 与 DenseNet 的主要区别

由图 8-33 可知，ResNet 和 DenseNet 的主要区别在于，DenseNet 输出是连接（用图 8-33b 中的 [,] 表示），而不是 ResNet 的简单相加。

稠密网络主要由两部分构成：稠密块（Dense Block）和过渡层（Transition Layer）。前者定义如何连接输入和输出，后者则控制通道数量、特征图的大小等，使其不会太复杂。图 8-34 是几种典型的稠密网络结构。

DenseNet 模型的主要创新点列举如下。

- 相比 ResNet，DenseNet 拥有更少的参数数量。
- 旁路加强了特征的重用。
- 网络更易于训练，并具有一定的正则效果。
- 缓解了梯度消失（Gradient Vanishing）和模型退化（Model Degradation）的问题。

层	输出大小	DenseNet-121	DenseNet-169	DenseNet-201	DenseNet-264
卷积	112×112	7×7 conv，stride 2			
池化	56×56	3×3 max pool，stride 2			
稠密块 (1)	56×56	[1×1 conv, 3×3 conv] × 6	[1×1 conv, 3×3 conv] × 6	[1×1 conv, 3×3 conv] × 6	[1×1 conv, 3×3 conv] × 6
过渡层 (1)	56×56	1×1 conv			
	28×28	2×2 average pool，stride 2			
稠密块 (2)	28×28	[1×1 conv, 3×3 conv] × 12	[1×1 conv, 3×3 conv] × 12	[1×1 conv, 3×3 conv] × 12	[1×1 conv, 3×3 conv] × 12
过渡层 (2)	28×28	1×1 conv			
	14×14	2×2 average pool，stride 2			
稠密块 (3)	14×14	[1×1 conv, 3×3 conv] × 24	[1×1 conv, 3×3 conv] × 32	[1×1 conv, 3×3 conv] × 48	[1×1 conv, 3×3 conv] × 64
过渡层 (3)	14×14	1×1 conv			
	7×7	2×2 average pool，stride 2			
稠密块 (4)	7×7	[1×1 conv, 3×3 conv] × 16	[1×1 conv, 3×3 conv] × 32	[1×1 conv, 3×3 conv] × 32	[1×1 conv, 3×3 conv] × 48
分类层	1×1	7×7 global average pool			
		1000D fully-connected，softmax			

图 8-34 几种典型的稠密网络结构

8.5 卷积神经网络分类实例

这里以 CIFAR-10 作为数据集，使用 Subclassing API 构建网络，实现对图像的分类任务。

整个网络架构由两个卷积层、两个池化层（在每个卷积层后跟一个池化层），以及两个全连接层组成，详细网络结构请参考图 8-1。

8.5.1 使用 Subclassing API 构建网络

创建一个名为 MyCNN 的类，该类继承 tf.keras.Model，在类的构造函数（即 __init__() 函数）创建卷积层、池化层、全连接层等。然后在 call 函数中构建网络。另外，为便于查看网络结构，增加一个名为 model01 的函数，如果没有这个函数，在使用 summary 查看模型结构时，将不显示具体的 shape 信息。

8.5.2 卷积神经网络分类实例的主要步骤

本例的主要实现步骤包括加载数据、预处理数据、定义模型、训练模型、测试模型、保存恢复模型等。其中，数据加载及数据预处理等步骤可参考第 3 章的实例或本书提供的代码数据部分。

1）构建神经网络架构。

```
class MyCNN(tf.keras.Model):
    def __init__(self):
        super().__init__()
```

```
        self.conv1 = tf.keras.layers.Conv2D(
            filters=16,                          # 卷积层神经元（卷积核）数目
            kernel_size=[5, 5],                  # 感受野大小
            input_shape=(32,32,3),
            padding="valid",                     # padding策略（vaild 或 same）
            activation=tf.nn.relu                # 激活函数
        )
        self.pool1 = tf.keras.layers.MaxPool2D(pool_size=[2, 2], strides=2)
        self.conv2 = tf.keras.layers.Conv2D(
            filters=36,
            kernel_size=[3, 3],
            padding="valid",
            activation=tf.nn.relu
        )
        self.pool2 = tf.keras.layers.MaxPool2D(pool_size=[2, 2], strides=2)
        self.flatten = tf.keras.layers.Reshape(target_shape=(6 * 6 * 36,))
        self.dense1 = tf.keras.layers.Dense(units=128, activation=tf.nn.relu)
        self.dense2 = tf.keras.layers.Dense(units=10)


    def call(self, inputs):
        x = self.conv1(inputs)                   # [batch_size, 28, 28, 16]
        x = self.pool1(x)                        # [batch_size, 14, 14, 16]
        x = self.conv2(x)                        # [batch_size, 12, 12, 36]
        x = self.pool2(x)                        # [batch_size, 6, 6, 36]
        x = self.flatten(x)                      # [batch_size, 6 * 6 * 36]
        x = self.dense1(x)                       # [batch_size, 128]
        x = self.dense2(x)                       # [batch_size, 10]
        output = tf.nn.softmax(x)
        return output
    # 为使用summary时能显示tensor的shape，增加model01函数
    def model01(self):
        x = tf.keras.Input(shape=(32, 32, 3))
        return tf.keras.Model(inputs=[x], outputs=self.call(x))
```

2）查看网络结构。

```
model = MyCNN()
model.model01().summary()
```

运行结果如下。

```
Model: "model_2"
_________________________________________________________________
Layer (type)                 Output Shape              Param #
=================================================================
input_6 (InputLayer)         [(None, 32, 32, 3)]       0
_________________________________________________________________
conv2d_13 (Conv2D)           (None, 28, 28, 16)        1216
_________________________________________________________________
max_pooling2d_12 (MaxPooling (None, 14, 14, 16)        0
_________________________________________________________________
conv2d_14 (Conv2D)           (None, 12, 12, 36)        5220
```

```
_________________________________________________________________
max_pooling2d_13 (MaxPooling (None, 6, 6, 36)         0
_________________________________________________________________
reshape_6 (Reshape)          (None, 1296)             0
_________________________________________________________________
dense_12 (Dense)             (None, 128)              166016
_________________________________________________________________
dense_13 (Dense)             (None, 10)               1290
_________________________________________________________________
tf.nn.softmax_2 (TFOpLambda) (None, 10)               0
=================================================================
Total params: 173,742
Trainable params: 173,742
Non-trainable params: 0
```

3）编译训练模型。

```
# 定义超参数
epochs = 10
batch_size = 64
learning_rate = 0.0002

# 编译模型
model.compile(optimizer='adam',loss='sparse_categorical_crossentropy',metrics=
    ['accuracy'])
# 训练模型
train_history = model.fit(x_train, y_train,
                          validation_split=0.2,
                          epochs=epochs,
                          #steps_per_epoch=100,
                          batch_size=batch_size,
                          verbose=1)
```

4）可视化运行结果。

```
plt.title('the train and validate')
plt.xlabel('Times')
plt.ylabel('accuracy value')
plt.plot(train_history.history['accuracy'], color=(1, 0, 0), label='train accuracy')
plt.plot(train_history.history['val_accuracy'], color=(0, 0, 1), label='val accuracyn')
plt.legend(loc='best')
plt.show()
```

训练结果如图 8-35 所示。

从图 8-35 可以看出，验证模型精度达到 69% 左右，与第 3 章使用全连接构建的网络相比，有较大提升。接下来我们将通过数据增强及使用现代网络架构继续提升网络性能。

5）测试模型。

```
test_loss, test_acc = model.evaluate(x_test, y_test, verbose=2)
print('test_loss:', test_loss,'\ntest_acc:', test_acc,'\nmetrics_names:', model.
    metrics_names)
```

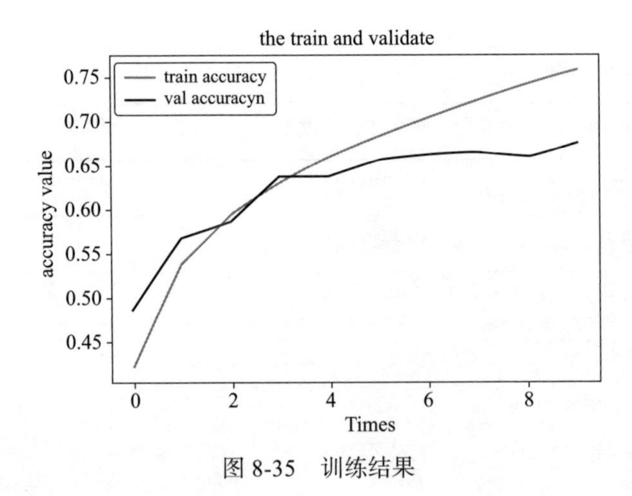

图 8-35　训练结果

由结果可知，测试精度在 67% 左右。

6）保存恢复模型。

可以使用两种格式将整个模型保存到磁盘：TensorFlow SavedModel 格式和较早的 Keras H5 格式。TensorFlow 官方推荐使用 SavedModel 格式。它是使用 model.save() 时的默认格式，适合序贯模型（Sequential Model）、函数式模型（Functional Model）和子类模型（Subclass Model）。

```
model.save('my_model')
newmodel = keras.models.load_model('my_model')
```

8.5.3　通过数据增强提升性能

这里通过增加数据增强方法来提升性能，如随机裁剪、随机增加亮度等方法。具体代码如下：

```
def convert(image, label):
    image = tf.image.convert_image_dtype(image, tf.float32)
    return image, label

def augment(image, label):
    image, label = convert(image, label)
    image = tf.image.resize_with_crop_or_pad(image, 34,34)    # 四周各加 3 像素
    image = tf.image.random_crop(image, size=[32,32,3])       # 随机裁剪成 28*28 大小
    image = tf.image.random_brightness(image, max_delta=0.5) # 随机增加亮度
    return image, label

batch_size = 64

augmented_train_batches = (train_data
                           .cache()
                           .shuffle(5000)
                           .map(augment, num_parallel_calls=tf.data.experimental.
                               AUTOTUNE)
```

```
                        .batch(batch_size)
                        .prefetch(tf.data.experimental.AUTOTUNE))
```

使用数据增强方法后，测试精度达到 68% 左右，提升了近 1%。

8.5.4 通过现代网络架构提升网络性能

下面通过 DenseNet 模型来提升网络性能。

1. 构建 DenseNet 网络

1）定义稠密块、过渡层及卷积块。

```
def dense_block(x, blocks, name, growth_rate = 32):
    for i in range(blocks):
        x = conv_block(x, growth_rate, name=name + '_block' + str(i + 1))
    return x

def transition_block(x, reduction, name):
    x = layers.BatchNormalization(axis=3, epsilon=1.001e-5,name=name + '_bn')(x)
    x = layers.Activation('relu', name=name + '_relu')(x)
    filter = x.shape[3]
    x = layers.Conv2D(int(filter*reduction), 1,use_bias=False,name=name + '_conv')(x)
    x = layers.AveragePooling2D(2, strides=2, name=name + '_pool')(x)
    return x

def conv_block(x, growth_rate, name):
    x1 = layers.BatchNormalization(axis=3, epsilon=1.001e-5)(x)
    x1 = layers.Activation('relu')(x1)
    x1 = layers.Conv2D(2 * growth_rate, 1,use_bias=False, name=name + '_1_conv')(x1)
    x1 = layers.BatchNormalization(axis=3, epsilon=1.001e-5)(x1)
    x1 = layers.Activation('relu', name=name + '_1_relu')(x1)
    x1 = layers.Conv2D(growth_rate, 3 ,padding='same',use_bias=False, name=name +
        '_2_conv')(x1)
    x = layers.Concatenate( name=name + '_concat')([x, x1])
    return x
```

2）构建 DenseNet 网络。

```
def my_densenet():
    inputs = keras.Input(shape=(32, 32, 3), name='img')
    x = layers.Conv2D(filters=16, kernel_size=(3, 3), strides=(1, 1), padding='same',
        activation='relu')(inputs)
    x = layers.BatchNormalization()(x)
    blocks = [4,8,16]
    x = dense_block(x, blocks[0], name='conv1',growth_rate =32)
    x = transition_block(x, 0.5, name='pool1')
    x = dense_block(x, blocks[1], name='conv2',growth_rate =32)
    x = transition_block(x, 0.5, name='pool2')
    x = dense_block(x, blocks[2], name='conv3',growth_rate =32)
    x = transition_block(x, 0.5, name='pool3')
    x = layers.BatchNormalization(axis=3, epsilon=1.001e-5, name='bn')(x)
    x = layers.Activation('relu', name='relu')(x)
```

```
    x = layers.GlobalAveragePooling2D(name='avg_pool')(x)
    x = layers.Dense(10, activation='softmax', name='fc1000')(x)

    model = keras.Model(inputs, x, name='densenet121')
    return model
```

2. 编译与训练模型

1）定义编译模型函数。

```
def my_model():
    denseNet = my_densenet()

    denseNet.compile(optimizer=keras.optimizers.Adam(),
                loss=keras.losses.SparseCategoricalCrossentropy(),
                metrics=[keras.metrics.SparseCategoricalAccuracy()])
    denseNet.summary()
    return denseNet
```

2）定义训练模型函数，采用数据增强方法、回调机制等。

```
def train_my_model(deep_model):
    #(x_train, y_train), (x_test, y_test) = tf.keras.datasets.cifar10.load_data()

    train_datagen = image.ImageDataGenerator(
        rescale=1 / 255,
        rotation_range=40,          # 角度值，0-180，表示图像随机旋转的角度范围
        width_shift_range=0.2,      # 平移比例，下同
        height_shift_range=0.2,
        shear_range=0.2,            # 随机错切变换角度
        zoom_range=0.2,             # 随即缩放比例
        horizontal_flip=True,       # 随机将一半图像水平翻转
        fill_mode='nearest'         # 填充新创建像素的方法
    )

    test_datagen = image.ImageDataGenerator(rescale=1 / 255)

    validation_datagen = image.ImageDataGenerator(rescale=1 / 255)

    train_generator = train_datagen.flow(x_train[:45000], y_train[:45000],
        batch_size=128)
    # train_generator = train_datagen.flow(x_train, y_train, batch_size=128)
    validation_generator = validation_datagen.flow(x_train[45000:], y_train[45000:],
        batch_size=128)

    test_generator = test_datagen.flow(x_test, y_test, batch_size=128)

    begin_time = time.time()

    if os.path.isfile(weight_file):
        print('load weight')
        deep_model.load_weights(weight_file)
```

```
def save_weight(epoch, logs):
    global current_max_loss
    if(logs['val_loss'] is not None and  logs['val_loss']< current_max_loss):
        current_max_loss = logs['val_loss']
        print('save_weight', epoch, current_max_loss)
        deep_model.save_weights(weight_file)

batch_print_callback = keras.callbacks.LambdaCallback(
    on_epoch_end=save_weight
)
callbacks = [
    tf.keras.callbacks.EarlyStopping(patience=4, monitor='loss'),
    batch_print_callback,
    tf.keras.callbacks.TensorBoard(log_dir='logs')
]

print(train_generator[0][0].shape)
history = deep_model.fit(train_generator, steps_per_epoch=351, epochs=200,
    callbacks=callbacks,validation_data=validation_generator, validation_
    steps=39, initial_epoch = 0)
```

8.6 小结

第 8 章介绍了全连接神经网络。全连接神经网络结构简洁，但其参数量与网络层、隐含节点等呈指数级增长，成为通过增加层提取图像更高语言信息的一大瓶颈。为解决这一问题，人们提出了卷积神经网络。卷积神经网络在保持图像平移不变性、局部性等特性的同时，采用参数共享机制，大大降低了整个模型的参数量，且性能非常出色。

CHAPTER 9

第 9 章

自然语言处理基础

第 8 章我们介绍了视觉处理中的卷积神经网络，卷积神经网络利用卷积核的方式来共享参数，使得参数量大大降低，不过其输入大小是固定的。在语言处理、语音识别等方面，如处理语音数据、翻译语句等文档时，一段文档中每句话的长度可能并不相同，且一句话的前后是有关系的。这种与先后顺序有关的数据称为序列数据。卷积神经网络不擅长处理这样的数据。

对于序列数据，我们可以使用循环神经网络（Recurrent Natural Network，RNN）。RNN 也是一种常用的神经网络结构，并已经成功应用于自然语言处理（Neuro-Linguistic Programming，NLP）、语音识别、图像标注、机器翻译等众多时序问题中。本章主要内容如下：

- 从语言模型到循环神经网络
- 正向传播与随时间反向传播
- 现代循环神经网络
- 几种特殊架构
- RNN 的应用场景
- 循环神经网络实践

9.1 从语言模型到循环神经网络

语言模型是自然语言处理的关键，为便于理解，这里我们主要介绍基于概率和统计的语言模型。其实语言模型在不同的领域、不同的学派都有不同的定义和实现，这里不再展开说明。

在介绍语言模型之前，我们先来介绍两个与语言模型重要相关的概念。一个是链式法则，另一个是马尔可夫假设及其对应的 N 元语法模型。链式法则可以把联合概率转化为条件概率，马尔可夫假设可以通过变量间的独立性来减少条件概率中的随机变量，两者结合可以大幅降低计算的复杂度。

9.1.1 链式法则

链式法则是概率论中的一个常用法则，其核心思想是任何多维随机变量的联合概率分布都可以分解成只有一个变量的条件概率相乘的形式，可根据条件概率和边缘概率推导出来。链式法则的具体表达式为：

$$P(x_1,x_2,x_3,\cdots,x_n)=P(x_1)xP(x_2\mid x_1)xP(x_3\mid x_1,x_2)\cdots P(x_n\mid x_1,x_2,\cdots,x_{n-1}) \tag{9.1}$$

或简写为：

$$P(x_1,x_2,x_3,\cdots,x_n)=\prod_{i=1}^{n}P(x_i\mid x_1,\cdots,x_{i-1}) \tag{9.2}$$

其中，x_1 到 x_n 表示了 n 个随机变量。

利用联合概率、条件概率和边缘概率之间的关系，式（9.2）可以很快推导出来。

$$\begin{aligned}&P(x_1,x_2,\cdots,x_n)=P(x_1,x_2,\cdots,x_{n-1})P(x_n|x_1,x_2,\cdots,x_{n-1})\\&=P(x_1,x_2,\cdots,x_{n-2})P(x_{n-1}|x_1,x_2,\cdots,x_{n-2})P(x_n|x_1,x_2,\cdots,x_{n-1})\\&=\cdots\\&=P(x_1)xP(x_2\mid x_1)xP(x_3\mid x_1,x_2)\cdots P(x_n\mid x_1,x_2,\cdots,x_{n-1})\end{aligned}$$

如果 x_i 表示一个单词，如（x_1,x_2,x_3,x_4）=(deep, learning, with, tensorflow)，则有：P(deep, learning, with, tensorflow)=P(deep) P(learning|deep) P(with|deep, learning) P(, tensorflow|deep, learning, with)。

9.1.2 马尔可夫假设与 N 元语法模型

马尔可夫假设应用于语言建模中：任何一个词 w_i 出现的概率只与它前面的 1 个或若干个词有关。基于这个假设，我们可以提出 N 元语法（N-gram）模型。N 表示任何一个词出现的概率只与它前面的 $N-1$ 个词有关。以二元语法模型为例，某个单词出现的概率只与它前面的 1 个单词有关。也就是说，即使某个单词出现在一个很长的句子中，我们也只需要看距离它最近的那 1 个单词。用公式表示就是：

$$P(x_n\mid x_1,x_2,\cdots,x_{n-1})\approx P(x_n\mid x_{n-1}) \tag{9.3}$$

如果是三元语法，则说明某个单词出现的概率只与它前面的 2 个单词有关。即使某个单词出现在很长的一个句子中，我们也只需要看相邻的前 2 个单词。用公式表达就是：

$$P(x_n\mid x_1,x_2,\cdots,x_{n-1})\approx P(x_n\mid x_{n-1},x_{n-2}) \tag{9.4}$$

N 元语法，以此类推。N 元语法模型通过截断相关性，为处理长序列提供了一种实用的模型，但是 N 元语法模型也有很大的不足。因为 N 越大，其计算的复杂度将呈几何级数增长，所以我们必须为自然语言处理寻找新的方法。

9.1.3 从 N 元语法模型到隐含状态表示

在 N 元语法模型中，单词 x_t 在时间步 t 的条件概率仅取决于前面的 $N-1$ 个单词。如果

$N-1$ 越大，模型的参数将随之呈指数增长，因此与其将 $P(x_t \mid x_{t-1},\cdots,t_{t-n+1})$ 模型化，可以使用隐含变量模型：

$$P(x_t \mid x_{t-1},\cdots,t_1) \approx P(x_t \mid h_{t-1})$$

其中 h_{t-1} 是隐藏状态，其存储了到时间步 $t-1$ 的序列信息。通常，可以基于当前输入 x_t 和先前隐藏状态 h_{t-1} 来计算时间步 t 处的任何时间的隐藏状态：

$$h_t = f(x_t, h_{t-1})$$

其中 h_t 是可以存储到时间 t 为止观察到的所有数据。

注意这个隐含状态与神经网络中的隐含层是两个不同的概念，隐含层是在输入到输出的路径上表示权重的层，而隐藏状态则是为给定步骤以技术角度定义的输入，并且这些状态只能通过先前时间步的数据来计算。接下来将介绍的循环神经网络（RNN）就是具有隐藏状态的神经网络。

9.1.4　从神经网络到有隐含状态的循环神经网络

我们先回顾一下含隐含层的多层神经网络。设隐含层的激活函数为 f。给定一个小批量样本 $X \in R^{n\times d}$，其中批量大小为 n，输入维度为 d，则隐含层的输出 $H \in R^{n\times h}$ 通过式（9.5）计算：

$$H = f(xw_{xh} + b_h) \tag{9.5}$$

其中隐含层权重参数为 $w_{xh} \in R^{d\times h}$，偏置参数为 $b_h \in R^{1\times h}$，隐藏单元的数目为 h。将隐藏变量 H 用作输出层的输入。输出层由式（9.6）给出：

$$O = HW_{hm} + b_m \tag{9.6}$$

其中，m 是输出个数，$O \in R^{n\times m}$ 是输出变量，$W_{hm} \in R^{h\times m}$ 是权重参数，$b_m \in R^{1\times m}$ 是输出层的偏置参数。如果是分类问题，我们可以用 sigmoid 或 softmax 函数来计算输出类别的概率分布。以上运算过程可用图 9-1 表示。

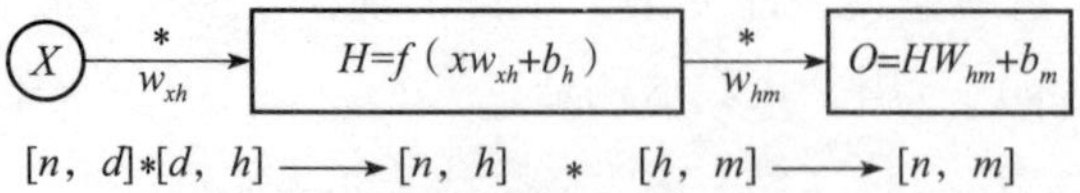

X —($*$ w_{xh})→ $H=f(xw_{xh}+b_h)$ —($*$ w_{hm})→ $O=HW_{hm}+b_m$

[n, d]*[d, h] ⟶ [n, h]　*　[h, m] ⟶ [n, m]

图 9-1　多层神经网络运算过程

其中 * 表示内积，[n, d] 表示形状大小。

含隐含状态的循环神经网络的结构如图 9-2 所示。

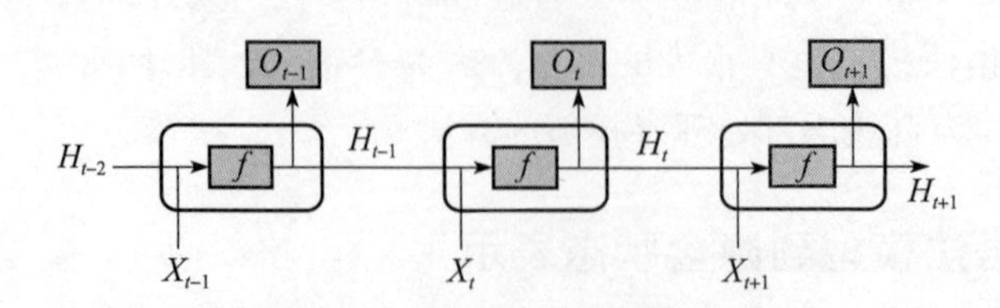

图 9-2　循环神经网络的结构图

每个时间步的详细处理逻辑如图 9-3 所示。

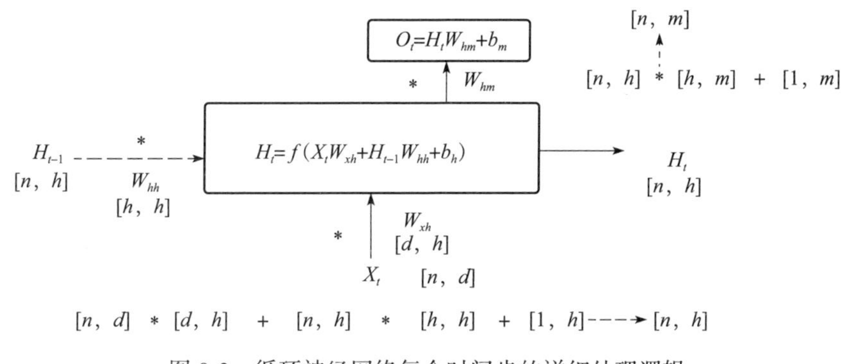

图 9-3　循环神经网络每个时间步的详细处理逻辑

假设矩阵 X、W_xh、H 和 W_hh 的形状分别为（2, 3）、（3, 4）、（2, 4）和（4, 4）。我们将 X 乘以 W_xh，将 H 乘以 W_hh，然后将这两个乘法的结果相加，最后利用广播机制加上偏移量 B_h（1, 4），得到一个形状为（2, 4）的 H_t 矩阵。

假设矩阵 W_hm 和 B_m 的形状分别为（4, 2）、（1, 2），可得形状为（2, 2）的 O_t 矩阵。具体实现过程如下：

```
import tensorflow as tf

## 计算 H_t，假设激活函数为 ReLU
X, W_xh = tf.random.normal((2, 3), 0, 1), tf.random.normal((3, 4), 0, 1)
H, W_hh = tf.random.normal((2, 4), 0, 1), tf.random.normal((4, 4), 0, 1)
B_h= tf.random.normal((1, 4), 0, 1)
H1=tf.matmul(X, W_xh) + tf.matmul(H, W_hh)+B_h
H_t=tf.nn.relu(H1)

## 计算 O_t，输出激活函数为 softmax
W_hm= tf.random.normal((4, 2),0, 1)
B_m= tf.random.normal((1, 2),0, 1)
O=tf.matmul(H_t, W_hm) +B_m
O_t=tf.nn.softmax(O, axis=-1)
print("H_t 的形状：{}，O_t 的形状：{}".format(H_t.shape,O_t.shape))
```

运行结果如下：

```
H_t 的形状：(2, 4)，O_t 的形状：(2, 2)
```

当然，也可以先对矩阵进行拼接，再进行运算，结果是一样的。

沿列（axis=1）拼接矩阵 X 和 H，得到形状为（2, 7）的矩阵 [X, H]，沿行（axis=0）拼接矩阵 W_xh 和 W_hh，得到形状为（7, 4）的矩阵：$\begin{bmatrix} W\_xh \\ W\_hh \end{bmatrix}$。再将这两个拼接的矩阵相乘，最后与 B_h 相加，得到与上面形状相同的（2, 4）的输出矩阵。

```
H01=tf.matmul(tf.concat((X, H), axis=1), tf.concat((W_xh, W_hh), axis=0)) + B_h
H02=tf.nn.relu(H01)
### 查看矩阵 H_t 和 H02
print("-"*30+" 矩阵 H_t"+"-"*30)
print(H_t)
print("-"*30+" 矩阵 H02"+"-"*30)
print(H02)
```

运行结果如下：

```
------------------------------ 矩阵 H_t------------------------------
tf.Tensor(
[[0.9011799 0.        0.        0.        ]
 [1.0662582 0.        0.        0.        ]], shape=(2, 4), dtype=float32)
------------------------------ 矩阵 H02------------------------------
tf.Tensor(
[[0.9011799 0.        0.        0.        ]
 [1.0662581 0.        0.        0.        ]], shape=(2, 4), dtype=float32)
```

9.1.5 使用循环神经网络构建语言模型

前面我们介绍了语言模型，如果使用 *N* 元语法实现的话，非常麻烦，效率也不高。语言模型的输入一般为序列数据，而处理序列数据是循环神经网络的强项之一。那么，如何用循环神经网络构建语言模型呢？

为简化起见，假设文本序列“知识就是力量”分词后为 [“知”,“识”,“就”,“是”,“力”,“量”]，把这个列表作为输入，时间步长为 6，使用循环神经网络就可构建一个语言模型，如图 9-4 所示。

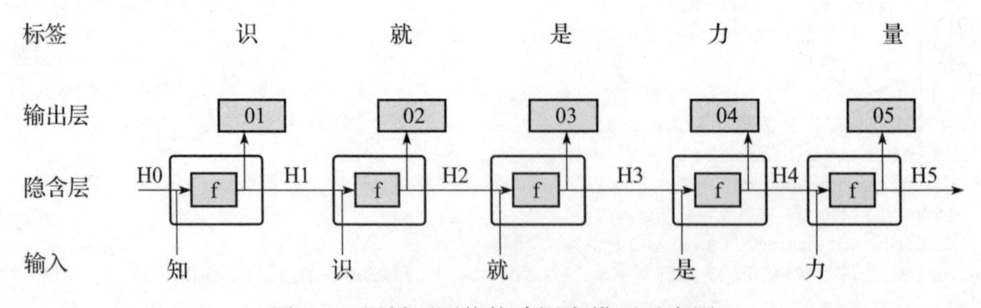

图 9-4 用循环网络构建语言模型示意图

其中每个时间步输出的激活函数为 softmax，利用交叉熵损失计算模型输出（预测值）和标签之间的误差。

9.1.6 多层循环神经网络

循环神经网络也与卷积神经网络一样，可以横向拓展（增加时间步或序列长度），也可以纵向拓展成多层循环神经网络，如图 9-5 所示。

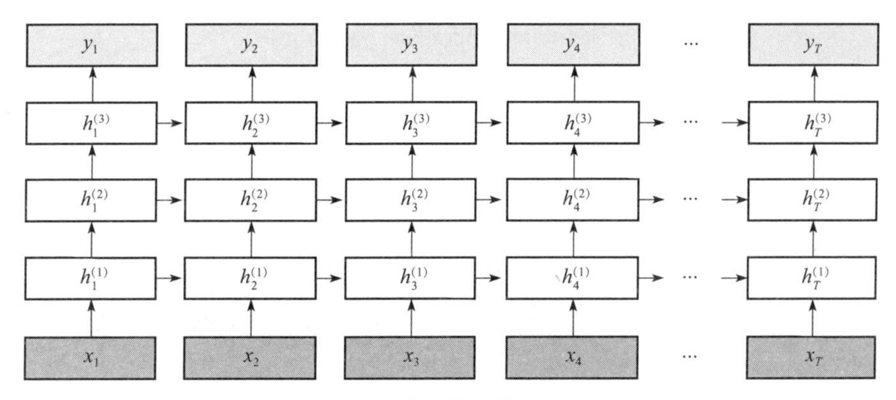

图 9-5　多层循环神经网络

9.2　正向传播与随时间反向传播

上节简单介绍了 RNN 的大致情况，它与卷积神经网络类似，也有参数共享机制，那么，这些参数是如何更新的呢？一般神经网络采用正向传播和反向传播来更新，RNN 的基本思路是一样的，但还是有些不同。为便于理解，我们结合图 9-6 进行说明，图 9-6 为 RNN 架构图。

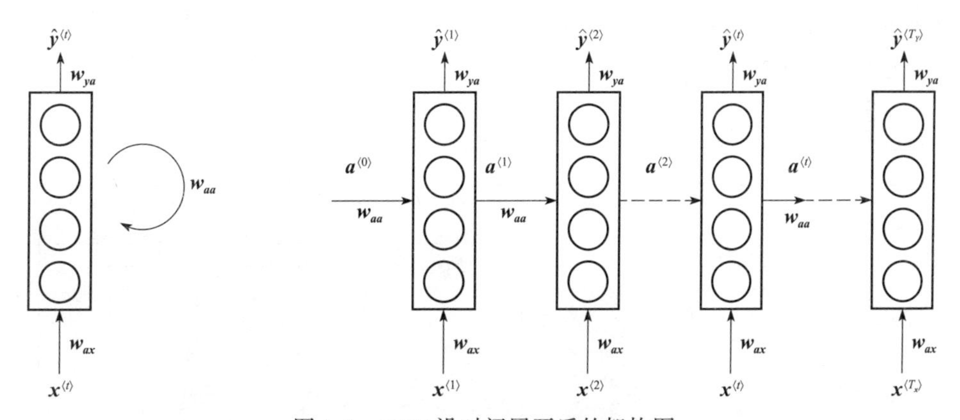

图 9-6　RNN 沿时间展开后的架构图

其中 $\boldsymbol{x}^{\langle t\rangle}$ 为输入值，一般是向量，$\boldsymbol{a}^{\langle t\rangle}$ 为状态值，$\hat{\boldsymbol{y}}^{\langle t\rangle}$ 为输出值或预测值，$\boldsymbol{w}_{ax}$、$\boldsymbol{w}_{aa}$、$\boldsymbol{w}_{ya}$ 为参数矩阵。其正向传播的计算过程分析如下。

初始化状态 $\boldsymbol{a}$ 为 $\boldsymbol{a}^{\langle 0\rangle}=\vec{0}$，然后计算状态及输出，具体如下：

$$\boldsymbol{a}^{\langle 1\rangle}=\tanh(\boldsymbol{a}^{\langle 0\rangle}\boldsymbol{w}_{aa}+\boldsymbol{x}^{\langle 1\rangle}\boldsymbol{w}_{ax}+b_a)\text{（其中激活函数也可为 ReLU 等）} \tag{9.7}$$

$$\hat{\boldsymbol{y}}^{\langle 1\rangle}=\text{sigmoid}(\boldsymbol{a}^{\langle 1\rangle}\boldsymbol{w}_{ya}+b_y) \tag{9.8}$$

$$\boldsymbol{a}^{\langle t\rangle}=\tanh(\boldsymbol{a}^{\langle t-1\rangle}\boldsymbol{w}_{aa}+\boldsymbol{x}^{\langle t\rangle}\boldsymbol{w}_{ax}+b_a)\text{（其中激活函数也可为 ReLU 等）} \tag{9.9}$$

$$\hat{y}^{\langle t\rangle}=\text{sigmoid}(a^{\langle t\rangle}w_{ya}+b_y) \tag{9.10}$$

式（9.7）在实际运行中，为提高并行处理能力，一般转换为矩阵运算，具体转换如下。

令 $w_a=\begin{bmatrix}w_{aa}\\w_{ax}\end{bmatrix}$ 把两个矩阵按列拼接在一起，即用 $[a^{\langle t-1\rangle},x^{\langle t\rangle}]=[a^{\langle t-1\rangle}x^{\langle t\rangle}]$ 把两个矩阵按行拼接在一起：

$$w_y=[w_{ya}]$$

则：

$$a^{\langle t\rangle}=\tanh(a^{\langle t-1\rangle}w_{aa}+x^{\langle t\rangle}w_{ax}+b_a)=\tanh\left([a^{\langle t-1\rangle}x^{\langle t\rangle}]\begin{bmatrix}w_{aa}\\w_{ax}\end{bmatrix}+b_a\right) \tag{9.11}$$

$$\hat{y}^{\langle t\rangle}=\text{sigmoid}(a^{\langle t\rangle}w_y+b_y) \tag{9.12}$$

还可以通过以下具体实例来加深理解。

假设：$a^{\langle 0\rangle}=[0.0,0.0], x^{\langle 1\rangle}=1$，$w_{aa}=\begin{bmatrix}0.1&0.2\\0.3&0.4\end{bmatrix}$，$w_{ax}=[0.5\quad 0.6]$，$w_{ya}=\begin{bmatrix}1.0\\2.0\end{bmatrix}$，$b_a=[0.1,-0.1], b_y=0.1$，则根据式（9.11）可得：

$$a^{\langle 1\rangle}=\tanh\left([0.0,0.0,1.0]\times\begin{bmatrix}0.1&0.2\\0.3&0.4\\0.5&0.6\end{bmatrix}+[0.1,-0.1]\right)=\tanh([0.6,0.5])=[0.537,0.462]$$

为简便起见，把式（9.12）中的 sigmoid 去掉，直接作为输出值，可得：

$$y^{\langle 1\rangle}=[0.537,0.462]\times\begin{bmatrix}1.0\\2.0\end{bmatrix}+0.1=1.56$$

详细过程如图 9-7 所示。

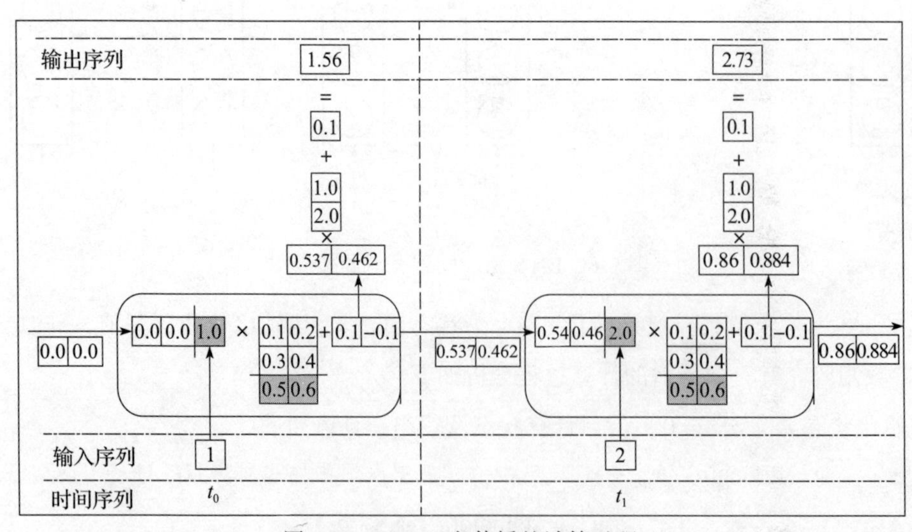

图 9-7　RNN 正向传播的计算过程

以上计算过程，用 Python 程序实现的详细代码如下：

```
import numpy as np

X = [1,2]
state = [0.0, 0.0]
w_cell_state = np.asarray([[0.1, 0.2], [0.3, 0.4],[0.5, 0.6]])
b_cell = np.asarray([0.1, -0.1])
w_output = np.asarray([[1.0], [2.0]])
b_output = 0.1

for i in range(len(X)):
    state=np.append(state,X[i])
    before_activation = np.dot(state, w_cell_state) + b_cell
    state = np.tanh(before_activation)
    final_output = np.dot(state, w_output) + b_output
    print(" 状态值 _%i: "%i, state)
    print(" 输出值 _%i: "%i, final_output)
```

运行结果如下：

```
状态值 _0:  [ 0.53704957  0.46211716]
输出值 _0:  [ 1.56128388]
状态值 _1:  [ 0.85973818  0.88366641]
输出值 _1:  [ 2.72707101]
```

循环神经网络的反向传播训练算法称为随时间反向传播（Back Propagation Through Time，BPTT）算法，其基本原理和反向传播算法是一样的。只是反向传播算法是按照层进行反向传播，而 BPTT 是按照时间 t 进行反向传播，如图 9-8 所示。

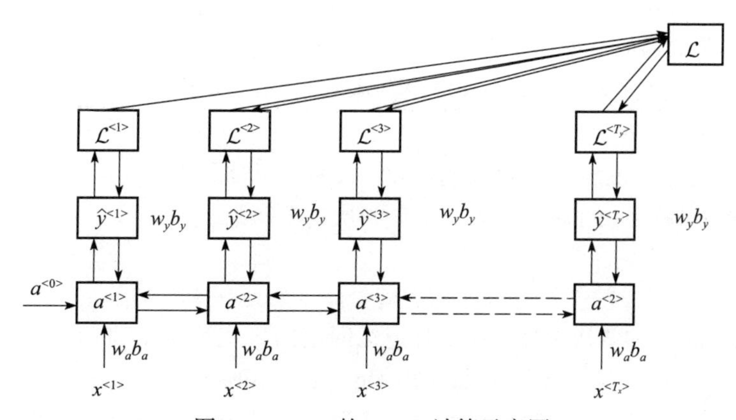

图 9-8　RNN 的 BPTT 计算示意图

BPTT 的详细过程如图 9-8 中箭头朝下的方向所示，其中：

$$\mathcal{L}^{\langle t\rangle}(\hat{y}^{\langle t\rangle},y^{\langle t\rangle})=-y^{\langle t\rangle}\log\hat{y}^{\langle t\rangle}+(1-y^{\langle t\rangle})\log(1-\hat{y}^{\langle t\rangle}) \tag{9.13}$$

$$\mathcal{L}(\hat{y},y)=\sum_{t=1}^{T_y}\mathcal{L}^{\langle t\rangle}(\hat{y}^{\langle t\rangle},y^{\langle t\rangle}) \tag{9.14}$$

$\mathcal{L}^{\langle t\rangle}$为各输入对应的代价函数，$\mathcal{L}(\hat{y},y)$为总代价函数。

9.3　现代循环神经网络

在实际应用中，上述的标准循环神经网络训练的优化算法面临一个很大的难题，就是长期依赖问题——由于网络结构变深，使得模型丧失了学习到先前信息的能力。通俗地说，标准的循环神经网络虽然有了记忆，但很健忘。从图 9-8 及后面的计算图构建过程可以看出，循环神经网络实际上是在长时间序列的各个时刻重复应用相同操作来构建非常深的计算图，并且模型参数共享，这让问题变得更加凸显。例如，$\boldsymbol{W}$是一个在时间步中被反复用于相乘的矩阵，举个简单情况，比如$\boldsymbol{W}$可以有特征值分解$\boldsymbol{W}=\boldsymbol{V}\text{diag}(\lambda)\boldsymbol{V}^{-1}$，很容易看出

$$\boldsymbol{W}^t=(\boldsymbol{V}\,\text{diag}(\lambda)\boldsymbol{V}^{-1})^t=\boldsymbol{V}\,\text{diag}(\lambda)^t\boldsymbol{V}^{-1} \tag{9.15}$$

当特征值λ_i不在 1 附近时，若在量级上大于 1 则会爆炸；若小于 1 则会消失。这便是著名的梯度消失或爆炸问题。梯度的消失使得我们难以知道参数朝哪个方向移动能改进代价函数，而梯度的爆炸会使学习过程变得不稳定。

实际上梯度消失或爆炸问题是深度学习中的一个基本问题，在任何深度神经网络中都可能存在，而不仅是循环神经网络所独有。在 RNN 中，相邻时间步是连接在一起的，因此，它们的权重偏导数要么都小于 1，要么都大于 1。也就是说，RNN 中每个权重都会向相同方向变化，所以，与前馈神经网络相比，RNN 的梯度消失或爆炸问题更为明显。由于简单 RNN 遇到较大的时间步时，容易出现梯度消失或爆炸问题，且随着层数的增加，网络最终无法训练，无法实现长时记忆，这就导致 RNN 存在短时记忆问题，而这个问题在自然语言处理中是非常致命的。如何解决这个问题？方法有很多，列举如下。

1）选取更好的激活函数，如 ReLU 激活函数。ReLU 函数的左侧导数为 0，右侧导数恒为 1，这就避免了“梯度消失”的发生。

2）加入 BN 层，其优点包括可加速收敛、控制过拟合。

3）修改网络结构，LSTM 结构可以有效解决这个问题。

9.3.1　LSTM

目前最流行的一种解决 RNN 的短时记忆问题的方案称为 LSTM（Long Short-Term Memory，长短时记忆网络）。LSTM 最早由 Hochreiter 和 Schmidhuber（1997）提出，它能够有效解决信息的长期依赖，避免梯度消失或爆炸。事实上，LSTM 就是专门为解决长期依赖问题而设计的。与传统 RNN 相比，LSTM 在结构上的独特之处是它精巧地设计了循环体结构。LSTM 用两个门来控制单元状态c的内容：一个是遗忘门（forget gate），它决定了上一时刻的单元状态c_{t-1}有多少保留到当前时刻c_t；另一个是输入门（input gate），它决定了当前时刻网络的输入x_t有多少保存到单元状态c_t。LSTM 用输出门（output gate）来控制单元状态c_t有多少输出到 LSTM 的当前输出值h_t。LSTM 的循环体结构如图 9-9 所示。

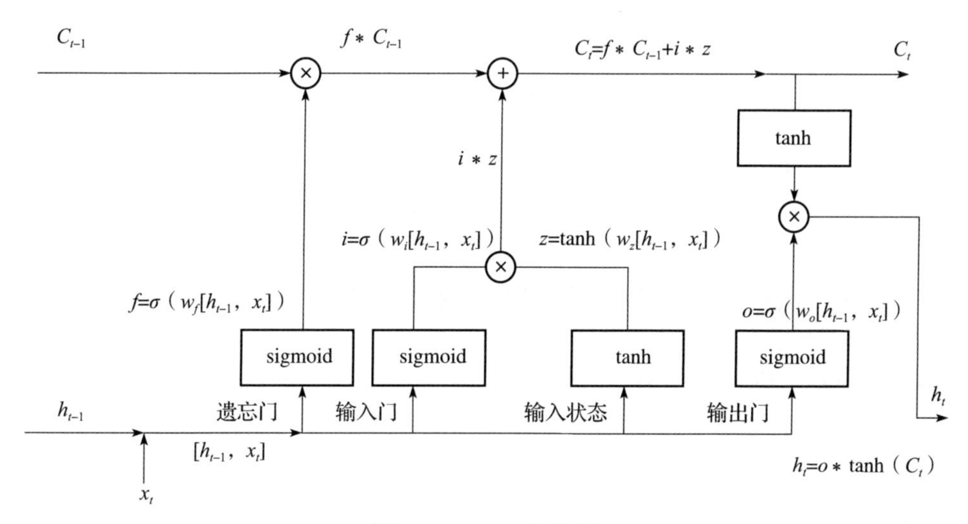

图 9-9　LSTM 架构图

为简单起见，图 9-9 没有考虑偏移量，* 表示对应元素相乘，其他为内积。

9.3.2　GRU

上节我们介绍了 RNN 的改进版 LSTM，它有效克服了传统 RNN 的一些不足，较好地解决了梯度消失、长期依赖等问题。不过，LSTM 也有一些不足，如结构比较复杂、计算复杂度较高。因此，后来人们在 LSTM 的基础上又推出其他变体，如目前非常流行的 GRU（Gated Recurrent Unit，门控循环单元），如图 9-10 所示。GRU 对 LSTM 做了很多简化，比 LSTM 少一个门，因此，计算效率更高，占用内存也相对较少，但在实际使用中，二者的差异不大。

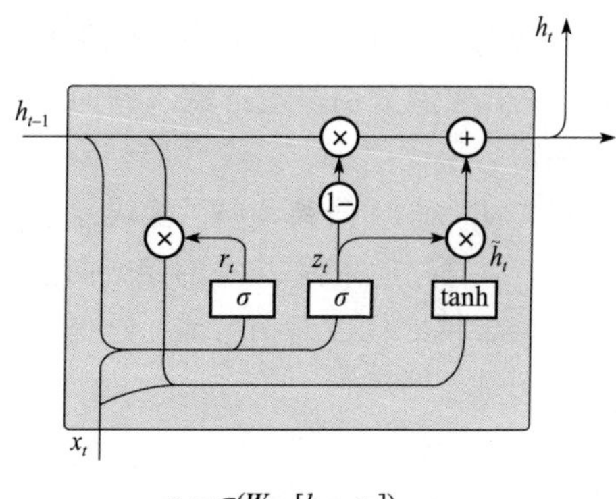

$$z_t = \sigma(W_z \cdot [h_{t-1}, x_t])$$
$$r_t = \sigma(W_r \cdot [h_{t-1}, x_t])$$
$$\tilde{h}_t = \tanh(W \cdot [r_t * h_{t-1}, x_t])$$
$$h_t = (1 - z_t) * h_{t-1} + z_t * \tilde{h}_t$$

图 9-10　GRU 网络架构，其中小圆圈表示向量的点积

GRU 在 LSTM 的基础上做了两个大改动，具体如下。

- ❑ 将输入门、遗忘门、输出门变为两个门：更新门（Update Gate）z_t 和重置门（Reset Gate）r_t。
- ❑ 将单元状态与输出合并为一个状态：h_t。

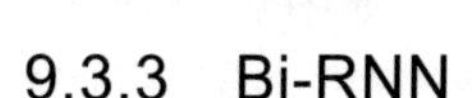

9.3.3　Bi-RNN

LSTM 的变体除了 GRU 之外，比较流行还有 Bi-RNN（Bidirectional Recurrent Neural

Network，双向循环神经网络），图 9-11 为 Bi-RNN 的架构图。Bi-RNN 模型由 Schuster、Paliwal 在 1997 年首次提出，和 LSTM 同年。Bi-RNN 在 RNN 的基础上增加了可利用信息。普通 MLP 的数据长度是有限制的。RNN 可以处理不固定长度的序列数据或时序数据（按时间顺序记录的数据列），但无法利用未来信息。而 Bi-RNN 同时使用时序数据输入历史及未来数据，即令时序相反的两个循环神经网络连接同一输出，输出层可以同时获取历史与未来信息。

Bi-RNN 能提升模型效果。如百度语音识别通过 Bi-RNN 综合上下文语境，提升了模型准确率。

Bi-RNN 的基本思想是提出每一个训练序列向前和向后分别形成两个循环神经网络，而且这两个循环神经网络都连接着同一个输出层。该结构为输出层提供输入序列中每一个点的完整的过去和未来的上下文信息。图 9-11 展示的是一个沿着时间展开的 Bi-RNN 架构。6 个独特的权值在每一个时间步被重复利用，6 个权值分别对应：输入到向前和向后隐含层（w_1, w_3）、隐含层到隐含层自己（w_2, w_5）、向前和向后隐含层到输出层（w_4, w_6）。值得注意的是，向前和向后隐含层之间没有信息流，这保证了展开图是非循环的。

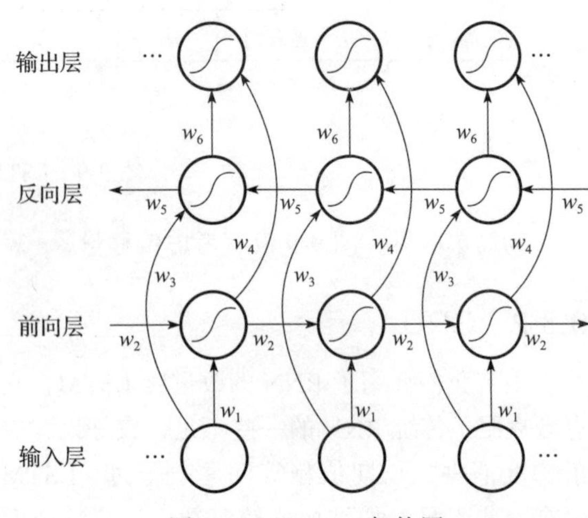

图 9-11　Bi-RNN 架构图

9.4　几种特殊架构

循环神经网络适合含时序数据的任务，如自然语言处理、语言识别等。基于循环神经网络可以构建功能更强大的模型，如编码器 - 解码器模型、Seq2Seq 模型等。在具体实现时，编码器和解码器通常使用循环神经网络，如 RNN、LSTM、GRU 等，有时也可使用卷积神经网络。利用这些模型可以处理语言翻译、文档摘取、问答系统等任务。

9.4.1　编码器 - 解码器架构

编码器 - 解码器（Encoder-Decoder）架构是一种神经网络设计模式，如图 9-12 所示。该架构分为两部分，编码器和解码器。编码器的作用是将源数据编码为状态，该状态通常为向量，然后将状态传递给解码器生成输出。

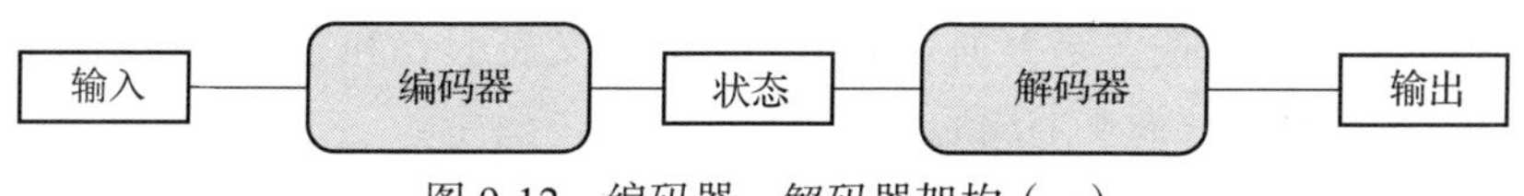

图 9-12　编码器 - 解码器架构（一）

对图 9-12 进一步细化，在输入模型前需要将源数据和目标数据转换为词嵌入。对于自然语言处理问题，考虑到序列的不同长度及语言的前后依赖关系，编辑器和解码器一般选择循环神经网络，具体可选择 RNN、LSTM、GRU 等，可以一层也可以多层，如图 9-13 所示。

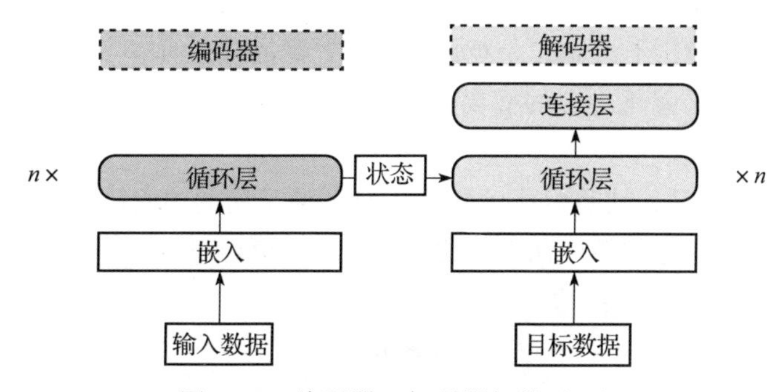

图 9-13　编码器 - 解码器架构（二）

下面以一个简单的语言翻译场景为例，输入为 4 个单词，输出为 3 个单词，此时编码器 - 解码器架构如图 9-14 所示。

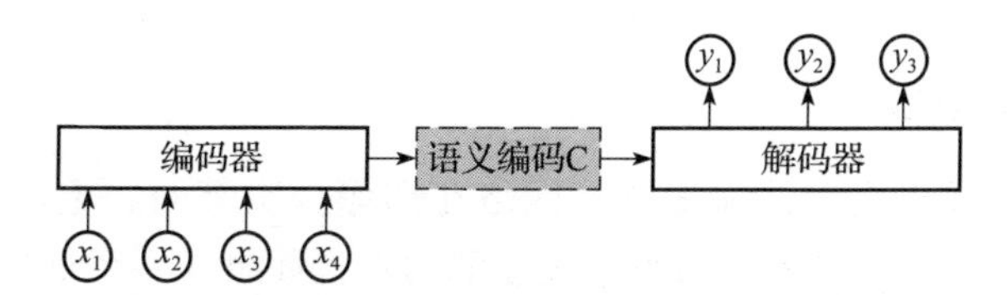

图 9-14　基于语言翻译场景的编码器 - 解码器架构

这是一个典型的编码器 - 解码器架构。该如何理解这个架构呢？

可以这么直观理解：从左到右，看作由一个句子（或篇章）生成另外一个句子（或篇章）的通用处理模型。假设这句子对为 <X, Y>，我们的目标是给定输入句子 X，期待通过编码器 - 解码器架构来生成目标句子 Y。X 和 Y 可以是同一种语言，也可以是两种不同的语言。而 X 和 Y 分别由各自的单词序列构成：

$$X=(x_1,x_2,x_3,\cdots,x_m) \tag{9.16}$$

$$Y=(y_1,y_2,y_3,\cdots,y_n) \tag{9.17}$$

编码器，顾名思义就是对输入句子 X 进行编码，将输入句子通过非线性变换转化为中间语义表示 C：

$$C=f(x_1,x_2,x_3,\cdots,x_m) \tag{9.18}$$

对于解码器来说，其任务是根据句子 X 的中间语义表示 C 和之前已经生成的历史信息 $y_1, y_2, y_3, \cdots, y_{i-1}$ 来生成 i 时刻要生成的单词 y_i。

$$y_i = g(C, y_1, y_2, y_3, \cdots, y_{i-1}) \tag{9.19}$$

依次生成每个 y_i，那么看起来就是整个系统根据输入句子 X 生成了目标句子 Y。编码器 - 解码器架构是一个非常通用的计算架构，至于编码器和解码器具体使用什么模型则由我们自己决定。常见的有 CNN、RNN、Bi-RNN、GRU、LSTM、Deep、LSTM 等，而且变化组合非常多。

编码器 - 解码器架构的应用非常广泛，应用场景非常多，比如对于机器翻译来说，<X, Y> 就是对应不同语言的句子，如 X 是英语句子，Y 就是对应的中文句子；对于文本摘要来说，X 就是一篇文章，Y 就是对应的摘要；对于对话机器人来说，X 就是某人的一句话，Y 就是对话机器人的应答等。

这个架构有一点不足，就是生成的句子中每个词采用的中间语言编码是相同的，都是 C，具体看如下表达式。这种架构在句子比较短时，性能还可以，但句子稍长一些，生成的句子就不尽如人意了。如何解决这一问题呢？

$$y_1 = g(C) \tag{9.20}$$

$$y_2 = g(C, y_1) \tag{9.21}$$

$$y_3 = g(C, y_1, y_2) \tag{9.22}$$

解铃还须系铃人，既然问题出在 C 上，就需要我们在 C 上做一些处理。引入一个注意力机制，可以有效解决这个问题。

9.4.2 Seq2Seq 架构

在 Seq2Seq 架构提出之前，深度神经网络在图像分类等问题上已经取得了非常好的效果。输入和输出通常都可以表示为固定长度的向量，如果在一个批量中有长度不等的情况，往往通过补零的方法。但在许多实际任务中，例如机器翻译、语音识别、自动对话等，把输入表示成序列后，其长度事先并不知道。因此为了突破这个局限，Seq2Seq 架构应运而生。

Seq2Seq 架构是基于编码器 - 解码器架构生成的，其输入和输出都是序列，如图 9-15 所示。

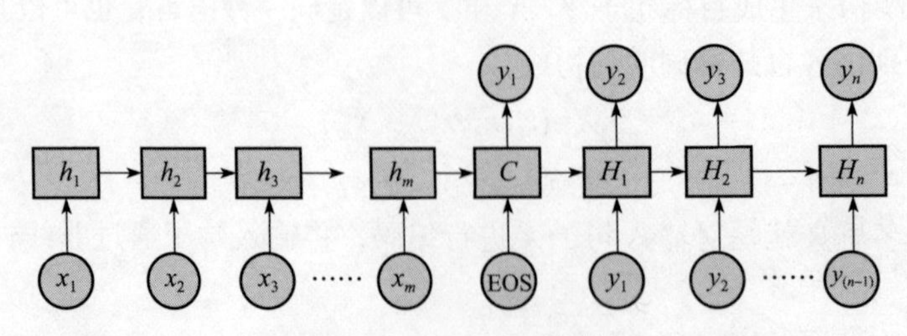

图 9-15　Seq2Seq 架构

Seq2Seq 不特指具体方法，只要满足输入序列、输出序列的目的，都可以称为 Seq2Seq 架构，它是编码器 - 解码器架构中的一种。

9.5 循环神经网络的应用场景

循环神经网络（RNN）适合于处理序列数据，应用非常广泛。图 9-16 对 RNN 的应用场景做了一个概括。

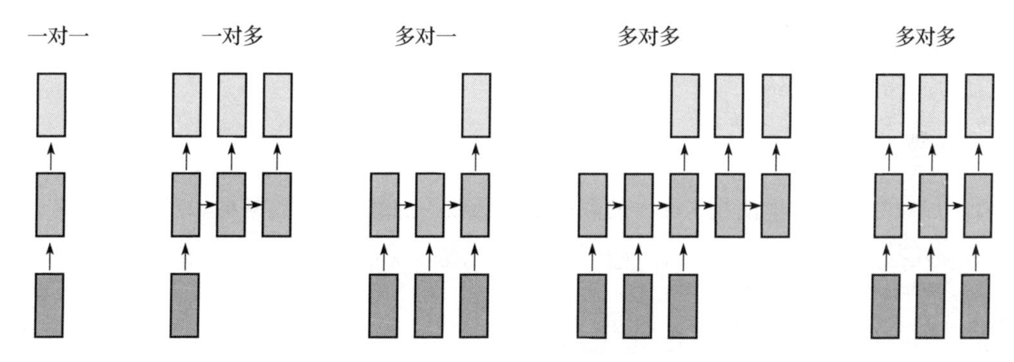

图 9-16　RNN 的应用场景示意图

图 9-16 中每一个矩形都是一个向量，箭头则表示函数（比如矩阵相乘）。其中最下层为输入向量，最上层为输出向量，中间层表示 RNN 的状态。从左到右分析如下。

1）没有使用 RNN 的 Vanilla 模型，从固定大小的输入得到固定大小的输出（比如图像分类）。

2）序列输出（比如图像字幕，输入一张图像，输出一段文字序列）。

3）序列输入（比如情感分析，输入一段文字，然后将它分类成积极或者消极情感）。

4）序列输入和序列输出（比如机器翻译，一个 RNN 读取一条英文语句，然后将它以法语形式输出）。

5）同步序列输入输出（比如视频分类，对视频中每一帧打标签）。

注意，上述每一个案例中都没有对序列长度进行预先特定约束，因为递归变换是固定的，而且我们可以多次使用。

正如预想的那样，与使用固定计算步骤的固定网络相比，使用序列进行操作要更加强大，因此，这激起了人们建立更大的智能系统的兴趣。而且，我们可以从一小方面看出，RNN 将输入向量与状态向量用一个固定（但可以学习）函数绑定起来，从而用来产生一个新的状态向量。在编程层面，在运行一个程序时，可以用特定的输入和一些内部变量对其进行解释。从这个角度来看，RNN 本质上可以描述程序。事实上，RNN 是图灵完备的，即它们可以模拟任意程序（使用恰当的权值向量）。

9.6 循环神经网络实践

这节将通过几个具体实例加深大家对循环神经网络的理解和应用。

9.6.1 使用 LSTM 实现文本分类

1）导入需要的库并设定一些超参数。

```
import numpy as np
from tensorflow import keras
from tensorflow.keras import layers

# 为简便起见，这里只考虑前 20000 万个单词
max_features = 20000
# 只考虑每条评论的前 200 个单词
maxlen = 200
```

2）加载数据。这里使用 Keras 的数据加载函数，加载 imdb 数据集。

```
(x_train, y_train), (x_val, y_val) = keras.datasets.imdb.load_data(
    num_words=max_features
)
print(len(x_train), "Training sequences")
print(len(x_val), "Validation sequences")
x_train = keras.preprocessing.sequence.pad_sequences(x_train, maxlen=maxlen)
x_val = keras.preprocessing.sequence.pad_sequences(x_val, maxlen=maxlen)
```

3）构建模型。

```
# 输入为可变长度
inputs = keras.Input(shape=(None,), dtype="int32")
# 把输入转换为长度为 128 的嵌入向量
x = layers.Embedding(max_features, 128)(inputs)
# 添加两个双向的 LSTM
x = layers.Bidirectional(layers.LSTM(64, return_sequences=True))(x)
x = layers.Bidirectional(layers.LSTM(64))(x)
# 添加一个全连接层，用于分类
outputs = layers.Dense(1, activation="sigmoid")(x)
model = keras.Model(inputs, outputs)
model.summary()
```

运行结果如下：

```
Model: "model"
_________________________________________________________________
Layer (type)                 Output Shape              Param #
=================================================================
input_1 (InputLayer)         [(None, None)]            0
_________________________________________________________________
embedding (Embedding)        (None, None, 128)         2560000
_________________________________________________________________
```

```
bidirectional (Bidirectional (None, None, 128)         98816
_________________________________________________________________
bidirectional_1 (Bidirection (None, 128)               98816
_________________________________________________________________
dense (Dense)                (None, 1)                 129
=================================================================
Total params: 2,757,761
Trainable params: 2,757,761
Non-trainable params: 0
```

4）训练及评估模型。

```
model.compile("adam", "binary_crossentropy", metrics=["accuracy"])
model.fit(x_train, y_train, batch_size=32, epochs=2, validation_data=(x_val, y_val))
```

运行结果如下：

```
Epoch 1/2
782/782 [==============================] - 78s 88ms/step - loss: 0.4719 -
    accuracy: 0.7554 - val_loss: 0.3183 - val_accuracy: 0.8650
Epoch 2/2
782/782 [==============================] - 67s 86ms/step - loss: 0.2043 -
    accuracy: 0.9239 - val_loss: 0.5106 - val_accuracy: 0.8135
```

从运行结果来看，迭代 2 次的精度就可达到 80%，说明 LSTM 网络效果不错。

9.6.2　把 CNN 和 RNN 组合在一起

数据集使用 CIFAR10，数据集的加载及预处理请参考第 3 章。

1）把 CNN 和 RNN 简单组合在一起。

```
x_shape = x_train.shape
model.add(layers.Conv2D(input_shape=(x_shape[1], x_shape[2], x_shape[3]),
                        filters=32, kernel_size=(3,3), strides=(1,1),
                        padding='same', activation='relu'))
model.add(layers.MaxPool2D(pool_size=(2,2)))

model.add(layers.Reshape(target_shape=(16*16, 32)))
model.add(layers.LSTM(50, return_sequences=False))
model.add(layers.Dense(10, activation='softmax'))
```

2）查看网络结构。

```
model.summary()
```

运行结果如下：

```
Model: "sequential"
_________________________________________________________________
Layer (type)                 Output Shape              Param #
=================================================================
conv2d (Conv2D)              (None, 32, 32, 32)        896
```

```
----------------------------------------------------------------
max_pooling2d (MaxPooling2D) (None, 16, 16, 32)        0
----------------------------------------------------------------
reshape (Reshape)            (None, 256, 32)           0
----------------------------------------------------------------
lstm (LSTM)                  (None, 50)                16600
----------------------------------------------------------------
dense (Dense)                (None, 10)                510
================================================================
Total params: 18,006
Trainable params: 18,006
Non-trainable params: 0
```

3）编译及运行模型。

```
model.compile(optimizer=keras.optimizers.Adam(),
             loss=keras.losses.CategoricalCrossentropy(),
             metrics=['accuracy'])

history = model.fit(x_train, y_train, batch_size=32,epochs=5, validation_split=0.1)
```

可视化运行结果如图 9-17 所示。

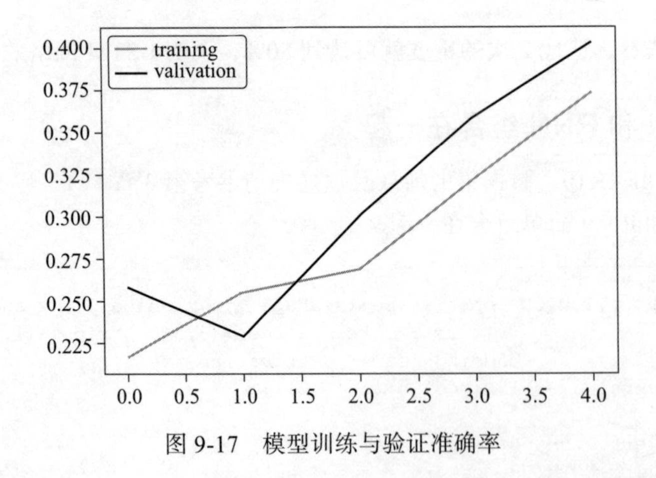

图 9-17　模型训练与验证准确率

验证精度只有 40% 左右，不够理想。接下来，我们通过改变网络架构来提升模型性能。

4）改变模型结构。

首先，构建一个卷积神经网络模块。

```
x_shape = x_train.shape
inn = layers.Input(shape=(x_shape[1], x_shape[2], x_shape[3]))
conv = layers.Conv2D(filters=32,kernel_size=(3,3), strides=(1,1),
                    padding='same', activation='relu')(inn)
pool = layers.MaxPool2D(pool_size=(2,2), padding='same')(conv)
flat = layers.Flatten()(pool)
dense1 = layers.Dense(64)(flat)
```

然后，构建一个循环神经网络模块。

```
reshape = layers.Reshape(target_shape=(x_shape[1]*x_shape[2], x_shape[3]))(inn)
lstm_layer = layers.LSTM(32, return_sequences=False)(reshape)
dense2 = layers.Dense(64)(lstm_layer)
```

把这两个模块拼接在一起。

```
merged_layer = layers.concatenate([dense1, dense2])
outt = layers.Dense(10,activation='softmax')(merged_layer)
model01 = keras.Model(inputs=inn, outputs=outt)
model01.compile(optimizer=keras.optimizers.Adam(),
                loss=keras.losses.CategoricalCrossentropy(),
                metrics=['accuracy'])
model01.summary()
```

拼接后的网络结构如下：

```
________________________________________________________________________________
Layer (type)                   Output Shape         Param #  Connected to
================================================================================
input_2 (InputLayer)           [(None, 32, 32, 3)]  0
________________________________________________________________________________
conv2d_2 (Conv2D)              (None, 32, 32, 32)   896      input_2[0][0]
________________________________________________________________________________
max_pooling2d_2 (MaxPooling2D) (None, 16, 16, 32)   0        conv2d_2[0][0]
________________________________________________________________________________
reshape_1 (Reshape)            (None, 1024, 3)      0        input_2[0][0]
________________________________________________________________________________
flatten_1 (Flatten)            (None, 8192)         0        max_pooling2d_2[0][0]
________________________________________________________________________________
lstm_1 (LSTM)                  (None, 32)           4608     reshape_1[0] [0]
________________________________________________________________________________
dense_2 (Dense)                (None, 64)           524352   flatten_1[0] [0]
________________________________________________________________________________
dense_3 (Dense)                (None, 64)           2112     lstm_1[0][0]
________________________________________________________________________________
concatenate_1 (Concatenate)    (None, 128)          0        dense_2[0] [0]
                                                              dense_3[0] [0]
________________________________________________________________________________
dense_5 (Dense)                (None, 10)           1290     concatenate_1[0][0]
================================================================================
```

5）训练模型。

```
history2 = model01.fit(x_train, y_train, batch_size=64,epochs=5, validation_split=0.1)
```

6）可视化运行结果如图 9-18 所示。

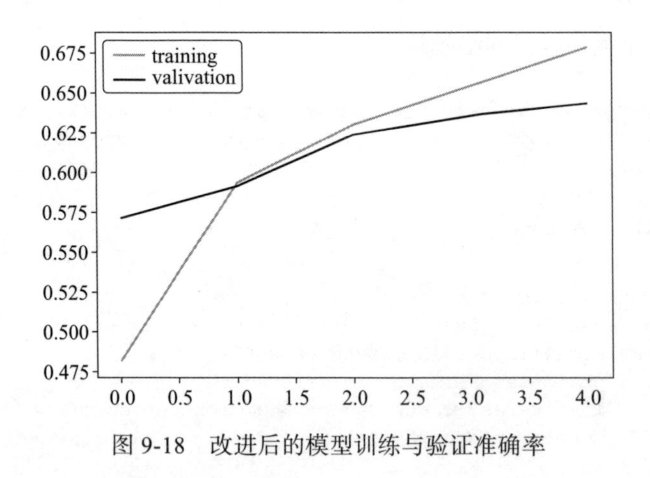

图 9-18 改进后的模型训练与验证准确率

从图 9-18 可以看出，验证精度达到 63% 左右，模型性能有了一个较大提升！

9.7 小结

前面第 8 章介绍了卷积神经网络，卷积神经网络擅长与处理图像、视频类的数据，当然也可以用来处理序列数据，如语句、时间序列相关数据等，但效果不一定好。为了更好地处理序列数据，基于语言模型的启发，人们研制出循环神经网络。为了增加对长距离的词的理解，人们又提出了几种改进模型。这些改进模型虽然有不同程度的提升，但受依赖关系等因素约束，使得进一步提升模型性能空间受到很大限制。为了打破这些限制，人们近几年又提出了一些新架构，其中尤以 Transformer 表现最佳，接下来我们将介绍相关内容。

CHAPTER 10

第 10 章

注意力机制

注意力机制（Attention Mechanism）在深度学习中可谓发展迅猛、大放异彩，尤其近几年，随着它在自然语言处理、语音识别、视觉处理等领域的应用，更是引起大家的高度兴趣。如 Seq2Seq 引入注意力机制、Transformer 使用自注意力（Self-Attention）机制，在 NLP、推荐系统等方面刷新纪录，取得新突破。

本章为本书重点之一，为后续章节的重要基础，所以将从多个角度介绍注意力机制，具体包括如下内容：

- ❑ 注意力机制概述
- ❑ 带注意力机制的编码器 - 解码器架构
- ❑ 可视化 Transformer 架构
- ❑ 使用 TensorFlow 实现 Transformer

10.1 注意力机制概述

注意力机制源于对人类视觉的研究，注意力是一种人类不可或缺的复杂认知功能，指人可以在关注一些信息的同时忽略另一些信息的选择能力。

注意力机制的逻辑与人类看图片的逻辑类似，当我们看一张图片时，我们并没有看清图片的全部内容，而是将注意力集中在了图片的重要部分。重点关注部分，就是一般所说的注意力集中部分，而后对这一部分投入更多注意力资源，以获取更多所关注目标的细节信息，抑制其他无用信息。

这是人类利用有限的注意力资源从大量信息中快速筛选出高价值信息的手段，是人类在长期进化中形成的一种生存机制。人类视觉注意力机制极大地提高了视觉信息处理的效率与准确性。

深度学习中也应用了类似注意力机制，通过使用这种机制，极大提升了自然语言处理、语音识别、图像处理的效率和性能。

10.1.1　两种常见注意力机制

根据注意力范围的不同，人们又把注意力分为软注意力和硬注意力。

1）软注意力（Soft Attention）。这是比较常见的注意力方式，对所有键（key）求权重概率，每个键都有一个对应的权重，是一种全局的计算方式（也可以叫 Global Attention）。这种方式比较理性，它参考了所有键的内容，再进行加权，但是计算量可能会比较大。

2）硬注意力（Hard Attention）。这种方式是直接精准定位到某个键，而忽略其余键，相当于这个键的概率是 1，其余键的概率全部是 0。因此这种是或否的对齐方式，要求一步到位，但实际情况往往包含其他状态。如果没有正确对齐，会带来很大的影响。

10.1.2　来自生活的注意力

注意力是我们与环境交互的一种天生的能力。环境中的信息丰富多彩，我们不可能对映入眼帘的所有事物都持有一样的关注度或注意力，而是一般只将注意力引向感兴趣的一小部分信息，这种能力就是注意力。

我们按照对外界的反应将注意力分为非自主性提示和自主性提示。非自主性提示是基于环境中物体的状态、颜色、位置、易见性等，不由自主地引起我们的注意。如图 10-1 所示，下列这些小动物可能会自动引起小朋友的注意力。

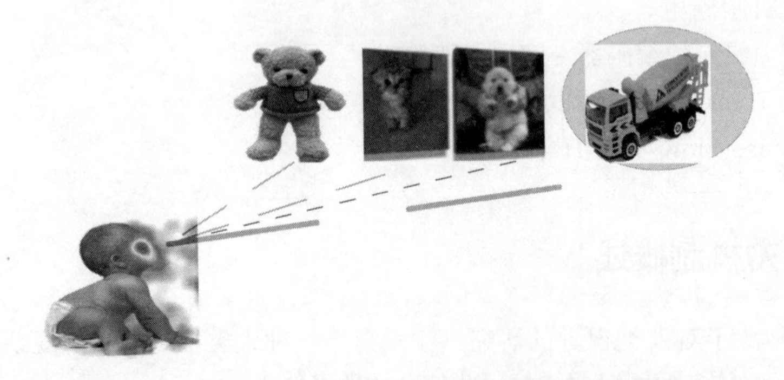

图 10-1　基于兴趣，注意力被自主关注到小汽车玩具上

但过一段时间之后，他可能会重点关注他喜欢的小汽车玩具。此时，小朋友选择小汽车玩具是受到了认知和意识的控制，因此基于兴趣或自主性提示的吸引力量更大，也更持久。

10.1.3　注意力机制的本质

在注意力机制的背景下，我们将自主性提示称为查询（Query）。对于给定任何查询，注意力机制通过集中注意力（Attention Pooling）选择感官输入（Sensory Input），这些感官输入被称为值（Value）。每个值都与其对应的非自主提示的一个键（Key）成对，如图 10-2 所示。通过集中注意力，为给定的查询（自主性提示）与键（非自主性提示）进行交互，从而引导选择偏向值（感官输入）。

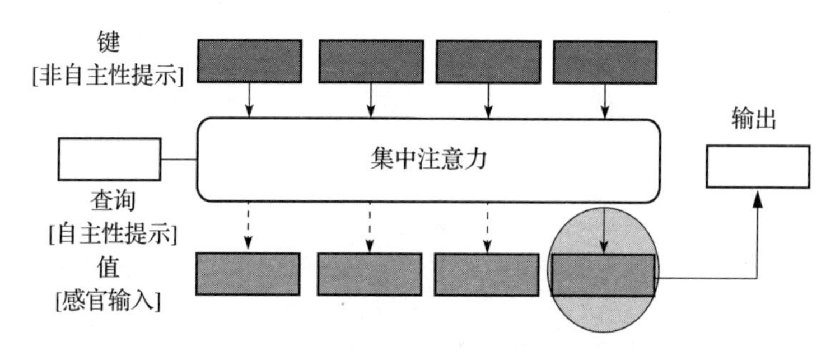

图 10-2　注意力机制通过集中注意力将查询和键结合在一起，实现对值的选择倾向

可以把图 10-2 所示的注意力架构进一步抽象成图 10-3，这样更容易理解注意力机制的本质。在自然语言处理应用中，把注意力机制看作输出（Target）句子中某个单词和输入（Source）句子中每个单词的相关性是非常有道理的。

目标句子生成的每个单词对应输入句子中的单词的概率分布可以理解为输入句子单词和这个目标生成单词的对齐概率，这在机器翻译语境下是非常直观的：传统的统计机器翻译过程中一般会专门有一个短语对齐的步骤，而注意力模型的作用与此相同，可用图 10-3 进行直观表述。

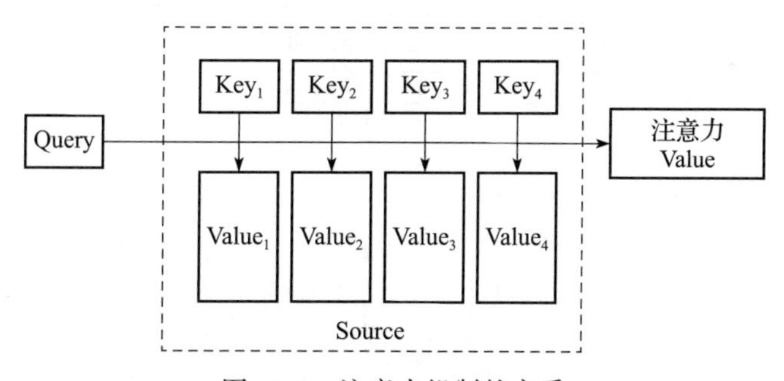

图 10-3　注意力机制的实质

在图 10-3 中，Source 由一系列 <Key, Value> 数据对构成，对于给定 Target 中的某个元素 Query，通过计算 Query 和各个 Key 的相似性或者相关性，得到每个 Key 对应 Value 的权重系数，然后对 Value 进行加权求和，即得到了最终的注意力的值。所以本质上注意力机制是对 Source 中元素的 Value 值进行加权求和，而 Query 和 Key 是用来计算对应 Value 的权重系数。可以将上述思想改写为如下公式：

$$\text{Attention(Query,Source)}=\sum_{i=1}^{T}\text{Similarity}(\text{Query},\text{Key}_i)\cdot\text{Value}_i \tag{10.1}$$

其中，T 为 Source 的长度。

具体如何计算注意力呢？整个注意力机制的计算过程可分为 3 个阶段。

第 1 阶段：根据 Query 和 Key 计算两者的相似性或者相关性，最常见的方法包括求两者的向量点积、求两者的向量 Cosine 相似性、通过再引入额外的神经网络来求，这里假设求得的相似值为 si。

第 2 阶段：对第 1 阶段的值进行归一化处理，得到权重系数。这里使用 softmax 计算各权重的值，计算公式为：

$$\mathrm{ai}=\mathrm{softmax}(\mathrm{si})\frac{\mathrm{e}^{\mathrm{si}}}{\sum_{J=1}^{T}\mathrm{e}^{\mathrm{sJ}}} \tag{10.2}$$

第 3 阶段：用第 2 阶段的权重系数对 Value 进行加权求和。

$$\mathrm{Attention(Query,Source)}=\sum_{i=1}^{T}\mathrm{ai}\cdot\mathrm{Value}_i \tag{10.3}$$

以上 3 个阶段可表示为如图 10-4 所示的计算过程。

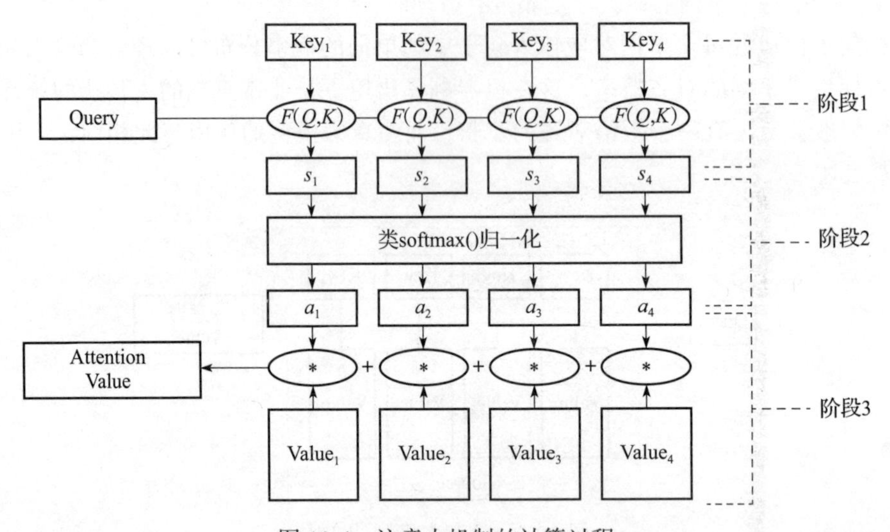

图 10-4　注意力机制的计算过程

那么在深度学习中如何通过模型或算法来实现这种机制呢？接下来我们介绍如何使用模型的方式来实现注意力机制。

10.2　带注意力机制的编码器 - 解码器架构

从第 9 章的图 9-14 可知，在生成目标句子的单词时，不论生成哪个单词，如 y_1、y_2、y_3，使用的句子 X 的语义编码 C 都是一样的，没有任何区别。而语义编码 C 是由句子 X 的每个单词经过编码器编码生成，这意味着不论是生成哪个单词，句子 X 中任意单词对生成的某个目标单词 y_i 来说影响力都是相同的，没有任何区别。

我们以一个具体例子来说明，用机器翻译（输入英文输出中文）来解释这个分心模型的编码器 – 解码器架构会更好理解，比如输入英文句子“ Tom chase Jerry”，编码器 – 解码器架构会将其逐步生成中文单词：“汤姆”“追逐”“杰瑞”。

在翻译“杰瑞”这个中文单词时，分心模型中的每个英文单词对于翻译目标单词“杰瑞”的贡献是相同的，这不太合理，因为显然“ Jerry”对于翻译成“杰瑞”更重要，但是分心模型无法体现这一点，这就是为何说它没有引入注意力机制的原因。

10.2.1　引入注意力机制

没有引入注意力机制的模型在输入句子比较短的时候估计问题不大，但是如果输入句子比较长，此时所有语义完全通过一个中间语义向量来表示，单词自身的信息已经消失，会丢失很多细节信息，这也是为何要引入注意力模型的重要原因。

在上面的例子中，如果引入注意力机制，则应该在翻译“杰瑞”时体现出英文单词对于翻译当前中文单词不同的影响程度，比如给出类似下面一个概率分布值：

(Tom,0.3) (Chase,0.2) (Jerry,0.5)

每个英文单词的概率代表了翻译当前单词“杰瑞”时，注意力分配模型分配给不同英文单词的注意力大小。这对于正确翻译目标语单词肯定是有帮助的，因为引入了新的信息。同理，目标句子中的每个单词都应该学会其对应的源语句中单词的注意力分配概率信息。这意味着在生成每个单词 y_i 的时候，原先相同的中间语义表示 C 会替换成根据当前生成单词而不断变化的 C_i。即由固定的中间语义表示 C 换成了根据当前输出单词而不断调整的变化的 C_i。增加了注意力机制的编码器 – 解码器架构理解起来如图 10-5 所示。

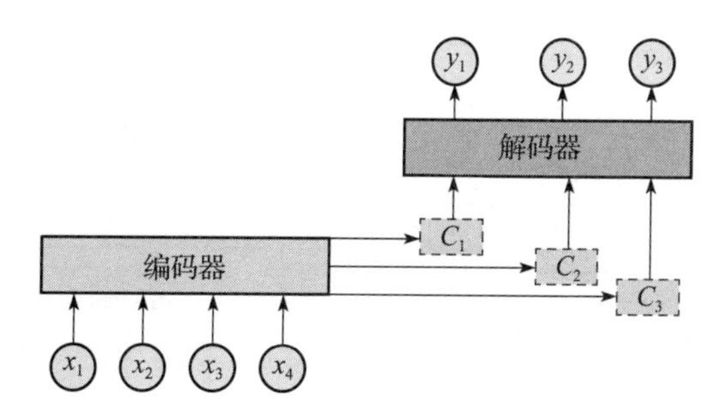

图 10-5　引入注意力机制的编码器 – 解码器架构

即生成目标句子单词的过程变成下面的形式：

$$y_1=g(C_1) \tag{10.4}$$

$$y_2 = g(C_2, y_1) \tag{10.5}$$

$$y_3 = g(C_3, y_1, y_2) \tag{10.6}$$

而每个 C_i 可能对应着不同的源语句中单词的注意力分配概率分布，比如对于上面的英汉翻译来说，其对应的信息可能如下。

注意力分布矩阵：

$$A=[a_{ij}]=\begin{bmatrix}0.6 & 0.2 & 0.2\\ 0.2 & 0.7 & 0.1\\ 0.3 & 0.2 & 0.5\end{bmatrix} \tag{10.7}$$

第 i 行表示 y_i 收到的所有来自输入单词的注意力分配概率。y_i 的语义向量 C_i 由这些注意力分配概率与编码器对单词 x_j 的转换函数 f_2 相乘计算得出，例如：

$$C_1=C_{\text{汤姆}}=g(0.6*f_2(\text{“Tom”}),0.2*f_2(\text{“Chase”}),0.2*f_2(\text{“Jerry”})) \tag{10.8}$$

$$C_2=C_{\text{追逐}}=g(0.2*f_2(\text{“Tom”}),0.7*f_2(\text{“Chase”}),0.1*f_2(\text{“Jerry”})) \tag{10.9}$$

$$C_3=C_{\text{杰瑞}}=g(0.3*f_2(\text{“Tom”}),0.2*f_2(\text{“Chase”}),0.5*f_2(\text{“Jerry”})) \tag{10.10}$$

其中，f_2 函数代表编码器对输入英文单词的某种变换函数，如果编码器是 RNN 模型，则 f_2 函数的结果往往是某个时刻输入 x_i 后隐层节点的状态值；g 代表编码器根据单词的中间表示合成整个句子中间语义表示的变换函数。一般的，g 函数就是对构成元素加权求和，也就是我们常常在论文里看到的下列公式：

$$C_i=\sum_{j=1}^{T_x}\alpha_{ij}h_j \tag{10.11}$$

假设 C_i 中的 i 就是上面的“汤姆”，那么 T_x 就是 3，代表输入句子的长度，$h_1=f_2$（“Tom”），$h_2=f_2$（“Chase”），$h_3=f_2$（“Jerry”），对应的注意力模型权值分别是 0.6, 0.2, 0.2，所以 g 函数就是加权求和函数。更形象一点，翻译中文单词“汤姆”时，数学公式对应的中间语义表示 C_i 的生成过程可用图 10-6 表示。

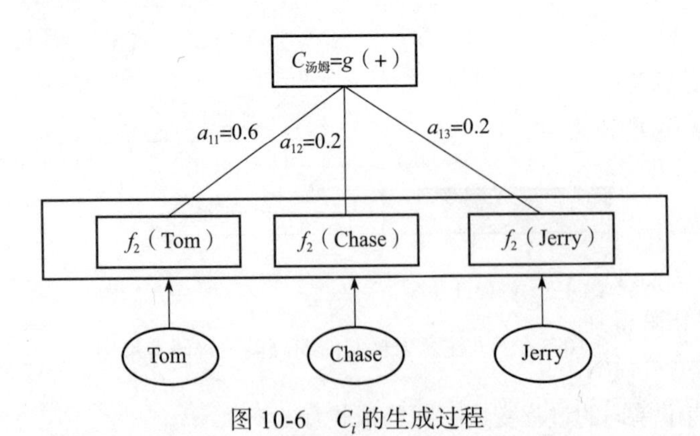

图 10-6 C_i 的生成过程

这里还有一个问题：生成目标句子中的某个单词，比如生成“汤姆”时，如何知道注意力模型所需要的输入句子单词的注意力分配概率分布值呢？下一节会详细介绍。

10.2.2 计算注意力分配值

如何计算注意力分配值？为便于说明，假设对前文图 9-14 的未引入注意力机制的编码

器 - 解码器架构进行细化，编码器采用 RNN 模型，解码器也采用 RNN 模型，这是比较常见的一种模型配置，如图 10-7 所示。

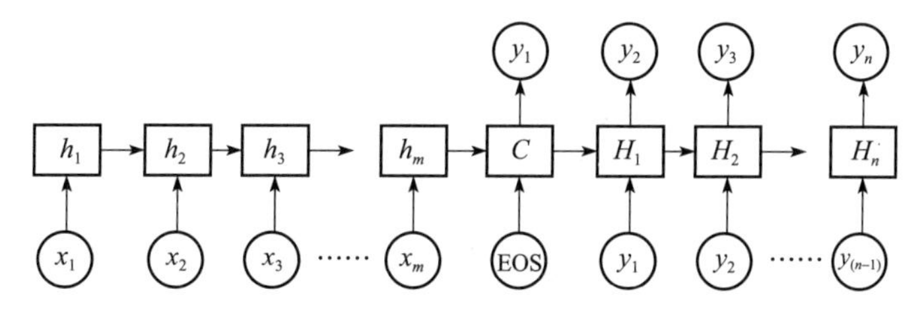

图 10-7　RNN 作为具体模型的编码器 - 解码器架构

图 10-8 可以较为便捷地说明注意力分配概率分布值的通用计算过程。

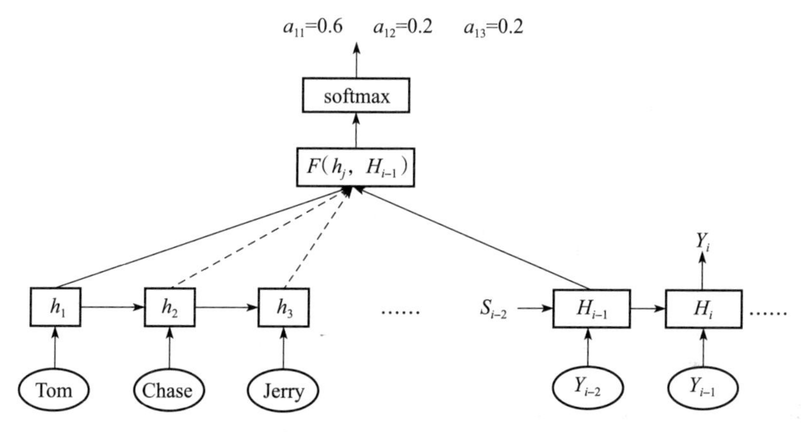

图 10-8　注意力分配概率分布值的通用计算过程

我们的目的是计算生成 y_i 时，输入句子中的单词“Tom”“Chase”“Jerry”对 y_i 的注意力分配概率分布。这些概率可以用目标输出句子 $i-1$ 时刻的隐层节点状态 H_{i-1} 去一一与输入句子中每个单词对应的 RNN 隐层节点状态 h_j 进行对比，即通过对齐函数 F（h_j，H_{i-1}）来获得目标单词与每个输入单词对应的对齐可能性。

函数 F（h_j，H_{i-1}）在不同论文里可能会采取不同的方法，然后函数 F 的输出经过 softmax 进行归一化就得到一个 0-1 的注意力分配概率分布值。

如图 10-8 所示：当输出单词为“汤姆”时，输出值为输入各单词的对齐概率。绝大多数注意力模型都是采取上述计算架构来计算注意力分配概率分布信息，区别只是函数 F 在定义上可能有所不同。y_t 值的生成过程可参考图 10-9。

其中：

$$p(y_t \mid \{y_1,\cdots,y_{t-1}\},x)=g(y_{t-1},s_t,C_t) \tag{10.12}$$

$$s_t=f(s_{t-1},y_{t-1},C_t) \tag{10.13}$$

$$y_t=g(y_{t-1},s_t,C_t) \tag{10.14}$$

$$C_t = \sum_{j=1}^{T_x} \alpha_{tj} h_j \qquad (10.15)$$

$$\alpha_{tj} = \frac{\exp(\mathrm{e}_{tj})}{\sum_{k=1}^{T} \exp(\mathrm{e}_{tk})} \qquad (10.16)$$

$$\mathrm{e}_{tj} = a(s_{t-1}, h_j) \qquad (10.17)$$

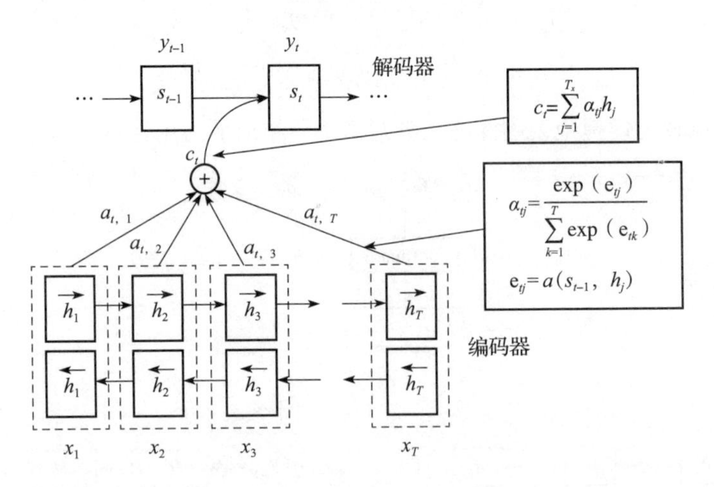

图 10-9　由输入语句（$x_1, x_2, x_3, \cdots, x_T$）生成第 t 个输出 y_t

上述内容就是软注意力模型的基本思想，那么怎样理解注意力模型的物理含义呢？一般文献里会把注意力模型看作单词对齐模型，这是非常有道理的。前面提到，目标句子生成的每个单词对应输入句子单词的概率分布可以理解为输入句子单词和这个目标生成单词的对齐概率，这在机器翻译语境下是非常直观的。

当然，从概念上理解的话，把注意力模型理解成影响力模型也是合理的。也就是说，生成目标单词时，输入句子的每个单词对于生成这个单词的影响程度。这也是理解注意力模型物理意义的一种方式。

除了软注意力之外，还有硬注意力、全局注意力（Global Attention）、局部注意力（Local Attention）、自注意力（Self Attention）等，它们对原有的注意力架构进行了改进，其中自注意力在 10.3 节将介绍。

到目前为止，在我们介绍的编码器 - 解码器架构中，构成编码器或解码器的一般是循环神经网络（如 RNN、LSTM、GRU 等），这种架构在遇上大语料库时，运行速度将非常缓慢，这主要是由于循环神经网络无法并行处理。卷积神经网络的并行处理能力较强，是否可以使用卷积神经网络呢？卷积神经网络也有一些天然不足，如无法处理长度不一的语句、对时间序列不敏感等。为解决这些问题，人们研究出一种注意力新架构——Transformer，具体内容如下。

10.3 可视化 Transformer 架构

Transformer 是 Google 在 2017 年的论文 *Attention is all you need* 中提出的一种新架构，它基于自注意力机制的深层模型，在包括机器翻译在内的多项 NLP 任务上效果显著，超过 RNN 且训练速度更快。不到一年时间，Transformer 已经取代 RNN 成为当前神经网络机器翻译领域的成绩最好的模型，包括谷歌、微软、百度、阿里、腾讯等公司的线上机器翻译模型都已替换为 Transformer 模型。Transformer 不但在自然语言处理方面刷新多项记录，而且在搜索排序、推荐系统，甚至图形处理领域都非常活跃。它为何能获得如此成功？用了哪些神奇的技术或方法？背后的逻辑是什么？接下来我们详细说明。

10.3.1 Transformer 的顶层设计

我们先从 Transformer 的功能说起，然后介绍其总体架构，再对各个组件进行分解，详细说明 Transformer 的功能及如何高效实现这些功能。

如果我们把 Transformer 应用于语言翻译，比如把一句法语翻译成一句英语，过程如图 10-10 所示。

图 10-10　Transformer 应用语言翻译

图 10-10 中 Transformer 就像一个黑盒子，它接收一条语句，然后转换为另外一条语句。此外，Transformer 还可用于阅读理解、问答、词语分类等 NLP 问题。这个黑盒子是如何工作的呢？它由哪些组件构成？这些组件又是如何工作呢？

我们进一步打开图 10-10 所示的黑盒子，其实 Transformer 就是一个由编码器组件和解码器组件构成的模型，这与我们通常看到的语言翻译模型类似，如图 10-11 所示。以前我们通常使用循环神经网络或卷积神经网络作为编码器和解码器的网络结构，不过 Transformer 中的编码器组件和解码器组件既不用卷积神经网络，也不用循环神经网络。

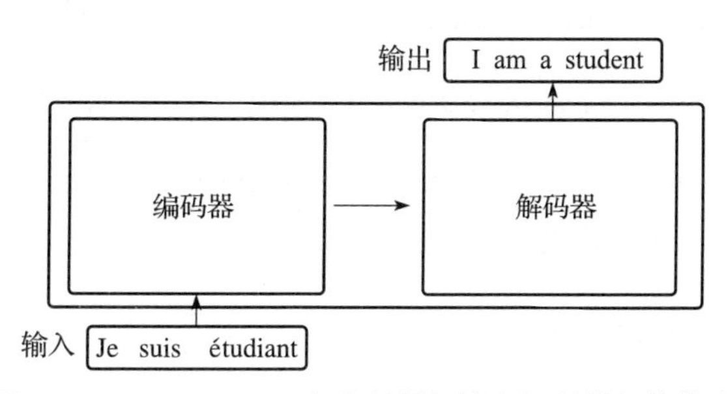

图 10-11　Transformer 由编码器组件和解码器组件构成

图 10-11 中的编码器组件由 6 个相同结构的编码器串联而成，解码器组件也是由 6 个结构相同的解码器串联而成，如图 10-12 所示。

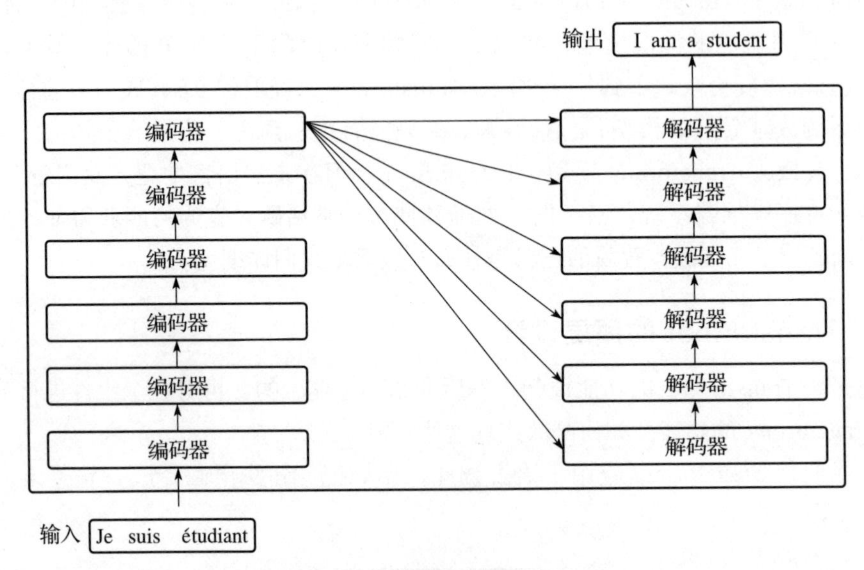

图 10-12　Transformer 架构

最后一层编码器的输出将传入解码器的每一层。进一步打开编码器及解码器，每个编码器由一层自注意力和一层前馈网络构成，而解码器除自注意力层、前馈网络层外，中间还有一个用来接收最后一个编码器的输出值，如图 10-13 所示。

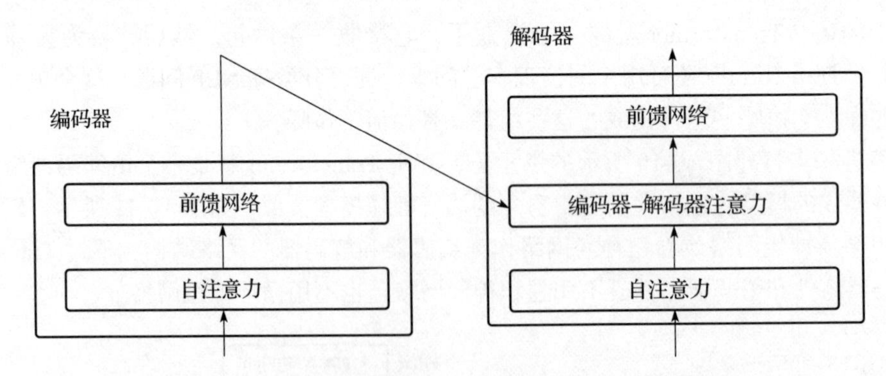

图 10-13　Transformer 模块中编码器与解码器的关系图

到这里为止，我们就对 Transformer 的大致结构进行了一个直观说明，接下来将从一些主要问题入手对各层细节进行说明。

10.3.2　编码器与解码器的输入

前面我们介绍了 Transformer 的大致结构，在构成其编码器或解码器的网络结构中，并没有使用循环神经网络和卷积神经网络。那么像语言翻译类问题，语句中各单词的次序或位置是一个非常重要的因素，单词的位置与单词的语言有直接关系，Transformer 是如何解决语句中各单词的次序或位置关系的呢？

Transformer 使用位置编码（Position Encoding）方法来记录各单词在语句中的位置或次序，位置编码的值遵循一定模型（如由三角函数生成），每个源单词（或目标单词）的词嵌入与对应的位置编码相加（位置编码向量与词嵌入的维度相同），如图 10-14 所示。

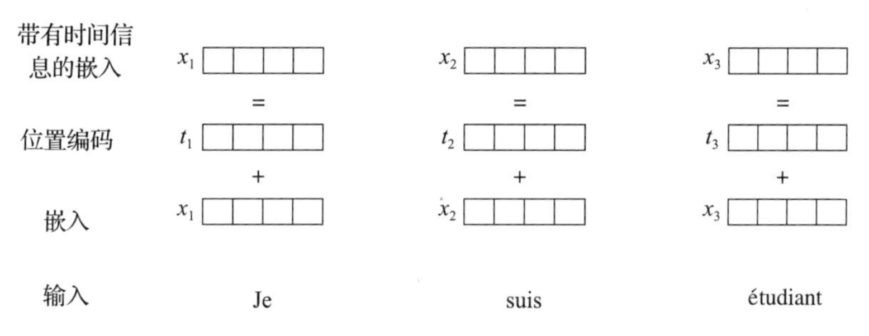

图 10-14　在源数据中添加位置编码向量

对解码器的输入（即目标数据）也需要做同样处理，即在目标数据基础上加上位置编码成为带有时间信息的嵌入。当对语料库进行批量处理时，可能会遇到长度不一致的语句，对于短的语句，可以用填充（如用 0 填充）的方式补齐，对于太长的语句，可以采用截尾的方法（如给这些位置赋予一个很大的负数，使之在进行 softmax 运算时为 0）。

10.3.3　自注意力

首先我们来看一下通过 Transformer 作用的效果图，假设对于输入语句 “The animal didn’t cross the street because it was too tired”，如何判断 it 是指 animal 还是指 street？这个问题对人来说很简单，但对算法来说就不那么简单了。不过 Transformer 中的自注意力能够让机器把 it 和 animal 联系起来，联系的效果如图 10-15 所示。

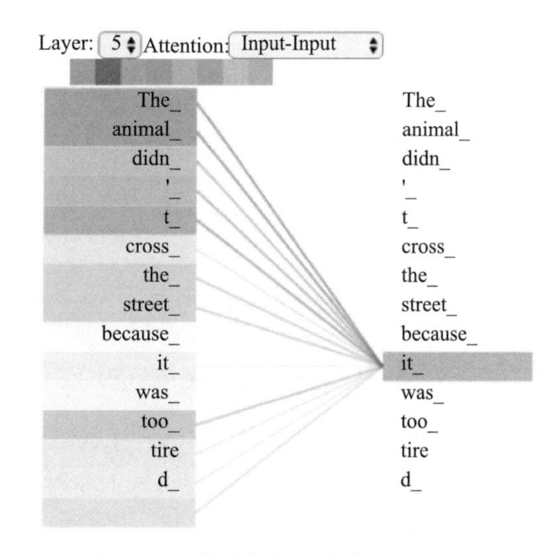

图 10-15　使用自注意力将 it 和 animal 联系起来

如图 10-15 所示，编码器组件中顶层（即 #5 层，#0 表示第 1 层）it 单词明显对 the animal 的关注度大于其他单词的关注度。这些关注度是如何获取的呢？接下来进行详细介绍。

10.2 节介绍的一般注意力机制计算注

意力的方法与 Transformer 采用自注意力机制的计算方法基本相同，只是查询（Query）的来源不同。一般注意力机制中的查询来源于目标语句（而非源语句），而自注意力机制的查询来源于源语句本身，而非目标语句（如翻译后的语句），这或许就是自注意力名称的来由吧。

编码器模块中自注意力计算的主要步骤如下（解码器模块的自注意力计算步骤与此类似）：

1）把输入单词转换为带时间（或时序）信息的嵌入向量；

2）根据嵌入向量生成 $\boldsymbol{q}$、$\boldsymbol{k}$、$\boldsymbol{v}$ 三个向量，这三个向量分别表示查询、键、值；

3）根据 $\boldsymbol{q}$，对每个单词进行点积得到对应的得分 score= $\boldsymbol{q}\cdot\boldsymbol{k}$；

4）对 score 进行规范化、softmax 处理，假设结果为 a；

5）点积对应的 $\boldsymbol{v}$，然后累加得到当前语句各单词之间的自注意力 $\boldsymbol{z}=\sum a\boldsymbol{v}$。

这部分是 Transformer 的核心内容，为便于理解，对以上步骤进行可视化。假设当前待翻译的语句为：Thinking Machines。对 Thinking 进行预处理（即词嵌入 + 位置编码得到嵌入向量 Embedding）后用 x_1 表示，对 Machines 进行预处理后用 x_2 表示。计算单词 Thinking 与当前语句中各单词的得分，如图 10-16 所示。

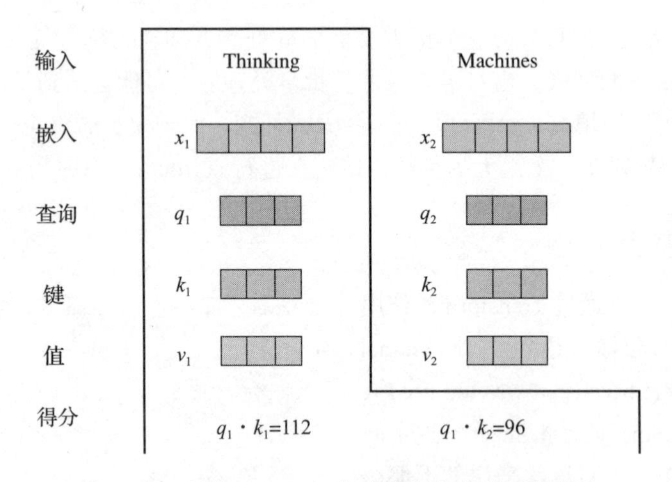

图 10-16　计算 Thinking 与当前语句各单词的得分

假设各嵌入向量的维度为 d_{model}（这个值一般较大，如 512），$\boldsymbol{q}$、$\boldsymbol{k}$、$\boldsymbol{v}$ 的维度比较小，一般使 $\boldsymbol{q}$、$\boldsymbol{k}$、$\boldsymbol{v}$ 的维度满足：$d_{\boldsymbol{q}}=d_{\boldsymbol{k}}=d_{\boldsymbol{v}}=\dfrac{d_{\text{model}}}{h}$（$h$ 表示 h 个 head，后面将介绍 head 含义，论文中 h=8，$d_{\text{model}}=512$，故$d_{\boldsymbol{k}}=64$，而$\sqrt{d_{\boldsymbol{k}}}=8$）。

在实际计算过程中，我们得到的 score 可能比较大，为保证计算梯度时不因 score 值太大而影响其稳定性，需要进行归一化操作，这里除以 $\sqrt{d_{\boldsymbol{k}}}$，如图 10-17 所示。

对归一化处理后的 a 与 $\boldsymbol{v}$ 相乘再累加，就得到 $\boldsymbol{z}$，如图 10-18 所示。

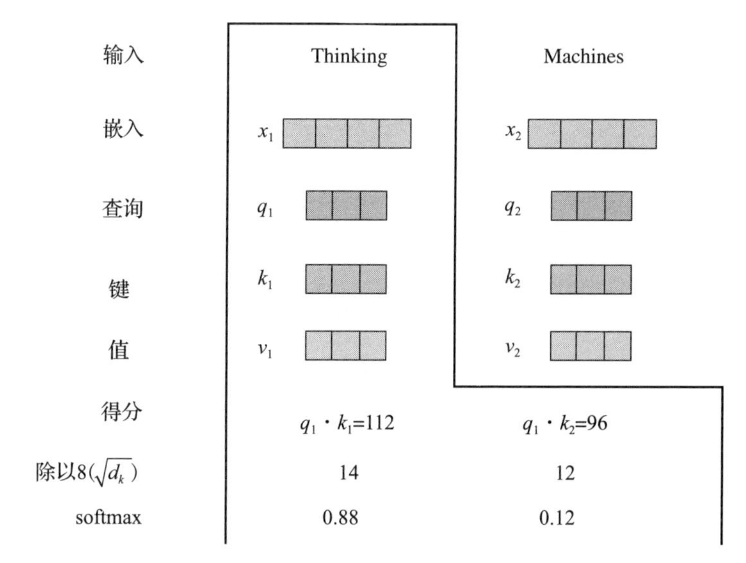

图 10-17　对得分进行归一化处理

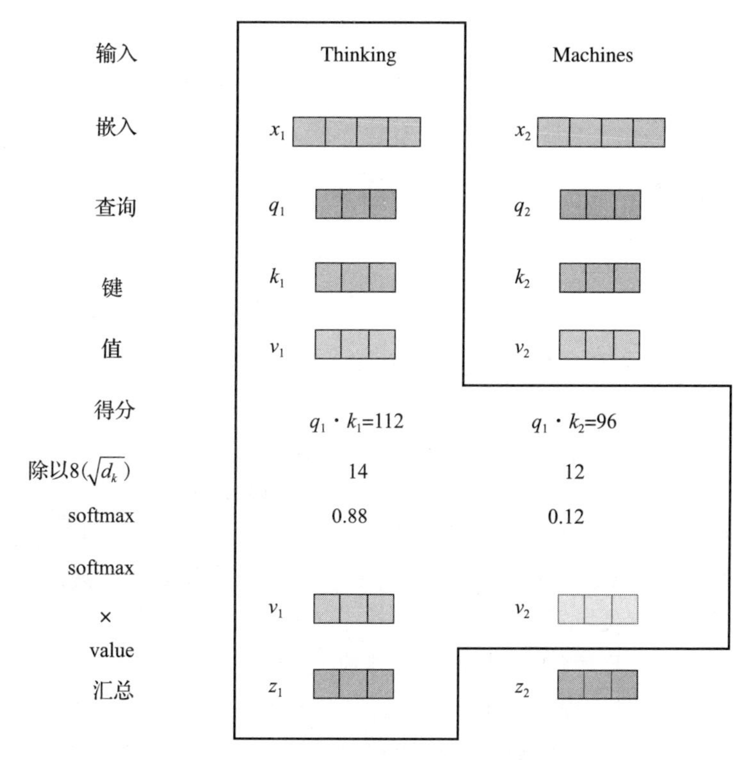

图 10-18　权重与值点积再累加

这样就得到单词 Thinking 对当前语句各单词的注意力或关注度 z_1，使用同样的方法，可以计算单词 Machines 对当前语句各单词的注意力 z_2。

上面这些都是基于向量进行运算，而且没有循环神经网络中的左右依赖关系，如果把向量堆砌成矩阵，那就可以使用并发处理或 GPU 的功能。图 10-19 为计算自注意力转换为矩阵的过程。把嵌入向量堆叠成矩阵 $\boldsymbol{X}$，然后分别与矩阵 $\boldsymbol{W}^{Q}$、$\boldsymbol{W}^{K}$、$\boldsymbol{W}^{V}$（这些矩阵为可学习的矩阵，与神经网络中的权重矩阵类似）得到 $\boldsymbol{Q}$、$\boldsymbol{K}$、$\boldsymbol{V}$。

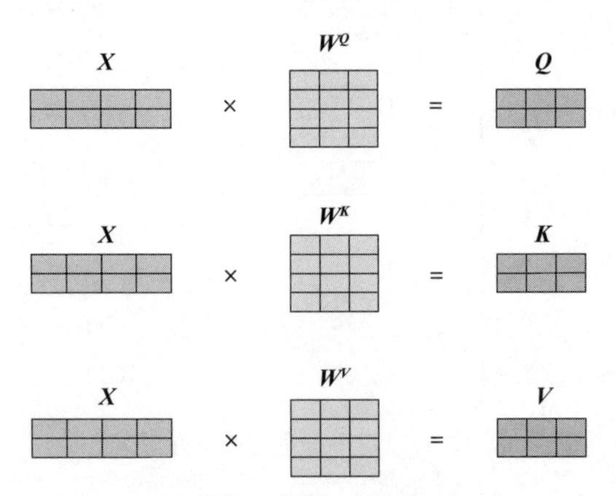

图 10-19 堆砌嵌入向量，得到矩阵 $\boldsymbol{Q}$、$\boldsymbol{K}$、$\boldsymbol{V}$

在此基础上，上面计算注意力的过程就可以简写为图 10-20 所示的格式。

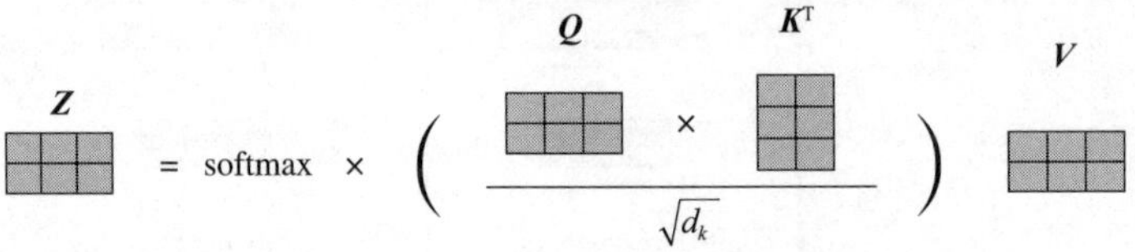

$$\boldsymbol{Z} = \text{softmax} \times \left(\frac{\boldsymbol{Q} \times \boldsymbol{K}^{\mathrm{T}}}{\sqrt{d_k}} \right) \boldsymbol{V} \tag{10.18}$$

图 10-20 计算注意力 $\boldsymbol{Z}$ 的矩阵格式

整个计算过程也可以用图 10-21 表示，这个过程又称为缩放的点积注意力（Scaled Dot-product Attention）。

图 10-21 中的 MatMul 就是点积运算，Mask 表示掩码，用于对某些值进行掩盖，使其在参数更新时不产生效果。Transformer 模型里面涉及两种 Mask，分别是 Padding Mask 和 Sequence Mask。Padding Mask 在所有的缩放的点积注意力里面都需要用到，用于处理长短不一的语句，而 Sequence Mask 只在解码器的自注意力里面用到，以防止解码器预测目标值时，看到未来的值。在具体实现时，通过乘以一个上三角形矩阵实现，上三角的值全为 0，这个矩阵作用在每一个序列上。

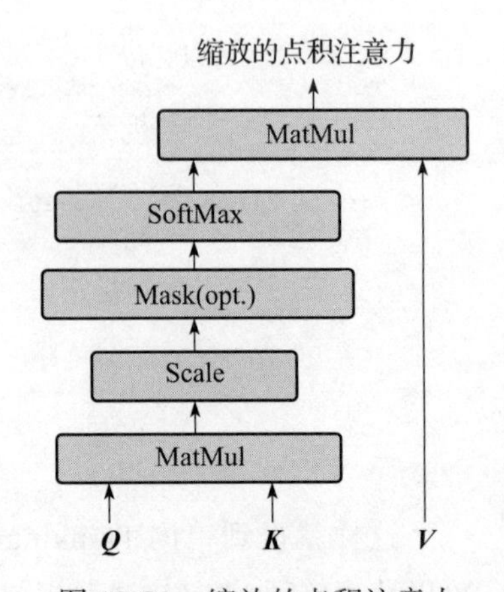

图 10-21 缩放的点积注意力

10.3.4 多头注意力

在图 10-15 中有 8 种不同颜色，这 8 种不同颜色分别表示什么含义呢？每种颜色有点像卷积神经网络中的一种通道（或一个卷积核），在卷积神经网络中，一种通道往往表示一种风格。受此启发，AI 科研人员在计算自注意力时也采用类似方法，这就是下面要介绍的多头注意力（Multi-Head Attention）机制，其架构图为 10-22 所示。

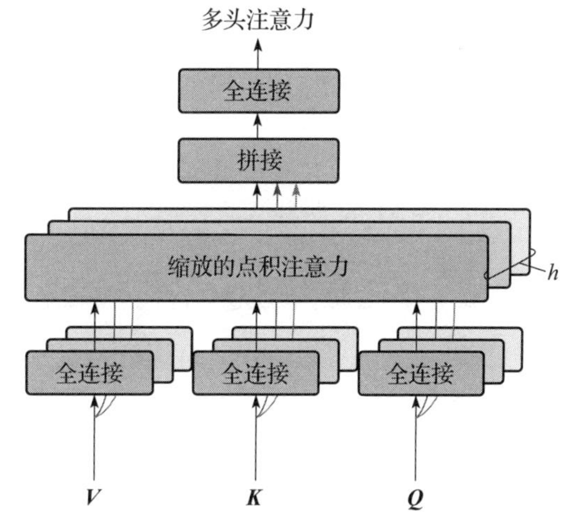

图 10-22 多头注意力架构图

多头注意力机制可以从以下 3 个方面提升注意力层的性能。

1）它扩展了模型专注于不同位置的能力；

2）将缩放的点积注意力过程做 h 次，再把输出合并起来；

3）它为关注层（attention layer）提供了多个"表示子空间"。在多头注意力机制中，有多组查询、键、值的权重矩阵（Transformer 使用八个关注头，因此每个编码器 / 解码器最终得到八组）。这些矩阵都是随机初始化的。然后，在训练之后，将每个集合用于输入的嵌入（或来自较低编码器 / 解码器的向量）投影到不同的表示子空间中。这个原理犹如使用不同卷积核把源图像投影到不同风格的子空间一样。

多头注意力机制的运算过程如下。

1）随机初始化八组矩阵：$\boldsymbol{W}_i^{\boldsymbol{Q}},\boldsymbol{W}_i^{\boldsymbol{K}},\boldsymbol{W}_i^{\boldsymbol{V}} \in R^{512\times 64}$，$i \in \{0,1,2,3,4,5,6,7\}$。

2）使用 X 与这八组矩阵相乘，得到八组 $\boldsymbol{Q}_i,\boldsymbol{K}_i,\boldsymbol{V}_i \in R^{512}$，$i \in \{0,1,2,3,4,5,6,7\}$。

3）由此得到八个 $Z_i, i\in\{0,1,2,3,4,5,6,7\}$，然后把这八个 Z_i 组合成一个大的 Z_{0-7}。

4）Z 与初始化的矩阵 $\boldsymbol{W}^0 \in R^{512\times 512}$ 相乘，得到最终输出值 Z。

这些步骤可用图 10-23 来直观表示。

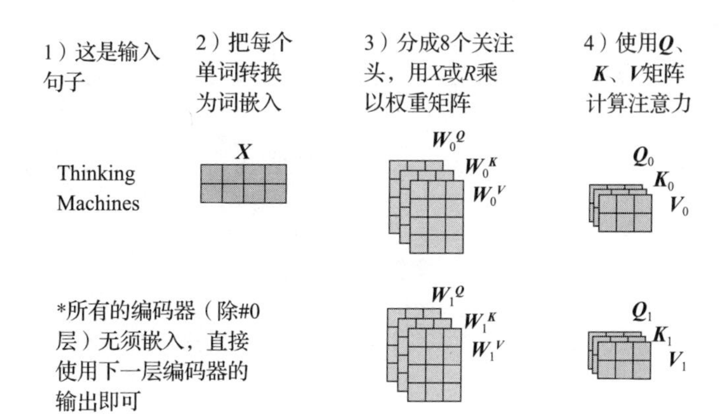

图 10-23 多头注意力机制的生成过程

由图 10-13 可知，解码器比编码器多了编码器 - 解码器注意力。在编码器 - 解码器注意力中，***Q*** 来自解码器的上一个输出，***K*** 和 ***V*** 则来自编码器最后一层的输出，其计算过程与自注意力的计算过程相同。

由于在机器翻译中，解码过程是一个顺序操作的过程，也就是当解码第 k 个特征向量时，我们只能看到第 $k-1$ 个特征向量及其之前的解码结果，因此论文中把这种情况下的多头注意力叫作掩码多头注意力（Masked Multi-Head Attention），即同时使用了 Padding Mask 和 Sequence Mask 两种方法。

10.3.5　自注意力与卷积神经网络、循环神经网络的异同

从以上分析可以看出，自注意力机制没有前后依赖关系，可以基于矩阵进行高并发处理，另外每个单词的输出与前一层各单词的距离都为 1，如图 10-24 所示，说明不存在梯度消失问题，因此，Transformer 就有了高并发和长记忆的强大功能！

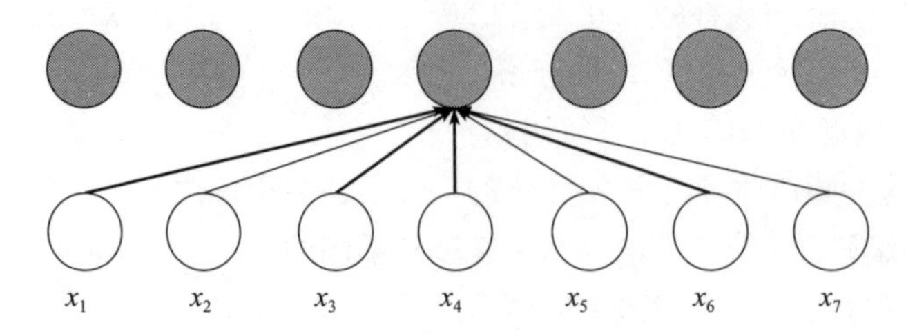

图 10-24　自注意力输入与输出之间反向传播距离示意图

这是自注意力处理序列的主要逻辑：没有前后依赖，每个单词都通过自注意力直接连接到任何其他单词。因此，可以并行计算，且最大路径长度是 O(1)。

循环神经网络处理序列的逻辑如图 10-25 所示。

由图 10-25 可知，更新循环神经网络的隐状态时，需要依赖前面的单词，如处理单词 x_3 时，需要先处理单词 x_1 、x_2 ，因此，循环神经网络的操作是顺序操作且无法并行化，其最大依赖路径长度是 O(n)（n 表示时间步长）。

卷积神经网络也可以处理序列问题，其处理逻辑如图 10-26 所示。

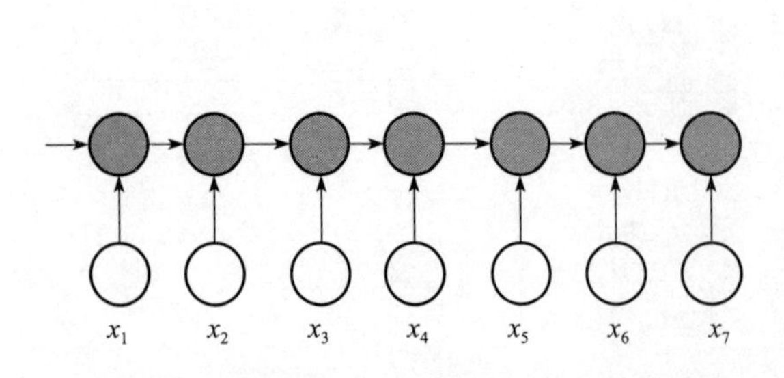

图 10-25　循环神经网络处理序列的逻辑示意图

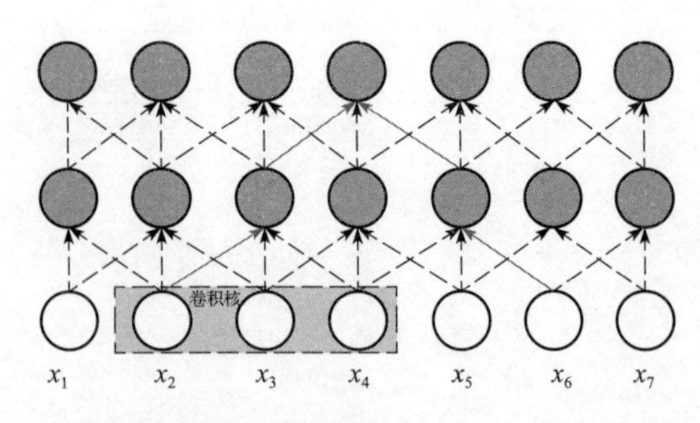

图 10-26　卷积神经网络处理序列的逻辑示意图

图 10-26 是卷积核大小 K 为 3 的两层卷积神经网络，有 O(1) 个顺序操作，最大路径长度为 $O(n/k)$（n 表示序列长度），单词 x_2 和 x_6 处于卷积神经网络的感受野内。

10.3.6 为加深 Transformer 网络层保驾护航的几种方法

从图 10-12 可知，Transformer 的编码器组件和解码器组件分别有 6 层，在有些应用中还可能会有更多层。随着层数的增加，网络的容量更大，表达能力也更强，但网络的收敛速度会更慢、更易出现梯度消失等问题，那么 Transformer 是如何克服这些不足的呢？它采用了两种常用方法，一种是残差连接，另一种是归一化方法。具体实现方法就是在每个编码器或解码器的两个子层（即自注意力层和 FFNN）增加由残差连接和归一化组成的层，如图 10-27 所示。

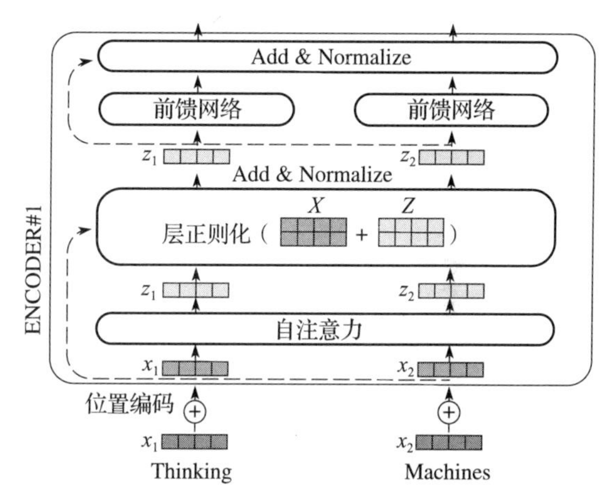

图 10-27 添加残差连接及归一化层

对每个编码器都做同样处理，对每个解码器也做同样处理，如图 10-28 所示。

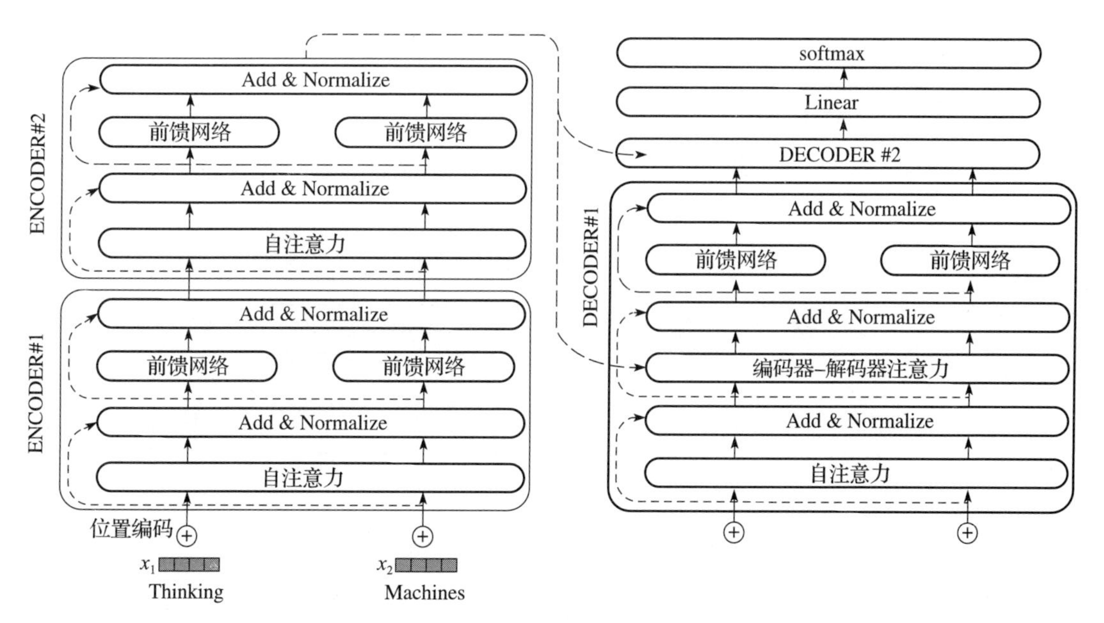

图 10-28 在每个编码器与解码器的两个子层都添加 Add & Normalize 层

图 10-29 是编码器与解码器如何协调完成一个机器翻译任务的完整过程。

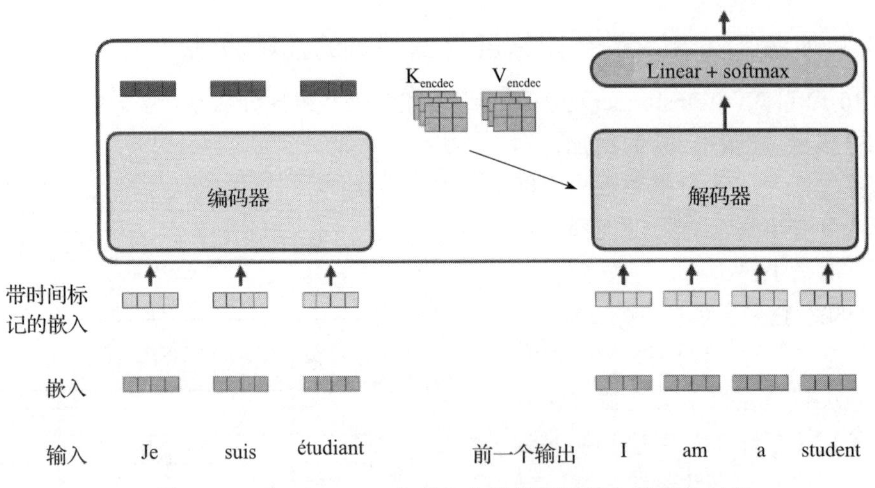

图 10-29　Transformer 实现一个机器翻译语句的完整过程

10.3.7　如何进行自监督学习

编码器最后的输出值通过一个全连接层及 softmax 函数作用后就得到预测值的对数概率（这里假设采用贪婪解码的方法，即使用 argmax 函数获取概率最大值对应的索引），如图 10-30 所示。预测值的对数概率与实际值对应的独热编码的差就构成模型的损失函数。

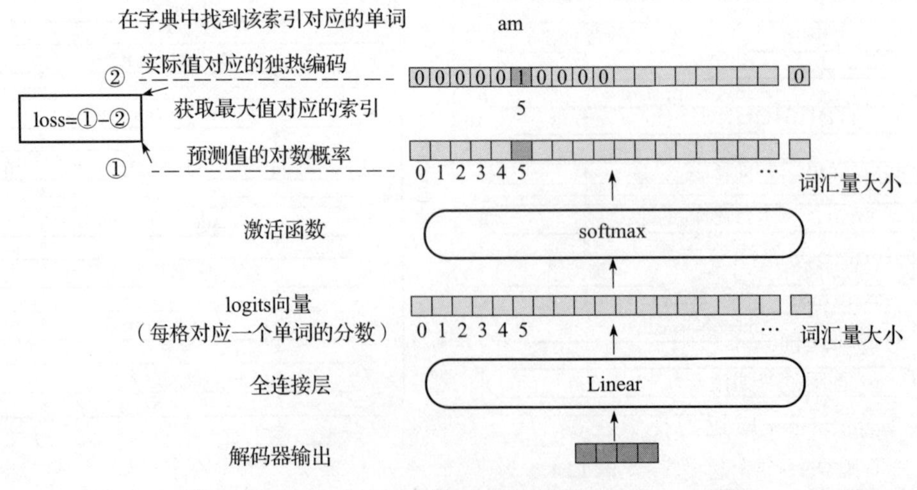

图 10-30　Transformer 的最后全连接层及 softmax 函数

综上所述，Transformer 模型由编码器组件和解码器组件构成，而每个编码器组件又由 6 个 EncoderLayer 组成，每个 EncoderLayer 包含一个自注意力 SubLayer 层和一个全连接

SubLayer 层。解码器组件也是由 6 个 DecoderLayer 组成，每个 DecoderLayer 包含一个自注意力 SubLayer 层、注意力 SubLayer 层和全连接 SubLayer 层。完整架构如图 10-31 所示。

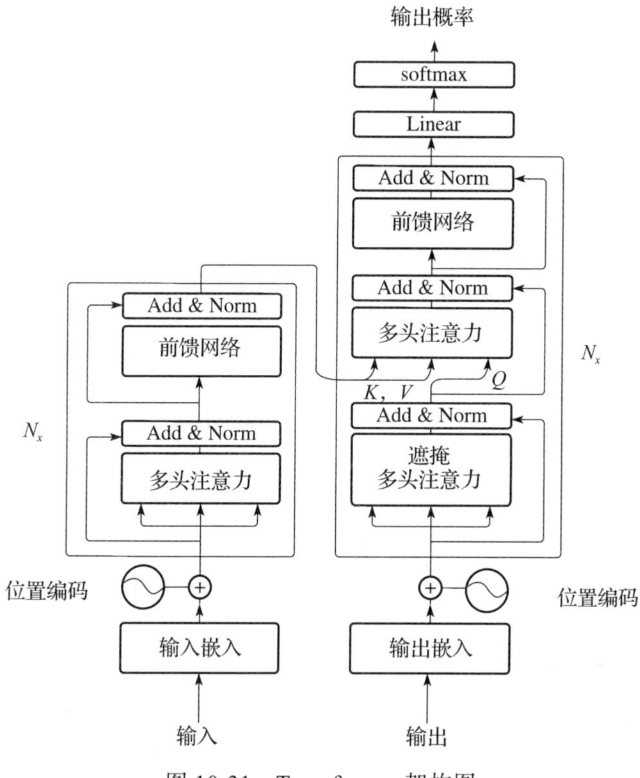

图 10-31　Transformer 架构图

10.3.8　Transformer 在视觉领域的应用

Transformer 目前在自然语言处理领域取得了很好的效果，在很多场景的性能、训练速度等已远超传统的循环神经网络。为此，人们自然就想到把它应用到视觉处理领域。凭借 Transformer 的长注意力和并发处理能力，研究人员通过 Vision Transformer（简称 ViT）、Swin Transformer（简称 Swin-T）等架构在图像分类、目标检测、语言分割等方面取得了目前最好的成绩，前景不可限量。Transformer 有望跨越视觉处理、自然语言处理之间的鸿沟，成为一个更通用的架构。

将 Transformer 应用到视觉领域，首先把图像分成多个小块（Patch），将这些块排序（与 NLP 中排列一个个标识符类似），构成 Patch 序列，至于这些块原本在图像中位置信息，则通过添加绝对位置或相对位置信息等方法来处理。图 10-32 是 ViT 的架构图。

在图 10-32 中，我们把输入图像划分成 9 个小块，把展平后通过线性映射的结果与各小块的位置嵌入张量融合在一起，构成 Transformer 编辑器的输入。

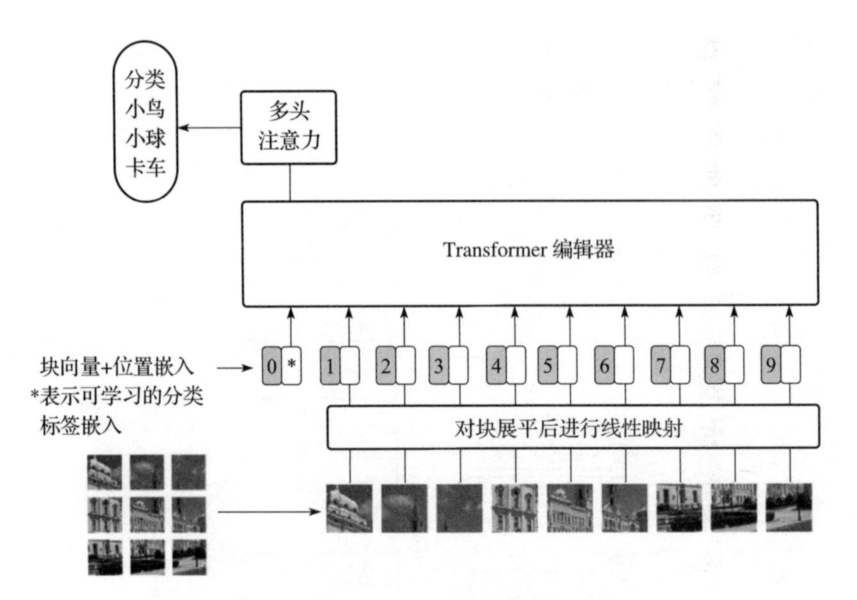

图 10-32 ViT 的架构图

Swin-T 在 ViT 的基础上进行了一些改进，更适合处理不同尺寸的图像，并增加了一些块之间的联系。

Swin-T 增加了不同尺寸层次，如图 10-33 所示。

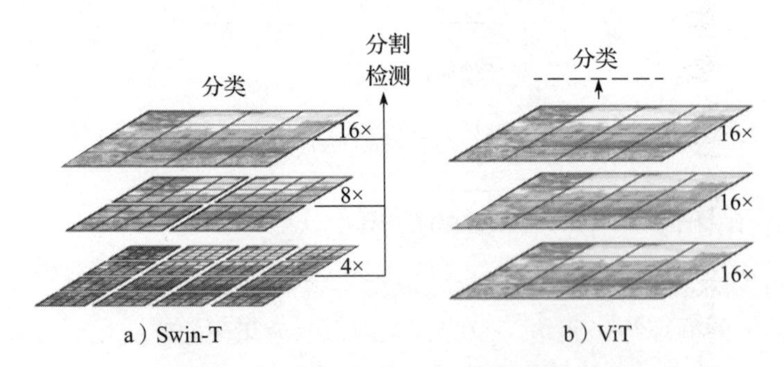

图 10-33 Swin-T 增加了不同尺寸层次

Swin-T 也增加了窗口循环移动（window cyclic shift）功能，如图 10-34 所示。

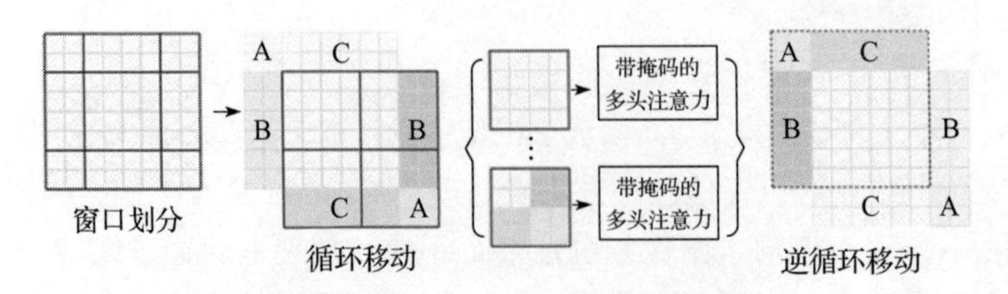

图 10-34 Swin-T 增加了窗口循环移动功能

这些改进不但提升了 Swin-T 的精度、速度，还拓展了应用领域（如目标检测、语言分割等）。

10.4 使用 TensorFlow 实现 Transformer

Transformer 是大多数预训练模型的核心，其重要性不言而喻。为了帮助大家更好地理解，这里我们使用 TensorFlow 最新版（2+ 版本）进行数据预处理，并用它构建 Transformer 模型，最后进行模型训练和评估。

10.4.1 Transformer 架构图

Transformer 的原理在 10.3 节已详细介绍过，这里不再赘述，只简单提供其核心架构，如图 10-35 所示。

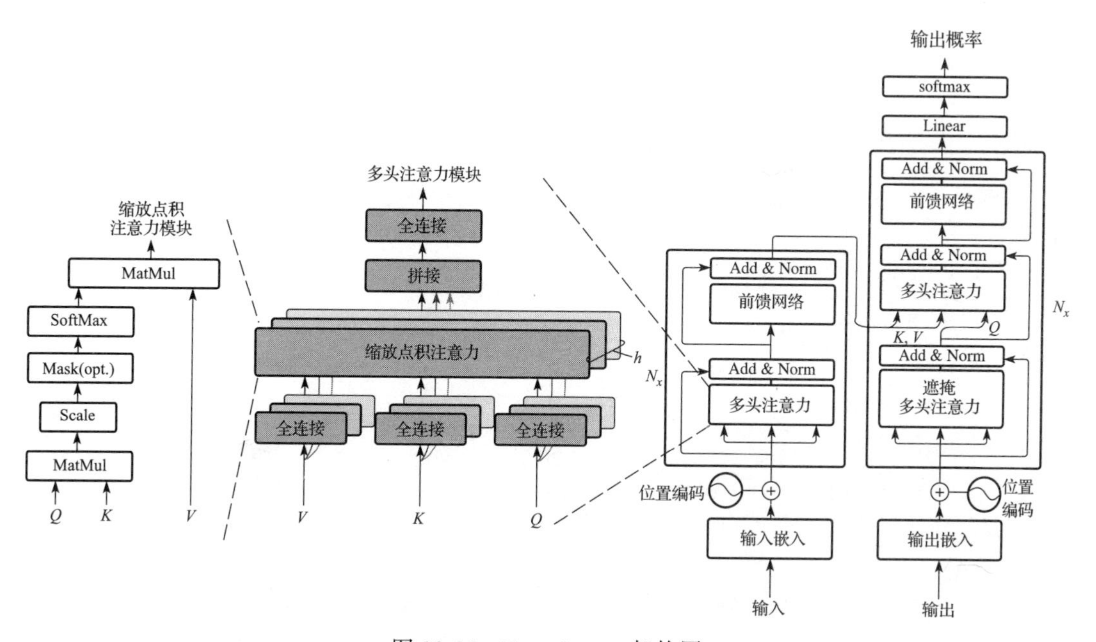

图 10-35　Transformer 架构图

10.4.2 架构说明

由图 10-35 不难看出，Transformer 由一个编码器（Encoder）和一个解码器（Decoder）构成，Encoder 又由 N 个 EncoderLayer 构成，Decoder 又由 N 个 DecoderLayer 构成。这些模块之间的逻辑关系如下，后面我们就按照这个逻辑关系来构建 Transformer 模型。

```
Transformer 的结构
    Encoder
```

```
        输入 Embedding
        位置 Encoding
        N 个 Encoderlayers
            sub-layer 1: Encoder 自注意力机制
MultiHeadAttention
scaled_dot_product_attention
layernorm1
            sub-layer 2: Feed Forward
    Decoder
        输出 Embedding
        位置 Encoding
        N 个 DecoderLayers
            sub-layer 1: Decoder 自注意力机制
MultiHeadAttention
scaled_dot_product_attention
layernorm1
            sub-layer 2: Decoder-Encoder 注意力机制
MultiHeadAttention
scaled_dot_product_attention
layernorm1
            sub-layer 3: Feed Forward
    Final Dense Layer
```

10.4.3　构建缩放的点积注意力模块

构建图 10-35 中的注意力权重核心模块缩放的点积注意力模块（scaled_dot_product_attention）。

```
def scaled_dot_product_attention(q, k, v, mask):
"""计算注意力权重.
    q, k, v 的维度必须匹配
    参数:
        q: query shape == (..., seq_len_q, depth)
        k: key shape == (..., seq_len_k, depth)
        v: value shape == (..., seq_len_v, depth_v)
        mask: Float tensor with shape broadcastable
              to (..., seq_len_q, seq_len_k). Defaults to None.

    返回值:
        output, attention_weights
"""

    # 将q与k做点积，再缩放
matmul_qk = tf.matmul(q, k, transpose_b=True)    # (..., seq_len_q, seq_len_k)

    dk = tf.cast(tf.shape(k)[-1], tf.float32)    # 获取seq_k序列长度
scaled_attention_logits = matmul_qk / tf.math.sqrt(dk)    # scale by sqrt(dk)

    # 将掩码加入logits
    if mask is not None:
scaled_attention_logits += (mask * -1e9)

    # 使用softmax 激活函数
```

```
attention_weights = tf.nn.softmax(scaled_attention_logits, axis=-1)
    # (..., seq_len_q, seq_len_k)

    # 对 v 做加权平均
    output = tf.matmul(attention_weights, v)    # (..., seq_len_q, depth_v)

    return output, attention_weights
```

10.4.4 构建多头注意力模块

对 q、k、v 输入一个前馈神经网络，然后在 scaled_dot_product_attention 的基础上构建多头注意力模块 MultiHeadAttention。

```
# 初始化时指定输出维度及多头注意数目，即 d_model 及 num_heads,
# 运行时输入 v、k、q 以及 mask
# 与 scaled_dot_product_attention 函数一样有两个返回值:
# output.shape             == (batch_size, seq_len_q, d_model)
# attention_weights.shape == (batch_size, num_heads, seq_len_q, seq_len_k)
class MultiHeadAttention(tf.keras.layers.Layer):
    # 初始化相关参数
    def __init__(self, d_model, num_heads):
super(MultiHeadAttention, self).__init__()
self.num_heads = num_heads                          # 指定要将 d_model 拆成几个 head
self.d_model = d_model                              # 在 split_heads 之前的维度

        assert d_model % self.num_heads == 0       # 确保能整除或平分

self.depth = d_model // self.num_heads             # 每个头里子词新的维度

self.wq = tf.keras.layers.Dense(d_model)           # 分别给 q、k、v 做线性转换
self.wk = tf.keras.layers.Dense(d_model)           # 这里并没有指定激活函数
self.wv = tf.keras.layers.Dense(d_model)

self.dense = tf.keras.layers.Dense(d_model)        # 多头拼接后做线性转换

    # 划分成多头机制
    def split_heads(self, x, batch_size):
""" 将最后一个维度拆分为 (num_heads, depth).
        转置后的形状为 (batch_size, num_heads, seq_len, depth)
"""
        x = tf.reshape(x, (batch_size, -1, self.num_heads, self.depth))
        return tf.transpose(x, perm=[0, 2, 1, 3])

    # multi-head attention 的实际执行流程，注意参数顺序
    def call(self, v, k, q, mask):
batch_size = tf.shape(q)[0]

        # 将输入的 q、k、v 都各自做一次线性转换到 d_model 维空间
        q = self.wq(q)     # (batch_size, seq_len, d_model)
        k = self.wk(k)     # (batch_size, seq_len, d_model)
        v = self.wv(v)     # (batch_size, seq_len, d_model)

        # 将最后一个 d_model 维度拆分成 num_heads 个 depth 维度
```

```
        q = self.split_heads(q, batch_size)    # (batch_size, num_heads, seq_
            len_q, depth)
        k = self.split_heads(k, batch_size)    # (batch_size, num_heads, seq_
            len_k, depth)
        v = self.split_heads(v, batch_size)    # (batch_size, num_heads, seq_
            len_v, depth)

        # 利用广播机制让每个句子的每个头的 qi、ki、vi 都各自实现注意力机制
        # 输出多一个表示 num_heads 的维度
scaled_attention, attention_weights = scaled_dot_product_attention(
    q, k, v, mask)
        # scaled_attention.shape == (batch_size, num_heads, seq_len_q, depth)
        # attention_weights.shape == (batch_size, num_heads, seq_len_q, seq_len_k)

        # 与 split_heads 相反，先改变轴的顺序（transpose）再改变其形状（reshape）
        # 将 num_heads 个 depth 维度拼接成原来的 d_model 维度
scaled_attention = tf.transpose(scaled_attention, perm=[0, 2, 1, 3])
        # (batch_size, seq_len_q, num_heads, depth)
concat_attention = tf.reshape(scaled_attention,
    (batch_size, -1, self.d_model))
        # (batch_size, seq_len_q, d_model)
        # 实现最后一个线性转换
        output = self.dense(concat_attention)    # (batch_size, seq_len_q, d_model)

        return output, attention_weights
```

10.4.5 构建前馈神经网络模块

构建 Encoder 及 Decoder 中的前馈神经网络（point_wise_feed_forward_network）模块。

```
# 创建 Transformer 中的 Encoder / Decoder 层都用到的前馈神经网络模块
def point_wise_feed_forward_network(d_model, dff):

    # 这里 FFN 对输入做两个线性转换，中间加一个 ReLU 激活函数
    return tf.keras.Sequential([
tf.keras.layers.Dense(dff, activation='relu'),  # (batch_size, seq_len, dff)
tf.keras.layers.Dense(d_model)                  # (batch_size, seq_len, d_model)
    ])
```

10.4.6 构建 EncoderLayer 模块

由 MHA、Dropout、norm 及 FFN 构建一个 EncoderLayer 模块。

```
# Encoder 有 N 个 EncoderLayers，而每个 EncoderLayer 又有两个 SubLayer 即 MHA 与 FFN
class EncoderLayer(tf.keras.layers.Layer):
    # dropout rate 设为 0.1
    def __init__(self, d_model, num_heads, dff, rate=0.1):
super(EncoderLayer, self).__init__()

self.mha = MultiHeadAttention(d_model, num_heads)
self.ffn = point_wise_feed_forward_network(d_model, dff)

        # 一个 SubLayer 使用一个 layernorm
```

```
self.layernorm1 = tf.keras.layers.LayerNormalization(epsilon=1e-6)
self.layernorm2 = tf.keras.layers.LayerNormalization(epsilon=1e-6)

        # 一个 SubLayer 使用一个 dropout 层
self.dropout1 = tf.keras.layers.Dropout(rate)
self.dropout2 = tf.keras.layers.Dropout(rate)

    # dropout 在训练以及测试过程的作用有所不同
    def call(self, x, training, mask):
        # 除了 attn，其他张量的形状都为 (batch_size, input_seq_len, d_model)
        # attn.shape == (batch_size, num_heads, input_seq_len, input_seq_len)
        # sub-layer 1: MHA
        # Encoder 利用注意力机制关注自己当前的序列，因此 v、k、q 全部都是自己
        # 需要用 Padding Mask 来遮住输入序列中的 <pad> 标识符
attn_output, attn = self.mha(x, x, x, mask)
attn_output = self.dropout1(attn_output, training=training)
        out1 = self.layernorm1(x + attn_output)
        # sub-layer 2: FFN
ffn_output = self.ffn(out1)
ffn_output = self.dropout2(ffn_output, training=training)
        out2 = self.layernorm2(out1 + ffn_output)
        return out2
```

10.4.7 构建 Encoder 模块

定义输入嵌入（embedding）及位置编码（pos_encoding），连接 *n* 个 EncoderLayer 构成 Encoder 模块。

```
class Encoder(tf.keras.layers.Layer):
    # 参数 num_layers: 确定有几个 EncoderLayer
    # 参数 input_vocab_size: 用来把索引转换为词嵌入向量
    def __init__(self, num_layers, d_model, num_heads, dff, input_vocab_size,
                 rate=0.1):
super(Encoder, self).__init__()

self.d_model = d_model

self.embedding = tf.keras.layers.Embedding(input_vocab_size, d_model)
self.pos_encoding = positional_encoding(input_vocab_size, self.d_model)

        # 创建 num_layers 个 EncoderLayer
self.enc_layers = [EncoderLayer(d_model, num_heads, dff, rate)
    for _ in range(num_layers)]

self.dropout = tf.keras.layers.Dropout(rate)

    def call(self, x, training, mask):
        # 输入的 x.shape == (batch_size, input_seq_len)
        # 以下各层的输出都是 (batch_size, input_seq_len, d_model)
input_seq_len = tf.shape(x)[1]

        # 将 2 维的索引序列转换成 3 维的词嵌入向量，并乘上 sqrt(d_model)
```

```
        # 再加上对应长度的位置编码
        x = self.embedding(x)
        x *= tf.math.sqrt(tf.cast(self.d_model, tf.float32))
        x += self.pos_encoding[:, :input_seq_len, :]


        x = self.dropout(x, training=training)

        # 通过N个EncoderLayer构建Encoder
        for i, enc_layer in enumerate(self.enc_layers):
            x = enc_layer(x, training, mask)

        return x
```

10.4.8 构建 DecoderLayer 模块

DecoderLayer 由 MHA、Encoder 输出的 MHA 及 FFN 构成。

```
# Decoder有N个DecoderLayer
# 而DecoderLayer有3个SubLayer: 自注意力的MHA、Encoder输出的MHA及FFN
class DecoderLayer(tf.keras.layers.Layer):
    def __init__(self, d_model, num_heads, dff, rate=0.1):
super(DecoderLayer, self).__init__()

        # 3个SubLayer
self.mha1 = MultiHeadAttention(d_model, num_heads)
self.mha2 = MultiHeadAttention(d_model, num_heads)
self.ffn = point_wise_feed_forward_network(d_model, dff)

        # 每个SubLayer使用1个layernorm
self.layernorm1 = tf.keras.layers.LayerNormalization(epsilon=1e-6)
self.layernorm2 = tf.keras.layers.LayerNormalization(epsilon=1e-6)
self.layernorm3 = tf.keras.layers.LayerNormalization(epsilon=1e-6)

        #每个SubLayer使用1个dropout层
self.dropout1 = tf.keras.layers.Dropout(rate)
self.dropout2 = tf.keras.layers.Dropout(rate)
self.dropout3 = tf.keras.layers.Dropout(rate)


    def call(self, x, enc_output, training, combined_mask, inp_padding_mask):
        # 所有SubLayer的主要输出皆为 (batch_size, target_seq_len, d_model)
        # enc_output为Encoder输出序列，其形状为 (batch_size, input_seq_len, d_model)
        # attn_weights_block_1 形状为 (batch_size, num_heads, target_seq_len,
        # target_seq_len)
        # attn_weights_block_2 形状为 (batch_size, num_heads, target_seq_len,
        # input_seq_len)

        # sub-layer 1:Decoder层需要使用look ahead mask 以及对输出序列的Padding Mask
        # 以此防止前面已生成的子词关注到未来的子词以及<pad>标识符
        attn1, attn_weights_block1 = self.mha1(x, x, x, combined_mask)
        attn1 = self.dropout1(attn1, training=training)
        out1 = self.layernorm1(attn1 + x)
```

```
        # sub-layer 2: Decoder 层关注 Encoder 的最后输出
        # 同样需要对 Encoder 的输出使用 padding mask 功能以避免关注到 <pad> 标识符
        attn2, attn_weights_block2 = self.mha2(enc_output, enc_output, out1,
            inp_padding_mask)          # (batch_size, target_seq_len, d_model)
        attn2 = self.dropout2(attn2, training=training)
        out2 = self.layernorm2(attn2 + out1)     # (batch_size, target_seq_len, d_model)

        # sub-layer 3: FFN 部分与 EncoderLayer 中的完全一样
        ffn_output = self.ffn(out2)    # (batch_size, target_seq_len, d_model)

        ffn_output = self.dropout3(ffn_output, training=training)
        out3 = self.layernorm3(ffn_output + out2)  # (batch_size, target_seq_len,
                                                   # d_model)

        return out3, attn_weights_block1, attn_weights_block2
```

10.4.9 构建 Decoder 模块

在 Decoder 模块中，我们只需要建立一个专门供中文使用的词嵌入层以及位置编码即可。我们在调用每个 DecoderLayer 时要顺便把其注意权重保存下来，以便后续了解模型训练完后是如何翻译的。

```
class Decoder(tf.keras.layers.Layer):
    # 初始化参数与 Encoder 基本相同，不同的是这里初始化 target_vocab_size 而非 inp_vocab_size
    def __init__(self, num_layers, d_model, num_heads, dff, target_vocab_size,
    rate=0.1):
        super(Decoder, self).__init__()

        self.d_model = d_model

        # 为中文（即目标语言）构建词嵌入层
        self.embedding = tf.keras.layers.Embedding(target_vocab_size, d_model)
        self.pos_encoding = positional_encoding(target_vocab_size, self.d_model)

        self.dec_layers = [DecoderLayer(d_model, num_heads, dff, rate)
                                     for _ in range(num_layers)]
        self.dropout = tf.keras.layers.Dropout(rate)

    # 调用的参数与 DecoderLayer 相同
    def call(self, x, enc_output, training, combined_mask, inp_padding_mask):

        tar_seq_len = tf.shape(x)[1]
        attention_weights = {}          # 用于存放每个 DecoderLayer 的注意力权重

        # 这与 Encoder 中的过程完全一样
        x = self.embedding(x)           # (batch_size, tar_seq_len, d_model)
        x *= tf.math.sqrt(tf.cast(self.d_model, tf.float32))
        x += self.pos_encoding[:, :tar_seq_len, :]
        x = self.dropout(x, training=training)

        for i, dec_layer in enumerate(self.dec_layers):
```

```
        x, block1, block2 = dec_layer(x, enc_output, training,
        combined_mask, inp_padding_mask)

        # 将从每个 DecoderLayer 获取的注意力权重全部保存下来并回传，方便后续观察
        attention_weights['decoder_layer{}_block1'.format(i + 1)] = block1
        attention_weights['decoder_layer{}_block2'.format(i + 1)] = block2

    # x.shape == (batch_size, tar_seq_len, d_model)
    return x, attention_weights
```

10.4.10　构建 Transformer 模型

Encoder 和 Decoder 构成 Transformer。

```
# Transformer 之上没有其他层，我们使用 tf.keras.Model 构建模型
class Transformer(tf.keras.Model):
    # 初始化参数包括 Encoder 和 Decoder 模块涉及的超参数以及中英字典数目等
    def __init__(self, num_layers, d_model, num_heads, dff, input_vocab_size,
    target_vocab_size, rate=0.1):
        super(Transformer, self).__init__()

        self.encoder = Encoder(num_layers, d_model, num_heads, dff,
        input_vocab_size, rate)

        self.decoder = Decoder(num_layers, d_model, num_heads, dff,
        target_vocab_size, rate)
        # FFN 输出与中文字典一样大的 logits 数，softmax 的输出表示每个中文字出现的概率
        self.final_layer = tf.keras.layers.Dense(target_vocab_size)

    # enc_padding_mask 与 dec_padding_mask 都是英文序列的 Padding Mask，
    # 只是一个供 EncoderLayer 的 MHA 使用，一个供 DecoderLayer 的 MHA 2 使用
    def call(self, inp, tar, training, enc_padding_mask,
    combined_mask, dec_padding_mask):

        enc_output = self.encoder(inp, training, enc_padding_mask)
            # (batch_size, inp_seq_len, d_model)

        # dec_output.shape == (batch_size, tar_seq_len, d_model)
        dec_output, attention_weights = self.decoder(
        tar, enc_output, training, combined_mask, dec_padding_mask)

        # Decoder 输出通过最后一个全连接层
        final_output = self.final_layer(dec_output)     # (batch_size, tar_seq_
                                                         # len, target_vocab_size)

        return final_output, attention_weights
```

被输入 Transformer 的多个二维英文向量 inp 会在一路通过 Encoder 中的词嵌入层、位置编码以及 N 个 EncoderLayer 后被转换成 Encoder 的输出 enc_output，接着对应的中文序列 tar 则会在 Decoder 中走过相似的旅程，并在每一层的 DecoderLayer 利用 MHA 2 关注 Encoder 的输出 enc_output，最后被 Decoder 输出。

Decoder 的输出 dec_output 则会通过最后一个全连接层，被转成进入 softmax 前的 logits final_output 层，其向量 logit 的数目与中文字典里的子词数相同。

因为 Transformer 把 Decoder 包起来了，所以现在我们无须关注 Encoder 的输出 enc_output，只须把英文（源）以及中文（目标）的索引序列 batch 丢入 Transformer，它就会输出最后一维为中文字典大小的张量。第 2 维是输出序列，其中的每一个位置的向量就代表该位置的中文字的概率分布（事实上通过 softmax 才是，这样说是为了便于理解）：

输入：

英文序列：（batch_size，inp_seq_len）

中文序列：（batch_size，tar_seq_len）

输出：

生成序列：（batch_size，tar_seq_len，target_vocab_size）

下面我们就来构建一个 Transformer 模型，并假设我们已经准备好用 demo 数据来训练它完成英译中任务。

10.4.11 定义掩码函数

为更好地理解如何生成掩码，我们从一个简单实例开始。

1）生成样例数据。

```
demo_examples = [
    ("It is important.", "这很重要。"),
    ("The numbers speak for themselves.", "数字证明了一切。"),
]
print(demo_examples)
```

2）生成 transformer 格式数据。

```
batch_size = 2
demo_examples = tf.data.Dataset.from_tensor_slices((
    [en for en, _ in demo_examples], [zh for _, zh in demo_examples]
))

# 将两个句子通过之前定义的字典转换成子词的序列
# 并添加标识符 <pad> 来确保 batch 里的句子有相同的长度
demo_dataset = demo_examples.map(tf_encode)\
.padded_batch(batch_size, padded_shapes=([-1], [-1]))

# 取出这个 demo 数据集的一个 batch
inp, tar = next(iter(demo_dataset))
print('inp:', inp)
print('' * 10)
print('tar:', tar)
```

运行结果：

```
inp: tf.Tensor(
[[8135  105    10 1304 7925 8136    0    0]
 [8135    17 3905 6013    12 2572 7925 8136]], shape=(2, 8), dtype=int64)

tar: tf.Tensor(
[[4201   10  241   80   27    3 4202    0    0    0]
 [4201  162  467  421  189   14    7  553    3 4202]], shape=(2, 10), dtype=int64)
```

3）定义生成掩码函数。

```
def create_padding_mask(seq):
    # padding mask 的工作就是把索引序列中为 0 的位置设为 1
    mask = tf.cast(tf.equal(seq, 0), tf.float32)
    return mask[:, tf.newaxis, tf.newaxis, :] # broadcasting

inp_mask = create_padding_mask(inp)
inp_mask
```

运行结果：

```
<tf.Tensor: id=437865, shape=(2, 1, 1, 8), dtype=float32, numpy=
array([[[[0., 0., 0., 0., 0., 0., 1., 1.]]], [[[0., 0., 0., 0., 0., 0., 0., 0.]]]],
    dtype=float32)>
```

4）把输入数据转换为词嵌入向量。

```
# + 2 是因为我们额外加了 <start> 以及 <end> 标识符
vocab_size_en = subword_encoder_en.vocab_size + 2
vocab_size_zh = subword_encoder_zh.vocab_size + 2

# 为了方便测试，将词汇转换到一个 4 维的词嵌入空间
d_model = 4
embedding_layer_en = tf.keras.layers.Embedding(vocab_size_en, d_model)
embedding_layer_zh = tf.keras.layers.Embedding(vocab_size_zh, d_model)

emb_inp = embedding_layer_en(inp)
emb_tar = embedding_layer_zh(tar)
emb_inp, emb_tar
```

5）定义对目标输入的掩码函数。

```
# 建立一个 2 维矩阵，维度为 (size, size)
# 其掩蔽为一个右上角的三角形
def create_look_ahead_mask(size):
    mask = 1 - tf.linalg.band_part(tf.ones((size, size)), -1, 0)
    return mask  # (seq_len, seq_len)

seq_len = emb_tar.shape[1]         # 注意这次我们用中文的词嵌入张量 emb_tar
look_ahead_mask = create_look_ahead_mask(seq_len)
print("emb_tar:", emb_tar)
print("-" * 20)
print("look_ahead_mask", look_ahead_mask)
```

6）定义配置编码函数。

```
# 以下直接参考 TensorFlow 官方内容
def get_angles(pos, i, d_model):
angle_rates = 1 / np.power(10000, (2 * (i//2)) / np.float32(d_model))
    return pos * angle_rates

def positional_encoding(position, d_model):
angle_rads = get_angles(np.arange(position)[:, np.newaxis],
np.arange(d_model)[np.newaxis, :],
d_model)

    # 将正弦函数应用于数组中的偶数索引
    sines = np.sin(angle_rads[:, 0::2])

    # 将余弦函数应用于数组中的奇数索引
    cosines = np.cos(angle_rads[:, 1::2])

pos_encoding = np.concatenate([sines, cosines], axis=-1)

pos_encoding = pos_encoding[np.newaxis, ...]

    return tf.cast(pos_encoding, dtype=tf.float32)
```

7）根据以上生成的简单样例数据，测试 Transformer 模型。

```
# 定义几个超参数
num_layers = 1
d_model = 4
num_heads = 2
dff = 8

# + 2 为添加 <start> 与 <end> 标识符
input_vocab_size = subword_encoder_en.vocab_size + 2
output_vocab_size = subword_encoder_zh.vocab_size + 2

# 用前一个字预测后一个字
tar_inp = tar[:, :-1]
tar_real = tar[:, 1:]

# 使用源输入、目标输入的掩码，这里使用 comined_mask 把目标语言的两种 MASK 合二为一
inp_padding_mask = create_padding_mask(inp)
tar_padding_mask = create_padding_mask(tar_inp)
look_ahead_mask = create_look_ahead_mask(tar_inp.shape[1])
combined_mask = tf.math.maximum(tar_padding_mask, look_ahead_mask)

# 初始化第一个 Transformer
transformer = Transformer(num_layers, d_model, num_heads, dff,
input_vocab_size, output_vocab_size)

# 导入英文、中文序列，查看 Transformer 预测下一个中文的结果
predictions, attn_weights = transformer(inp, tar_inp, False, inp_padding_mask,
combined_mask, inp_padding_mask)
```

```
print("tar:", tar)
print("-" * 20)
print("tar_inp:", tar_inp)
print("-" * 20)
print("tar_real:", tar_real)
print("-" * 20)
print("predictions:", predictions)
```

10.5 小结

循环神经网络中有注意力机制，但这种机制对于长距离单词的理解力还是有限的，其最大依赖路径是 O(*n*)（*n* 表示时间步长），而自注意力机制的最大依赖路径是 O(1)，所以自注意力机制的长期记忆的能力要强于循环神经网络中的注意力机制。而自注意力机制是 Transformer 架构的一个核心，再加上其支持平行处理，所以，处理的数据量将提升好几个数据量级，这些都是 Transformer 近几年在 NLP、CV 领域广受关注的主要原因。当然，Transformer 也有一些不足，其参数量、架构等还有优化空间，如 Swin-T 架构就对此做了一些改进。

CHAPTER 11

第 11 章

目标检测

在第 8 章我们介绍了如何对图像进行分类，该图像分类任务涉及的图像中只有一个主要物体对象，所以可以把识别对象作为分类任务。但是，在现实生活中，一张图像往往有多个我们感兴趣的目标，我们不仅想知道它们的类别，还想知道它们在图像中的具体位置。在计算机视觉里，我们将这类任务称为目标检测（Object Detection）。

近年来，目标检测受到越来越多的关注，作为场景理解的重要组成部分，它广泛应用于现代生活的许多领域，如安全领域、军事领域、交通领域、医疗领域和生活领域等。

接下来，我们将介绍目标检测的基本概念及几种用于目标检测的深度学习方法，主要内容如下：

- 目标检测及主要挑战
- 优化候选框的几种方法
- 目标检测典型算法

11.1 目标检测及主要挑战

确定目标位置、对确定位置后的目标进行分类是目标检测的主要任务。如何确定目标位置？如何对目标进行分类？确定位置属于定位问题，对目标分类属于识别问题。为简便起见，我们假设图像中只有一个目标对象或两个目标对象，对这个图像进行检测的目标就是，用矩形框界定目标对象，如图 11-1 所示。

把要检测的目标用矩阵图框定，然后对框定的目标进行分类，分类就是对各矩形框进行识别，例如哪些属于背景，哪些属于具体对象，如猫、狗、背景等，如图 11-2 所示。

对具体对象，一般使用矩形来作为边界框。边界框的表示方法大致有两种，一种是使用对象所在图像的两点（左上点的坐标和右下角的坐标）来表示（即两点表示方法），另一种是使用对象的中心点及对象的高和宽来表示。下面将具体说明如何表示。

图 11-1　目标检测中的位置确定

图 11-2　目标检测中的对象识别

11.1.1　边界框的表示

前面提到边界框的表示有两种方法，其中第一种方法比较好定位，对第一种表示方法使用一个转换函数（box_2p_to_center）即可把它转换为第二种表示方法。矩形框用长度为 4 的张量表示，详细实现过程如下。

1）导入需要的库。

```
%matplotlib inline
import numpy as np
import tensorflow as tf

from matplotlib import pyplot as plt
```

2）加载原图像。

```
img = plt.imread('../data/cat-dog.jpg')
plt.imshow(img);
```

运行结果如图 11-3 所示。

3）定义把两点表示方法转换为中心及高宽表示法的转换函数。

```
def box_2p_to_center(boxes):
    """从（左上，右下）转换到（中间，宽度，高度）"""
    x1, y1, x2, y2 = boxes[:, 0], boxes[:, 1], boxes[:, 2], boxes[:, 3]
    cx = (x1 + x2) / 2
    cy = (y1 + y2) / 2
    w = x2 - x1
    h = y2 - y1
    boxes = tf.stack((cx, cy, w, h), axis=-1)
    return boxes
```

4）确定各边框的两点坐标。

```
dog_bbox, cat_bbox,bak_bbox = [9.0, 16.0, 374.0, 430.0], [378.0, 86.0, 625.0,
    447.0],[349.0, 17.0, 435.0, 71.0]
```

5）把边框转换为矩形。

```
def bbox_to_rect(bbox, color):
    # 把坐标转换为矩形的宽
    return plt.Rectangle(
        xy=(bbox[0], bbox[1]), width=bbox[2]-bbox[0], height=bbox[3]-bbox[1],
        fill=False, edgecolor=color, linewidth=2)
```

6）可视化边界框。

```
fig = plt.imshow(img)
fig.axes.add_patch(bbox_to_rect(dog_bbox, 'yellow'))
fig.axes.add_patch(bbox_to_rect(bak_bbox, 'red'))
fig.axes.add_patch(bbox_to_rect(cat_bbox, 'blue'));
```

运行结果如图 11-4 所示。

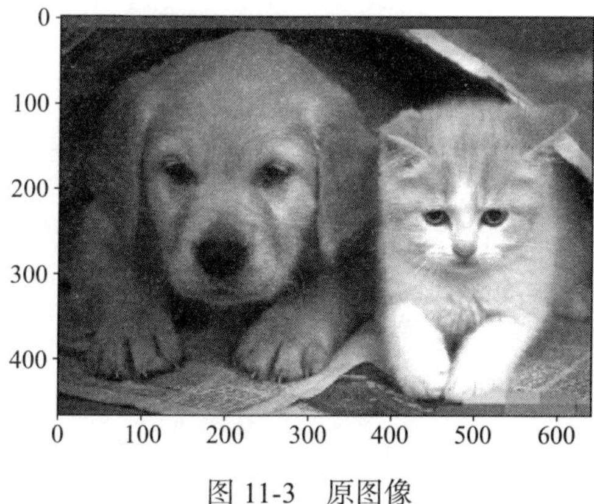

图 11-3　原图像

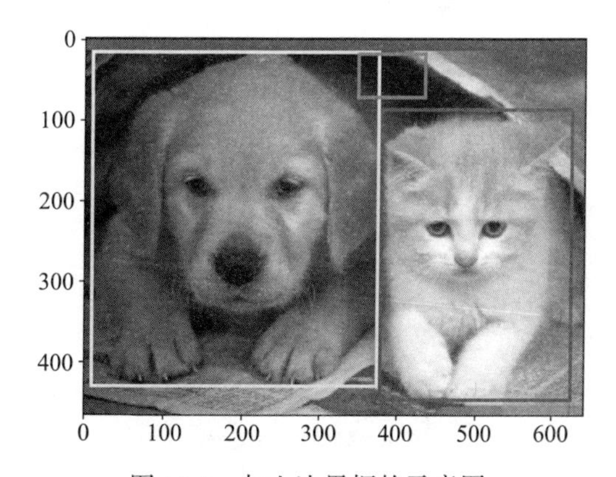

图 11-4　加上边界框的示意图

11.1.2　手工标注图像的真实值

当然，在实际进行目标检测时，我们不能手工去画出各种边框，这里只是说明几种画边框的方法。实际上，目标检测也是监督学习。所以，在训练前，我们需要用到图像的真实值（Ground Truth）。如何手工制作图像的真实值？我们以图 11-3 为例展开介绍。要手工标注图像的真实值，就需要确定图像中各具体类别的边界宽的左上坐标和右下坐标，并把这些信息存放在 xml 文件中，然后在相关的配置文件中添加该文件的序号，以便进行训练。具体文件及存放目录等信息如下。

1）原图像存放在 VOC2007/JPEGImages 目录下。

2）xml 存放路径。新生成的 xml 文件名称为 000001.xml，存放在 VOC2007/Annotations/ 目录下，主要内容如下：

```
<annotation>
    <folder>VOC2007</folder>
```

```
    <filename>000001.jpg</filename>
    <source>
        <database>The VOC2007 Database</database>
        <annotation>PASCAL VOC2007</annotation>
        <image>flickr</image>
        <flickrid>325443404</flickrid>
    </source>
    <owner>
        <flickrid>autox4u</flickrid>
        <name>Perry Aidelbaum</name>
    </owner>
    <size>
        <width>640</width>
        <height>466</height>
        <depth>3</depth>
    </size>
    <segmented>0</segmented>
    <object>
        <name>dog</name>
        <pose>Right</pose>
        <truncated>0</truncated>
        <difficult>0</difficult>
        <bndbox>
            <xmin>9</xmin>
            <ymin>16</ymin>
            <xmax>374</xmax>
            <ymax>430</ymax>
        </bndbox>
    </object>
    <object>
        <name>cat</name>
        <pose>Left</pose>
        <truncated>0</truncated>
        <difficult>0</difficult>
        <bndbox>
            <xmin>378</xmin>
            <ymin>86</ymin>
            <xmax>625</xmax>
            <ymax>447</ymax>
        </bndbox>
    </object>
</annotation>
```

3）修改涉及训练的相关文件。

为了说明图像的具体类别，我们需要修改 ImageSets 目录下的两个文件。

- 说明文件将参与训练：
  - 修改目录 VOC2007\ImageSets\Layout 下的 trainval 文件，添加一条记录（xml 文件名称）：000001。
  - 修改目录 VOC2007\ImageSets\Main 下的 trainval 文件，添加一条记录：000001。

- 说明图像的具体类别：
  - 修改 VOC2007\ImageSets\Main 目录下的两个文件：cat_trainval 和 dog_trainval，分别添加一条记录：000001 0。

以下用具体代码展示图像真实值的制作过程。

导入数据集。

```
# 导入 VOC2007 数据集
dataset = Dataset(config)

# 获取数据集中第 0 张图像（即 000001.jpg）和对应的标签等信息
img, bboxes, labels, scale = dataset[0]
```

说明数据集的各类别放在一个元组中。

```
# 假设数据集中有 20 种类别
VOC_BBOX_LABEL_NAMES = (
    'aeroplane', 'bicycle', 'bird', 'boat', 'bottle', 'bus', 'car', 'cat',
    'chair', 'cow', 'diningtable', 'dog', 'horse', 'motorbike', 'person',
    'pottedplant', 'sheep', 'sofa', 'train', 'tvmonitor')
```

显示图像的具体信息。

```
for x in (img, bboxes, labels):
    print('shape:', x.shape, 'max:', tf.reduce_max(x).numpy(), 'min:',
        tf.reduce_min(x).numpy())

print(scale)  # 说明对原图像的放大值
```

运行结果如下：

```
shape: (1, 600, 824, 3) max: 2.64 min: -2.054779
shape: (2, 4) max: 803.4 min: 10.3
shape: (2,) max: 11 min: 7
1.2875536480686696
```

运行结果说明如下。

- img 的 shape 为 (1, 600, 900, 3)，分别代表了 batch 维度、图片的高、图片的宽、通道数。
- bboxes 的类数及坐标信息，shape 为 $(n, 4)$，这里 n 表示该图片所含的类别总数，最大为 20，不包括背景。000001.jpg 图像中有狗和猫两类，故 $n=2$。
- labels 的 shape 为（n,），表示该图片所包含的类别总数、类别代码，从元组 VOC_BBOX_LABEL_NAMES 可以看到，索引为 11，表示狗，索引为 7，表示猫。

可视化真实标注框。

```
from utils.data import vis
# 可视化图片及目标位置
vis(img[0], bboxes, labels)
```

运行结果如图 11-5 所示。

图 11-5　可视化手工标注的真实框

11.1.3　主要挑战

上节我们用边界框界定了图像中的小猫、小狗的具体位置，当然这是一种非常简单的情况，实际情况往往要复杂得多，挑战也更大，列举如下。

- 图像中的对象有不同大小。
- 对象有多种，同一种也可能有多个。
- 存在遮掩、光照等问题。

图像中的目标有大有小，对此我们可以使用不同大小的框，然后采用移动的方法框定目标。这种产生候选框的方法在理论上是可行的，但这样产生的框将很大，而且这种方法不管图像中有几个对象，都需要如此操作，效率非常低。

为解决这一问题，人们研究了很多方法，目前还在不断更新迭代中。以下我们简单介绍几种典型方法。

在框定目标与识别目标这两个任务中，框定目标是关键。如何框定目标呢？我们先从简单的情况开始，假设图像中只有一个目标。我们最先想到的方法是使用一个框从左向右移动，如图 11-6 所示。

这是一种非常理想的情况，即使用的框正好能框住目标。候选框确定后，我们就可以针对每个框使用分类模型计算各框为猫的概率（或得分）。如图 11-7 所示，中间框的内容对象为猫的概率最大。框确定后，就意味着这个框的左上点的坐标（x，y）及这个框的高（h）与宽（w）也确定了。

图 11-6　用一个框从左向右移动示意图

图 11-7　不同框中对象的概率（或得分）示意图

如果遇到更复杂的情况，该如何界定图像中的对象呢？有哪些有效方法？接下来我们将介绍几种寻找图像中可能对象或候选框的方法。

11.1.4　选择性搜索

选择性搜索（Selective Search，SS）方法是如何对图像进行划分的呢？它不是通过大小网格的方式，而是通过图像中的纹理、边缘、颜色等信息对图像进行自底向上的分割，然后对分割区域进行不同尺度的合并，每个生成的区域即一个候选框，如图 11-8 所示。这种方法基于传统特征，速度较慢。

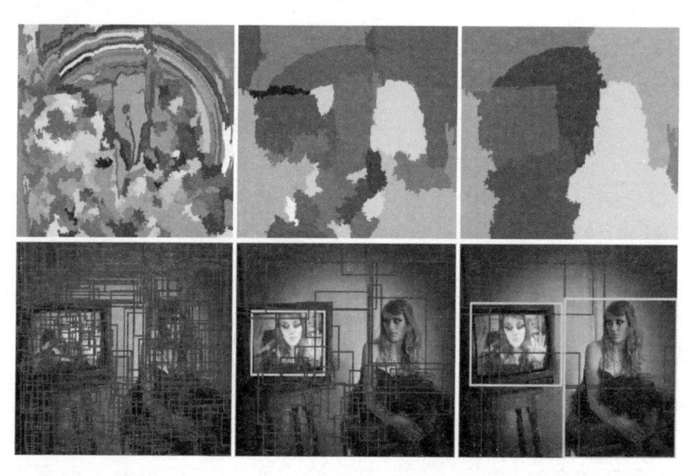

图 11-8　使用 SS 算法生成候选框的示意图

SS 算法的基本思想分析如下：

1）首先通过基于图的图像分割方法将图像分割成很多小块；

2）使用贪婪策略，基于相似度（如颜色相似度、尺寸相似度、纹理相似度等）合并一些区域。

11.1.5　锚框

使用 SS 方法将产生大量重叠的候选框，提取特征时效率不高。这里介绍另一种方法，该方法以每个像素为中心，生成多个缩放比和宽高比（ratio）不同的边界框，这些边界框被称为锚框（Ancho box）。锚框的主要意义就在于它可以根据特征图在原图像上划分出很多大小、宽高比不相同的边界框。待边界框确定后，利用不同算法再对这些框进行一个粗略的分类（如是否存在目标对象）与回归，选取一些微调过的包含前景的正类别框以及包含背景的负类别框，送入之后的网络结构参与训练。

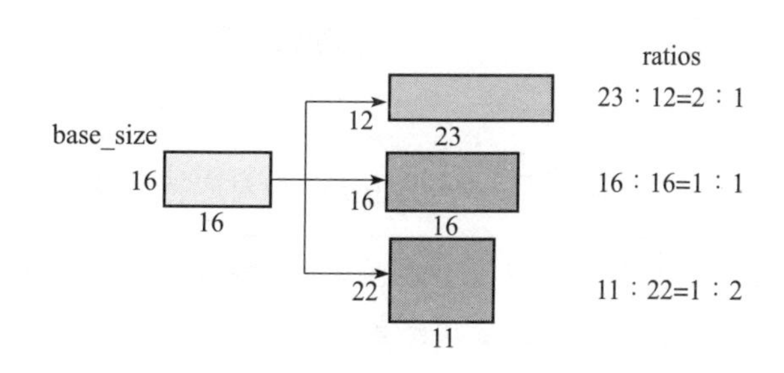

图 11-9　多种比例的锚框

锚框的产生过程如图 11-9 所示，主要参数分析如下。

1）base_size 参数代表的是网络特征提取过程中图片缩小的倍数，与网络结构有关。假设缩小倍数为 16，表明最终特征图上一个像素可以映射到原图上 16×16 区域的大小。

2）ratios 参数指的是要将 16×16 的区域，按照比例进行变换，如按照 1∶2, 1∶1, 2∶1 三种比例进行变换。

3）scales 参数是要将输入区域的宽和高进行缩放的倍数。如按照 8、16、32 三种倍数放大，将 16×16 的区域变成 (16×8)×(16×8)=128×128 的区域，(16×16)×(16×16)=256×256 的区域，(16×32)×(16×32)=512×512 的区域，如图 11-10 所示。

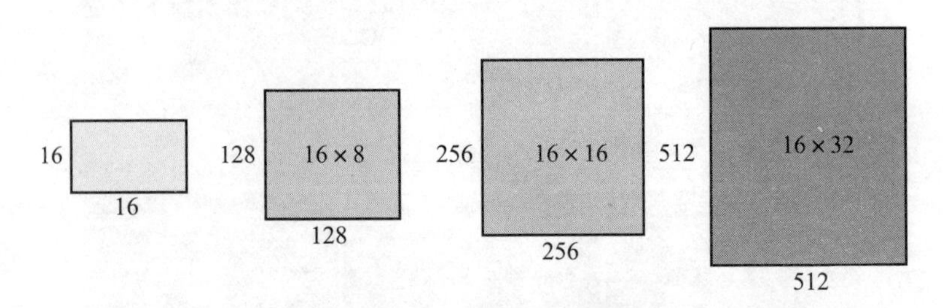

图 11-10　多种缩放比例的锚框

通过以上三个参数，针对特征图上的任意一个像素点，首先映射到原图像上一个 16×16 的区域，然后以这个区域的中心点为变换中心，将其变为 3 种宽高比的区域，再分别将这 3 种区域的面积扩大 8、16、32 倍，最终这个像素点对应到了原图的 9 个不同的矩形框，这些框就叫作锚框，如图 11-11 所示。

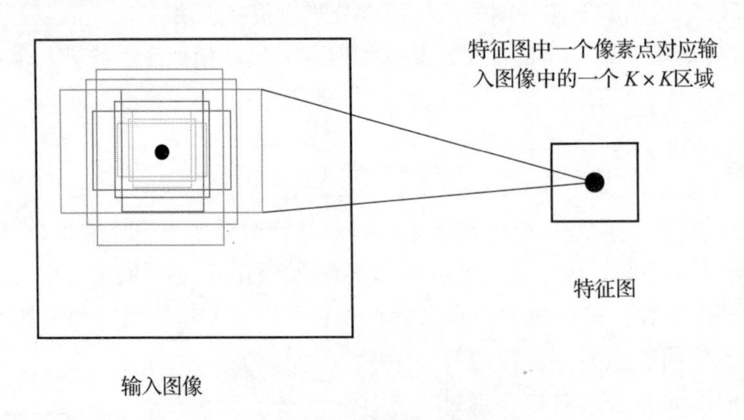

图 11-11　锚框示意图

图 11-12 是 000001.jpg 图像对应特征图中第一个像素点的 9 个锚框。

注意　将不完全在图像内部（初始化的锚框的 4 个坐标点超出图像边界）的锚框都过滤掉，一般过滤后只会有原来 1/3 左右的锚框。如果不将这部分锚框过滤掉，则会使训练过程难以收敛。

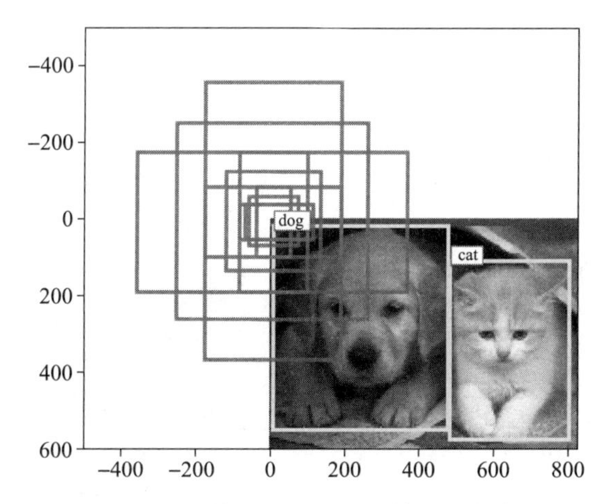

图 11-12 000001.jpg 图像对应特征图中第一个像素点的 9 个锚框

锚框是目标检测中的一个重要概念，通常是人为设计的一组框，作为分类和框回归的基准框。无论是单阶段检测器还是两阶段检测器，都广泛地使用了锚框。例如，两阶段检测器的第一阶段通常采用 RPN 生成候选框，是对锚框进行分类和回归的过程，即锚框 -> 候选框 -> 检测器；大部分单阶段检测器是直接对锚框进行分类和回归，也就是锚框 -> 检测器。

常见的生成锚框的方式是滑窗（sliding window），也就是首先定义 k 个特定尺度（scale）和长宽比（aspect ratio）的锚框，然后在全图上以一定的步长滑动。这种方式广泛应用在 Faster R-CNN，YOLO v2+、SSD、RetinaNet 等经典检测方法中。

11.1.6 RPN 算法

SS 采用传统特征提取方法，而且非常耗时。是否有更有效方法呢？有的，Faster R-CNN 中提出了一种基于神经网络的生成候选框的方法，那就是 RPN。

RPN 层用于生成候选框，利用 softmax 判断候选框是检测对象（或前景）还是背景，从中选取对象候选框，并利用边界框回归（Bounding Box Regression）调整候选框的位置，从而得到特征子图。RPN 架构如图 11-13 所示。

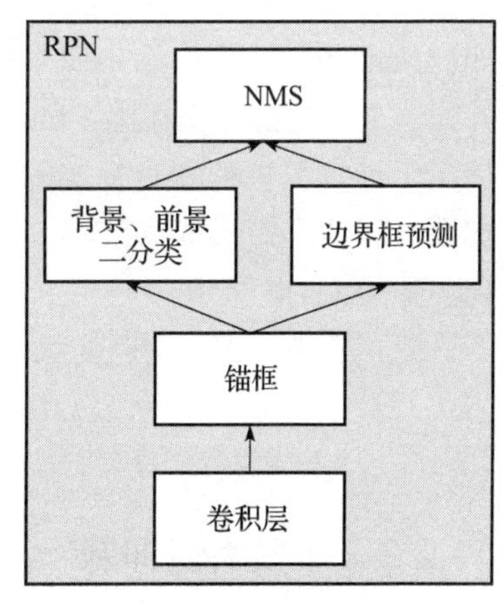

图 11-13 RPN 架构图

首先，经过一次 3×3 的卷积操作，得到一个 channel 数目是 256 的特征图，且尺寸和公共特征图相同，我们假设是 256×（H×W）。然后，经过两条支线：

1）上面一条支线通过 softmax 来分类锚框获得前景和背景（检测目标是前景）；

2）下面一条支线用于计算锚框的边框偏移量，以获得精确的候选框。

最后的候选框层则负责综合前景锚框（Foreground Anchor）和偏移量获取候选框，同时剔除太小和超出边界的候选框。其实整个网络到候选框层就完成了目标定位的功能。

由于共享特征图的大小约为40×60，所以RPN生成的初始锚框的总数约为20 000个 (40×60×9)。其实RPN最终就是在原图尺度上，设置了密密麻麻的候选锚框。进而去判断锚框到底是前景还是背景，即判断这个锚框到底有没有覆盖目标，以及为属于前景的锚框进行第一次坐标修正。图11-14是经过处理的候选框，其中外部较大的框表示目标框或前景，中间较小的框表示背景框。

图 11-14 图像经过 RPN 处理得到候选框

11.2 优化候选框的算法

在进行目标检测时，往往会产生很多候选框，其中大部分是我们需要的，也有一部分是我们不需要的，所以有效过滤这些不必要的框就非常重要。这节我们介绍几种常用的优化候选框的算法。

11.2.1 交并比

通过SS或RPN等方法，最后每类选出的候选框比较多，如何从这些候选框中选出质量较好的框呢？人们想到使用交并比这个度量值。交并比（Intersection Over Union，IOU）指标用于计算候选框和目标实际标注边界框的重合度。假设我们要计算两个矩形框A和B的IOU，即它们的交集与并集之比，如图11-15所示。

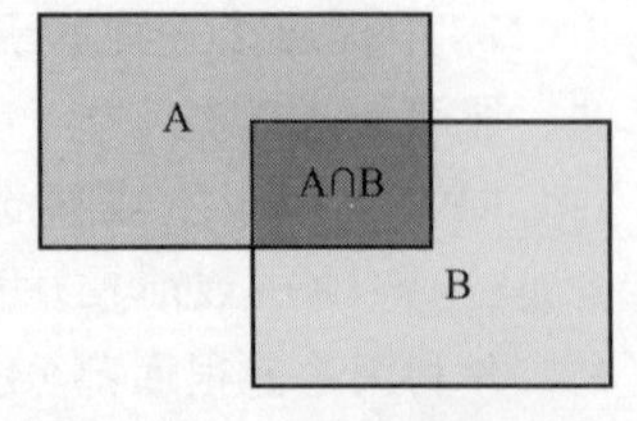

图 11-15 IOU 计算示意图

矩形框A、B的重合度IOU计算公式为：

$$\mathrm{IOU}=\frac{A\cap B}{A\cup B} \tag{11.1}$$

11.2.2 非极大值抑制

通过SS或RPN等方法产生的大量的候选框中有很多是指向同一目标（如图11-16所

示)，因此就存在大量冗余的候选框。如何减少这些冗余框？非极大值抑制（Non-Maximum Suppression，NMS）算法就是一个有效方法。

图 11-16 经过 NMS 过滤后的情况

NMS 的思想是搜索局部极大值，抑制非极大值元素。如图 11-16 所示，要定位一辆车，SS 或 RPN 算法会对每个目标（如上图中汽车）生成一堆的方框，而 NMS 则会过滤掉那些冗余框，找到最佳的矩形框。

非极大值抑制算法的基本思路分析如下。先假设有 6 个候选框，根据分类器类别分类概率做排序，如图 11-17 所示。

图 11-17 带有概率的候选框的 NMS 处理过程

将这些候选框选定的目标按其属于车辆的概率从小到大排列，标记为 A、B、C、D、E、F。

1）从概率最大的矩形框（即面积最大的框）F 开始，分别判断 A ～ E 与 F 的重叠度 IOU 是否大于某个设定的阈值；

2）假设 B、D 与 F 的重叠度超过阈值，那么就扔掉 B、D（因为超过阈值，说明 D 与 F 或者 B 与 F 有很大部分是重叠的，那么保留面积最大的 F 即可，其余小面积的 B、D 是多余的，用 F 完全可以表示一个物体)，并标记 F 是我们保留下来的第一个矩形框。

3）从剩下的矩形框 A、C、E 中，选择概率最大的 E，然后判断 E 与 A、C 的重叠度，若重叠度大于阈值，那么就扔掉 A、C，并标记 E 是我们保留下来的第二个矩形框。

4）一直重复这个过程，直到找到所有曾经被保留下来的矩形框。

11.2.3 边框回归

通过 SS、RPN 等算法生成的大量候选框，虽然有一部分可以通过 NMS 等方法过滤冗余框，但仍然会存在很多质量不高的框图，如图 11-18 所示。

其中红色矩形框（内部这个框）的质量不高（红色的矩形框定位不准，IOU<0.5，说明这个矩形框没有正确检测出飞机）。此时，我们需要通过边框回归进行修改。此外，训练时，我们也需要通过边框回归使预测框通过迭代不断向真实框（又称为目标框）靠近。

1. 边框回归的主要原理

如图 11-19 所示，最底下的框 A 代表生成的候选框，最上面的框 G 代表目标框。接下来我们需要基于 A 和 G，找到一种映射关系，得到一个预测框 G'（中间这个框），并通过迭代使 G' 不断接近目标框 G。这个过程用数学符号可表示为如下形式。

锚框 A 的四维坐标为 $A=(A_x,A_y,A_w,A_h)$，其中四个值分别表示锚框 A 的中心坐标及长和宽，$G=(G_x,G_y,G_w,G_h)$，基于 A 和 G，找到一个对应关系 F 使 $F(A)=G'$，其中 $G'=(G'_x, G'_y,G'_w,G'_h)$，且 $G'\approx G$。

图 11-18　经 NMS 处理后的候选框

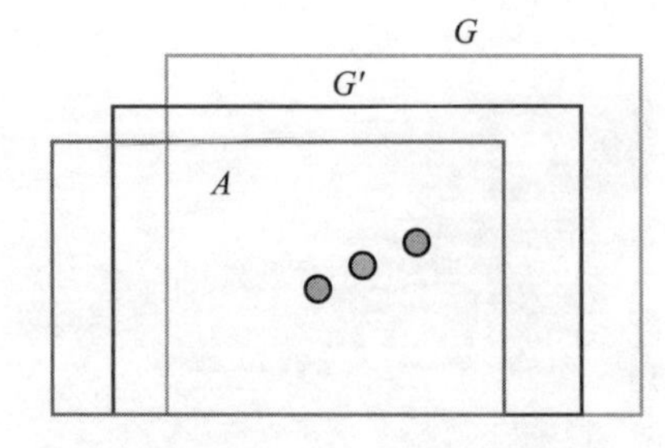

图 11-19　含候选框、目标框及预测框的示意图

2. 如何找到这个对应关系 F?

如何通过变换 F 实现从矩形框 A 变为矩形框 G' 呢？比较简单的思路就是平移 + 放缩，具体实现步骤如下。

先平移：

$$G'_x = A_w \cdot \mathrm{d}_x(A) + A_x \tag{11.2}$$

$$G'_y = A_h \cdot \mathrm{d}_y(A) + A_y \tag{11.3}$$

后缩放：

$$G'_w = A_w \cdot \exp(\mathrm{d}_w(A)) \tag{11.4}$$

$$G'_h = A_h \cdot \exp(\mathrm{d}_h(A)) \tag{11.5}$$

这里要学习的变换是 F:($\mathrm{d}_x(A),\mathrm{d}_y(A),\mathrm{d}_w(A),\mathrm{d}_h(A)$)，当输入的锚框 A 与 G 相差较小时，可以认为 $\mathrm{d}_*(A)$（这里 * 表示 x、y、w、h）变换是一种线性变换，如此就可以用线性回归来建模对矩形框进行微调。线性回归就是给定输入的特征向量 $\boldsymbol{X}$，学习一组参数 W，使得经过线性回归后的值跟真实值 G 非常接近，即 $\boldsymbol{G} \approx \boldsymbol{WX}$。那么锚框中的输入以及输出分别是什么呢?

输入：$A=(A_x, A_y, A_w, A_h)$

这些坐标实际上对应 CNN 网络的特征图，训练阶段还包括目标框的坐标值，即 $T=(t_x, t_y, t_w, t_h)$

输出：四个变换，$\mathrm{d}_x(A), \mathrm{d}_y(A), \mathrm{d}_w(A), \mathrm{d}_h(A)$

输入与输出之间的关系就是：$\mathrm{d}_*(A)=W_*^{\mathrm{T}}\phi(A)$　（11.6）

由此可知训练的目标就是使预测值 $\mathrm{d}_*(A)$ 与真实值 t_* 的差最小化，用 L1 来表示：

$$\text{Loss}=\sum_{i=1}^{N}|t_*^i - W_*^{\mathrm{T}}\phi(A^i)| \tag{11.7}$$

为了更好地收敛，我们实际使用 smooth-L1 作为其目标函数：

$$\hat{W}_* = \operatorname{argmax}_{W_*}\sum_{i=1}^{N}|t_*^i - W_*^{\mathrm{T}}\phi(A^i)| + \lambda\|W_*\| \tag{11.8}$$

3. 边框回归为何只能微调?

要使用线性回归，就要求锚框 A 与 G 相乘较小，否则这些变换将可能变成复杂的非线性变换。

4. 边框回归的主要应用

在 RPN 生成候选框的过程中，最后输出时也使用边框回归使预测框不断向目标框逼近。

5. 改进空间

YOLO v2 提出了一种直接预测位置坐标的方法。之前的坐标回归实际上回归的不是坐标点，而是需要对预测结果做一个变换才能得到坐标点，这种方法使其在充分利用目的对象的位置信息方面的效率大打折扣。为了更好地利用目标对象的位置信息，YOLO v2 采用目标对象的中心坐标及左上角的方法，具体可参考图 11-20。

其中 p_w、p_h 为锚框的宽和高，t_x、t_y、t_w、t_h 为预测边界框的坐标值，σ 是 sigmoid 函数。c_x、c_y 为是当前网格左上角到图像左上角的距离，需要将网格大小归一化，即令一个网格的宽 =1，高 =1。

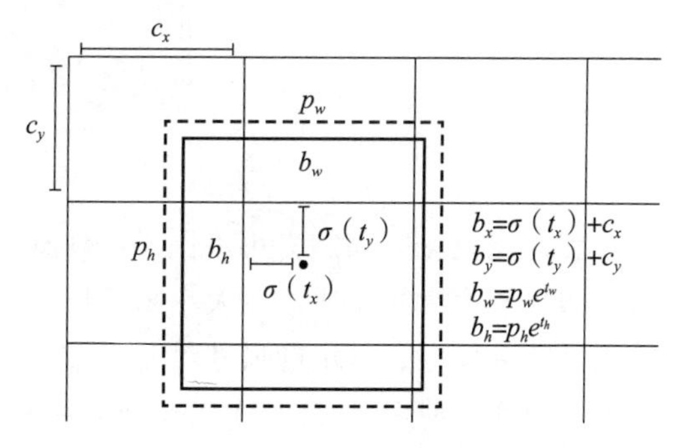

图 11-20　中心坐标与左上角坐标之间的关系

11.2.4　使候选框输出为固定大小

候选区域通过处理最后由全连接层进行分类或回归，而全连接层一般是固定大小的输入，为此，我们需要把候选区域的输出结果设置为固定大小，有两种固定方法：第一种方法是直接对候选区域进行缩放，不过这种方法易导致对象变形，从而影响识别效果；第二种方法是使用 SPP-Net（Spatial Pyramid Pooling Net，空间金字塔池化网络）方法或在此基础延伸的 RoI 池化方法。SPP-Net 对每个候选框使用了不同大小（如 4×4, 2×2, 1×1 等）的金字塔映射。

SPP-Net 是何恺明、孙健等人提出的。SPP-Net 的主要创新点就是 SPP。该方案解决了 R-CNN 中每个候选区域都要过一次 CNN 的问题，提升了效率，并且避免了为适应 CNN 的输入尺寸而缩放图像导致的目标形状失真的问题。

SPP 实际上是一种自适应的池化方法，它分别对输入的特征图（可以由不定尺寸的输入图像输入 CNN 得到，也可以由候选区域框定后输入 CNN 得到）进行多个尺度（实际上就是改变池化的大小和步幅）的池化，分别得到特征，并进行向量化后拼接起来，如图 11-21 所示。

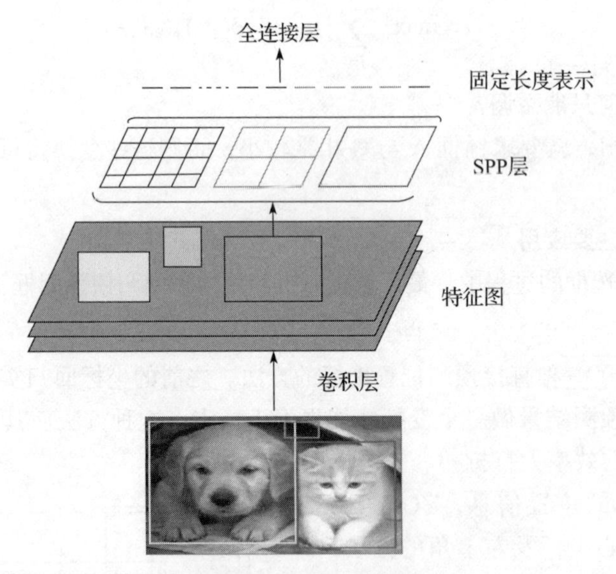

图 11-21　SPP-Net 示意图

和普通池化的固定大小不同（一般池化的大小和步幅相等，即每一步都不重叠），SPP 固定的是池化后的尺寸，而大小则是根据尺寸计算得到的自适应数值。这样可以保证不论输入是什么尺寸，输出的尺寸都是一致的，从而得到定长的特征向量。图 11-22 为 SPP 把一个 4×4 RoI 使用 2×2, 1×1 大小池化到固定长度的示意图。

SPP 对特征图中的候选框采用了多尺寸（如 5×5、2×2、1×1）池化，然后展平、拼接成固定长度的向量。而 RoI 池化层对特征图中的候选框只需要下采样到一个尺寸（如 7×7，对于 VGG-16 的主干网络），然后对各网格采用最大池化方法，得到固定长度的张量。Fast R-CNN 及 Faster R-CNN 都采用了 RoI 池化层。

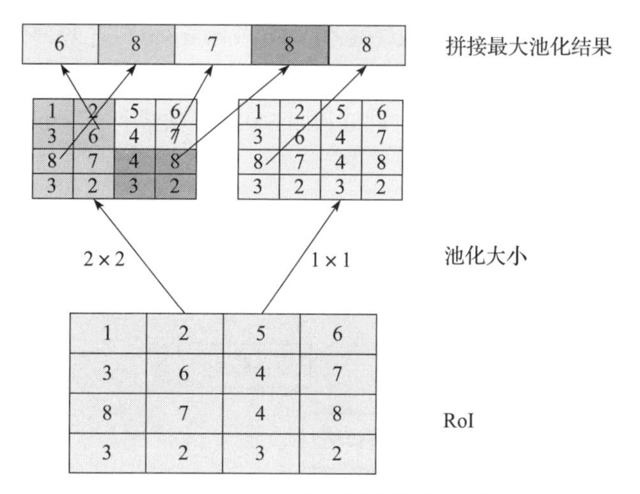

图 11-22　SPP 输出固定输出向量

11.3　典型的目标检测算法

本节主要介绍几种典型的目标检测算法，包括 2021 年刚推出的目标检测算法。

11.3.1　R-CNN

R-CNN 算法架构如图 11-23 所示。

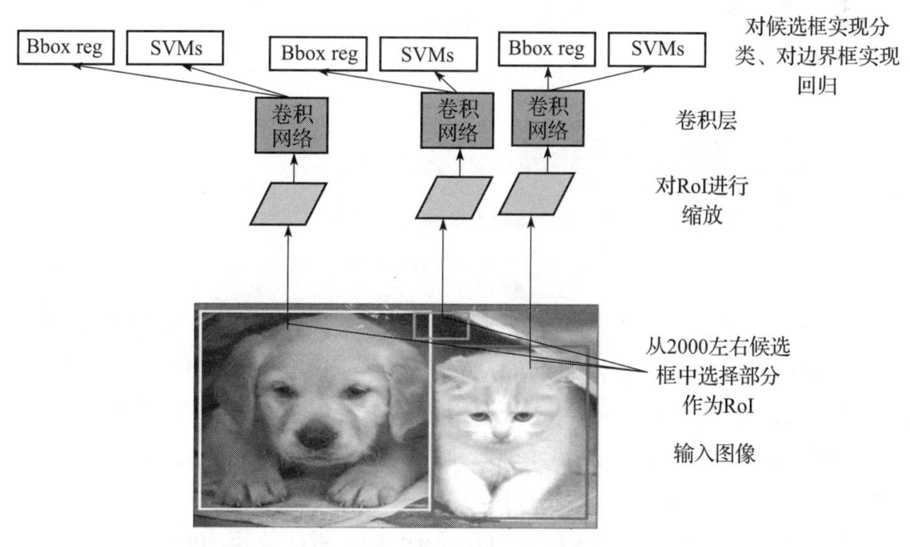

图 11-23　R-CNN 算法架构

首先通过选择性搜索算法，对待检测的图片搜索出 2000 个候选框。

把这 2000 个候选框的图片都缩放（通过 crop 或 warped）到 227×227，然后分别输入 CNN 中，为每个候选框提取出一个特征向量。

针对上面每个候选框的对应特征向量，利用 SVM 算法进行分类识别，使用回归算法对边界进行预测。

11.3.2　Fast R-CNN

Fast R-CNN 算法架构如图 11-24 所示。

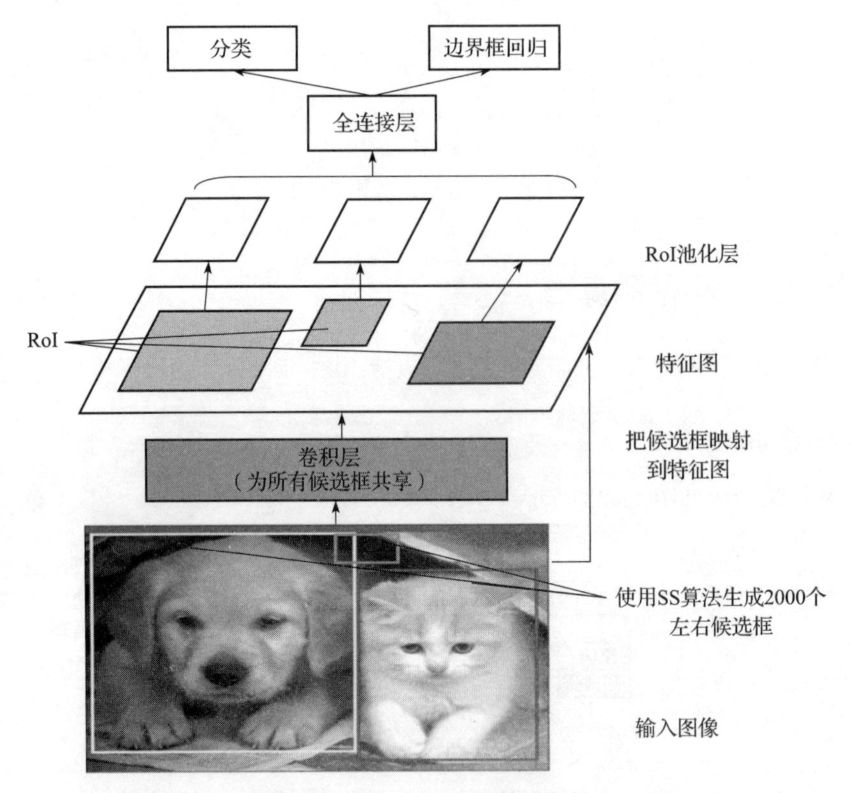

图 11-24　Fast R-CNN 算法架构

在图 11-24 中，一个输入图像和多个感兴趣区域（RoI）被输入一个完全卷积的系统中。每个 RoI 对应一个固定大小的特征图，然后通过完全连通层映射到特征向量。网络中每个 RoI 有两个输出向量：softmax 概率以及每类边界框回归偏移。Fast R-CNN 架构是端到端的多任务训练。

1）在图像中确定约 1000 ～ 2000 个候选框（使用选择性搜索算法）。

2）将整张图片输入 CNN，得到特征图。

3）找到每个候选框在特征图上的映射块（patch），将此块作为每个候选框的卷积特征输入 ROL 池化层和之后的层。

4）对候选框中提取出的特征，使用分类器判别其是否属于一个特定类。

5）对于属于某一特征的候选框，用回归器进一步调整其位置。

11.3.3 Faster R-CNN

Faster R-CNN 算法可认为是使用 RPN 的 Fast R-CNN 算法，其架构如图 11-25 所示。

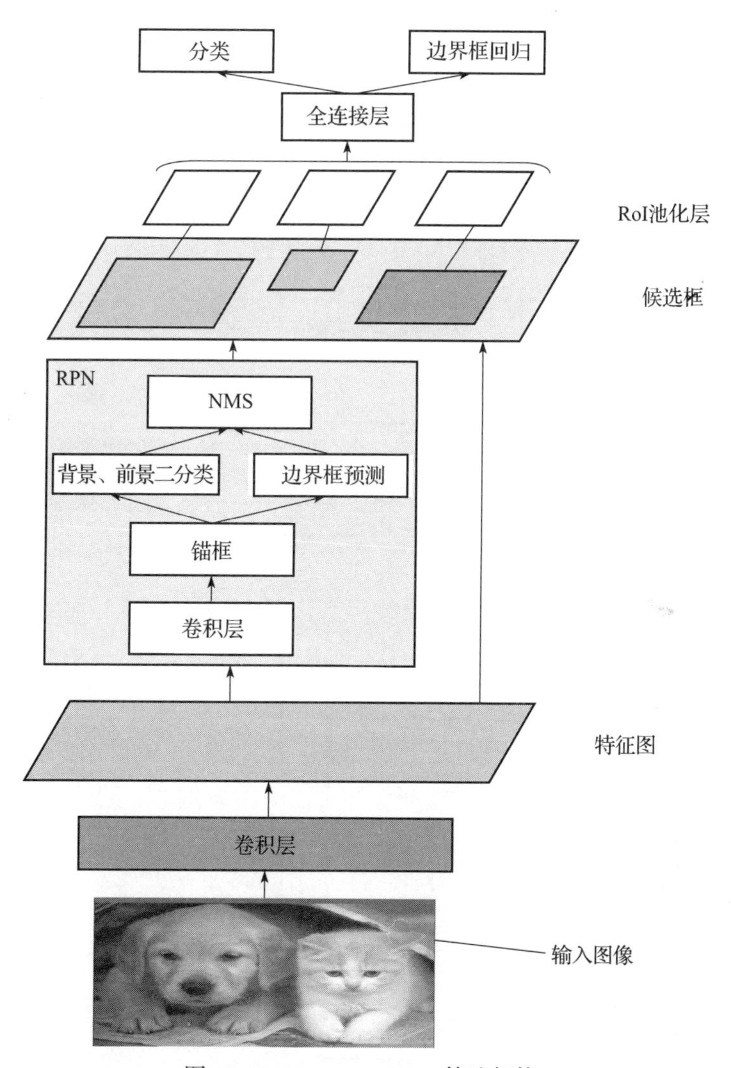

图 11-25　Faster R-CNN 算法架构

1）将整张图片输入 CNN，得到特征图。

2）把特征图输入 RPN，生成候选框，并把候选框投影到特征图上获得相应的特征矩阵。

3）将每个特征矩阵通过 RoI 池化层缩放到相同大小的特征图。

4）把特征图展平为长度相同的向量，使用分类器判别其是否属于一个特定类。

5）对于属于某一特征的候选框，用回归器进一步调整其位置。

11.3.4　Mask R-CNN

Mask R-CNN 在 Faster R-CNN 的基础上进行了扩展，通过增加一个分支来并行进行像素级目标实例分割。该分支是一个应用于 RoI 上的全卷积网络，对每个像素进行分割，整体代价很小。它使用类似于 Faster R-CNN 的架构进行目标候选框提取，不过增加了一个与分类、回归并行的 Mask head。此外，Mask R-CNN 使用 RoI 对齐层，而不是 RoI 池化层，以避免由于空间量化造成的像素级错位。为了获得更好的准确性和更快的速度，该算法作者选择了带有特征金字塔网络（Feature Pyramid Network, FPN）的 ResNeXt-101 作为主干，其架构如图 11-26 所示。

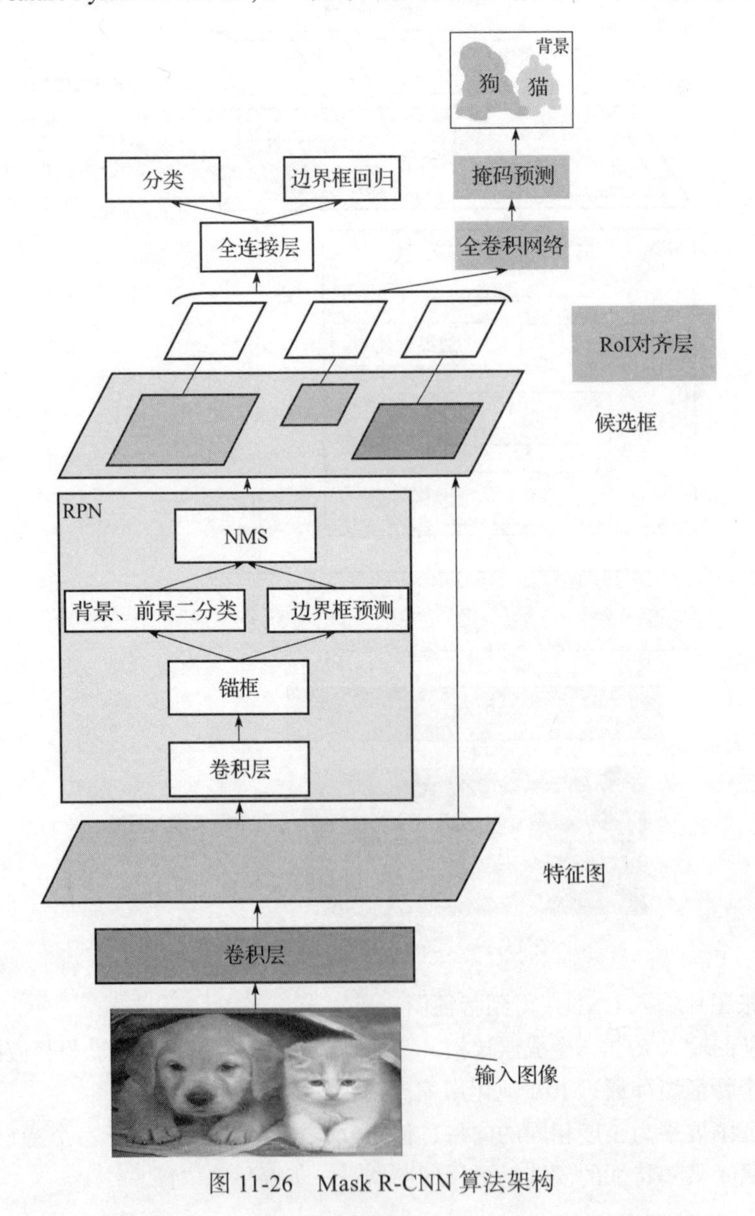

图 11-26　Mask R-CNN 算法架构

11.3.5 YOLO

前面介绍的目标检测算法都是两阶段检测算法，这类算法将检测视为一个分类问题：需要一个模块枚举一些由网络分类为前景或背景的候选框。然而，YOLO 对检测问题进行了重构，视其为一个回归问题，把预测图像像素作为目标及其边界框属性。在 YOLO 中，输入图像被划分为 S×S 的网格（Cell），目标中心点所在的网格负责该目标的检测。一个网格预测多个边框，每个预测数组包括 5 个元素：边框的中心点 (x, y)、边框的宽高（W/H）、置信度得分。

YOLO 有很多版本，如 YOLOv1、YOLOv2（或 YOLO9000）、YOLOv3、YOLOv4、YOLOv5 等，为提升检测目标的性能，从 YOLOv3 开始引入 FPN 架构。图 11-27 为 FPN 的架构图。

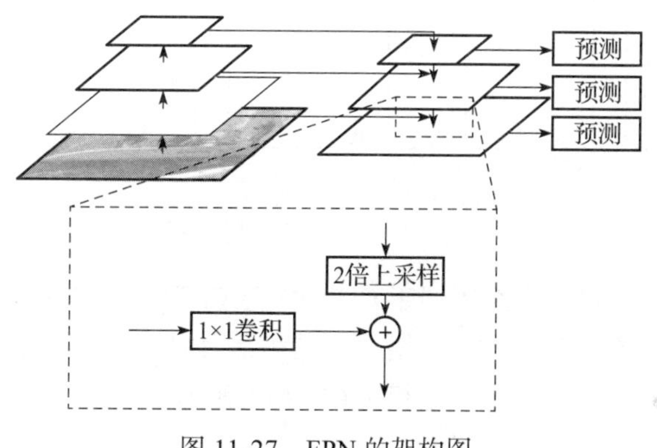

图 11-27　FPN 的架构图

由图 11-27 可知，FPN 的块结构分为两个部分，一个自顶向下通路（Top-Down Pathway），另一个是侧边通路（Lateral Pathway）。所谓自顶向下通路是指对上一个小尺寸的特征图（语义更高层）做 2 倍上采样，并连接到下一层。而侧边通路是指对下面的特征图（高分辨率低语义）先利用一个 1×1 的卷积核进行通道压缩，然后与上面下来的采样后结果进行合并。合并方式为逐元素相加（Element-Wise Addition），再通过一个 3×3 的卷积核对合并之后的结果进行处理，得到对应的特征图。

FPN 高分辨率、强语义的特征，有利于小目标的检测。根据特征的融合方法，可将 FPN 分为自上而下的融合、自下而上的融合、混合融合、递归融合等。

FPN 并不是一个目标检测架构，但它可以融入其他目标检测架构中，提升检测器的性能。截至现在，FPN 已经成为目标检测架构中必备的结构了。

11.3.6 Swin Transformer

Swin Transformer（简称为 Swin-T）是 2021 年提出的一种算法，旨在为计算机视觉任务提供基于 Transformer 的骨干网络。它将输入图像分割成多个不重叠的块，并将其转换为标志，然后将大量 Swin Transformer 模块应用于 4 个阶段的块，每个阶段都会缩小输入特征图的分辨率，像卷积神经网络一样逐层扩大感受野。

- 对输入图像实现分块，具体通过图中化块及展平模块来实现，这相当于 ViT 中的块嵌入模块（不过这里没有位置嵌入，Swin-T 的位置嵌入在计算自注意力时采用相对位置编码），将图像切成一个个图块，展平再嵌入固定维度。
- 随后在第一个阶段中，通过线性嵌入调整通道数为 C。

该算法架构如图 11-28 所示。

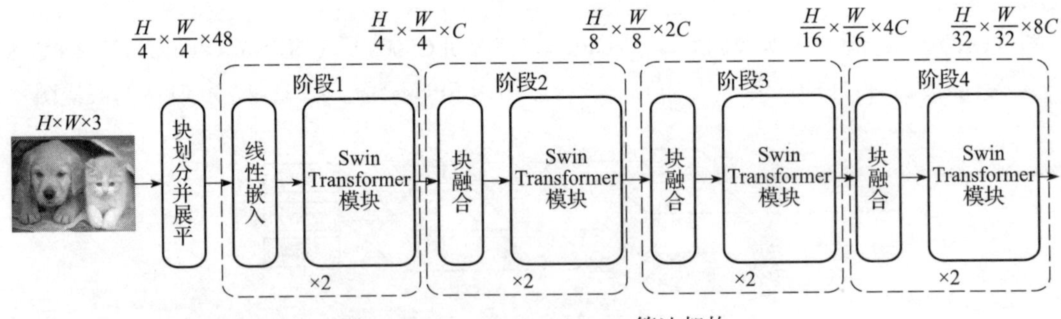

图 11-28　Swin Transformer 算法架构

Swin Transformer 提供了一个不同于 CNN 的范式，不过其在 CV 领域的应用仍处于初级阶段，但它在这些任务中取代卷积的潜力还是非常大的。Swin Transformer 在 MS-COCO 上达到了新的最好成绩，不过其参数量相比 CNN 模型更高。

11.3.7　各种算法的性能比较

随着 Transformer 架构在自然语言领域的辉煌，人们把它应用到视觉领域也取得了最佳成绩，图 11-29 中的 Swin-T 算法位于目前最优位置。

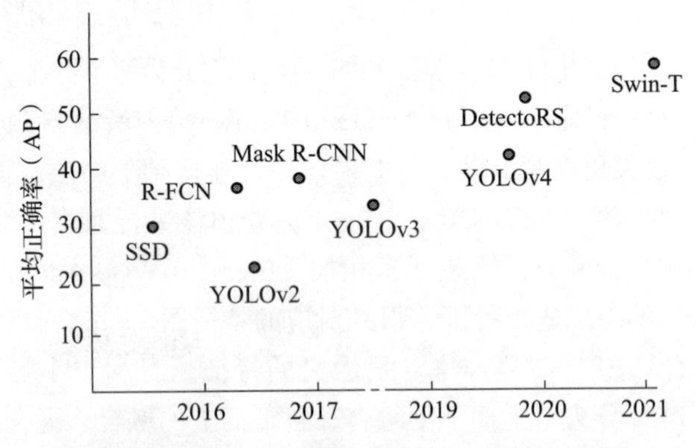

图 11-29　各目标检测算法在 MS COCO 数据集的性能比较

11.4　小结

目标检测是视觉处理领域的一个重要分支，随着自动驾驶在企业的广泛应用，目标检测也呈现出快速发展趋势。本章首先介绍了目标检测的一些基本概念，以及如何确定优化候选框等，然后在此基础上介绍了各种优化算法。接下来我们来了解深度学习中的另外一个重要分支：生成式深度学习。

CHAPTER 12

第 12 章

生成式深度学习

深度学习的优势不仅体现在其强大的学习能力，更体现在它的创新能力。我们通过构建判别模型来提升模型的学习能力，通过构建生成模型来发挥其创新能力。判别模型通常利用训练样本训练模型，然后对新样本 x 进行判别或预测。而生成模型正好相反，它根据一些规则 y 来生成新样本 x。

生成式模型有很多，本章主要介绍常用的两种：变分自编码器（Variational Auto-Encoder，VAE）和生成式对抗网络（Generative Adversarial Network，GAN）及其变种。虽然两者都是生成模型，并且都通过各自的生成能力展现其强大的创新能力，但它们在具体实现上有所不同。VAE 根植于贝叶斯推理，目的是潜在地建模，从模型中采样新的数据。GAN 基于博弈论，目的是找到达到纳什均衡的判别器网络和生成器网络。

本章具体内容如下：

- 用变分自编码器生成图像
- GAN 简介
- 用 GAN 生成图像
- 比较 VAE 与 GAN 的异同
- CGAN

12.1 用变分自编码器生成图像

变分自编码器是自编码器的改进版本，自编码器是一种无监督学习，但它无法产生新的内容，而变分自编码器对其潜在空间进行了拓展，可以满足正态分布。

12.1.1 自编码器

自编码器是通过对输入 X 进行编码后得到一个低维的向量 $\boldsymbol{Z}$，然后根据这个向量还原出输入 X。通过对比 X 与 $\tilde{X}$ 得到二者的误差，再利用神经网络去训练模型使得误差逐渐减小，从而达到非监督学习的目的。图 12-1 为自编码器的架构图。

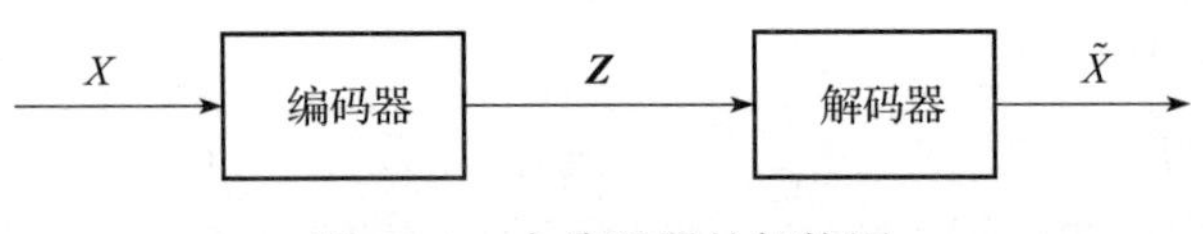

图 12-1　自编码器的架构图

自编码器因不能随意产生合理的潜在变量，所以无法产生新的内容。因为潜在变量 **Z** 都是编码器从原始图片中产生的。为解决这一问题，人们对潜在空间 **Z**（潜在变量对应的空间）增加了一些约束，使 **Z** 满足正态分布，由此就出现了变分自编码器（VAE）模型。

12.1.2　变分自编码器

变分自编码器最关键的一点是增加了一个对潜在空间 **Z** 的正态分布约束。如何确定这个正态分布呢？我们知道要确定正态分布，只要确定其两个参数，即均值 u 和标准差 σ。那么如何确定 u、σ 呢？用神经网络去拟合，不仅简单，效果也不错。图 12-2 为 VAE 的架构图。

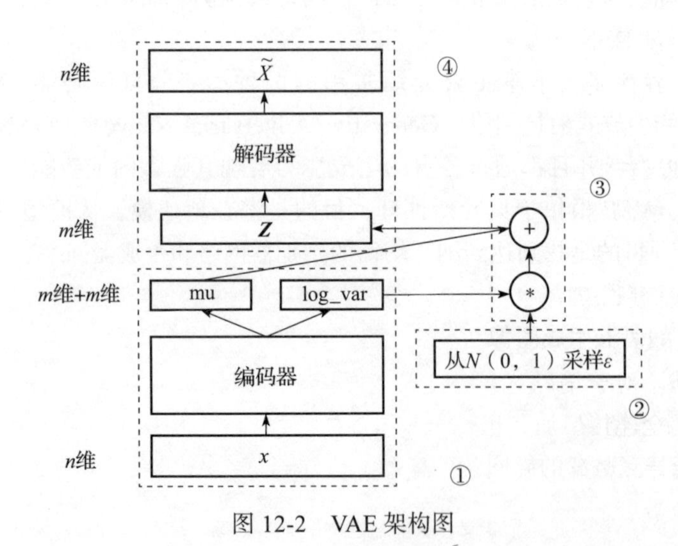

图 12-2　VAE 架构图

在图 12-2 中，模块①的功能把输入样本 X 通过编码器输出两个 m 维向量（mu、log_var），这两个向量是潜在空间（假设满足正态分布）的两个参数（相当于均值和方差）。那么如何从这个潜在空间采用一个向量 **Z**？

这里假设潜在正态分布能生成输入图像，从标准正态分布 N（0，I）中采样一个 ε（模块②的功能），然后使

$$\boldsymbol{Z}=\text{mu}+\exp(\text{log\_var})*\varepsilon \qquad (12.1)$$

这也是模块③的主要功能。

Z 是从潜在空间抽取的一个向量，它通过解码器生成一个样本 $\tilde{X}$，这是模块④的功能。

这里 ε 是随机采样的，这就可保证潜在空间的连续性和良好的结构性。这些特性使得

潜在空间的每个方向都表示数据中有意义的变化方向。

以上这些步骤构成了整个网络的正向传播过程，那么反向传播如何进行？要确定反向传播就需要用到损失函数，损失函数是衡量模型优劣的主要指标。这里我们需要从以下两个方面进行衡量。

1）生成的新图像与原图像的相似度；

2）隐含空间的分布与正态分布的相似度。

度量图像的相似度一般采用交叉熵，度量两个分布的相似度一般采用 KL 散度（Kullback-Leibler Divergence）。这两个度量的和构成了整个模型的损失函数。

12.1.3　用变分自编码器生成图像实例

前面我们介绍了 VAE 的架构和原理，对 VAE 的“蓝图”有了大致了解。如何实现这个蓝图？这节我们将结合代码，使用 TensorFlow 实现 VAE 算法，还会介绍一些在实现过程中需要注意的问题。为便于说明，数据集采用 MNIST。

使用卷积神经网络来构建编辑器和解码器，并使用 x 和 z 分别表示观测值和潜在变量。

- 编码器。这里定义了近似后验分布 $q(z|x)$，该后验分布以观测值作为输入，并输出用于潜在表示的条件分布的一组参数。在本例中，我们仅将此分布建模为对角高斯模型。在这种情况下，编码器将输出因式分解的高斯均值和对数方差参数。
- 解码器。解码器将隐变量作为输入，并输出用于观测条件分布的参数 $p(x|z)$。我们对隐变量使用单位高斯先验分布。
- 采样。我们从 $q(z|x)$ 中采样，方法是先从单位高斯中采样，然后乘以标注差并加上平均值。这样可以确保梯度能传回编码器。
- 网络结构。对于编码器，我们使用了两个卷积层加一个全连接层，而对于解码器，我们使用全连接层加三个反卷积层。注意：训练 VAE 过程中要避免使用批归一化，因为这会导致额外的随机性，从而加剧随机抽样的不稳定性。

1）构建编码器。

```
tf.keras.Sequential(
        [
            tf.keras.layers.InputLayer(input_shape=(28, 28, 1)),
            tf.keras.layers.Conv2D(
                filters=32, kernel_size=3, strides=(2, 2), activation='relu'),
            tf.keras.layers.Conv2D(
                filters=64, kernel_size=3, strides=(2, 2), activation='relu'),
            tf.keras.layers.Flatten(),
            tf.keras.layers.Dense(latent_dim+latent_dim)
        ])
```

2）构建解码器。

```
tf.keras.Sequential(
        [
```

```
            tf.keras.layers.InputLayer(input_shape=(latent_dim,)),
            tf.keras.layers.Dense(units=7*7*32, activation='relu'),
            tf.keras.layers.Reshape(target_shape=(7, 7, 32)),
            tf.keras.layers.Conv2DTranspose(
                filters=64, kernel_size=3, strides=(2, 2),
                padding='SAME', activation='relu'
            ),
            tf.keras.layers.Conv2DTranspose(
                filters=32, kernel_size=3, strides=(2, 2),
                padding='SAME', activation='relu'
            ),
            # 不使用激活函数
            tf.keras.layers.Conv2DTranspose(
                filters=1, kernel_size=3, strides=(1, 1),
                padding='SAME'
            ),

        ])
```

3）定义采样方法及损失函数。

```
optimizer = tf.keras.optimizers.Adam(1e-4)

def log_normal_pdf(sample, mean, logvar, raxis=1):
    log2pi = tf.math.log(2.0 * np.pi)
    return tf.reduce_sum(
    -0.5*((sample -mean)**2.0 * tf.exp(-logvar)+logvar+log2pi),
        axis=raxis
    )

@tf.function
def compute_loss(model, x):
    mean, logvar = model.encoder(x)
    z = model.reparameterize(mean, logvar)
    x_logit = model.decoder(z)

    cross_ent = tf.nn.sigmoid_cross_entropy_with_logits(logits=x_logit, labels=x)
    logpx_z = -tf.reduce_sum(cross_ent, axis=[1,2,3])
    logpz = log_normal_pdf(z, 0.0, 0.0)
    logpz_x = log_normal_pdf(z, mean, logvar)
    return -tf.reduce_mean(logpx_z+logpz-logpz_x)

@tf.function
def compute_apply_gradients(model, x, optimizer):
    with tf.GradientTape() as tape:
        loss = compute_loss(model, x)
    gradients = tape.gradient(loss, model.trainable_variables)
    optimizer.apply_gradients(zip(gradients, model.trainable_variables))
```

4）生成随机向量。

```
epochs = 100
latent_dim = 50
```

```
num_examples_to_generate = 16

# 保持随机向量恒定以进行生成（预测），以便查看变化情况
random_vector_for_generation = tf.random.normal(
    shape=[num_examples_to_generate, latent_dim])
model = VAE(latent_dim)
```

5）训练模型。

```
for epoch in range(1, epochs+1):
    start_time = time.time()
    for train_x in train_dataset:
        compute_apply_gradients(model, train_x, optimizer)
    end_time = time.time()
    if epoch % 20 == 0:
        loss = tf.keras.metrics.Mean()
        for test_x in test_dataset:
            loss(compute_loss(model, test_x))
        elbo = -loss.result()
        display.clear_output(wait=False)
        print('Epoch: {}, Test set ELBO: {}, '
          'time elapse for current epoch {}'.format(epoch,
                                                    elbo,
                                                    end_time - start_time))
        generate_and_save_images(model, epoch, random_vector_for_generation)
```

图 12-3 是迭代 100 次的结果。

在图 12-3 中，奇数列为原图像，偶数列为原图像重构的图像。从这个结果可以看出重构图像的效果还不错。

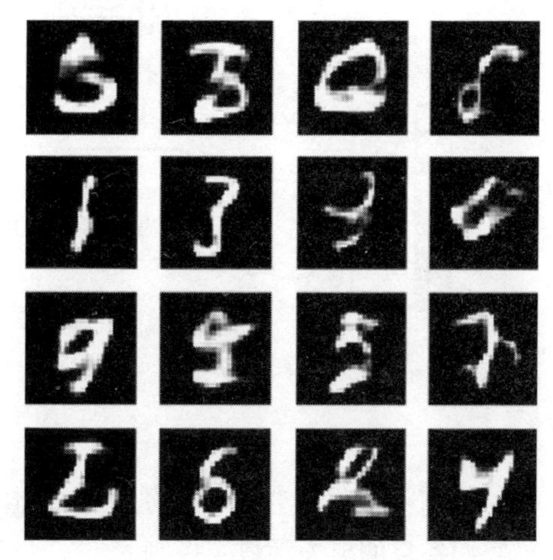

图 12-3 使用 VAE 生成图像

12.2 GAN 简介

上节我们介绍了基于自编码器的变分自编码器，使用它可以生成新的图像。这节我们将介绍另一种生成式网络——GAN，它是 2014 年由 Ian Goodfellow 提出的，它要解决的问题是如何从训练样本中学习出新样本，如训练样本是图片，则生成新的图片，如训练样本是文章，则生成新的文章等。

GAN 既不需要依赖标签来优化，也不需要根据对结果的奖惩来调整参数，而是依据生成器和判别器之间的博弈来不断优化。打个不一定很恰当的比喻，就像一台验钞机和一台制造假币的机器之间的博弈，两者不断博弈，博弈的结果假币越来越像真币，直到验钞机无法识别一张货币是假币还是真币为止。这样说还是有点抽象，接下来我们将从多个侧面进行说明。

12.2.1　GAN 的架构

VAE 利用潜在空间可以生成连续的新图像，不过因损失函数采用像素间的距离计算，所以图像有点模糊。能否生成更清晰的新图像呢？可以，这里我们用 GAN 替换 VAE 的潜在空间，它使生成图像与真实图像在统计意义上合成逼真图像。

可以想象一个名画伪造者想伪造一幅达·芬奇的画作，开始时，伪造者技术不精，但他将自己的一些赝品和达·芬奇的作品混在一起，请一个艺术商人对每一幅画进行真实性评估，并向伪造者反馈，告诉他哪些看起来像真迹、哪些看起来不像真迹。

伪造者根据这些反馈，改进自己的赝品。随着时间的推移，伪造者技能越来越高，艺术商人也变得越来越擅长找出赝品。最后，他们手上就拥有了一些非常逼真的赝品。

这就是 GAN 的基本原理。这里有两个角色，一个是伪造者，另一个是技术鉴赏者。他们训练的目的都是打败对方。

因此，从网络的角度来看，GAN 由两部分组成。

1）生成器网络：以一个潜在空间的随机向量作为输入，并将其解码为一张合成图像。

2）判别器网络：以一张图像（真实的或合成的均可）作为输入，并预测该图像来自训练集还是来自生成器网络。图 12-4 为其架构图。

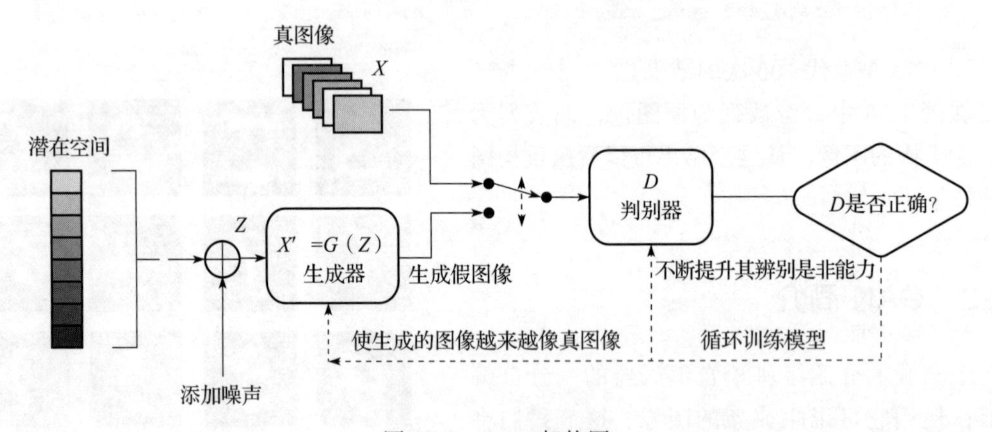

图 12-4　GAN 架构图

如何不断提升判别器辨别是非的能力？如何使生成的图像越来越像真图像？这些都通过它们各自的损失函数来控制。

假设判别器 D 的输出值 O，通过 sigmoid 函数作用后，成为二分类器，其输出概率：

$$D(O)=\frac{1}{1+\mathrm{e}^{-O}}$$

其中 O 可以是真实数据 X 或伪造数据 X'。假设 P 表示标签分布，具体内容如下：

$$P(O)=\begin{cases}1, & O\text{为真实数据}\\0, & O\text{为伪造数据}\end{cases}$$

下面先来看判断器的损失函数。判别器的目标是是否分明，如果是真实数据，输出概率接近 1，如果是伪造数据尽量接近于 0，或者 $D(O)$ 的分布尽量接近分布 $P(O)$，这句话的意思用最小化由 D 和 P 构成的交叉熵。

$$\min_O\{-P(O)\log(D(O))-(1-P(O))\log(1-D(O))\} \tag{12.2}$$

再来看生成器的损失函数。生成器的目标就是尽量使 $D(G(Z))$ 接近于 1，即使判断器判别为真实数据生成图像。用交叉熵损失函数来表示就是：

$$\max_O\{-P(O)\log(D(O))-(1-P(O))\log(1-D(O))\}$$

因 O 为伪造数据，故 $P(O)=0$，从而有：

$$\max_O\{-(1-P(O))\log(1-D(O))\} \tag{12.3}$$

接着来看 GAN 的总的损失函数。D 和 G 之间是一个博弈的过程，最后可以把上述公式合并为一个损失函数：

$$\min_X \max_{X'}\{-E_{O\sim X}\log(D(O))-E_{O\sim X'}\log(1-D(O)\} \tag{12.4}$$

训练结束后，生成器能够将输入空间中的任何点转换为一张可信图像。与 VAE 不同的是，这个潜空间无法保证带连续性或有特殊含义的结构。

GAN 的优化过程不像通常的求损失函数的最小值，而是保持生成与判别两股力量的动态平衡。因此，其训练过程要比一般神经网络难很多。

12.2.2　GAN 的损失函数

从 GAN 的架构图（图 12-4）可知，控制生成器或判别器的关键是损失函数，如何定义损失函数成为整个 GAN 的关键。我们的目标很明确，既要不断提升判断器辨别是非或真假的能力，又要不断提升生成器不断提升图片质量，使判别器越来越难判别。这些目标如何用程序体现？损失函数就能充分说明。

为了达到判别器的目标，其损失函数既要考虑识别真图片能力，又要考虑识别假图片能力，而不能只考虑一方面，故判别器的损失函数为两者的和，具体代码如下。其中 discriminator_loss 表示判别器损失函数，generator_loss 为生成器损失函数，real_output，fake_output 分别表示真图片的输出、假图片的输出。

```
# 计算交叉熵损失
cross_entropy = tf.keras.losses.BinaryCrossentropy(from_logits=True)

# 判别器损失
def discriminator_loss(real_output, fake_output):
    real_loss = cross_entropy(tf.ones_like(real_output), real_output)
    fake_loss = cross_entropy(tf.zeros_like(fake_output), fake_output)
    total_loss = real_loss + fake_loss
    return total_loss

# 生成器损失
def generator_loss(fake_output):
    return cross_entropy(tf.ones_like(fake_output), fake_output)
```

12.3 用 GAN 生成图像

为便于说明 GAN 的关键环节，这里我们弱化了网络和数据集的复杂度。数据集使用 MNIST、网络使用全连接层。后续我们将用一些卷积层的实例来说明。

12.3.1 判别器

获取数据，导入模块的过程基本与 VAE 中的类似，这里不再展开，详细内容可参考 char-08 代码模块。

定义判别器网络结构，这里使用 LeakyReLU 作为激活函数，输出一个节点并经过 sigmoid 后输出，用于真假二分类。

```
# 构建判断器
def make_discriminator_model():
    model = tf.keras.Sequential()
    model.add(layers.Conv2D(64, (5, 5), strides=(2, 2), padding='same',
                                     input_shape=[28, 28, 1]))
    model.add(layers.LeakyReLU())
    model.add(layers.Dropout(0.3))

    model.add(layers.Conv2D(128, (5, 5), strides=(2, 2), padding='same'))
    model.add(layers.LeakyReLU())
    model.add(layers.Dropout(0.3))

    model.add(layers.Flatten())
    model.add(layers.Dense(1))

    return model
```

12.3.2 生成器

GAN 的生成器与 VAE 的生成器类似，不同的是 GAN 的输出为 nn.tanh，它可以使数据分布在 [-1, 1] 之间。其输入是潜在空间的向量 z，输出维度与真图片的维度相同。

```
# 构建生成器，这个相当于VAE中的解码器
def make_generator_model():
    model = tf.keras.Sequential()
    model.add(layers.Dense(7*7*256, use_bias=False, input_shape=(100,)))
    model.add(layers.BatchNormalization())
    model.add(layers.LeakyReLU())

    model.add(layers.Reshape((7, 7, 256)))
    assert model.output_shape == (None, 7, 7, 256) # Note: None is the batch size

    model.add(layers.Conv2DTranspose(128, (5, 5), strides=(1, 1), padding='same',
        use_bias=False))
    assert model.output_shape == (None, 7, 7, 128)
    model.add(layers.BatchNormalization())
    model.add(layers.LeakyReLU())

    model.add(layers.Conv2DTranspose(64, (5, 5), strides=(2, 2), padding='same',
```

```
        use_bias=False))
    assert model.output_shape == (None, 14, 14, 64)
    model.add(layers.BatchNormalization())
    model.add(layers.LeakyReLU())

    model.add(layers.Conv2DTranspose(1, (5, 5), strides=(2, 2), padding='same',
        use_bias=False, activation='tanh'))
    assert model.output_shape == (None, 28, 28, 1)

    return model
```

12.3.3 训练模型

定义训练模型函数。

```
def train_step(images):
    noise = tf.random.normal([BATCH_SIZE, noise_dim])

    with tf.GradientTape() as gen_tape, tf.GradientTape() as disc_tape:
        generated_images = generator(noise, training=True)

        real_output = discriminator(images, training=True)
        fake_output = discriminator(generated_images, training=True)

        gen_loss = generator_loss(fake_output)
        disc_loss = discriminator_loss(real_output, fake_output)

    gradients_of_generator = gen_tape.gradient(gen_loss, generator.trainable_
        variables)
    gradients_of_discriminator = disc_tape.gradient(disc_loss, discriminator.
        trainable_variables)

    generator_optimizer.apply_gradients(zip(gradients_of_generator, generator.
        trainable_variables))
    discriminator_optimizer.apply_gradients(zip(gradients_of_discriminator,
        discriminator.trainable_variables))
```

12.3.4 可视化结果

可视化每次由生成器生成的假图片，即潜在向量 z 通过生成器生成的图片，结果如图 12-5 所示。

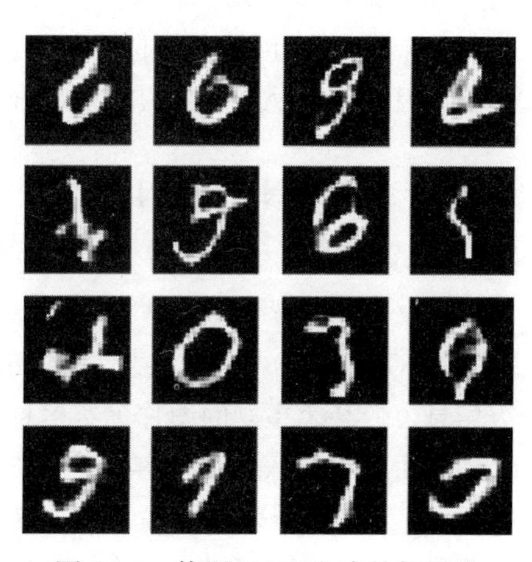

图 12-5　使用 GAN 生成的新图片

图 12-5 明显好于图 12-3。使用 VAE 生成图片主要依赖原图片与新图片的交叉熵，而 GAN 不仅依赖真假图片的交叉熵，还兼顾不断提升判别器和生成器本身的性能。

12.4 VAE 与 GAN 的异同

VAE 适合学习具有良好结构的潜在空间，潜在空间有比较好的连续性，其中存在一些有特定意义的方向。VAE 能够捕捉图像的结构变化（倾斜角度、圈的位置、形状变化、表情变化等）。这也是 VAE 的一个好处，它有显式的分布，能够容易地可视化图像的分布，具体如图 12-6 所示。

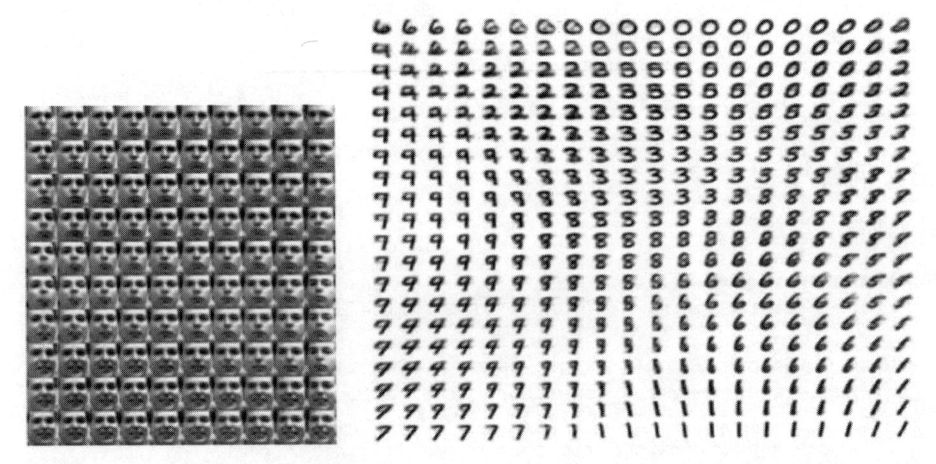

图 12-6　VAE 得到的数据流形分布图

由图 12-6 可知，虽然 GAN 生成的潜在空间可能没有良好结构，但 GAN 生成的图像一般比 VAE 生成的图像更清晰。

12.5　CGAN

前文提到，VAE 和 GAN 都能基于潜在空间的随机向量 z 生成新图像，GAN 生成的图像比 VAE 生成的图像更清晰，质量更好些。不过它们生成的图像都是随机的，无法预先控制生成哪类或哪个数。如果在生成新图片的同时，能加上一个目标控制就好了，如我希望生成某个数字，生成某个主题或类别的图片，实现按需生成的目的，这样的应用应该非常广泛。因此，CGAN（Condition GAN）应运而生。

12.5.1　CGAN 的架构

在 GAN 这种完全无监督的架构上加一个标签或一点监督信息，整个网络就可看成半监督模型。其基本架构与 GAN 类似，只要添加一个条件 y 即可。y 就是加入的监督信息，比如 MNIST 数据集可以提供某个数字的标签信息，人脸生成可以提供性别、是否微笑、年龄等信息，带某个主题的图片标签信息等。CGAN 的架构如图 12-7 所示。

对生成器输入一个从潜在空间随机采样的向量 z 及条件 y，生成一个符合该条件的图像 $G(z/y)$。对判别器来说，输入一张图像 x 和条件 y，输出该图像在该条件下的概率 $D(x/y)$。这只是 CGAN 的一个蓝图，如何实现这个蓝图？接下来我们用 TensorFlow 具体实现。

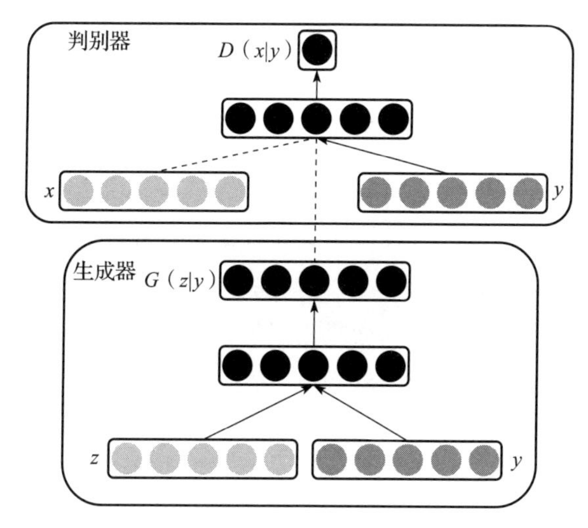

图 12-7　CGAN 架构图

12.5.2　CGAN 判别器

构成判别器模型。

```
discriminator = keras.Sequential(
    [
        keras.layers.InputLayer((28, 28, discriminator_in_channels)),
        layers.Conv2D(64, (3, 3), strides=(2, 2), padding="same"),
        layers.LeakyReLU(alpha=0.2),
        layers.Conv2D(128, (3, 3), strides=(2, 2), padding="same"),
        layers.LeakyReLU(alpha=0.2),
        layers.GlobalMaxPooling2D(),
        layers.Dense(1),
    ],
    name="discriminator",
)
```

12.5.3　CGAN 生成器

构建生成器模型。

```
generator = keras.Sequential(
    [
        keras.layers.InputLayer((generator_in_channels,)),
        # We want to generate 128 + num_classes coefficients to reshape into a
        # 7×7×(128 + num_classes) map.
        layers.Dense(7 * 7 * generator_in_channels),
        layers.LeakyReLU(alpha=0.2),
        layers.Reshape((7, 7, generator_in_channels)),
        layers.Conv2DTranspose(128, (4, 4), strides=(2, 2), padding="same"),
        layers.LeakyReLU(alpha=0.2),
        layers.Conv2DTranspose(128, (4, 4), strides=(2, 2), padding="same"),
        layers.LeakyReLU(alpha=0.2),
```

```
        layers.Conv2D(1, (7, 7), padding="same", activation="sigmoid"),
    ],
    name="generator",
)
```

12.5.4 训练模型

编译与训练模型。

```
cond_gan = ConditionalGAN(
    discriminator=discriminator, generator=generator, latent_dim=latent_dim
)
cond_gan.compile(
    d_optimizer=keras.optimizers.Adam(learning_rate=0.0003),
    g_optimizer=keras.optimizers.Adam(learning_rate=0.0003),
    loss_fn=keras.losses.BinaryCrossentropy(from_logits=True),
)

cond_gan.fit(dataset, epochs=20)
```

12.5.5 动态查看指定标签的图像

动态指定标签的标签图像。

```
fake_images *= 255.0
converted_images = fake_images.astype(np.uint8)
converted_images = tf.image.resize(converted_images, (96, 96)).numpy().
    astype(np.uint8)
imageio.mimsave("animation.gif", converted_images, fps=1)
os.rename('animation.gif', 'animation.gif.png')
display.Image(filename="animation.gif.png")
```

运行结果，如图 12-8 所示。

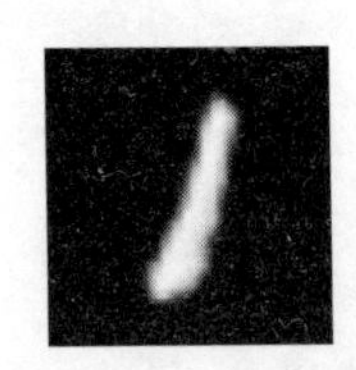

图 12-8　根据指定标签生成的图像

12.6 提升 GAN 训练效果的一些技巧

训练 GAN 是生成器和判别器互相竞争的动态过程，比一般的神经网络挑战更大。为了解决训练 GAN 模型的一些问题，人们从实践中总结了一些常用技巧，这些技巧在一些情况下效果不错。当然，这些技巧不一定适合所有情况。

1）批量加载和批规范化，有利于提升训练过程中博弈的稳定性。

2）使用 tanh 激活函数作为生成器的最后一层，将图像数据规范在 -1 和 1 之间，一般不用 sigmoid。

3）选用 Leaky-ReLU 作为生成器和判别器的激活函数，有利于改善梯度的稀疏性，稀疏的梯度会妨碍 GAN 的训练。

4）使用卷积层时，考虑卷积核的大小能被步幅整除，否则，可能导致生成的图像中存在棋盘状伪影。

12.7　小结

变分自编码器和生成式对抗网络是生成式网络的两种主要网络，本章介绍了这两种网络的主要架构及原理，并用具体实例来帮助大家加深理解。此外本章还简单介绍了 GAN 的变体，如 CGAN。接下来将介绍生成式深度学习的具体应用，如 Deep Dream 模型、风格迁移等。

第三部分

深度学习实践

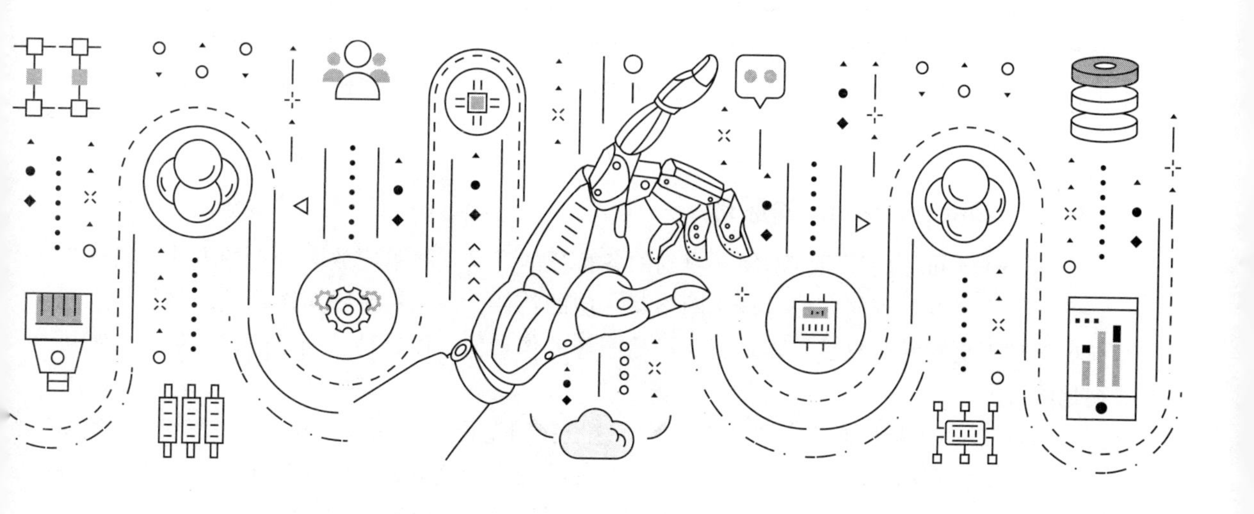

CHAPTER 13

第 13 章

实战生成式模型

前面我们介绍了人工智能在目标识别方面的一些任务，如图像识别、机器翻译等，这些任务都是被动式的。本章将介绍具有创造性的生成式模型方面的实例。生成式模型的输入通常是图像具备的性质，而输出是性质对应的图像。这种生成式模型相当于构建了图像的分布，可以完成图像自动生成（采样）、图像信息补全等工作。

本章介绍基于深度学习思想的生成式模型——Deep Dream 和风格迁移。

13.1 Deep Dream 模型

卷积神经网络取得了突破性进展，效果也非常理想，但其过程一直像谜一样困扰大家。为了揭开卷积神经网络的神秘面纱，人们探索了多种方法，如把这些过程可视化。但是，卷积神经网络是如何学习特征的？这些特征有哪些作用？如何可视化这些特征？这正是 Deep Dream 解决的问题。

13.1.1 Deep Dream 的原理

Deep Dream 为了说明 CNN 学习到的各特征的意义，将采用放大处理的方式。具体来说就是使用梯度上升的方法可视化网络每一层的特征，即用一张噪声图像输入网络，在反向更新时不更新网络权重，而是更新初始图像的像素值，以这种“训练图像”的方式来可视化网络。

Deep Dream 是如何放大图像特征的？这里我们先看一个简单实例。比如，有一个网络学习了分类猫和狗的任务，给这个网络一张云的图像，这朵云可能比较像狗，那么机器提取的特征可能也会像狗。假设一个特征最后的输入概率为 [0.6, 0.4], 0.6 表示为狗的概率，0.4 表示为猫的概率，那么采用 L2 范数可以很好地达到放大特征的效果。对于这样一个特征，L2= $x_1^2+x_2^2$，x_1 越大，x_2 越小，则 L2 越大，所以只需要最大化 L2 就能保证当 $x_1>x_2$ 时，迭代的轮数越多，x_1 越大，x_2 越小，即图像就会越来越像狗。每次迭代相当于计算一次 L2 范数，然后用梯度上升的方法调整图像。优化的不再是权重参数，而是特征值或像素点，因此，在构建损失函数时，我们不使用通常的交叉熵，而是使用最大化特征值的 L2 范数，使图像经过网络之后提取的特征更像网络隐含的特征。

以上是 Deep Dream 的基本原理，在具体实现时，还需要通过多尺度、随机移动等方法获取比较好的结果。后续在代码部分会给出详细解释。

13.1.2 Deep Dream 算法的流程

将基本图像输入预训练的 CNN 中，然后正向传播到特定层。为了更好地理解该层学到了什么，我们需要最大化该层的激活值。以该层输出为梯度，然后在输入图像上完成渐变上升，以最大化该层的激活值。不过，仅这样做并不能产生好的图像。为了提高训练质量，我们还需要使用一些技术。可以进行高斯模糊以使图像更平滑，也可以使用多尺度（又称为八度）的图像进行计算。即先连续缩小输入图像，然后再逐步放大，并将结果合并为一个图像输出。

我们把上述过程用图 13-1 来说明。

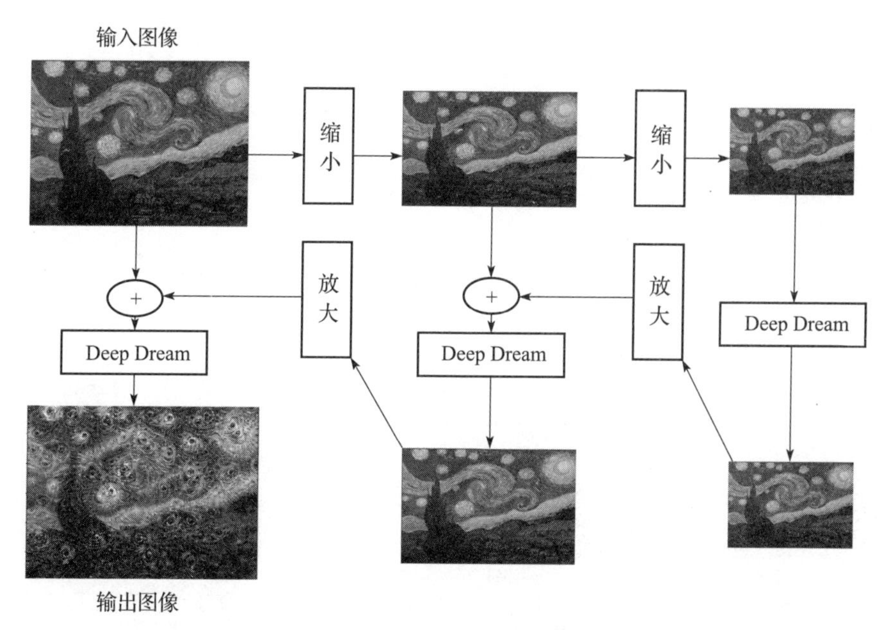

图 13-1 Deep Dream 流程图

先对图像连续做两次等比例缩小，比例是 1.5，缩小图片是为了让图片的像素点调整后所得结果图案能显示得更加平滑。缩小两次后，把图片的每个像素点当作参数，对它们求偏导，这样就可以知道如何调整图片像素点，以使给定网络层的输出受到最大化的刺激。

13.1.3 使用 TensorFlow 实现 Deep Dream

使用 Deep Dream 需要解决两个问题，如何获取有特殊含义的特征，以及如何表现这些特征。

针对第一个问题，我们通常使用预训练模型，这里取 ImageNet 预训练模型。针对第二个问题，可以把这些特征最大化后展示在一张普通的图片上，该图片为星空图片。

为了使训练更有效，我们还需使用一点小技巧，即对图像进行不同大小的缩放，并对图像进行模糊或抖动等处理。

1）下载预训练模型。

```
# 通过装载基于 ImageNet 预训练权重构建一个 InceptionV3 模型
model = inception_v3.InceptionV3(weights="imagenet", include_top=False)

# 获取每个“关键”层的符号输出
outputs_dict = dict(
    [
        (layer.name, layer.output)
        for layer in [model.get_layer(name) for name in layer_settings.keys()]
    ]
)

# 设置一个模型，返回每个目标层的激活值
feature_extractor = keras.Model(inputs=model.inputs, outputs=outputs_dict)
```

2）定义损失函数。

```
def compute_loss(input_image):
    features = feature_extractor(input_image)
    # 初始化损失值
    loss = tf.zeros(shape=())
    for name in features.keys():
        coeff = layer_settings[name]
        activation = features[name]
        # 通过仅在损失中包含非边界像素来避免边界伪影
        scaling = tf.reduce_prod(tf.cast(tf.shape(activation), "float32"))
        loss += coeff * tf.reduce_sum(tf.square(activation[:, 2:-2, 2:-2, :])) / scaling
    return loss
```

3）定义更新参数的方法。

```
def gradient_ascent_step(img, learning_rate):
    with tf.GradientTape() as tape:
        tape.watch(img)
        loss = compute_loss(img)
    # 计算梯度
    grads = tape.gradient(loss, img)
    # 计算梯度
    grads /= tf.maximum(tf.reduce_mean(tf.abs(grads)), 1e-6)
    img += learning_rate * grads
    return loss, img

def gradient_ascent_loop(img, iterations, learning_rate, max_loss=None):
    for i in range(iterations):
        loss, img = gradient_ascent_step(img, learning_rate)
        if max_loss is not None and loss > max_loss:
            break
```

```
        print("... Loss value at step %d: %.2f" % (i, loss))
    return img
```

4）运行结果。

输入的原图像如图 13-2 所示。训练后的图像如图 13-3 所示。

图 13-2　输入的原图像

图 13-3　训练后的图像

13.2　风格迁移

上节我们介绍了利用 Deep Dream 显示一个卷积神经网络某一层学习到的一些特征，这些特征从底层到顶层，其抽象程度是不一样的。实际上，这些特征还包括风格（style）等重要信息。风格迁移目前涉及 3 种风格，具体如下：

- 第一种为普通风格迁移，其特点是固定风格、固定内容。这是很经典的一种风格迁移方法；
- 第二种为快速风格迁移，其特点是固定风格、任意内容；
- 第三种是极速风格迁移，其特点是任意风格、任意内容。

这节我们主要介绍第一种普通风格迁移。

基于神经网络的普通图像风格迁移是德国的 Gatys 等人在 2015 年提出的，其主要原理是将参考图像的风格应用于目标图像，同时保留目标图形的内容，如图 13-4 所示。

目标内容　　　　参考风格　　　　组合后的图像

\+　　　　=

图 13-4　一个风格迁移的示例

实现风格迁移的核心思想就是定义损失函数，所以如何定义损失函数成为解决问题的关键。这个损失函数应该包括内容损失和风格损失，用公式来表示就是：

```
loss = distance(style(reference_image) - style(generated_image)) +
       distance(content(original_image) - content(generated_image))
```

那么，如何定义内容损失和风格损失呢？这是接下来我们要介绍的内容。

13.2.1　内容损失

由 13.1 节的实例可以知道，卷积神经网络不同层学到的图像特征是不一样的，靠近底层（或输入端）的卷积层学到的是图像的比较具体、局部的特征，如位置、形状、颜色、纹理等。靠近顶部或输出端的卷积层学到的是图像的更全面、更抽象的特征，但会丢失图像的一些详细信息。基于这个原因，Gatys 发现使用靠近底层但不能靠太近的层来衡量图像内容比较理想。图 13-5 是 Gatys 使用不同卷积层的特征值进行内容重建和风格重建的效果对比图。

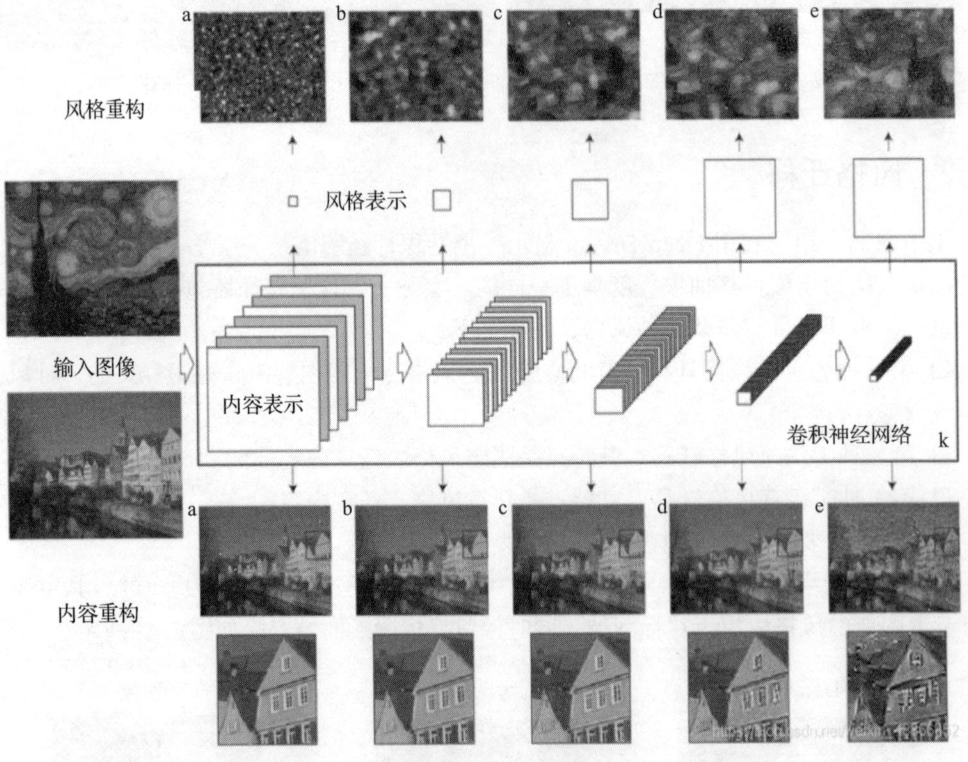

图 13-5　使用不同卷积层的特征值进行内容重建和风格重建的效果对比图

对于内容重建来说，使用原始网络的 5 个卷积层，conv1_1 (a)、conv2_1 (b)、conv3_1 (c)、conv4_1 (d) 和 conv5_1 (e)，即图下方的 a、b、c、d、e。VGG 网络主要用来做内容识别，在实践中作者发现，使用前三层 a、b、c 已经能够比较好地完成内容重建工作，而 d、 e 两层保留了一些比较高层的特征，丢失了一些细节。

使用 TensorFlow 实现内容损失函数的代码如下。

```
def content_loss(base, combination):
    return tf.reduce_sum(tf.square(combination - base))
```

13.2.2　风格损失

在图 13-5 中，我们在进行风格重建时采用了 VGG 网络中靠近底层的一些卷积层的不同子集：

```
'conv1_1' (a),
'conv1_1' and 'conv2_1' (b),
'conv1_1', 'conv2_1' and 'conv3_1' (c),
'conv1_1', 'conv2_1' , 'conv3_1'and 'conv4_1' (d),
'conv1_1', 'conv2_1' , 'conv3_1', 'conv4_1'and 'conv5_1' (e)
```

靠近底层的卷积层保留了图像的很多纹理、风格信息。由图 13-5 不难发现，d、e 的效果更好。

如何衡量风格？ Gatys 采用了基于通道的格拉姆矩阵（Gram Matrix），即某一层的不同通道的特征图的内积。这个内积可以理解为该层特征之间相互关系的映射，这些关系反映了图像的纹理统计规律。格拉姆矩阵的计算过程如图 13-6 所示。

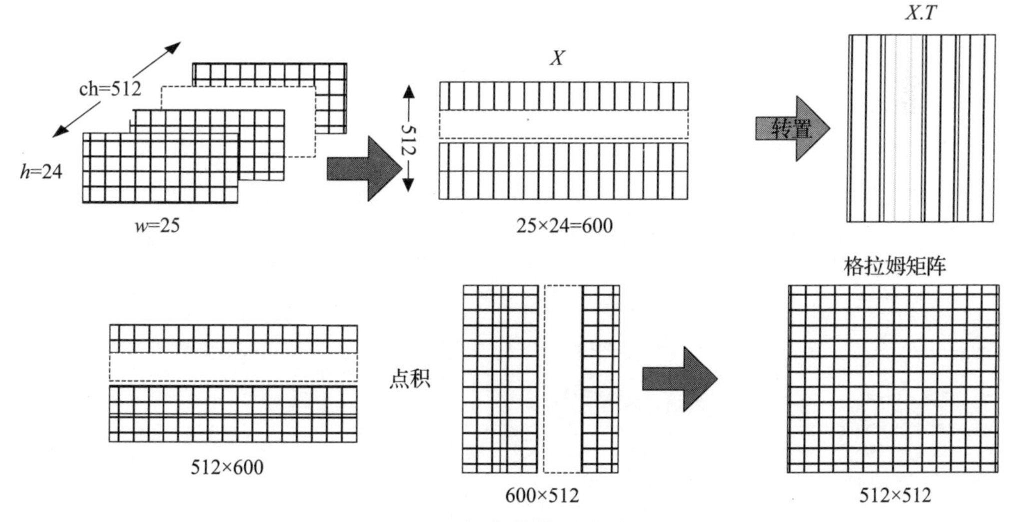

图 13-6　格拉姆矩阵的计算过程

假设输入图像经过卷积后，得到的特征图为 [ch, *h*, *w*]，其中 ch 表示通道数，*h*、*w* 分别表示特征图的大小。经过展平和矩阵转置操作后，特征图可以变形为 [ch, *h*×*w*] 和 [*h*×*w*, ch] 矩阵。再对两个矩阵做内积得到 [ch, ch] 大小的矩阵，这就是我们所说的格拉姆矩阵，如图 13-6 中最后一个矩阵所示。

注意，图 13-6 中没有出现批量大小，这里假设 batch_size=1。如果 batch_size 大于 1，则矩阵的形状应该是（batch_size×ch，$w \times h$）。

使用 TensorFlow 实现风格损失函数的代码如下。

1）先计算格拉姆矩阵。

```
def gram_matrix(x):
    x = tf.transpose(x, (2, 0, 1))
    features = tf.reshape(x, (tf.shape(x)[0], -1))
    gram = tf.matmul(features, tf.transpose(features))
    return gram
```

2）计算风格损失值。

```
def style_loss(style, combination):
    S = gram_matrix(style)
    C = gram_matrix(combination)
    channels = 3
    size = img_nrows * img_ncols
    return tf.reduce_sum(tf.square(S - C)) / (4.0 * (channels ** 2) * (size ** 2))
```

3）计算总损失值。

```
def total_variation_loss(x):
    a = tf.square(
        x[:, : img_nrows - 1, : img_ncols - 1, :] - x[:, 1:, : img_ncols - 1, :] )
    b = tf.square(
        x[:, : img_nrows - 1, : img_ncols - 1, :] - x[:, : img_nrows - 1, 1:, :] )
    return tf.reduce_sum(tf.pow(a + b, 1.25))
```

在计算总损失值时，对内容损失和风格损失是有侧重的，即需要为各自的损失值加上权重。

4）创建特征抽取模型。

```
# 构建一个 VGG19 模型，加载基于 ImageNet 的预训练权重
model = vgg19.VGG19(weights="imagenet", include_top=False)

# 获取每个“关键”层的符号输出
outputs_dict = dict([(layer.name, layer.output) for layer in model.layers])

# 建立一个模型，返回 VGG19 中每层的激活值
feature_extractor = keras.Model(inputs=model.inputs, outputs=outputs_dict)
```

5）计算风格迁移的损失值。

```
# 用于风格损失的网络层列表
style_layer_names = [
    "block1_conv1",
    "block2_conv1",
    "block3_conv1",
    "block4_conv1",
    "block5_conv1",
]
```

```
# 用于内容损失的网络层
content_layer_name = "block5_conv2"


def compute_loss(combination_image, base_image, style_reference_image):
    input_tensor = tf.concat(
        [base_image, style_reference_image, combination_image], axis=0
    )
    features = feature_extractor(input_tensor)

    # 初始化损失值
    loss = tf.zeros(shape=())

    # 添加内容损失
    layer_features = features[content_layer_name]
    base_image_features = layer_features[0, :, :, :]
    combination_features = layer_features[2, :, :, :]
    loss = loss + content_weight * content_loss(
        base_image_features, combination_features
    )
    # 添加风格损失
    for layer_name in style_layer_names:
        layer_features = features[layer_name]
        style_reference_features = layer_features[1, :, :, :]
        combination_features = layer_features[2, :, :, :]
        sl = style_loss(style_reference_features, combination_features)
        loss += (style_weight / len(style_layer_names)) * sl

    # 添加总的变化损失
    loss += total_variation_weight * total_variation_loss(combination_image)
    return loss
```

6）转为静态图计算。

```
@tf.function
def compute_loss_and_grads(combination_image, base_image, style_reference_image):
    with tf.GradientTape() as tape:
        loss = compute_loss(combination_image, base_image, style_reference_image)
    grads = tape.gradient(loss, combination_image)
    return loss, grads
```

13.2.3　训练模型

将随机梯度下降法作为优化器，对预处理后的数据进行训练。

```
optimizer = keras.optimizers.SGD(
    keras.optimizers.schedules.ExponentialDecay(
        initial_learning_rate=100.0, decay_steps=100, decay_rate=0.96
    )
)

base_image = preprocess_image(base_image_path)
style_reference_image = preprocess_image(style_reference_image_path)
```

```
combination_image = tf.Variable(preprocess_image(base_image_path))

iterations = 1000
for i in range(1, iterations + 1):
    loss, grads = compute_loss_and_grads(
        combination_image, base_image, style_reference_image
    )
    optimizer.apply_gradients([(grads, combination_image)])
    if i % 100 == 0:
        print("Iteration %d: loss=%.2f" % (i, loss))
        img = deprocess_image(combination_image.numpy())
        fname = result_prefix + "_at_iteration_%d.png" % i
        keras.preprocessing.image.save_img(fname, img)
```

最后得到如图 13-7 所示的风格迁移后的图像。

图 13-7　风格迁移后的上海陆家嘴

13.3　小结

本章介绍了生成式神经网络的两个应用：一个是 Deep Dream 模型，它可以让人们看到不同的网络层输出粒度；另一个是风格迁移，它可以把一张图像的风格迁移到另一张图像上。

CHAPTER 14

第 14 章

目标检测实例

本章将介绍一个目标检测实例，使用 Faster R-CNN 作为目标检测算法，使用 VOC2007 数据集，使用 RESNet 的预训练模型，并以 resnet50 为主干网络。

14.1 数据集简介

这里使用 VOC2007 数据集，其目录结构如图 14-1 所示。

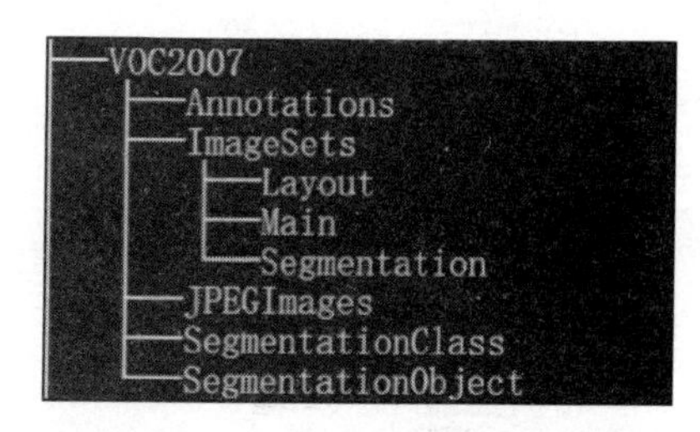

图 14-1 VOC2007 数据集的目录结构

各目录含义介绍如下。

1）Annotations 中存储的是 .xml 文件，即标注数据，标注了影像中的目标类型以及边界框 bbox。

2）ImageSets 中存储的是一些 txt 文件，其实就是各个挑战任务所使用的图片序号。VOC 比赛是将所有的图片保存在一起，在完成不同的挑战任务时，用一个 txt 文件存储使用图片的文件名即可。

3）JPEGImages 文件夹中存储了数据集的所有图片。

4）SegmentationClass 存储了类别分割的标注 png。

5）SegmentationObject 存储了实例分割的标注 png。

其中类别分割与实例分割的区别是类别分割只区分物体的类别，对相同类别的两个不同物体的像素分配同一个值；而实例分割不只区分目标的类别，也要区分相同类别的两个不同的对象。例如两个人，在类别分割中都标注为 person，而在实例分割中就需要标注为 person1、person2。

本项目这次主要使用前 3 个目录下的内容。项目主要流程分析如下。

1）导入需要的模块。

2）导入数据，集成训练数据、验证数据的标注信息等。

3）提取特征。

4）恢复模型权重参数。

5）可视化训练后的特征图。

6）实现 RPN 网络。

7）实现 RoI Pooling。

8）可视化最后结果。

14.2　准备数据

1）导入需要的模块。

```
import os
import random
import xml.etree.ElementTree as ET

from utils.utils import get_classes
```

2）指定一些超参数。

```
# annotation_mode 为 2 代表获得训练用的 2007_train.txt、2007_val.txt
annotation_mode     = 2
# 说明含类别信息文件所在目录
classes_path        = 'model_data/voc_classes.txt'

# 说明训练与验证数据集比例
trainval_percent    = 0.9
train_percent       = 0.9

# 说明 VOC2007 目录所在路径
VOCdevkit_path  = '../data/VOC2007/'

VOCdevkit_sets  = [('2007', 'train'), ('2007', 'val')]
classes, _      = get_classes(classes_path)
```

3）对标签数据进行集成。

```
def convert_annotation(year, image_id, list_file):
    in_file = open(os.path.join(VOCdevkit_path, 'Annotations/%s.xml'%(image_id)),
        encoding='utf-8')
    tree=ET.parse(in_file)
    root = tree.getroot()

    for obj in root.iter('object'):
        difficult = 0
        if obj.find('difficult')!=None:
            difficult = obj.find('difficult').text
        cls = obj.find('name').text
        if cls not in classes or int(difficult)==1:
            continue
        cls_id = classes.index(cls)
        xmlbox = obj.find('bndbox')
```

```
        b = (int(float(xmlbox.find('xmin').text)), int(float(xmlbox.find('ymin').
            text)), int(float(xmlbox.find('xmax').text)), int(float(xmlbox.
            find('ymax').text)))
        list_file.write(" " + ",".join([str(a) for a in b]) + ',' + str(cls_id))
```

4）生成 2007_train.txt 和 2007_val.txt 文件。

```
random.seed(0)
if annotation_mode == 0 or annotation_mode == 1:
    print("Generate txt in ImageSets.")
    xmlfilepath     = os.path.join(VOCdevkit_path, 'Annotations')
    saveBasePath    = os.path.join(VOCdevkit_path, 'ImageSets/Main')
    temp_xml        = os.listdir(xmlfilepath)
    total_xml       = []
    for xml in temp_xml:
        if xml.endswith(".xml"):
            total_xml.append(xml)

    num     = len(total_xml)
    list    = range(num)
    tv      = int(num*trainval_percent)
    tr      = int(tv*train_percent)
    trainval= random.sample(list,tv)
    train   = random.sample(trainval,tr)

    print("train and val size",tv)
    print("train size",tr)
    ftrainval   = open(os.path.join(saveBasePath,'trainval.txt'), 'w')
    ftest       = open(os.path.join(saveBasePath,'test.txt'), 'w')
    ftrain      = open(os.path.join(saveBasePath,'train.txt'), 'w')
    fval        = open(os.path.join(saveBasePath,'val.txt'), 'w')

    for i in list:
        name=total_xml[i][:-4]+'\n'
        if i in trainval:
            ftrainval.write(name)
            if i in train:
                ftrain.write(name)
            else:
                fval.write(name)
        else:
            ftest.write(name)

    ftrainval.close()
    ftrain.close()
    fval.close()
    ftest.close()
    print("Generate txt in ImageSets done.")

if annotation_mode == 0 or annotation_mode == 2:
    print("Generate 2007_train.txt and 2007_val.txt for train.")
    for year, image_set in VOCdevkit_sets:
        image_ids = open(os.path.join(VOCdevkit_path, 'ImageSets/Main/%s.
            txt'%(image_set)), encoding='utf-8').read().strip().split()
```

```
        list_file = open('%s_%s.txt'%(year, image_set), 'w', encoding='utf-8')
        for image_id in image_ids:
            list_file.write('%s/JPEGImages/%s.jpg'%(os.path.abspath(VOCdevkit_
                path), image_id))

            convert_annotation(year, image_id, list_file)
            list_file.write('\n')
        list_file.close()
    print("Generate 2007_train.txt and 2007_val.txt for train done.")
```

14.3 训练模型

1）导入需要的库或模块。

```
from functools import partial

import tensorflow as tf
import tensorflow.keras.backend as K
from tensorflow.keras.optimizers import Adam

from nets.frcnn import get_model
from nets.frcnn_training import (ProposalTargetCreator, classifier_cls_loss,
                                 classifier_smooth_l1, rpn_cls_loss,
                                 rpn_smooth_l1)
from utils.anchors import get_anchors
from utils.callbacks import LossHistory
from utils.dataloader import FRCNNDatasets
from utils.utils import get_classes
from utils.utils_bbox import BBoxUtility
from utils.utils_fit import fit_one_epoch

gpus = tf.config.experimental.list_physical_devices(device_type='GPU')
for gpu in gpus:
    tf.config.experimental.set_memory_growth(gpu, True)
```

2）设置相关的参数。

```
#说明图像类别文件路径
classes_path = 'model_data/voc_classes.txt'

# 指定预训练模型路径
model_path = 'model_data/voc_weights_resnet.h5'

# 输入的shape大小
input_shape  = [600, 600]
# 说明使用的主干网络
backbone = "resnet50"

# 说明锚框的几种尺寸
anchors_size    = [128, 256, 512]

# 冻结阶段训练参数
```

```
Init_Epoch          = 0
Freeze_Epoch        = 4
Freeze_batch_size   = 4
Freeze_lr           = 1e-4

# 解冻阶段训练参数
UnFreeze_Epoch      = 4
Unfreeze_batch_size = 2
Unfreeze_lr         = 1e-5

# 是否冻结训练，默认先冻结主干训练后解冻训练
Freeze_Train        = True
# 获得图片和标签所在路径
train_annotation_path   = '2007_train.txt'
val_annotation_path     = '2007_val.txt'
```

3）获取类别及锚框。

```
class_names, num_classes = get_classes(classes_path)
num_classes += 1
anchors = get_anchors(input_shape, backbone, anchors_size)
```

4）导入训练权重。

```
model_rpn, model_all = get_model(num_classes, backbone = backbone)
if model_path != '':
    #------------------------------------------------------#
    #   载入预训练权重
    #------------------------------------------------------#
    print('Load weights {}.'.format(model_path))
    model_rpn.load_weights(model_path, by_name=True)
    model_all.load_weights(model_path, by_name=True)
```

5）获取训练参数。

```
callback        = tf.summary.create_file_writer("logs")
loss_history    = LossHistory("logs/")

bbox_util       = BBoxUtility(num_classes)
roi_helper      = ProposalTargetCreator(num_classes)
```

6）读取数据集对应的文本文件信息。

```
with open(train_annotation_path) as f:
    train_lines = f.readlines()
with open(val_annotation_path) as f:
    val_lines   = f.readlines()
num_train   = len(train_lines)
num_val     = len(val_lines)

freeze_layers = {'vgg' : 17, 'resnet50' : 141}[backbone]
if Freeze_Train:
    for i in range(freeze_layers):
```

```
        if type(model_all.layers[i]) != tf.keras.layers.BatchNormalization:
            model_all.layers[i].trainable = False
    print('Freeze the first {} layers of total {} layers.'.format(freeze_layers,
        len(model_all.layers)))
```

7）编译与训练模型。

```
if True:
    batch_size  = Freeze_batch_size
    lr          = Freeze_lr
    start_epoch = Init_Epoch
    end_epoch   = Freeze_Epoch

    epoch_step      = num_train  //batch_size
    epoch_step_val  = num_val    //batch_size

    if epoch_step == 0 or epoch_step_val == 0:
        raise ValueError('数据集过小，无法进行训练，请扩充数据集。')

    model_rpn.compile(
        loss = {
            'classification': rpn_cls_loss(),
            'regression'    : rpn_smooth_l1()
        }, optimizer = Adam(lr=lr)
    )
    model_all.compile(
        loss = {
            'classification'                        : rpn_cls_loss(),
            'regression'                            : rpn_smooth_l1(),
            'dense_class_{}'.format(num_classes)    : classifier_cls_loss(),
            'dense_regress_{}'.format(num_classes)  : classifier_smooth_l1(num_
classes - 1)
        }, optimizer = Adam(lr=lr)
    )

    gen     = FRCNNDatasets(train_lines, input_shape, anchors, batch_size, num_
        classes, train = True).generate()
    gen_val = FRCNNDatasets(val_lines, input_shape, anchors, batch_size, num_
        classes, train = False).generate()

    print('Train on {} samples, val on {} samples, with batch size {}.'.format(num_
        train, num_val, batch_size))
    for epoch in range(start_epoch, end_epoch):
        fit_one_epoch(model_rpn, model_all, loss_history, callback, epoch,
            epoch_step, epoch_step_val, gen, gen_val, end_epoch,
                anchors, bbox_util, roi_helper)
        lr = lr*0.96
        K.set_value(model_rpn.optimizer.lr, lr)
        K.set_value(model_all.optimizer.lr, lr)

if Freeze_Train:
    for i in range(freeze_layers):
        if type(model_all.layers[i]) != tf.keras.layers.BatchNormalization:
```

```
            model_all.layers[i].trainable = True

    if True:
        batch_size  = Unfreeze_batch_size
        lr          = Unfreeze_lr
        start_epoch = Freeze_Epoch
        end_epoch   = UnFreeze_Epoch

        epoch_step      = num_train  //batch_size
        epoch_step_val  = num_val    //batch_size

        if epoch_step == 0 or epoch_step_val == 0:
            raise ValueError('数据集过小，无法进行训练，请扩充数据集。')

        model_rpn.compile(
            loss = {
                'classification': rpn_cls_loss(),
                'regression'    : rpn_smooth_l1()
            }, optimizer = Adam(lr=lr)
        )
        model_all.compile(
            loss = {
                'classification'                      : rpn_cls_loss(),
                'regression'                          : rpn_smooth_l1(),
                'dense_class_{}'.format(num_classes)  : classifier_cls_loss(),
                'dense_regress_{}'.format(num_classes) : classifier_smooth_l1(num_
                    classes - 1)
            }, optimizer = Adam(lr=lr)
        )

        gen     = FRCNNDatasets(train_lines, input_shape, anchors, batch_size, num_
            classes, train = True).generate()
        gen_val = FRCNNDatasets(val_lines, input_shape, anchors, batch_size, num_
            classes, train = False).generate()

        print('Train on {} samples, val on {} samples, with batch size {}.'.format(num_
            train, num_val, batch_size))
        for epoch in range(start_epoch, end_epoch):
            fit_one_epoch(model_rpn, model_all, loss_history, callback, epoch,
                epoch_step, epoch_step_val, gen, gen_val, end_epoch,
                    anchors, bbox_util, roi_helper)
            lr = lr*0.96
            K.set_value(model_rpn.optimizer.lr, lr)
            K.set_value(model_all.optimizer.lr, lr)
```

8）初始化 Faster R-CNN。

```
def __init__(self, **kwargs):
        self.__dict__.update(self._defaults)
        for name, value in kwargs.items():
            setattr(self, name, value)
        #---------------------------------------------------#
        #   获得种类和先验框的数量
```

```
        #-------------------------------------------------------#
        self.class_names, self.num_classes  = get_classes(self.classes_path)
        self.num_classes                    = self.num_classes + 1
        #-------------------------------------------------------#
        #   创建一个工具箱，用于解码
        #   最大使用min_k个建议框，默认为150
        #-------------------------------------------------------#
        self.bbox_util = BBoxUtility(self.num_classes, nms_iou = self.nms_iou,
            min_k = 150)

        #-------------------------------------------------------#
        #   画框设置不同的颜色
        #-------------------------------------------------------#
        hsv_tuples = [(x / self.num_classes, 1., 1.) for x in range(self.num_
            classes)]
        self.colors = list(map(lambda x: colorsys.hsv_to_rgb(*x), hsv_tuples))
        self.colors = list(map(lambda x: (int(x[0] * 255), int(x[1] * 255),
            int(x[2] * 255)), self.colors))
        self.generate()
```

9）载入模型。

```
def generate(self):
        model_path = os.path.expanduser(self.model_path)
        assert model_path.endswith('.h5'), 'Keras model or weights must be a .h5 file.'
        #-------------------------------#
        #   载入模型与权值
        #-------------------------------#
        self.model_rpn, self.model_classifier = frcnn.get_predict_model(self.
            num_classes, self.backbone)
        self.model_rpn.load_weights(self.model_path, by_name=True)
        self.model_classifier.load_weights(self.model_path, by_name=True)
        print('{} model, anchors, and classes loaded.'.format(model_path))
```

10）检测图像。

```
def detect_image(self, image):
        #-------------------------------------------------------#
        #   计算输入图像的高和宽
        #-------------------------------------------------------#
        image_shape = np.array(np.shape(image)[0:2])
        #-------------------------------------------------------#
        #   计算输入网络中进行运算的图像的高和宽
        #   保证短边是600
        #-------------------------------------------------------#
        input_shape = get_new_img_size(image_shape[0], image_shape[1])
        #---------------------------------------------------------------#
        #   在这里将图像转换成RGB图像，防止灰度图在预测时报错
        #   代码仅仅支持对RGB图像的预测，所有其他类型的图像都会转化成RGB类型
        #---------------------------------------------------------------#
        image       = cvtColor(image)
        #---------------------------------------------------------------#
        #   调整原图像的形状，以使短边为600的大小
```

```
#---------------------------------------------------------#
image_data  = resize_image(image, [input_shape[1], input_shape[0]])
#---------------------------------------------------------#
#   添加上 batch_size 维度
#---------------------------------------------------------#
image_data  = np.expand_dims(preprocess_input(np.array(image_data,
    dtype='float32')), 0)

#---------------------------------------------------------#
#   获得 RPN 网络预测结果和 base_layer
#---------------------------------------------------------#
rpn_pred        = self.model_rpn(image_data)
rpn_pred        = [x.numpy() for x in rpn_pred]
#---------------------------------------------------------#
#   生成先验框并解码
#---------------------------------------------------------#
anchors         = get_anchors(input_shape, self.backbone, self.anchors_size)
rpn_results     = self.bbox_util.detection_out_rpn(rpn_pred, anchors)

#-------------------------------------------------------------#
#   利用建议框获得 classifier 网络预测结果
#-------------------------------------------------------------#
classifier_pred = self.model_classifier([rpn_pred[2], rpn_results[:, :,
    [1, 0, 3, 2]]])
classifier_pred = [x.numpy() for x in classifier_pred]
#-------------------------------------------------------------#
#   利用 classifier 的预测结果对建议框进行解码，获得预测框
#-------------------------------------------------------------#
results         = self.bbox_util.detection_out_classifier(classifier_
    pred, rpn_results, image_shape, input_shape, self.confidence)

if len(results[0]) == 0:
    return image

top_label   = np.array(results[0][:, 5], dtype = 'int32')
top_conf    = results[0][:, 4]
top_boxes   = results[0][:, :4]
#---------------------------------------------------------#
#   设置字体与边框厚度
#---------------------------------------------------------#
font = ImageFont.truetype(font='model_data/simhei.ttf',size=np.floor(3e-2 *
    np.shape(image)[1] + 0.5).astype('int32'))
thickness = max((np.shape(image)[0] + np.shape(image)[1]) //input_shape[0], 1)
```

11）绘制图像。

```
for i, c in list(enumerate(top_label)):
        predicted_class = self.class_names[int(c)]
        box             = top_boxes[i]
        score           = top_conf[i]

        top, left, bottom, right = box
```

```
        top      = max(0, np.floor(top).astype('int32'))
        left     = max(0, np.floor(left).astype('int32'))
        bottom   = min(image.size[1], np.floor(bottom).astype('int32'))
        right    = min(image.size[0], np.floor(right).astype('int32'))

        label = '{} {:.2f}'.format(predicted_class, score)
        draw = ImageDraw.Draw(image)
        label_size = draw.textsize(label, font)
        label = label.encode('utf-8')
        print(label, top, left, bottom, right)

        if top - label_size[1] >= 0:
            text_origin = np.array([left, top - label_size[1]])
        else:
            text_origin = np.array([left, top + 1])

        for i in range(thickness):
            draw.rectangle([left + i, top + i, right - i, bottom - i],
                outline=self.colors[c])
        draw.rectangle([tuple(text_origin), tuple(text_origin + label_
            size)], fill=self.colors[c])
        draw.text(text_origin, str(label,'UTF-8'), fill=(0, 0, 0), font=font)
        del draw
    return image
```

14.4　测试模型

用新图像测试训练好的模型。

```
# 说明测试图像、检测后图像位置
dir_origin_path = "img/"
dir_save_path   = "img_out/"

mode == "dir_predict":
    import os
    from tqdm import tqdm
    img_names = os.listdir(dir_origin_path)
    for img_name in tqdm(img_names):
        if img_name.lower().endswith(('.bmp', '.dib', '.png', '.jpg', '.jpeg',
            '.pbm', '.pgm', '.ppm', '.tif', '.tiff')):
            image_path  = os.path.join(dir_origin_path, img_name)
            image       = Image.open(image_path)
            r_image     = frcnn.detect_image(image)
            if not os.path.exists(dir_save_path):
                os.makedirs(dir_save_path)
            r_image.save(os.path.join(dir_save_path, img_name))
```

检测前后的图像如图 14-2 所示。

原图像

检测结果

图 14-2　检测前后的图像

14.5　小结

本章主要介绍了如何使用 Faster R-CNN 算法进行目标检测。Faster R-CNN 算法比较经典，其中包含的一些技术，如锚框、RPN 及 ROI Pooling 等，已被应用到其他目标检测中。

CHAPTER 15

第 15 章

人脸检测与识别实例

目前，人脸检测与识别的应用非常广泛，如通过人脸识别进行手机支付、分析公共场所的人流量、在边境口岸甄别犯罪嫌疑人、在金融系统进行身份认证等。随着技术应用越来越广泛，其遇到的挑战也越来越多、越来越大。从单一限定场景发展到广场、火车站、地铁口等场景，人脸检测面临的挑战也越来越复杂，比如人脸尺度多变、数量巨大、姿势多样等，也有俯拍、被帽子口罩遮挡等情况，还有表情夸张、化妆伪装、光照条件恶劣、分辨率低等情况。

如何解决这些问题？新问题只能用新方法来解决，其中 MTCNN 算法是人脸检测的经典方法，本章将重点介绍。此外，本章也将介绍一些其他内容，具体包括：

- 人脸识别简介
- 项目概况
- 项目详细实施步骤

15.1 人脸识别简介

广义的人脸识别包括构建人脸识别系统的一系列相关技术，如人脸图像采集、人脸定位、人脸识别预处理、身份确认以及身份查找等；而狭义的人脸识别特指通过人脸进行身份确认或者身份查找的技术或系统。

人脸识别是计算机技术研究领域中的一种生物特征识别技术，是通过对生物体（一般特指人）本身的生物特征进行识别来区分生物体个体。生物特征识别技术所研究的生物特征包括脸、指纹、手掌纹、虹膜、视网膜、声音（语音）、体形、个人习惯（例如敲击键盘的力度、频率、签字）等，因此，对应就产生了人脸识别、指纹识别、掌纹识别、虹膜识别、视网膜识别、语音识别（可以进行身份识别，也可以进行语音内容的识别，但只有前者属于生物特征识别技术）、体形识别、键盘敲击识别、签字识别等技术。

人脸识别的优势在于其自然性和不被被测个体察觉的特点容易被大家接受。

人脸识别的一般处理流程如图 15-1 所示。各个流程具体分析如下。

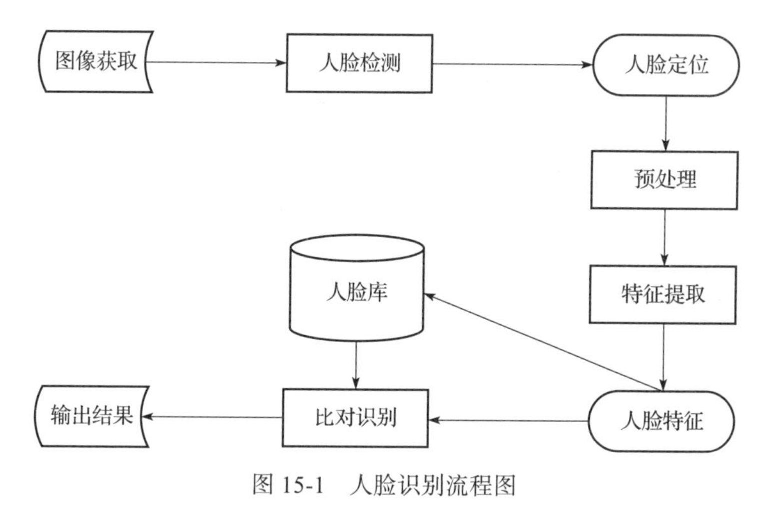

图 15-1　人脸识别流程图

1）图像获取。可以通过摄像机把人脸图像采集下来，也可以通过图像上传的方式获取图像。

2）人脸检测。即给定任意一张图像，找到其中是否存在一个或多个人脸，并返回图像中每个人脸的位置、范围及特征等，如图 15-2 所示。

图 15-2　人脸检测示意图

3）人脸定位。通过人脸来确定位置信息。

4）预处理。基于人脸检测结果，对图像进行处理，为后续的特征提取服务。系统获取到的人脸图像可能受到各种条件的限制或影响，需要对其进行大小缩放、旋转、拉伸、灰度变换规范化及过滤等图像预处理。由于图像中存在很多干扰因素，如外部因素，包括清晰度、天气、角度、距离等；目标本身因素，包括胖瘦，假发、围巾、眼镜、表情等；所以神经网络一般需要比较多的训练数据，才能从原始的特征中提炼出有意义的特征。如图 15-3 所示，如果数据太少，那么神经网络的性能可能还不及传统机器学习。

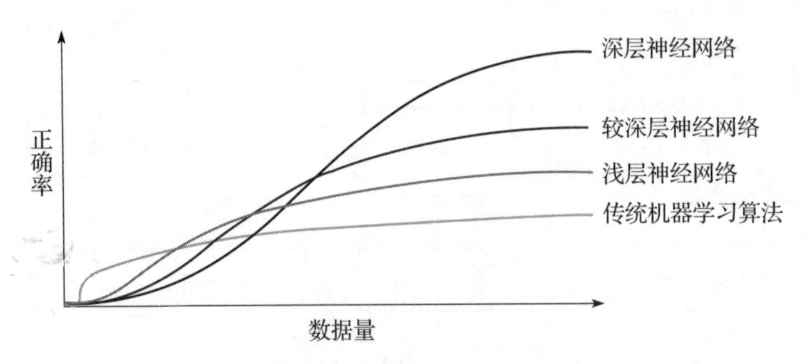

图 15-3　神经网络数据量与正确率的关系

5）特征提取。就是将人脸图像信息数字化，把人脸图像转换为一串数字。特征提取是一项重要内容，在传统机器学习中，往往要占据大部分时间和精力，有时即使花去了时间，效果也不一定理想，而深度学习中支持自动获取特征，节省了很多资源。图 15-4 为传统机器学习与深度学习的一些异同，尤其是提取特征方面。

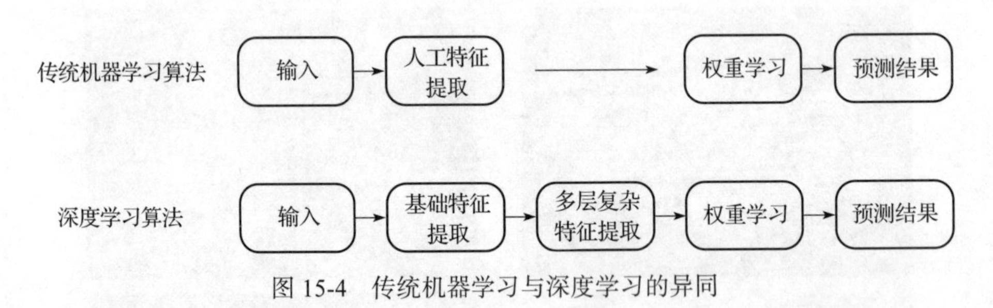

图 15-4　传统机器学习与深度学习的异同

6）人脸特征。找到人脸的一些关键特征或位置，如眼睛、嘴唇、鼻子、下巴等的位置，利用特征点间的欧氏距离、曲率和角度等提取特征分量，最终把相关的特征连接成一个长的特征向量。图 15-5 显示了人脸的一些特征点。

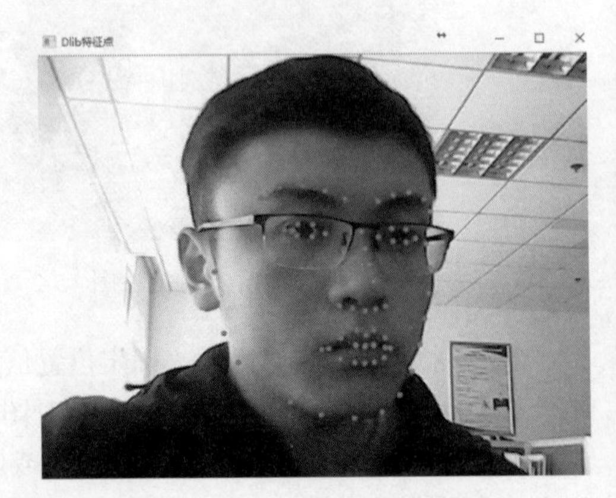

图 15-5　人脸特征点分布图

7）比对识别。如通过模型回答两张人脸是否属于相同的人，或者指出一张新脸是人脸库中谁的脸。

8）输出结果。对人脸库中的新图像进行身份认证，并给出结果。

15.2 项目概况

1）数据集：由两部分组成，包括他人的人脸图片集及我自己的部分图片。

他人的图片可从以下网站获取：

- 网站地址：http://vis-www.cs.umass.edu/lfw/
- 图片集下载：http://vis-www.cs.umass.edu/lfw/lfw.tgz

2）目录说明。以下是当前运行的目录。

- 存放自己头像的目录：input_dir='./data/face_recog/my_faces'。
- 存放别人头像的目录：input_dir='./data/face_recog/other_faces'。
- 存放测试自己或别人的头像目录：input_dir='./data/face_recog/test_faces'。

3）执行步骤说明如下。这里给出的是本书代码资源中的对应代码模块。

先处理自己、别人的头像，对应代码模块为：

```
char-15-01.ipynb
```

构建模型、训练模型，对应代码模块为：

```
char-15-02.ipynb
```

用新头像进行测试模型，对应代码模块为：

```
char-15-03.ipynb
```

其中第二步、第三步将自动调用公共函数模块：share_fun.py。

4）人脸识别。获取数据后，第一件事就是对图片进行处理，即人脸识别，把人脸的范围确定下来。人脸识别有很多方法，这里使用 dlib 来识别人脸部分，当然也可以使用 OpenCV 来识别人脸。在实际使用过程中，dlib 的识别效果比 OpenCV 好一些。识别处理后的图片的存放路径为：data/my_faces（存放预处理后的自己的图片，里面还复制了一些图片）；data/other_faces（存放预处理后的别人的图片）。

5）主要事项。

需要安装以下模块，包括 Python 3.7+、TensorFlow 2+、opencv 和 dlib，把 Python 的 lib 目录加到环境变量中。如在 Linux 环境中，我们需在用户默认目录下的 .bashrc 文件中添加以下语句

```
export LD_LIBRARY_PATH="/home/xxx/anaconda3/lib":"$LD_LIBRARY_PATH"
```

如在 Windows 环境中，我们需要添加 LD_LIBRARY_PATH 环境变量。

15.3 项目详细实施步骤

人脸识别的具体步骤如下：

- 先获取自己的头像，可以通过手机、电脑等设备拍摄得到；
- 下载别人的头像，具体网址详见下节；
- 利用 dlib、OpenCV 对人脸进行检测；
- 根据检测后的图像，利用卷积神经网络训练模型；
- 把新头像用模型进行识别，看模型是否能正确识别。

15.3.1 图像预处理

1）导入需要的库。

```
import sys
import os
import cv2
import dlib
```

2）预处理图像。先定义预处理函数。

```
def process_image(input_dir, output_dir):
    index = 1
    size = 64
    # 使用dlib自带的frontal_face_detector作为我们的特征提取器
    detector = dlib.get_frontal_face_detector()
    for (path, dirnames, filenames) in os.walk(input_dir):
        for filename in filenames:
            if filename.endswith('.jpg'):
                print('Start process picture %s' % index)
                img_path = path + '/' + filename
                # 从文件读取图片
                img = cv2.imread(img_path)
                # 转为灰度图片
                gray_img = cv2.cvtColor(img, cv2.COLOR_BGR2GRAY)
                # 使用detector进行人脸检测 dets为返回的结果
                dets = detector(gray_img, 1)

                # 使用enumerate 函数遍历序列中的元素以及它们的下标
                # 下标i即为人脸序号
                # left：人脸左边距离图片左边界的距离；right：人脸右边距离图片左边界的距离
                # top：人脸上边距离图片上边界的距离；bottom：人脸下边距离图片上边界的距离
                for i, d in enumerate(dets):
                    x1 = d.top() if d.top() > 0 else 0
                    y1 = d.bottom() if d.bottom() > 0 else 0
                    x2 = d.left() if d.left() > 0 else 0
                    y2 = d.right() if d.right() > 0 else 0
                    # img[y:y+h,x:x+w]
                    face = img[x1:y1, x2:y2]
                    # 调整图片的尺寸
                    face = cv2.resize(face, (size, size))
                    cv2.imshow('image', face)
                    # 保存图片
                    cv2.imwrite(output_dir + '/' + str(index) + '.jpg', face)
                    index += 1
```

```
            # 不断刷新图像，频率时间为 30 ms
            key = cv2.waitKey(30) & 0xff
            if key == 27:
                sys.exit(0)
```

接着处理自己的头像。

```
# 我的头像（可以用手机或电脑等拍摄，尽量清晰、尽量多，越多越好）上传到以下 input_dir 目录下，
# output_dir 为检测以后的头像
input_dir = './data/face_recog/my_faces'
output_dir = './data/my_faces'

if not os.path.exists(output_dir):
    os.makedirs(output_dir)

print(" 开始处理自己的头像 ")
process_image(input_dir, output_dir)
```

最后预处理别人的头像。

```
input_dir = './data/face_recog/other_faces'
output_dir = './data/other_faces'

if not os.path.exists(output_dir):
    os.makedirs(output_dir)

print(" 开始处理别人的头像 ")
process_image(input_dir, output_dir)
```

15.3.2 构建模型

1）导入需要的库。

```
import tensorflow as tf
import numpy as np
import random
from sklearn.model_selection import train_test_split

from share_fun import *
```

2）设置一些超参数。

```
my_faces_path = './data/my_faces'
other_faces_path = './data/other_faces'
size = 64

imgs = []
labs = []

a, b = readData(my_faces_path)
c, d = readData(other_faces_path)
imgs = a + c
labs = b + d
```

3）对数据做预处理。

```
# 将图片数据与标签转换成数组
imgs = np.array(imgs)
labs = np.array([[0] if lab == my_faces_path else [1] for lab in labs])
# 随机划分测试集与训练集
train_x, test_x, train_y, test_y = train_test_split(imgs, labs, test_size=0.05,
    random_state=random.randint(0, 100))
# 将数据转换成小于 1 的数
train_x = train_x.astype('float32') / 255.0
test_x = test_x.astype('float32') / 255.0

print('train size:%s, test size:%s' % (len(train_x), len(test_x)))
```

4）构建网络结构。

```
from tensorflow.keras import layers, models
model = models.Sequential()
model.add(layers.Conv2D(32, (3, 3), activation='relu', input_shape=(64, 64, 3)))
model.add(layers.MaxPooling2D((2, 2)))
model.add(layers.Conv2D(64, (3, 3), activation='relu'))
model.add(layers.MaxPooling2D((2, 2)))
model.add(layers.Conv2D(64, (3, 3), activation='relu'))

model.add(layers.Flatten(name="flatten_layer"))
model.add(layers.Dense(64, activation='relu',  name="dense_layer1"))
model.add(layers.Dense(2, activation='sigmoid', name="dense_layer2"))
```

5）编译与运行模型。

```
model.compile(optimizer='adam',
              loss=tf.keras.losses.SparseCategoricalCrossentropy(from_logits=True),
              metrics=['accuracy'])

history = model.fit(train_x, train_y, epochs=3,
                    validation_data=(test_x, test_y))

pred = model(test_x)

acc = tf.reduce_mean(tf.cast(tf.equal(tf.argmax(pred, 1), tf.cast(tf.reshape(tf.
    convert_to_tensor(test_y),shape=[39,]),tf.int64)), tf.float32))
print('accuracy is : {}% '.format(acc*100))

if acc > 0.9:
    tf.saved_model.save(model, model_path)
```

15.3.3 测试模型

1）测试代码。

```
model = tf.keras.models.load_model(model_path)
```

```
def is_my_face(image):
    res = model.predict(image.reshape(-1, 64, 64, 3))
    if res[0][0] == 1:
        return True
    else:
        return False


detector = dlib.get_frontal_face_detector()

for (path, dirnames, filenames) in os.walk(input_dir):
    for filename in filenames:
        if filename.endswith('.jpg'):
            print('Start to process picture %s' % filename)
            img_path = path + '/' + filename
            # 从文件读取图片
            img = cv2.imread(img_path)
            gray_image = cv2.cvtColor(img, cv2.COLOR_BGR2GRAY)
            dets = detector(gray_image, 1)
            if not len(dets):
                print('Can`t get face.')
                cv2.imshow('img', img)
                key = cv2.waitKey(30) & 0xff
                if key == 27:
                    sys.exit(0)
            for i, d in enumerate(dets):
                x1 = d.top() if d.top() > 0 else 0
                y1 = d.bottom() if d.bottom() > 0 else 0
                x2 = d.left() if d.left() > 0 else 0
                y2 = d.right() if d.right() > 0 else 0
                face = img[x1:y1, x2:y2]
                # 调整图片的尺寸
                face = cv2.resize(face, (size, size))
                print('Is this my face %s ? %s' % (filename, is_my_face(face)))
                cv2.rectangle(img, (x2, x1), (y2, y1), (255, 0, 0), 3)
                cv2.imshow('image', img)
                key = cv2.waitKey(30) & 0xff
                if key == 27:
                    sys.exit(0)
```

2）测试结果如下。

```
Start to process picture myf251.jpg
Is this my face myf251.jpg ? True
Start to process picture myf252.jpg
Is this my face myf252.jpg ? True
Start to process picture myf253.jpg
Is this my face myf253.jpg ? True
Start to process picture myf254.jpg
Is this my face myf254.jpg ? True
Start to process picture Rob_Lowe_0001.jpg
Is this my face Rob_Lowe_0001.jpg ? False
```

从测试结果来看，该模型不但能检测自己的头像，还能检测别人的头像，准确率达到100%！

15.4　小结

人脸识别与目标检测类似，首先需要定位，然后再识别。本项目采用 dlib 进行人脸检测，然后使用卷积神经网络进行识别，从运行结果来看，效果不错！

CHAPTER 16

第 16 章

文本检测与识别实例

光学字符识别（Optical Character Recognition，OCR）是指对含文本资料的图像进行分析识别处理并获取文字的过程，即对图像中的文字进行检测和识别，并以文本的形式返回。

从自然场景图片中进行光学字符识别，一般包括两个步骤。

- 文字检测：确定文字位置和范围。
- 文字识别：对定位好的文字区域进行识别，将图像中的文字区域转化为字符信息。

文字检测类似于目标检测，下面来看详细内容。

16.1 项目架构说明

本章的 OCR 项目采用 CNN+RNN+CTC（CRNN+CTC）架构，具体如图 16-1 所示。

如图 16-1 所示，输入图像大小为（200, 50, 1），具体格式为（长，宽，通道数），这里对图像进行了预处理，使之变为灰色，即通道数变为 1。该架构分为三个部分。

1. 卷积层

这里的卷积层就是一个普通的 CNN 网络，用于提取输入图像的特征图，即将大小为（200, 50, 1）的图像转换为大小为（1, 50, 20）的卷积特征矩阵。

2. 循环层

这里的循环层是一个深层双向 LSTM 网络，在卷积特征的基础上继续提取文字序列特征。

3. CTC 层

输出后验概率矩阵，后续的 CTC 损失将基于这个矩阵。CTC 损失可解决输出长度与标签长度不相等的问题。有关 CTC 的进一步说明，大家可参考相关论文或博客，这里不再赘述。

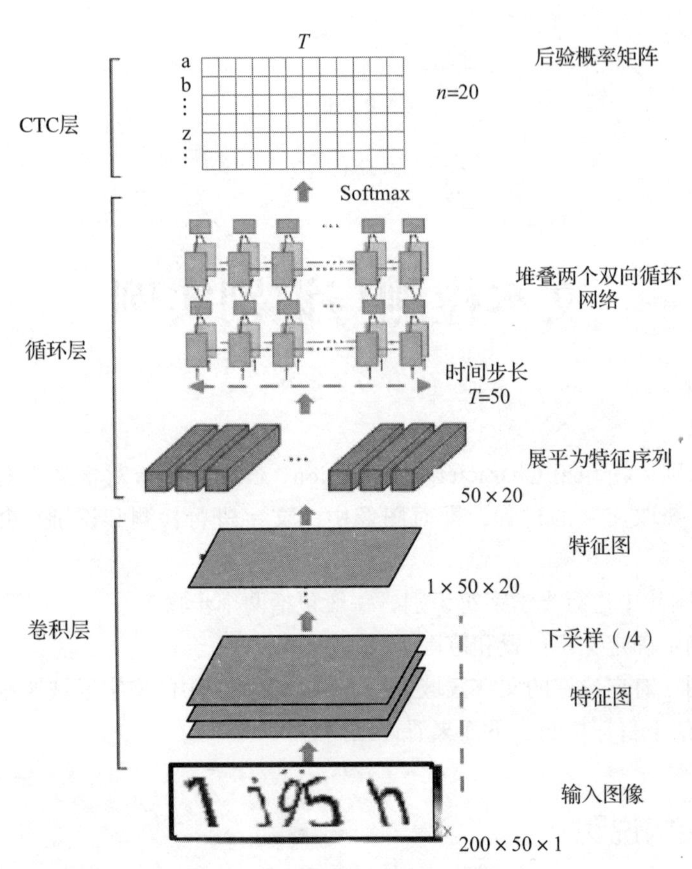

图 16-1　CRNN+CTC 的架构图

16.2　项目实施步骤

首先，手工生成训练数据，然后，构建、训练并测试模型。

16.2.1　手工生成训练数据

1）导入需要的库。

```
from captcha.image import ImageCaptcha
import random
import shutil
import os
from PIL import Image
import numpy as np
import tensorflow as tf
import cv2 as cv
```

2）选择生成 5 位验证码的数字及字母。

选择数字。

```
# 选择 9 个自然数
number = [ '1', '2', '3', '4', '5', '6', '7', '8', '9']
```

选择字母。

```
# 选择 9 个小写字母
alphabet = [ 'a', 'd',  'h', 'j', 'k', 'q', 's', 't', 'y']
```

确定验证码图像的形状。

```
CHAR_SET = number + alphabet
CHAR_SET_LEN = len(CHAR_SET)
IMAGE_HEIGHT = 50
IMAGE_WIDTH = 160
```

指定存放验证码的目录。

```
## 创建保存训练数据集的目录
save_path='ocr_data/'
shutil.rmtree(save_path,ignore_errors=True)
if not os.path.exists(save_path):
    os.makedirs(save_path)
```

随机生成 5 位验证码。

```
def random_captcha_text(char_set=None, captcha_size=5):
    if char_set is None:
        char_set = number + alphabet

    captcha_text = []
    for i in range(captcha_size):
        c = random.choice(char_set)
        captcha_text.append(c)
    return captcha_text


def gen_captcha_text_and_image(width=200, height=50, char_set=CHAR_SET):
    image = ImageCaptcha(width=width, height=height)
    # 然后再使用 create_noise_curve 方法将上面生成的验证码画上干扰线
    # image = image.create_noise_curve(image, color='black')
    captcha_text = random_captcha_text(char_set)
    captcha_text = ''.join(captcha_text)
    captcha= image.create_captcha_image(captcha_text,color='red', background=
        'white')
    captcha = image.create_noise_curve(captcha, color='black')
    captcha.save(save_path+captcha_text+".png")
    return captcha_text, captcha

## 生成 3000 张验证码图片
for i in range(3000):
    text, image = gen_captcha_text_and_image(char_set=CHAR_SET)
```

16.2.2 数据预处理

1）导入数据。

```
# 指定数据存放路径
data_dir = Path("ocr_data")

# 获取所有验证码图像，并以列表方式存放
images = sorted(list(map(str, list(data_dir.glob("*.png")))))
labels = [img.split(os.path.sep)[-1].split(".png")[0] for img in images]
characters = set(char for label in labels for char in label)

print("Number of images found: ", len(images))
print("Number of labels found: ", len(labels))
print("Number of unique characters: ", len(characters))
print("Characters present: ", characters)

# 对训练和验证数据，设置批数量大小
batch_size = 16

# 设置图像大小
img_width = 200
img_height = 50

downsample_factor = 4

max_length = max([len(label) for label in labels])
```

2）预处理数据。

```
# 把字符转换为整数
char_to_num = layers.experimental.preprocessing.StringLookup(
    vocabulary=list(characters), mask_token=None
)

# 把整数对应原来的字符
num_to_char = layers.experimental.preprocessing.StringLookup(
    vocabulary=char_to_num.get_vocabulary(), mask_token=None, invert=True
)

def split_data(images, labels, train_size=0.9, shuffle=True):
    # 1）获取数据大小
    size = len(images)
    # 2）索引化并打乱数据
    indices = np.arange(size)
    if shuffle:
        np.random.shuffle(indices)
    # 3）获取训练数据大小
    train_samples = int(size * train_size)
    # 4）把数据划分为训练和验证数据
    x_train, y_train = images[indices[:train_samples]], labels[indices[:train_samples]]
    x_valid, y_valid = images[indices[train_samples:]], labels[indices[train_samples:]]
    return x_train, x_valid, y_train, y_valid
```

```
# 把数据划分为训练和验证数据
x_train, x_valid, y_train, y_valid = split_data(np.array(images), np.array(labels))

def encode_single_sample(img_path, label):
    # 1) 读图像
    img = tf.io.read_file(img_path)
    # 2) 把图像转换为灰色
    img = tf.io.decode_png(img, channels=1)
    # 3) 转换数据类型
    img = tf.image.convert_image_dtype(img, tf.float32)
    # 4) 改变数据形状
    img = tf.image.resize(img, [img_height, img_width])
    # 5) 改变数据的维度次序
    img = tf.transpose(img, perm=[1, 0, 2])
    # 6) 把标签字符对应到数字
    label = char_to_num(tf.strings.unicode_split(label, input_encoding="UTF-8"))
    # 7) 返回一个字典，包含图像及标签
    return {"image": img, "label": label}
```

3）创建数据集。

```
train_dataset = tf.data.Dataset.from_tensor_slices((x_train, y_train))
train_dataset = (
    train_dataset.map(
        encode_single_sample, num_parallel_calls=tf.data.AUTOTUNE
    )
    .batch(batch_size)
    .prefetch(buffer_size=tf.data.AUTOTUNE)
)

validation_dataset = tf.data.Dataset.from_tensor_slices((x_valid, y_valid))
validation_dataset = (
    validation_dataset.map(
        encode_single_sample, num_parallel_calls=tf.data.AUTOTUNE
    )
    .batch(batch_size)
    .prefetch(buffer_size=tf.data.AUTOTUNE)
)
```

4）可视化数据。

```
_, ax = plt.subplots(2, 4, figsize=(10, 2))
for batch in train_dataset.take(1):
    images = batch["image"]
    labels = batch["label"]
    for i in range(8):
        img = (images[i] * 255).numpy().astype("uint8")
        label = tf.strings.reduce_join(num_to_char(labels[i])).numpy().decode("utf-8")
        ax[i // 4, i % 4].imshow(img[:, :, 0].T, cmap="gray")
        ax[i // 4, i % 4].set_title(label)
        ax[i // 4, i % 4].axis("off")
plt.show()
```

16.2.3　构建模型

1）定义层。

```
class CTCLayer(layers.Layer):
    def __init__(self, name=None):
        super().__init__(name=name)
        self.loss_fn = keras.backend.ctc_batch_cost

    def call(self, y_true, y_pred):
        # 计算损失值
        # 并利用函数 self.add_loss() 把损失值添加到层
        batch_len = tf.cast(tf.shape(y_true)[0], dtype="int64")
        input_length = tf.cast(tf.shape(y_pred)[1], dtype="int64")
        label_length = tf.cast(tf.shape(y_true)[1], dtype="int64")

        input_length = input_length * tf.ones(shape=(batch_len, 1), dtype="int64")
        label_length = label_length * tf.ones(shape=(batch_len, 1), dtype="int64")

        loss = self.loss_fn(y_true, y_pred, input_length, label_length)
        self.add_loss(loss)

        # 最后，返回预测值
        return y_pred
```

2）构建模型。

```
def build_model():
    # 模型输入
    input_img = layers.Input(
        shape=(img_width, img_height, 1), name="image", dtype="float32"
    )
    labels = layers.Input(name="label", shape=(None,), dtype="float32")

    # 第1个卷积块
    x = layers.Conv2D(
        32,
        (3, 3),
        activation="relu",
        kernel_initializer="he_normal",
        padding="same",
        name="Conv1",
    )(input_img)
    x = layers.MaxPooling2D((2, 2), name="pool1")(x)

    # 第2个卷积块
    x = layers.Conv2D(
        64,
        (3, 3),
        activation="relu",
        kernel_initializer="he_normal",
        padding="same",
        name="Conv2",
```

```
    )(x)
    x = layers.MaxPooling2D((2, 2), name="pool2")(x)
    # 使用步幅为 2 的最大池化
    # 得到小于 4 倍的下采样特征图
    # 最后 1 层卷积的数量为 64
    # 并在把输出传递给循环网络模型前调整其形状
    new_shape = ((img_width // 4), (img_height // 4) * 64)
    x = layers.Reshape(target_shape=new_shape, name="reshape")(x)
    x = layers.Dense(64, activation="relu", name="dense1")(x)
    x = layers.Dropout(0.2)(x)

    # 循环神经网络
    x = layers.Bidirectional(layers.LSTM(128, return_sequences=True, dropout=0.25))(x)
    x = layers.Bidirectional(layers.LSTM(64, return_sequences=True, dropout=0.25))(x)

    # 输出层
    x = layers.Dense(
        len(char_to_num.get_vocabulary()) + 1, activation="softmax", name="dense2"
    )(x)

    # 为计算 CTC 损失添加 1 个 CTC 层
    output = CTCLayer(name="ctc_loss")(labels, x)

    # 定义模型
    model = keras.models.Model(
        inputs=[input_img, labels], outputs=output, name="ocr_model_v1"
    )
    # 使用优化器
    opt = keras.optimizers.Adam()
    # 编辑模型及返回值
    model.compile(optimizer=opt)
    return model
```

3）实例化模型并查看模型结构。

```
model = build_model()
model.summary()
```

16.2.4　训练模型

1）训练模型。

```
epochs = 200
early_stopping_patience = 100
# 添加 1 个提前结束训练的功能
early_stopping = keras.callbacks.EarlyStopping(
    monitor="val_loss", patience=early_stopping_patience, restore_best_weights=True
)

# 训练模型
history = model.fit(
    train_dataset,
    validation_data=validation_dataset,
```

```
    epochs=epochs,
    callbacks=[early_stopping],
)
```

2）识别图像。当我们训练好一个 RNN 模型时，给定一个输入序列 X，我们需要找到最可能的输出，也就是求解如下的式子：

$$Y^* = \underset{Y}{\operatorname{argmax}}\, p(Y / X)$$

求解最可能的输出有两种方案，一种是贪婪搜索（Greedy Search），另一种是集束搜索（Beam Search）。

- 贪婪搜索：每个时间片均取该时间片中概率最高的节点作为输出。
- 集束搜索：寻找全局最优值和贪婪搜索在查找时间和模型精度的一个折中。一个简单的集束搜索是在每个时间片计算所有可能假设的概率，并从中选出最高的几个作为一组，然后再将这组假设的基础上产生概率最高的几个作为一组假设，依次类推，直到达到最后一个时间片。

```
prediction_model = keras.models.Model(
    model.get_layer(name="image").input, model.get_layer(name="dense2").output
)
prediction_model.summary()

# 对网络输出进行解码
def decode_batch_predictions(pred):
    input_len = np.ones(pred.shape[0]) * pred.shape[1]
    # 使用贪婪搜索方法
    results = keras.backend.ctc_decode(pred, input_length=input_len, greedy=True)[0][0][
        :, :max_length
    ]
    # 对结果进行迭代并获取文本
    output_text = []
    for res in results:
        res = tf.strings.reduce_join(num_to_char(res)).numpy().decode("utf-8")
        output_text.append(res)
    return output_text
```

3）可视化识别结果。

```
for batch in validation_dataset.take(1):
    batch_images = batch["image"]
    batch_labels = batch["label"]

    preds = prediction_model.predict(batch_images)
    pred_texts = decode_batch_predictions(preds)

    orig_texts = []
    for label in batch_labels:
        label = tf.strings.reduce_join(num_to_char(label)).numpy().decode("utf-8")
        orig_texts.append(label)
```

```
    _, ax = plt.subplots(4, 4, figsize=(15, 5))
    for i in range(len(pred_texts)):
        img = (batch_images[i, :, :, 0] * 255).numpy().astype(np.uint8)
        img = img.T
        title = f"Prediction: {pred_texts[i]}"
        ax[i // 4, i % 4].imshow(img, cmap="gray")
        ax[i // 4, i % 4].set_title(title)
        ax[i // 4, i % 4].axis("off")
plt.show()
```

运行结果，如图 16-2 所示。

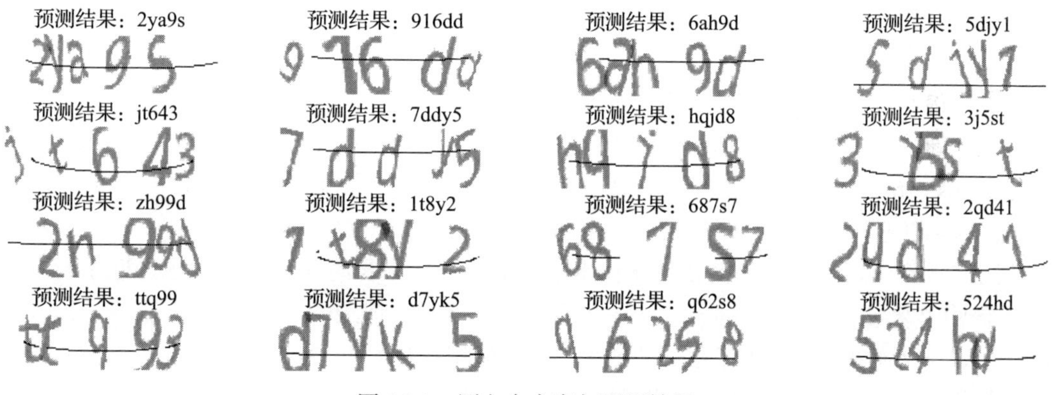

图 16-2　原文本内容与预测结果

从识别结果来看，精度接近 100%。测试模型的步骤这里不做介绍。

16.3　小结

本项目先通过手工生成由数字和字母构成的 5 位验证码图像，然后对这些图像进行预处理，最后通过构建卷积神经网络、循环神经网络及 CTC 层的模型进行文字识别。

CHAPTER 17

第 17 章

基于 Transformer 的对话实例

本章将使用 Transformer 来实现对话实例。Transformer 的核心思想是自注意力——关注输入序列的不同位置以计算该序列的表示的能力。Transformer 创建了一堆自注意力层。因为 Transformer 可以并发运行，不像循环网络那样有前后依赖，而且当语句较长时，注意力机制会以遍历的方式计算序列中任意两个词之间的相关性，所以无论两个词相隔多远，它都能捕捉到词之间的依赖关系，从根本上解决难以建立长时间依赖的问题。近些年，作为一个 NLP 模型，Transformer 在 NLP 的各个子任务中，比如文本生成、机器翻译、对话系统、语音识别等，均获得了很好的效果。其他领域比如 CV、推荐系统、生物、交通等也衍生出了很多 Transformer 的变体来解决各自的问题。

17.1 数据预处理

1）定义一些超参数。

```
# 语言最大长度
MAX_LENGTH = 40

# 最大样本数
MAX_SAMPLES = 50000

# tf.data.Dataset
BATCH_SIZE = 64 * strategy.num_replicas_in_sync
BUFFER_SIZE = 20000

# 为 Transformer 设置的超参数
NUM_LAYERS = 2
D_MODEL = 256
NUM_HEADS = 8
UNITS = 512
DROPOUT = 0.1

EPOCHS = 4
```

2）指定数据所在路径。

```
path_to_dataset = '../data/'
path_to_movie_lines = os.path.join(path_to_dataset, 'movie_lines.txt')
path_to_movie_conversations = os.path.join(path_to_dataset,'movie_conversations.txt')
```

3）导入并预处理数据。

```
def preprocess_sentence(sentence):
    sentence = sentence.lower().strip()
    # 在单词及其后之间创建空格
    # 例如，"he is a boy." => "he is a boy ."
    sentence = re.sub(r"([?.!,])", r" \1 ", sentence)
    sentence = re.sub(r'[" "]+', " ", sentence)
    # 删除简约模式
    sentence = re.sub(r"i'm", "i am", sentence)
    sentence = re.sub(r"he's", "he is", sentence)
    sentence = re.sub(r"she's", "she is", sentence)
    sentence = re.sub(r"it's", "it is", sentence)
    sentence = re.sub(r"that's", "that is", sentence)
    sentence = re.sub(r"what's", "that is", sentence)
    sentence = re.sub(r"where's", "where is", sentence)
    sentence = re.sub(r"how's", "how is", sentence)
    sentence = re.sub(r"\'ll", " will", sentence)
    sentence = re.sub(r"\'ve", " have", sentence)
    sentence = re.sub(r"\'re", " are", sentence)
    sentence = re.sub(r"\'d", " would", sentence)
    sentence = re.sub(r"\'re", " are", sentence)
    sentence = re.sub(r"won't", "will not", sentence)
    sentence = re.sub(r"can't", "cannot", sentence)
    sentence = re.sub(r"n't", " not", sentence)
    sentence = re.sub(r"n'", "ng", sentence)
    sentence = re.sub(r"'bout", "about", sentence)
    # 用空格替换除字符及一些特殊字符 (a-z, A-Z, ".", "?", "!", ",") 之外的内容
    sentence = re.sub(r"[^a-zA-Z?.!,]+", " ", sentence)
    sentence = sentence.strip()
    return sentence

def load_conversations():
    # 构建文本及对应 id 的字典
    id2line = {}
    with open(path_to_movie_lines, errors='ignore') as file:
        lines = file.readlines()
    for line in lines:
        parts = line.replace('\n', '').split(' +++$+++ ')
        id2line[parts[0]] = parts[4]

    inputs, outputs = [], []
    with open(path_to_movie_conversations, 'r') as file:
        lines = file.readlines()
    for line in lines:
```

```
        parts = line.replace('\n', '').split(' +++$+++ ')
        # 获取行 ID 中的语句
        conversation = [line[1:-1] for line in parts[3][1:-1].split(', ')]
        for i in range(len(conversation) - 1):
            inputs.append(preprocess_sentence(id2line[conversation[i]]))
            outputs.append(preprocess_sentence(id2line[conversation[i + 1]]))
            if len(inputs) >= MAX_SAMPLES:
                return inputs, outputs
    return inputs, outputs


questions, answers = load_conversations()
```

4）标记化、过滤和填充句子。

```
def tokenize_and_filter(inputs, outputs):
    tokenized_inputs, tokenized_outputs = [], []

    for (sentence1, sentence2) in zip(inputs, outputs):
        # 对语句进行标记
        sentence1 = START_TOKEN + tokenizer.encode(sentence1) + END_TOKEN
        sentence2 = START_TOKEN + tokenizer.encode(sentence2) + END_TOKEN
        # 检查标记后语句的最大长度
        if len(sentence1) <= MAX_LENGTH and len(sentence2) <= MAX_LENGTH:
            tokenized_inputs.append(sentence1)
            tokenized_outputs.append(sentence2)

    # 填充标记后的语句
    tokenized_inputs = tf.keras.preprocessing.sequence.pad_sequences(
            tokenized_inputs, maxlen=MAX_LENGTH, padding='post')
    tokenized_outputs = tf.keras.preprocessing.sequence.pad_sequences(
            tokenized_outputs, maxlen=MAX_LENGTH, padding='post')

    return tokenized_inputs, tokenized_outputs

questions, answers = tokenize_and_filter(questions, answers)
```

5）使用 tf.data.Dataset 创建数据集。

```
dataset = tf.data.Dataset.from_tensor_slices((
    {
        'inputs': questions,
        'dec_inputs': answers[:, :-1]
    },
    {
        'outputs': answers[:, 1:]
    },
))

dataset = dataset.cache()
dataset = dataset.shuffle(BUFFER_SIZE)
```

```
dataset = dataset.batch(BATCH_SIZE)
dataset = dataset.prefetch(tf.data.experimental.AUTOTUNE)
```

17.2 构建注意力模块

1）构建 scaled_dot_product_attention 模块。

```
def scaled_dot_product_attention(query, key, value, mask):
    """Calculate the attention weights. """
    matmul_qk = tf.matmul(query, key, transpose_b=True)

    # 对 matmul_qk 进行缩放
    depth = tf.cast(tf.shape(key)[-1], tf.float32)
    logits = matmul_qk / tf.math.sqrt(depth)

    # 添加掩码使填充标记为零
    if mask is not None:
        logits += (mask * -1e9)

    # 对最后的轴进行 softmax 正则化
    attention_weights = tf.nn.softmax(logits, axis=-1)

    output = tf.matmul(attention_weights, value)

    return output
```

2）构建多头注意力。

```
class MultiHeadAttention(tf.keras.layers.Layer):

    def __init__(self, d_model, num_heads, name="multi_head_attention"):
        super(MultiHeadAttention, self).__init__(name=name)
        self.num_heads = num_heads
        self.d_model = d_model

        assert d_model % self.num_heads == 0

        self.depth = d_model      // self.num_heads

        self.query_dense = tf.keras.layers.Dense(units=d_model)
        self.key_dense = tf.keras.layers.Dense(units=d_model)
        self.value_dense = tf.keras.layers.Dense(units=d_model)

        self.dense = tf.keras.layers.Dense(units=d_model)

    def get_config(self):
            config = super(MultiHeadAttention,self).get_config()
            config.update({
                'num_heads':self.num_heads,
```

```
            'd_model':self.d_model,
        })
        return config

    def split_heads(self, inputs, batch_size):
        inputs = tf.keras.layers.Lambda(lambda inputs:tf.reshape(
            inputs, shape=(batch_size, -1, self.num_heads, self.depth)))(inputs)
        return tf.keras.layers.Lambda(lambda inputs: tf.transpose(inputs, perm=
            [0, 2, 1, 3]))(inputs)

    def call(self, inputs):
        query, key, value, mask = inputs['query'], inputs['key'], inputs['value'],
            inputs['mask']
        batch_size = tf.shape(query)[0]

        # 线性层
        query = self.query_dense(query)
        key = self.key_dense(key)
        value = self.value_dense(value)

        # 实现多头机制
        query = self.split_heads(query, batch_size)
        key = self.split_heads(key, batch_size)
        value = self.split_heads(value, batch_size)

        # 缩放点积注意力
        scaled_attention = scaled_dot_product_attention(query, key, value, mask)
        scaled_attention = tf.keras.layers.Lambda(lambda scaled_attention: tf.transpose(
                scaled_attention, perm=[0, 2, 1, 3]))(scaled_attention)

        # 拼接多头注意力
        concat_attention = tf.keras.layers.Lambda(lambda scaled_attention: tf.reshape
            (scaled_attention,
                                  (batch_size, -1, self.d_model)))(scaled_attention)

        # 最后线性层
        outputs = self.dense(concat_attention)

        return outputs
```

17.3 构建 Transformer 架构

1）创建掩码。屏蔽批处理中的所有 pad 标记（值 0），以确保模型不会将 padding 视为输入。

```
def create_padding_mask(x):
    mask = tf.cast(tf.math.equal(x, 0), tf.float32)
    # (batch_size, 1, 1, sequence length)
    return mask[:, tf.newaxis, tf.newaxis, :]
```

2）定义前瞻掩码。前瞻掩码用于按顺序屏蔽未来标记符。我们还屏蔽了 pad 标记。

```
def create_look_ahead_mask(x):
    seq_len = tf.shape(x)[1]
    look_ahead_mask = 1 - tf.linalg.band_part(tf.ones((seq_len, seq_len)), -1, 0)
    padding_mask = create_padding_mask(x)
    return tf.maximum(look_ahead_mask, padding_mask)
```

3）定义位置编码。

```
class PositionalEncoding(tf.keras.layers.Layer):

    def __init__(self, position, d_model):
        super(PositionalEncoding, self).__init__()
        self.pos_encoding = self.positional_encoding(position, d_model)

    def get_config(self):

            config = super(PositionalEncoding, self).get_config()
            config.update({
                'position': self.position,
                'd_model': self.d_model,

            })
            return config

    def get_angles(self, position, i, d_model):
        angles = 1 / tf.pow(10000, (2 * (i // 2)) / tf.cast(d_model, tf.float32))
        return position * angles

    def positional_encoding(self, position, d_model):
        angle_rads = self.get_angles(
            position=tf.range(position, dtype=tf.float32)[:, tf.newaxis],
            i=tf.range(d_model, dtype=tf.float32)[tf.newaxis, :],
            d_model=d_model)
        # 将正弦函数应用于数组的偶数索引
        sines = tf.math.sin(angle_rads[:, 0::2])
        # 将余弦函数应用于数组的奇数索引
        cosines = tf.math.cos(angle_rads[:, 1::2])

        pos_encoding = tf.concat([sines, cosines], axis=-1)
        pos_encoding = pos_encoding[tf.newaxis, ...]
        return tf.cast(pos_encoding, tf.float32)

    def call(self, inputs):
        return inputs + self.pos_encoding[:, :tf.shape(inputs)[1], :]
```

4）可视化位置编码。

```
sample_pos_encoding = PositionalEncoding(50, 512)

plt.pcolormesh(sample_pos_encoding.pos_encoding.numpy()[0], cmap='RdBu')
```

```
plt.xlabel('Depth')
plt.xlim((0, 512))
plt.ylabel('Position')
plt.colorbar()
plt.show()
```

运行结果，如图 17-1 所示。

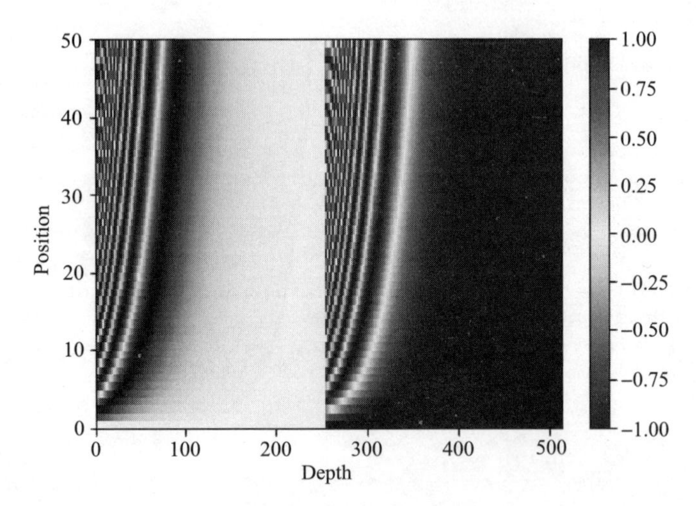

图 17-1 可视化位置编码

5）构建编码层。

```
def encoder_layer(units, d_model, num_heads, dropout, name="encoder_layer"):
    inputs = tf.keras.Input(shape=(None, d_model), name="inputs")
    padding_mask = tf.keras.Input(shape=(1, 1, None), name="padding_mask")

    attention = MultiHeadAttention(
        d_model, num_heads, name="attention")({
            'query': inputs,
            'key': inputs,
            'value': inputs,
            'mask': padding_mask
        })
    attention = tf.keras.layers.Dropout(rate=dropout)(attention)
    add_attention = tf.keras.layers.add([inputs,attention])
    attention = tf.keras.layers.LayerNormalization(epsilon=1e-6)(add_attention)
    outputs = tf.keras.layers.Dense(units=units, activation='relu')(attention)
    outputs = tf.keras.layers.Dense(units=d_model)(outputs)
    outputs = tf.keras.layers.Dropout(rate=dropout)(outputs)
    add_attention = tf.keras.layers.add([attention,outputs])
    outputs = tf.keras.layers.LayerNormalization(epsilon=1e-6)(add_attention)

    return tf.keras.Model(
```

```
        inputs=[inputs, padding_mask], outputs=outputs, name=name)
```

编码层的结构如图 17-2 所示。

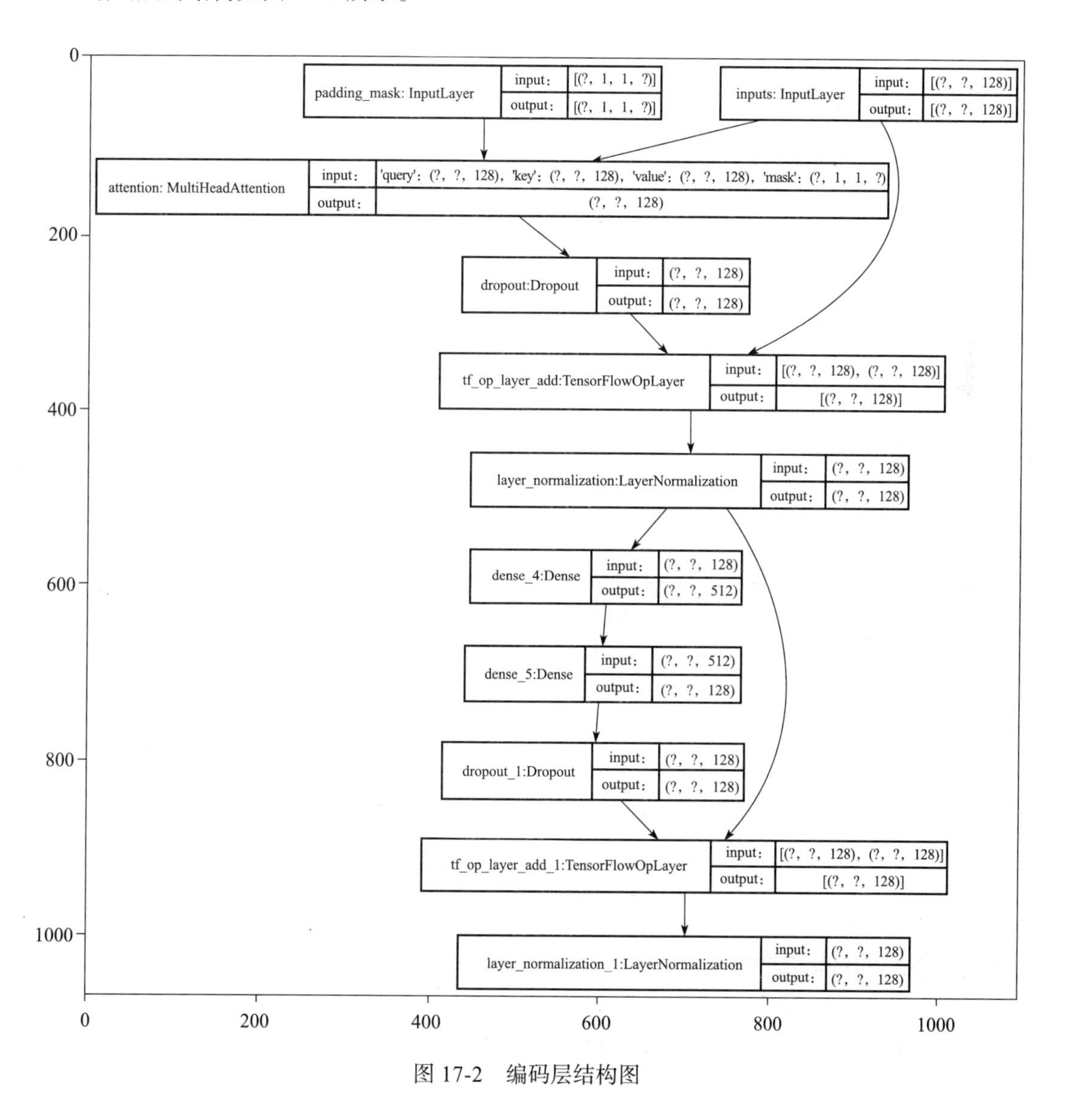

图 17-2　编码层结构图

6）构建编码器。编码器由输入嵌入、位置编码及多层编码层构成。具体如图 17-3 所示。

7）解码器的构建与编码器的构建类似，这里不再赘述，具体可参考第 10 章，详细代码请参考本书代码及数据部分。

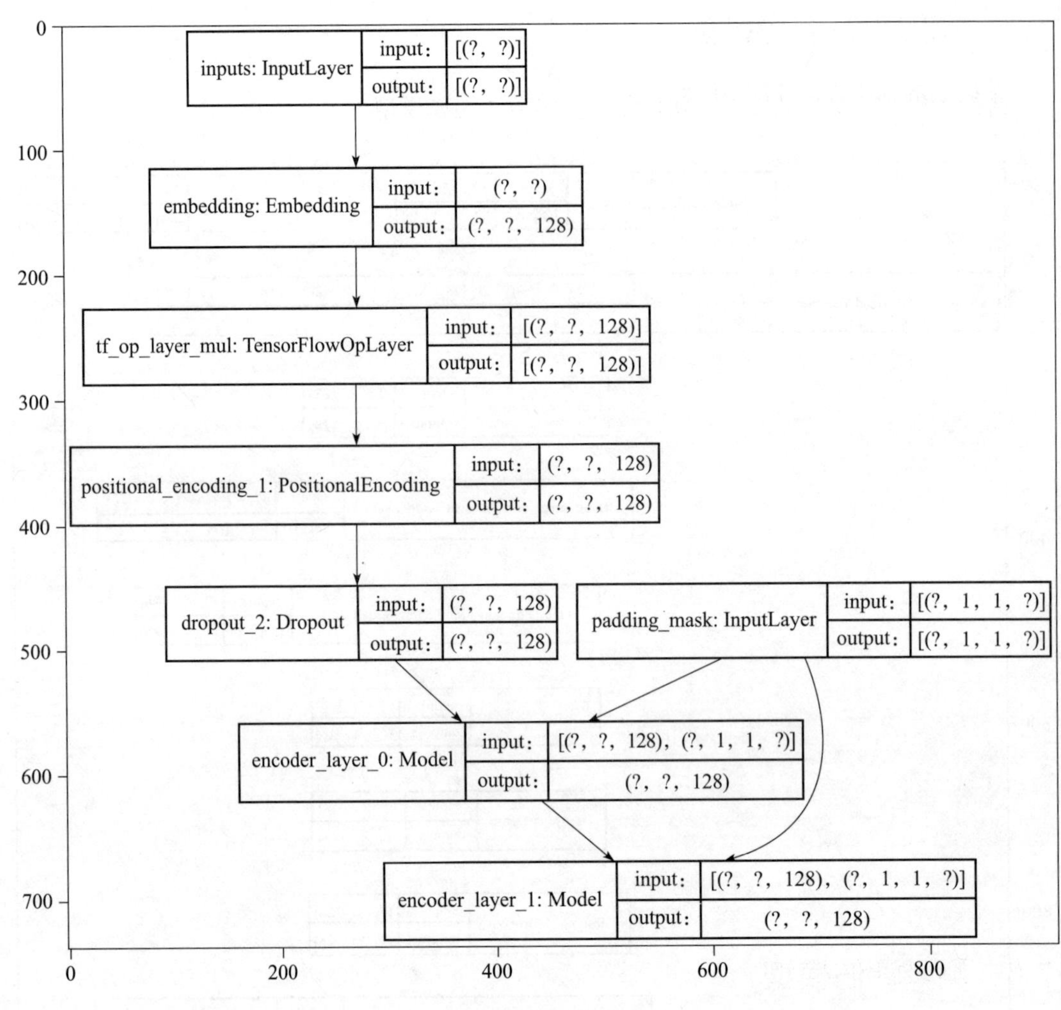

图 17-3　编码器的架构图

17.4　定义损失函数

根据预测值与实际值，定义交叉熵损失函数。

```
def loss_function(y_true, y_pred):
    y_true = tf.reshape(y_true, shape=(-1, MAX_LENGTH - 1))
    loss = tf.keras.losses.SparseCategoricalCrossentropy(
        from_logits=True, reduction='none')(y_true, y_pred)
    mask = tf.cast(tf.not_equal(y_true, 0), tf.float32)
    loss = tf.multiply(loss, mask)
    return tf.reduce_mean(loss)
```

17.5　初始化并编译模型

选择优化器，定义准确率，初始化一些参数和编译模型等。

```
tf.keras.backend.clear_session()

learning_rate = CustomSchedule(D_MODEL)
optimizer = tf.keras.optimizers.Adam(
        learning_rate, beta_1=0.9, beta_2=0.98, epsilon=1e-9)
def accuracy(y_true, y_pred):
    # 确保标签有 (batch_size, MAX_LENGTH - 1) 的形状
    y_true = tf.reshape(y_true, shape=(-1, MAX_LENGTH - 1))
    return tf.keras.metrics.sparse_categorical_accuracy(y_true, y_pred)

# 在策略范围内初始化和编译模型
with strategy.scope():
    model = transformer(
            vocab_size=VOCAB_SIZE,
            num_layers=NUM_LAYERS,
            units=UNITS,
            d_model=D_MODEL,
            num_heads=NUM_HEADS,
            dropout=DROPOUT)

    model.compile(optimizer=optimizer, loss=loss_function, metrics=[accuracy])

model.summary()
```

训练模型：

```
model.fit(dataset, epochs=EPOCHS,verbose=1)
```

17.6　测试评估模型

定义评估模型及预测新数据的函数。

```
def evaluate(sentence):
    sentence = preprocess_sentence(sentence)
    sentence = tf.expand_dims(
            START_TOKEN + tokenizer.encode(sentence) + END_TOKEN, axis=0)
    output = tf.expand_dims(START_TOKEN, 0)

    for i in range(MAX_LENGTH):
        predictions = model(inputs=[sentence, output], training=False)
        # 从语句长度维度选择最后一个单词
        predictions = predictions[:, -1:, :]
        predicted_id = tf.cast(tf.argmax(predictions, axis=-1), tf.int32)
        # 如果 predicted_id 与最后标记相等，则返回结果
        if tf.equal(predicted_id, END_TOKEN[0]):
            break
```

```
        # 将预测 id(predicted_id)连接到解码器的输出
        # as its input.
        output = tf.concat([output, predicted_id], axis=-1)
    return tf.squeeze(output, axis=0)

def predict(sentence):
    prediction = evaluate(sentence)
    predicted_sentence = tokenizer.decode(
            [i for i in prediction if i < tokenizer.vocab_size])
    print('Input: {}'.format(sentence))
    print('Output: {}'.format(predicted_sentence))
    return predicted_sentence
```

测试结果如下：

```
sentence = 'I am not crazy, my mother had me tested.'
for _ in range(5):
    sentence = predict(sentence)
    print('')
```

运行结果如下：

```
Input: I am not crazy, my mother had me tested.
Output: i do not know what you are talking about .

Input: i do not know what you are talking about .
Output: i do not know what you are talking about .

Input: i do not know what you are talking about .
Output: i do not know what you are talking about .

Input: i do not know what you are talking about .
Output: i do not know what you are talking about .

Input: i do not know what you are talking about .
Output: i do not know what you are talking about .
```

17.7 小结

本章使用 Transformer 架构实现人机对话。Transformer 采用自注意力机制，可并行运行，所以，其性能目前已远超传统的循环神经网络，如 LSTM、GRU、Bi-RNN 等。下章我们将使用 Transformer 架构完成图像分类任务。

CHAPTER 18

第 18 章

基于 Transformer 的图像处理实例

最近几年，Transformer 体系结构已成为自然语言处理任务的实际标准，但其在计算机视觉中的应用仍受到限制。在视觉上，注意力要么与卷积神经网络结合使用，要么用于替换卷积神经网络的某些组件，同时将其整体结构保持在适当的位置。2020 年 10 月 22 日，谷歌人工智能研究院发表了一篇题为“An Image is Worth 16×16 Words: Transformers for Image Recognition at Scale”的文章。文章将图像切割成一个个图像块，组成序列化的数据并输入 Transformer 执行图像分类任务。当对大量数据进行预训练并将其传输到多个中型或小型图像识别数据集（如 ImageNet、CIFAR-100、VTAB 等）时，与目前的卷积神经网络相比，Vision Transformer（ViT）获得了出色的结果，其所需的计算资源也大大减少。

这里我们以 ViT 为模型，实现对 CiFar10 数据的分类工作，并进一步提升模型性能。

18.1 导入数据

1）导入需要的模块。可视化需要导入 matplotlib，数据处理需要导入 tensorflow_addons 等。

```
import os
import math
import numpy as np
import pickle as p
import tensorflow as tf
from tensorflow import keras
import matplotlib.pyplot as plt
from tensorflow.keras import layers
import tensorflow_addons as tfa
%matplotlib inline
```

tensorFlow_addons 模块实现了 TensorFlow 中未提供的新功能。要注意 addons 与 TensorFlow 版本的对应关系，具体请参考 https://github.com/tensorflow/addons。

2）定义加载函数。

```
def load_CIFAR_data(data_dir):
    """load CIFAR data"""
```

```
    images_train=[]
    labels_train=[]
    for i in range(5):
        f=os.path.join(data_dir,'data_batch_%d' % (i+1))
        print('loading ',f)
        # 调用 load_CIFAR_batch( )获得批量的图像及其对应的标签
        image_batch,label_batch=load_CIFAR_batch(f)
        images_train.append(image_batch)
        labels_train.append(label_batch)
        Xtrain=np.concatenate(images_train)
        Ytrain=np.concatenate(labels_train)
        del image_batch,label_batch

    Xtest,Ytest=load_CIFAR_batch(os.path.join(data_dir,'test_batch'))
    print('finished loadding CIFAR-10 data')

    # 返回训练集的图像和标签，测试集的图像和标签
    return (Xtrain,Ytrain),(Xtest,Ytest)
```

3）定义批量加载函数。

```
def load_CIFAR_batch(filename):
    """ load single batch of cifar """
    with open(filename, 'rb')as f:
        # 一个样本由标签和图像数据组成
        # <1×label><3072×pixel> (3072=32×32×3)
        # ...
        # <1×label><3072×pixel>
        data_dict = p.load(f, encoding='bytes')
        images= data_dict[b'data']
        labels = data_dict[b'labels']

        # 把原始数据结构调整为 BCWH
        images = images.reshape(10000, 3, 32, 32)
        # TensorFlow 处理图像数据的结构 BWHC
        # 把通道数据 C 移动到最后一个维度
        images = images.transpose (0,2,3,1)

        labels = np.array(labels)

        return images, labels
```

4）加载数据。数据集在本地，指明数据本地路径。

```
data_dir = '../data/cifar-10-batches-py'
(x_train,y_train),(x_test,y_test) = load_CIFAR_data(data_dir)
```

18.2　预处理数据

1）使用 tf.data.Dataset 整合图像与标签。

```
train_dataset = tf.data.Dataset.from_tensor_slices((x_train, y_train))
```

```
test_dataset = tf.data.Dataset.from_tensor_slices((x_test, y_test))
```

2）定义数据预处理及训练模型的一些超参数。

```
num_classes = 10
input_shape = (32, 32, 3)

learning_rate = 0.001
weight_decay = 0.0001
batch_size = 256
num_epochs = 10
image_size = 72   # 将输入图像大小修改为 72
patch_size = 6    # 从输入图像中抽取的块的大小
num_patches = (image_size // patch_size) ** 2
projection_dim = 64
num_heads = 4
transformer_units = [
    projection_dim * 2,
    projection_dim,
]                 # transformer 层数的大小
transformer_layers = 8
mlp_head_units = [2048, 1024]  # Size of the dense layers of the final classifier
```

3）定义数据增强模型。

```
data_augmentation = keras.Sequential(
    [
        layers.experimental.preprocessing.Normalization(),
        layers.experimental.preprocessing.Resizing(image_size, image_size),
        layers.experimental.preprocessing.RandomFlip("horizontal"),
        layers.experimental.preprocessing.RandomRotation(factor=0.02),
        layers.experimental.preprocessing.RandomZoom(
            height_factor=0.2, width_factor=0.2
        ),
    ],
    name="data_augmentation",
)
# 使预处理层的状态与正在传递的数据相匹配
# Compute the mean and the variance of the training data for normalization.
data_augmentation.layers[0].adapt(x_train)
```

预处理层是在模型训练开始之前计算其状态的层，它们在训练期间不会更新。大多数预处理层为状态计算实现了 adapt() 方法。adapt(data, batch_size=None, steps=None, reset_state=True) 函数的参数说明如表 18-1 所示。

表 18-1　adapt 函数的参数说明

参　数	说　明
data	要训练的数据。它可以作为 tf.data 数据集或 numpy 数组传递
batch_size	整数或无。每次状态更新的样本数。如果未指定，batch_size 将默认为 32。如果数据的格式为 dataset、generators 或 keras.utils.Sequence 实例（因为它们生成批），请不要指定 batch_size

（续）

参 数	说 明
steps	整数或无。总步骤数（样本批数）使用输入张量（如 TensorFlow 数据张量）进行训练时，默认值“无”等于数据集中的样本数除以批大小，如果无法确定，则为 1。如果 x 是 tf.data 数据集，而“steps”是 None，则 epoch 将运行，直到输入数据集用完为止。传递无限重复的数据集时，必须指定 steps 参数。数组输入不支持此参数
reset_state	可选参数，指定是在调用 adapt 时清除层的状态，还是从现有状态开始。此参数可能与所有预处理层无关：如果“reset_state”设置为 False，则 PreprocessingLayer 的子类可能选择抛出

18.3 构建模型

1）构建多层神经网络。

```
def mlp(x, hidden_units, dropout_rate):
    for units in hidden_units:
        x = layers.Dense(units, activation=tf.nn.gelu)(x)
        x = layers.Dropout(dropout_rate)(x)
    return x
```

2）创建一个类似卷积层的 patch 层。

```
class Patches(layers.Layer):
    def __init__(self, patch_size):
        super(Patches, self).__init__()
        self.patch_size = patch_size

    def call(self, images):
        batch_size = tf.shape(images)[0]
        patches = tf.image.extract_patches(
            images=images,
            sizes=[1, self.patch_size, self.patch_size, 1],
            strides=[1, self.patch_size, self.patch_size, 1],
            rates=[1, 1, 1, 1],
            padding="VALID",
        )
        patch_dims = patches.shape[-1]
        patches = tf.reshape(patches, [batch_size, -1, patch_dims])
        return patches
```

3）查看由 patch 层随机生成的图像块。

```
import matplotlib.pyplot as plt

plt.figure(figsize=(4, 4))
image = x_train[np.random.choice(range(x_train.shape[0]))]
plt.imshow(image.astype("uint8"))
plt.axis("off")

resized_image = tf.image.resize(
```

```
    tf.convert_to_tensor([image]), size=(image_size, image_size)
)
patches = Patches(patch_size)(resized_image)
print(f"Image size: {image_size}×{image_size}")
print(f"Patch size: {patch_size}×{patch_size}")
print(f"Patches per image: {patches.shape[1]}")
print(f"Elements per patch: {patches.shape[-1]}")

n = int(np.sqrt(patches.shape[1]))
plt.figure(figsize=(4, 4))
for i, patch in enumerate(patches[0]):
    ax = plt.subplot(n, n, i + 1)
    patch_img = tf.reshape(patch, (patch_size, patch_size, 3))
    plt.imshow(patch_img.numpy().astype("uint8"))
    plt.axis("off")
```

运行结果如下，相关图像如图 18-1 所示。

```
Image size: 72×72
Patch size: 6×6
Patches per image: 144
Elements per patch: 108
```

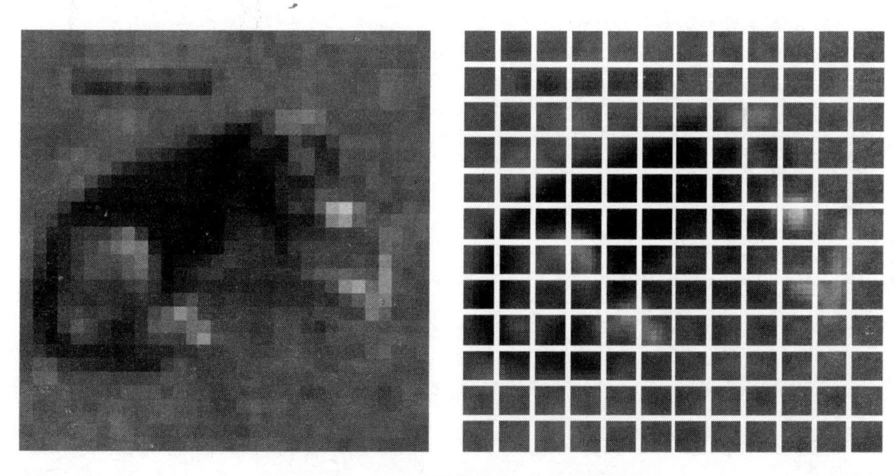

图 18-1　patch 层随机生成的图像块

4）构建 patch 编码层。

```
class PatchEncoder(layers.Layer):
    def __init__(self, num_patches, projection_dim):
        super(PatchEncoder, self).__init__()
        self.num_patches = num_patches
        # 一个全连接层，其输出维度为projection_dim，没有指明激活函数
        self.projection = layers.Dense(units=projection_dim)
        # 定义一个嵌入层，这是一个可学习的层
        # 输入维度为num_patches，输出维度为projection_dim
```

```
        self.position_embedding = layers.Embedding(
            input_dim=num_patches, output_dim=projection_dim
        )

    def call(self, patch):
        positions = tf.range(start=0, limit=self.num_patches, delta=1)
        encoded = self.projection(patch) + self.position_embedding(positions)
        return encoded
```

5）构建 ViT 模型。

```
def create_vit_classifier():
    inputs = layers.Input(shape=input_shape)
    # 数据增强
    augmented = data_augmentation(inputs)
    #augmented = augmented_train_batches(inputs)
    # 创建块
    patches = Patches(patch_size)(augmented)
    # 编码块
    encoded_patches = PatchEncoder(num_patches, projection_dim)(patches)

    # 创建多层 Transformer 模块
    for _ in range(transformer_layers):
        # 正则化第 1 层
        x1 = layers.LayerNormalization(epsilon=1e-6)(encoded_patches)
        # 创建多头注意力层
        attention_output = layers.MultiHeadAttention(
            num_heads=num_heads, key_dim=projection_dim, dropout=0.1
        )(x1, x1)
        # 连接第 1 层
        x2 = layers.Add()([attention_output, encoded_patches])
        # 正则化第 2 层
        x3 = layers.LayerNormalization(epsilon=1e-6)(x2)
        # MLP
        x3 = mlp(x3, hidden_units=transformer_units, dropout_rate=0.1)
        # 连接第 2 层
        encoded_patches = layers.Add()([x3, x2])

    # 创建 1 个形状为 [batch_size, projection_dim] 的张量
    representation = layers.LayerNormalization(epsilon=1e-6)(encoded_patches)
    representation = layers.Flatten()(representation)
    representation = layers.Dropout(0.5)(representation)
    # 增加 MLP
    features = mlp(representation, hidden_units=mlp_head_units, dropout_rate=0.5)
    # 类别输出
    logits = layers.Dense(num_classes)(features)
    # 构建 Keras 模块
    model = keras.Model(inputs=inputs, outputs=logits)
    return model
```

ViT 模型的架构如图 18-2 所示。

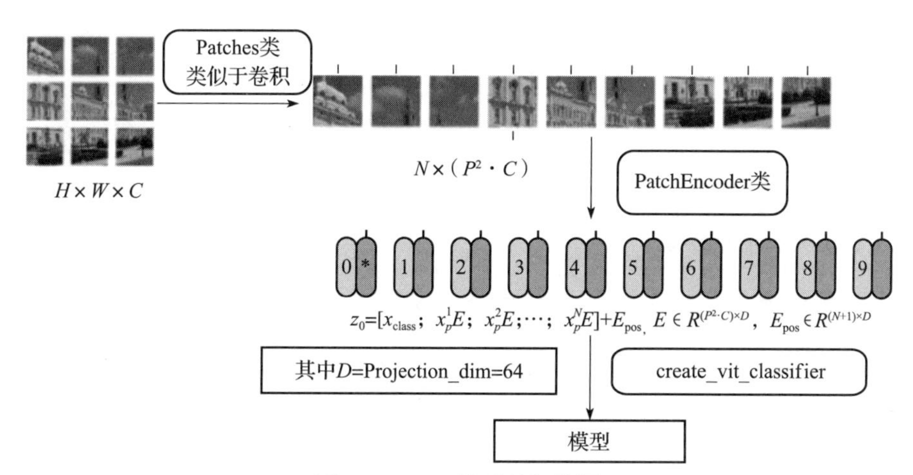

图 18-2 ViT 模型的架构图

18.4 编译、训练模型

1）把编译、运行模型放在一个函数中。

```
def run_experiment(model):
    optimizer = tfa.optimizers.AdamW(
        learning_rate=learning_rate, weight_decay=weight_decay
    )

    model.compile(
        optimizer=optimizer,
        loss=keras.losses.SparseCategoricalCrossentropy(from_logits=True),
        metrics=[
            keras.metrics.SparseCategoricalAccuracy(name="accuracy"),
            keras.metrics.SparseTopKCategoricalAccuracy(5, name="top-5-accuracy"),
        ],
    )

    # 指定保存模型的路径
    checkpoint_filepath ="model_bak.hdf5"
    checkpoint_callback = keras.callbacks.ModelCheckpoint(
        checkpoint_filepath,
        monitor="val_accuracy",
        save_best_only=True,
        save_weights_only=True,
    )

    history = model.fit(
        x=x_train,
        y=y_train,
        batch_size=batch_size,
        epochs=num_epochs,
        validation_split=0.1,
        callbacks=[checkpoint_callback],
    )
```

```
    model.load_weights(checkpoint_filepath)
    _, accuracy, top_5_accuracy = model.evaluate(x_test, y_test)
    print(f"Test accuracy: {round(accuracy * 100, 2)}%")
    print(f"Test top 5 accuracy: {round(top_5_accuracy * 100, 2)}%")

    return history
```

2）实例化类，运行模型。

```
vit_classifier = create_vit_classifier()
history = run_experiment(vit_classifier)
```

运行最后 5 条记录：

```
Epoch 6/10
176/176 [==============================] - 57s 323ms/step - loss: 1.1623 -
    accuracy: 0.5854 - top-5-accuracy: 0.9507 - val_loss: 0.9659 - val_
    accuracy: 0.6590 - val_top-5-accuracy: 0.9732
Epoch 7/10
176/176 [==============================] - 57s 323ms/step - loss: 1.1071 -
    accuracy: 0.6127 - top-5-accuracy: 0.9565 - val_loss: 0.9121 - val_accuracy:
    0.6748 - val_top-5-accuracy: 0.9752
Epoch 8/10
176/176 [==============================] - 57s 324ms/step - loss: 1.0606 -
    accuracy: 0.6268 - top-5-accuracy: 0.9597 - val_loss: 0.9079 - val_accuracy:
    0.6774 - val_top-5-accuracy: 0.9764
Epoch 9/10
176/176 [==============================] - 58s 331ms/step - loss: 1.0156 -
    accuracy: 0.6429 - top-5-accuracy: 0.9656 - val_loss: 0.8552 - val_accuracy:
    0.7072 - val_top-5-accuracy: 0.9776
Epoch 10/10
176/176 [==============================] - 57s 324ms/step - loss: 0.9762 -
    accuracy: 0.6572 - top-5-accuracy: 0.9678 - val_loss: 0.8156 - val_accuracy:
    0.7194 - val_top-5-accuracy: 0.9798
313/313 [==============================] - 8s 25ms/step - loss: 0.8410 -
    accuracy: 0.7060 - top-5-accuracy: 0.9806
Test accuracy: 70.6%
Test top 5 accuracy: 98.06%
```

从结果来看，测试精度已达 70%，前 5 条的准确率竟然达到 98%，实现了一个较大的提升！

18.5　可视化运行结果

为了能显示中文，这里增加了 plt 的 reParams 属性。

```
plt.rcParams['font.sans-serif']=['SimHei']
acc = history.history['accuracy']
val_acc = history.history['val_accuracy']

loss = history.history['loss']
val_loss =history.history['val_loss']
```

```
plt.figure(figsize=(8, 8))
plt.subplot(2, 1, 1)
plt.plot(acc, label=' 训练准确率 ')
plt.plot(val_acc, label=' 验证准确率 ')
plt.legend(loc='lower right')
plt.ylabel(' 准确率 ')
plt.ylim([min(plt.ylim()),1.1])
plt.title(' 训练和验证准确率 ')

plt.subplot(2, 1, 2)
plt.plot(loss, label=' 训练损失值 ')
plt.plot(val_loss, label=' 验证损失值 ')
plt.legend(loc='upper right')
plt.ylabel(' 交叉熵 ')
plt.ylim([-0.1,4.0])
plt.title(' 训练和验证损失值 ')
plt.xlabel(' 迭代次数 ')
plt.show()
```

运行结果如图 18-3 所示。

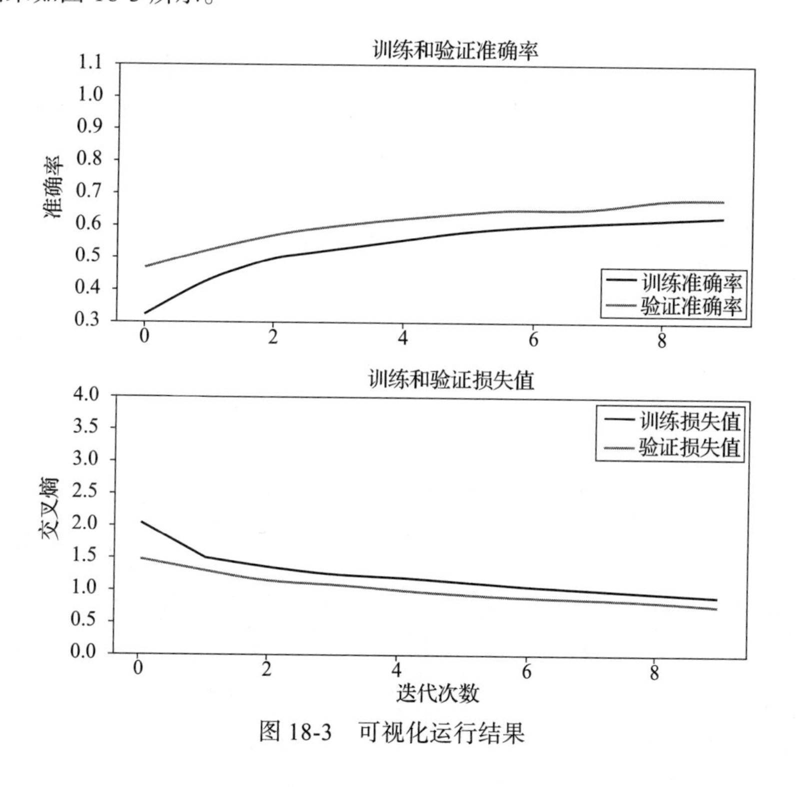

图 18-3　可视化运行结果

18.6　小结

第 17 章使用 Transformer 架构处理 NLP 问题的效果不错，本章使用 Transformer 架构处理图像问题，效果也不错。

第四部分

强化学习

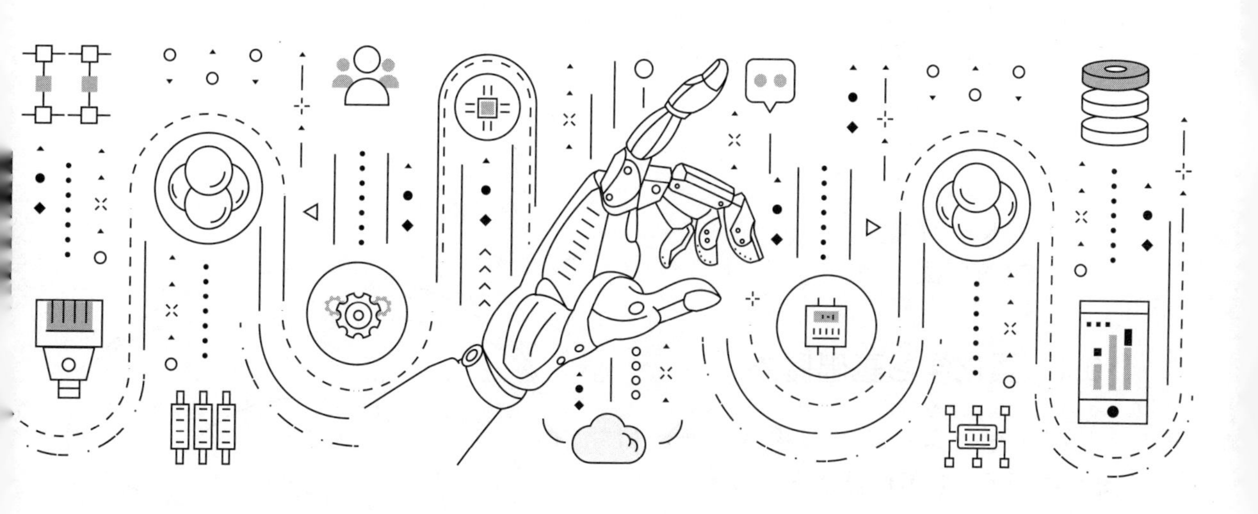

CHAPTER 19

第 19 章

强化学习基础

前面我们介绍了一般神经网络、卷积神经网络、循环神经网络等，其中很多属于监督学习模型，在训练时需要依据标签或目标值来训练。但是在现实生活中，很多场景是没有标签或目标值的，这就需要我们去学习、创新。就像企业中的创新能手，突然来到一个最前沿的领域，一切都得靠自己去探索和尝试。就像当初爱迪生研究电灯泡一样，没有现成的方案或先例，只有不断尝试或探索结果，但是他就是凭着这些不断尝试的结果，一次比一次做得更好，最终取得巨大成功！

强化学习（Reinforcement Learning，RL）就像这种前无古人的学习，没有预先给定标签或模板，只有不断尝试后的结果反馈，好与不好，成与不成等。这种学习带有创新性，比一般的模仿性机器学习确实更强大一些，这或许也是其名称的来由吧。

本章我们介绍强化学习的一般原理及常用算法，具体内容如下：

- 强化学习基础概述
- 时序差分算法
- Q-Learning 算法
- SARSA 算法
- DQN 算法

19.1 强化学习基础概述

强化学习是机器学习中的一种，如图 19-1 所示。它不像监督学习或无监督学习那样有大量的经验或输入数据，基本算自学成才。强化学习通过不断尝试，从错误或惩罚中学习，最后找到规律，达到目的。

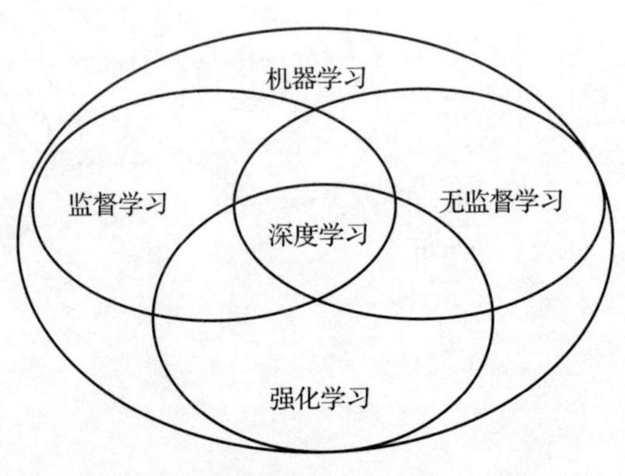

图 19-1 机器学习、监督学习、强化学习等的关系

强化学习已经在游戏、机器人等领域中开花结果。各大科技公司，如百度、阿里、

谷歌、Facebook、微软等更是将强化学习作为其重点发展的技术之一。可以说强化学习算法正在改变世界，掌握这门技术是非常重要的。

19.1.1　智能体与环境的交互

强化学习本质即通过研究智能体与环境的交互，寻找最优策略的过程，如图 19-2 所示。

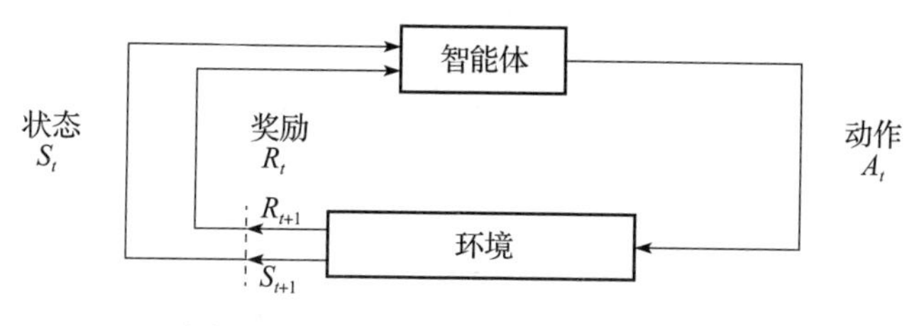

图 19-2　智能体与环境的交互示意图

具体分析如下。

- **环境**（environment）：其主体被“嵌入”并能够感知和行动的外部系统。
- **智能体**（agent）：动作的行使者，例如配送货物的无人机，或者电子游戏中奔跑跳跃的超级马里奥。
- **状态**（state）：主体的处境，即一个特定的时间和地点，一项明确主体与工具、障碍、敌人或奖品等其他重要事物的关系的配置。
- **动作**（action）：其含义不难领会，但应当注意的是，主体需要在一系列潜在动作中进行选择。在电子游戏中，这一系列动作可包括向左或向右跑、不同高度的跳跃、蹲下和站着不动。在股票市场中，这一系列动作可包括购买、出售或持有一组证券及其衍生品中的任意一种。无人飞行器的动作选项则包括三维空间中的许多不同的速度和加速度等。
- **奖励**（reward）：用于衡量主体动作成功与否。

智能体与环境的交互一般使用马尔可夫决策过程（Markov Decision Process，MDP）来描述。具体来说，假设在某个时间 t=0, 1, 2, 3, …，智能体与环境发生了交互，此时，智能体处于某个状态 $S_t \in \mathcal{S}$，这里 $\mathcal{S}$ 表示所有可能状态的集合，也就是状态空间。它可以选择一个行为 $A_t \in \mathcal{A}(S_t)$，其中 $\mathcal{A}(S_t)$ 是状态 S_t 时智能体可以选择的所有行为的集合。选择了行为 A_t 之后，环境会在下一个 $(t+1)$ 时刻给智能体一个新的状态 S_{t+1} 和收益 $R_{t+1} \in \mathcal{R} \subseteq \mathbf{R}$。也就是说，MDP 和智能体共同给出一个序列：

$$S_0, A_0, R_1, S_1, A_1, R_2, S_2, A_2, R_3, \cdots$$

19.1.2　回报

MDP 和智能体交互后会形成一个序列，智能体的目标是最大化长期的收益 R_t 累加值——回报。假设 t 时刻之后的收益是 $R_t, R_{t+1}, R_{t+2}, \cdots$，我们期望这些收益的和最大。由于环境是随机的，而且智能体的策略也是随机的，因此智能体的目标是最大化收益累加和的期望值，记为 G_t。G_t 定义如下：

$$G_t = R_{t+1} + R_{t+2} + R_{t+3} + \cdots + R_T \tag{19.1}$$

其中 T 表示最后时刻。有些任务会有一些结束的状态，从任务的初始状态到结束状态，我们称之为一个回合（Episode）。有些任务没有结束状态，会一直继续下去，这时 $T = \infty$。

由于未来的不确定性，我们一般会对未来的收益进行打折（Discount）。打折后的回报定义如下：

$$G_t = R_{t+1} + \gamma R_{t+2} + \gamma^2 R_{t+3} + \cdots = \sum_{k=0}^{\infty} \gamma^k R_{t+k+1} \tag{19.2}$$

其中 γ 表示折扣率，$0 \leqslant \gamma \leqslant 1$，如果 $\gamma = 0$，那么智能体只关注眼前收益，如果 γ 越接近 1，说明智能体越关注未来的收益。相邻时刻的回报可以用如下递归方式互相联系起来。

$$G_t = R_{t+1} + \gamma R_{t+2} + \gamma^2 R_{t+3} + \cdots = R_{t+1} + \gamma(R_{t+2} + \gamma^2 R_{t+3} + \cdots) = R_{t+1} + \gamma G_{t+1} \tag{19.3}$$

19.1.3　马尔可夫决策过程

可以把智能体与环境的交互作为一个完整系统，通过采取动作 A_0 并接收奖励 R_0，从状态 S_0 变为状态 S_1，然后，采取动作 A_1，从状态 S_1 变为状态 S_2，以此类推，直到时间 t，在时间 $t+1$ 时处于状态 $S_{t+1} = s'$ 的概率可以用下式表示：

$$P_r\{S_{s+1} = s', R_{t+1} = r \mid S_0, A_0, R_1, \cdots, R_t, S_t, A_t\} \tag{19.4}$$

计算这个概率涉及很多状态，为了简化计算，一般假设这些序列满足马尔可夫假设，即在时间 $t+1$ 的概率仅取决于时间 t 的状态和动作，因此，式（19.4）可简化为：

$$p(s', r \mid s, a) = P_r\{S_{s+1} = s', R_{t+1} = r \mid S_t, A_t\} \tag{19.5}$$

根据式（19.5）可以得到状态转移概率以及给定当前 s、当前 a 和下一个 s' 条件时期望的奖励。

状态转移概率：

$$p(s' | s, a) = P_r(S_{t+1} = s' | S_t = s, A_t = a) = \sum_{r \in \mathbf{R}} p(s', r \mid s, a) \tag{19.6}$$

给定当前 s、当前 a 和下一个 s' 条件时期望的奖励：

$$r(s, a, s') = E\{R_{t+1} \mid S_t = s, A_t = a, S_{t+1} = s'\} \tag{19.7}$$

19.1.4　贝尔曼方程

贝尔曼（Bellman）方程是与动态规划相关的优化条件，在强化学习中，它被广泛用于更新智能体的策略。贝尔曼方程是递归关系，分别由以下价值函数、动作 - 价值函数给出。

先来看价值函数：

$$\begin{aligned} v_\pi(s) &= E_\pi[G_t | S_t = s] \\ &= E_\pi[R_{t+1} + \gamma G_{t+1} | S_t = s] \\ &= \sum_a \pi(a \mid s) \sum_{s'} \sum_r p(s', r \mid s, a)[r + \gamma E[G_{t+1} \mid S_{t+1} = s']] \\ &= \sum_a \pi(a \mid s) \sum_{s', r} p(s', r \mid s, a)[r + \gamma v_\pi(s')] \end{aligned} \tag{19.8}$$

式（19.8）称为 v_π 的贝尔曼方程。

同理可得动作 - 价值函数。

$$q_\pi(s,a)=E_\pi[G_t|S_t=s,A_t=a]=\sum_{s',r}p(s',r\mid s,a)[r+\gamma v_\pi(s')] \tag{19.9}$$

式（19.9）称为 $q_\pi(s,a)$ 的贝尔曼方程。

由式（19.8）和式（19.9）不难得到 $v_\pi(s)$ 与 $q_\pi(s,a)$ 之间的关系：

$$v_\pi(s)=\sum_a \pi(a\mid s)q_\pi(s,a) \tag{19.10}$$

19.1.5　贝尔曼最优方程

解决一个强化学习问题就意味着找到一种选择动作的策略以获得足够多的回报。如果执行每个动作所产生的转移都是确定的（有限 MDP），那么我们就能定义出一个最优策略，如果一个策略 π' 的所有状态值函数都大于 π，那么就说策略 π' 更好，但不一定是最好的。我们用 * 表示最优策略，定义最优价值函数和最优动作 - 价值函数。最优价值函数：

$$v_*(s)=\max_\pi v_\pi(s) \tag{19.11}$$

最优动作 - 价值函数：

$$q_*(s,a)=\max_\pi q_\pi(s,a) \tag{19.12}$$

由最优价值函数、最优动作 - 价值函数，可得到贝尔曼最优方程：

$$\begin{aligned}v_*(s)&=\max_a q_*(s,a)\\&=\max_a E(r+\gamma v_*(s')\mid s,a)\\&=\max_a \sum_{s',r}p(s',r|s,a)[r+\gamma v_*(s')]\end{aligned} \tag{19.13}$$

$$\begin{aligned}q_*(s,a)&=E(r+\gamma v_*(s')|s,a)\\&=E(r+\gamma \max_{a'} q_*(s',a')|s,a)\\&=\sum_{s',r}p(s',r|s,a)[r+\gamma \max_{a''} q_*(s',a')]\end{aligned} \tag{19.14}$$

19.1.6　同步策略与异步策略

强化学习算法根据执行策略与评估策略是否一致可分为同步策略和异步策略。同步策略方法使用相同的策略进行评估，从而对操作做出决策，SARSA、A2C 等算法均属于同步策略算法。

异步策略方法使用不同的策略来制定行为决策并评估性能。许多异步策略算法使用重放缓冲区来存储经验，并从重放缓冲区中采样数据以训练模型，Q-Learning、DQL 等算法均属于异步策略算法。

19.1.7　有模型训练与无模型训练

不用学习环境模型的强化学习算法称为无模型算法，相反，如果训练时需要构建环境模型，则称为有模型算法。如使用价值函数或动作 - 价值函数来评估性能，这类算法就是无模型算法，因为它们没有使用特定的环境模型。如果训练时通过构建环境，实现从一种状态转变为另一种状态的模型，或者确定智能体通过环境获得奖励，那么这类算法就是有模型算法。

接下来我们介绍几种基础、常用的算法，如 Q-Learning 算法、SARSA 算法、DQN 算法等。先来了解一个概念。

19.2 时序差分算法

时序差分（Temporal-Difference，TD）算法是强化学习中最为核心的算法之一，它不需要知道具体的环境模型，可以直接从经验中学习。智能体通过多次尝试，累积奖励来更新价值函数。具体来说，TD 每次都会对样本进行采样模拟，但并非完整采样，而是每次只采样单步，根据新状态的价值收获来更新策略和价值函数。

本节将介绍时序差分单步学习法，又称为 TD(0)。单步学习法理论上可以推广到多步学习法。TD(0) 学习法最简单的实现步骤如下：

1）初始化价值函数 $v(s_t)$，$s_t \in S$，S 为状态集；

2）选择一个状态 - 行为对 (s_t, a_t)；

3）用当前策略函数 π，向后模拟一步；

4）用新状态的奖励 $r(s_t, a_t)$ 更新价值函数 v；

5）用新的价值函数 v 优化策略函数 π；

6）重复第 3 ～ 5 步，直到模拟进入终止状态。

价值函数 v 是智能体对给定状态好坏程度的估计。价值函数 v 假设智能体处于 s_t 状态，并从环境接受 r_t 奖励后更新。TD(0) 学习，将以式（19.15）更新其价值函数：

$$v(s_t) = v(s_t) + \alpha[r_{t+1} + \gamma v(s_{t+1}) - v(s_t)] \tag{19.15}$$

其中，α 是学习率，$0 \leqslant \alpha \leqslant 1$。$r_{t+1}$ 表示从状态 s_t 转移到状态 s_{t+1} 收到的奖励。

在具体算法应用层面，时序差分算法主要有同步策略的 SARSA 算法和异步策略的 Q-Learning 算法两种。两种方法的区别在于，更新策略函数 F 时先转移状态还是先计算更新。相比之下，SARSA 比较保守，而 Q-Learning 则较为大胆，二者各有优劣。接下来分别介绍这两种算法。

19.3 Q-Learning 算法

Q-Learning 算法在选择下一个动作 a 时，并不是根据策略来选择最优的动作，而是最大化下一个状态的值来选择动作，所以 Q-Learning 算法属于异步策略算法（off-policy）。

Q-Learning 算法是强化学习中重要且最基础的算法，大多数现代的强化学习算法都是在 Q-Learning 算法基础上的改进。Q-Learning 算法的核心是 Q-table（Q 表）。Q 表的行和列分别表示状态和动作的值。Q 表的值 $Q(s, a)$ 是衡量当前状态采取行动 a 的主要依据。

19.3.1 Q-Learning 算法的主要流程

Q-Learning 算法的主要流程大致如图 19-3 所示。

Q-Learning 算法的主要流程分析如下。

第 1 步：初始化 Q 表（初始化为 0 或随机初始化）。

第 2 步：执行以下循环。

第 2.1 步：生成一个 0 与 1 之间的随机数，如果该数大于预先给定的阈值 ε，则选择随机动作；否则基于当前状态 s 和 Q 表依据最高可能性的奖励来选择动作。

第 2.2 步：依据 2.1 步执行动作。

第 2.3 步：采取行动后观察奖励值 r 和新状态 s_{t+1}。

第 2.4 步：基于奖励值 r，利用式（19.16）更新 Q 表。

第 2.5 步：把 s_{t+1} 赋给 s_t。

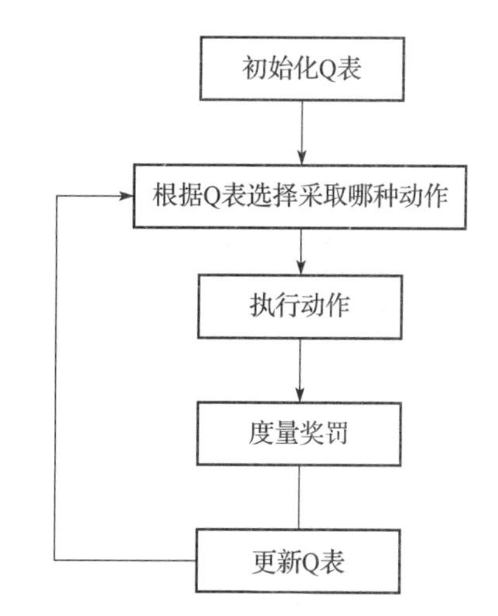

图 19-3　Q-Learning 算法的主要流程

$$Q(s_t,a_t) \leftarrow Q(s_t,a_t) + \alpha[r_t + \gamma \max_a Q(s_{t+1},a) - Q(s_t,a_t)] \quad (19.16)$$

$$s_t \leftarrow s_{t+1} \quad (19.17)$$

其中 α 为学习率，γ 为折扣率。

以下是用 Python 代码实现 Q-Learning 的核心代码：

```
def learn(self, state, action, reward, next_state):
        current_q = self.q_table[state][action]
        # 更新 Q 表
        new_q = reward + self.discount_factor * max(self.q_table[next_state])
        self.q_table[state][action] += self.learning_rate * (new_q - current_q)
```

19.3.2 *Q* 函数

Q-Learning 算法的核心是 $Q(s, a)$ 函数，其中 s 表示状态，a 表示行动，$Q(s, a)$ 的值为在状态 s 执行 a 行为后的最大期望奖励值。$Q(s, a)$ 函数可以看作一个表格，每一行表示一个状态，每一列代表一个行动，如表 19-1 所示。

表 19-1　$Q(s,a)$ 函数

Q 表	a_1	a_2	a_3	a_4
s_1	$Q(s_1, a_1)$	$Q(s_1, a_2)$	$Q(s_1, a_3)$	$Q(s_1, a_4)$
s_2	$Q(s_2, a_1)$	$Q(s_2, a_2)$	$Q(s_2, a_3)$	$Q(s_2, a_4)$
s_3	$Q(s_3, a_1)$	$Q(s_3, a_2)$	$Q(s_3, a_3)$	$Q(s_3, a_4)$
……	……	……	……	……

得到 Q 函数后，我们就可以在每个状态做出合适的决策了。如当处于 s_1 时，只需考虑 $Q(s_1, :)$ 这些值，挑选其中最大的 Q 函数值，并执行相应的动作。

19.3.3　贪婪策略

在状态 s_1，下一步应该采取什么行动？一般执行 $\max(Q(s_1, :))$ 中对应的动作 a。如果每次都按照这种策略选择行动，很有可能被局限在现有经验中，不利于发现更有价值或更新的情况。所以，除根据经验选择行动外，还会给智能体一定机会或概率，以探索的方式选择行动。

这种平衡"经验"和"探索"的方法又称为 ε 贪婪（ε-greedy）策略。根据预先设置好的 ε 值（该值一般较小，如取 0.1），智能体有 ε 的概率随机行动，有 $1-\varepsilon$ 的概率根据经验选择行动。

下面代码实现了贪婪策略的功能。

```
# 从Q表中选取动作
    def get_action(self, state):
        if np.random.rand() < self.epsilon:
            # 贪婪策略随机探索动作
            action = np.random.choice(self.actions)
        else:
            # 从Q表中选择
            state_action = self.q_table[state]
            action = self.arg_max(state_action)
        return action
```

19.4　SARSA 算法

SARSA（State-Action-Reward-State-Action）算法与 Q-Learning 算法非常相似，唯一不同的是，SARSA 算法是同步策略算法（on-policy），其实际值取 $r+\gamma Q(s_{t+1}, a_{t+1})$，而不是 $r+\gamma \max_a Q(s_{t+1}, a)$。

SARSA 算法更新 Q 函数的步骤如下。

1）获取初始状态 s。

2）执行上一步选择的行动 a，获得奖励 r 和新状态 next_s。

3）在新状态 next_s，根据当前的 Q 表，选定要执行的下一个行动 next_a。

4）用 r、next_a、next_s，根据 SARSA 算法更新 Q 表。

5）把 next_s 赋给 s，把 next_a 赋给 a。

19.5　DQN 算法

深度强化学习（Deep Reinforcement Learning，DRL）是深度学习与强化学习相结合的产物，它集成了深度学习在视觉等感知问题上的强大的理解能力，以及强化学习的决策能力，实现了端到端学习。深度强化学习的出现使得强化学习技术真正走向实用，解决现实场景中的复杂问题。从 2013 年 DQN（Deep Q Network，深度 Q 网络）出现至今，深度强化学习领域出现了大量的算法。DQN 是基于 Q 学习的，此外，还有基于策略梯度及基于探索与监督的深度强化学习。DQN 是深度强化学习真正意义上的开山之作，这节我们重点介绍这种深度强化学习算法。

19.5.1 Q-Learning 算法的局限性

在 Q-Learning 算法中，当状态和动作空间是离散且维数不高时，可使用 Q 表储存每个状态－动作对的 Q 值，而当状态和动作空间是高维连续时，使用 Q 表就不现实了。如何解决这一问题？我们可以把 Q 表的更新问题变成一个函数拟合问题，如式（19.18），通过更新参数 θ 使 Q 函数逼近最优 Q 值。

$$Q(s,a;\theta) \approx Q'(s,a) \tag{19.18}$$

函数拟合，实际上就是一个参数学习过程，而参数学习正是深度学习的强项，因此，在面对高维且连续的状态时，我们使用深度学习来解决相关问题。

19.5.2 用深度学习处理强化学习时需要解决的问题

深度学习是解决参数学习的有效方法，我们可以通过引进深度学习来解决强化学习中拟合 Q 值函数问题，但是引入深度学习来解决强化学习问题时，需要先解决一些问题，列举如下。

1）深度学习需要大量带标签的样本进行监督学习，但强化学习只有 reward 返回值，没有相应的标签值。

2）深度学习的样本独立，但强化学习前后样本的状态相关。

3）深度学习目标分布固定，但强化学习的分布一直变化。

4）过往的研究表明，使用非线性网络表示值函数时会出现不稳定等问题。

19.5.3 用 DQN 解决问题的方法

采用深度学习来解决强化学习问题时，需要先解决标签、样本独立等问题，如何有效解决这些问题？Volodymyr Mnih、Koray Kavukcuoglu、David Silver 等人于 2013 年提出利用 DQN 解决这些问题，并在 2015 年又对 DQN 进行了优化。使用 DQN 的具体解决方案如下。

1）通过 Q-Learning 使用 reward 来构造标签（对应 19.5.2 节问题 1）。

2）通过经验回放方法来解决样本相关性及非静态分布问题（对应 19.5.2 节问题 2、3）。

3）使用一个 CNN（策略网络）产生当前 Q 值，使用另外一个 CNN（目标网络）产生目标 Q 值（对应 19.5.2 节问题 4）。

19.5.4　定义损失函数

在深度学习中，参数学习通过损失函数的反向求导来实现，而构造损失函数需要预测值与目标值，那么在 DQN 算法中，如何定义预测值和目标值？

DQN 的更新方式与 Q-Learning 类似，其损失函数是基于 Q-Learning 更新公式，即式（19.16）实现的，具体方法如下：

$$L(\theta)=E[(\text{Target }Q-Q(s,a;\theta))^2] \tag{19.19}$$

其中，

$$\text{Target }Q=r+\gamma\max_{a'}Q(s',a';\theta) \tag{19.20}$$

式（19.16）与式（19.19）意义相近，都是使当前的 Q 的值逼近 Target Q 的值。确定损失函数后，通过求 $L(\theta)$ 关于 θ 的梯度，以及 SGD 等方法更新网络参数 θ。

19.5.5　DQN 的经验回放机制

DQN 算法的主要做法是经验回放机制，其将系统探索环境得到的数据存储起来，然后随机采样更新深度神经网络的参数，如图 19-4 所示。

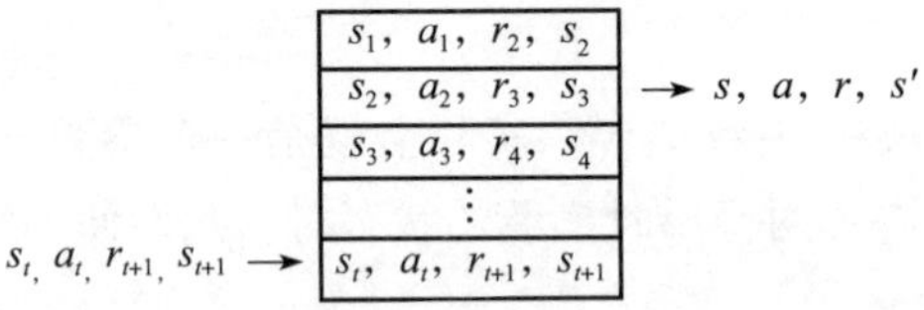

图 19-4　DQN 算法更新网络参数示意图

经验回放机制的动机：深度神经网络作为监督学习模型，要求数据满足独立同分布。但 Q-Learning 算法得到的样本前后是有关系的。为了打破数据之间的关联性，经验回放机制通过存储 - 采样的方法将其打破。

19.5.6　目标网络

DeepMind 于 2015 年初在 *Nature* 上发表文章，引入了目标网络（Target Q）的概念，进一步打破了数据关联性。Target Q 是用旧的深度神经网络 θ^- 得到目标值，下面是带有 Target Q 的 Q-Learning 的优化目标。

$$J=\min(r+\gamma\max_{a'}\hat{Q}(s',a',\theta^-)-Q(s,a,\theta))^2 \tag{19.21}$$

Q-Learning 最早是根据一张 Q 表，即各个状态动作的价值表来完成学习过程的。即通过动作完成后的奖励不断迭代更新这张表，以完成学习过程。然而，当状态过多或者离散时，这种算法自然会造成维度灾难，所以我们才要用一个神经网络来表达这张表，也就是 Q 网络。

19.5.7　网络模型

如图 19-5 所示，利用神经网络替代 Q 表。

通过前面两个卷积层，我们完全不需要费心去理解环境中的状态和动作奖励，只需要将状态参数输入即可。当然，我们的数据特征比较简单，无须进行池化处理，所以后面两层直接使用全连接即可。

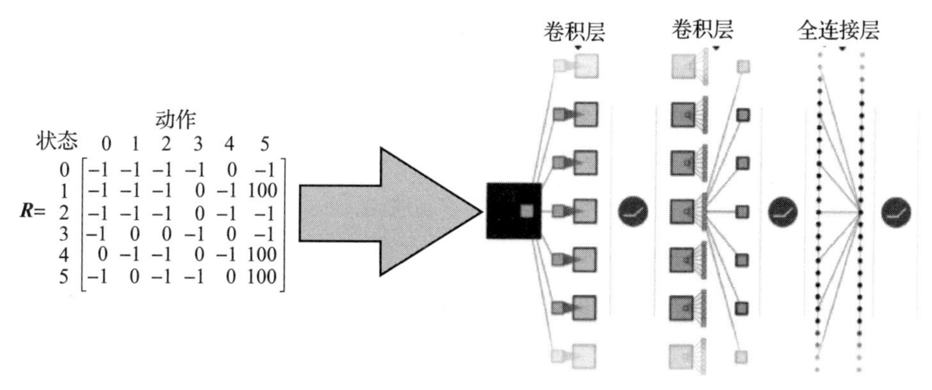

图 19-5　DQN 算法网络图

19.5.8　DQN 算法的实现

DQN 算法的实现步骤分析如下。假设迭代轮数为 M，采样的序列最大长度为 T，学习速率为 α，衰减系数为 γ，探索率为 ε，状态集为 S，动作集为 A，回放记忆为 D，批量梯度下降时的 batch_size 为 m，仿真过程中 Memory 的大小为 N。

第 1 步，初始化回放记忆 D，可容纳的数据条数为 N。

第 2 步，利用随机权值 θ 来初始化动作－值函数 Q。

第 3 步，用目标网络的参数 θ 初始化当前网络的参数，即 $\theta^{-}=\theta$。

第 4 步，循环每次事件。

第 5 步，初始化事件的第一个状态 s_1，预处理得到状态对应的特征输入。

第 6 步，循环每个事件的每一步。

第 7 步，利用概率 ε 选一个随机动作 a_t。

第 8 步，如果小概率事件没发生，则用贪婪策略选择当前值函数最大的那个动作。第 7 步和第 8 步是行动策略，即贪婪策略。

第 9 步，执行动作 a_t，观测回报 r_t 以及图像 x_{t+1}。

第 10 步，设置 $s_{t+1}=s_t,a_t,x_{t+1}$，对状态进行预处理 $\phi_{t+1}=\phi(s_{t+1})$

第 11 步，将转换 $(\phi_t,a_t,r_t,\phi_{t+1})$ 储存在回放记忆 D 中。

第 12 步，从回放记忆 D 中均匀随机采样 m 个训练样本，用 $(\phi_j,a_j,r_j,\phi_{j+1})$ 来表示，其中 $j=1, 2, 3, \cdots, m$。

第 13 步，设置训练样本标签值，判断是否是一个事件的终止状态，若是终止状态，目标网络为 r_j，否则为 $r_t+\gamma\max_{a'}\hat{Q}(\phi_{t+1},a';\theta^{-})$。

第 14、15 步，计算损失函数，利用梯度下降算法更新神经网络参数。

第 16 步，每隔 C 步，把当前网络参数复制给目标网络。

第 17 步，结束每次事件内循环。

第 18 步，结束事件间的循环。

上述算法采用了经验回放机制，该机制会进行反复试验并将这些试验步骤获取的样本存储在回放记忆中，每个样本是一个四元组（s_t,a_t,r_{t+1},s_{t+1}）。其中 r_{t+1} 为主体采用前一状态 - 行动（s_t,a_t）获得的奖励。训练时通过经验回放机制对存储下来的样本进行随机采样，在一定程度上能够去除样本之间的相关性，从而更容易收敛。

DQN 算法流程图如图 19-6 所示。

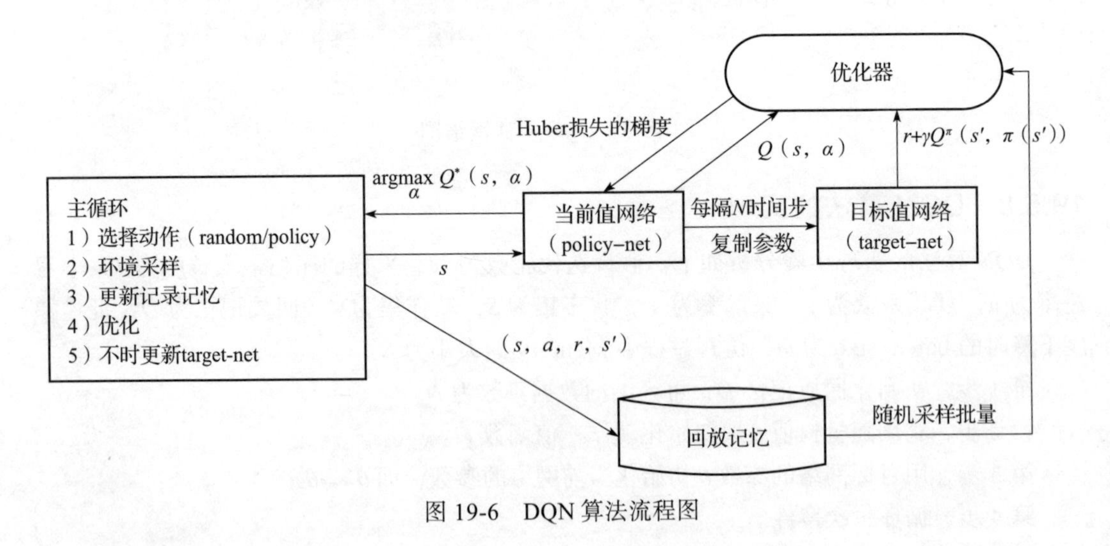

图 19-6 DQN 算法流程图

19.6 小结

本章主要介绍了强化学习的一些基本概念以及常用算法。接下来将通过实例具体实施这些算法。

CHAPTER 20

第 20 章

强化学习实践

前面我们介绍的 Q-Learning 及 SARSA 算法涉及的状态和动作的集合是有限集合，且在状态和动作数量较少的情况下，需要人工预先设计状态和动作，并将 Q 函数值存储在一个二维表格中。但在实际应用中，我们面对的场景可能很复杂，很难定义出离散有限的状态和动作，即使能够定义，数量也非常大，无法用数组存储。

对于强化学习来说，很多输入数据是高维的，如图像、声音等，算法要根据它们来选择动作执行以达到某一预期的目标。比如，自动驾驶算法要根据当前的画面决定汽车的行驶方向和速度。如果用经典的强化学习算法，如 Q-Learning 或 SARSA 等，则需要列举出所有可能的情况，然后迭代，但这种处理显然是不可取的。那么，如何解决这些问题？

解决这个问题的核心就是根据输入（如状态或动作）生成这个价值函数或策略函数。对此，我们自然想到采用函数逼近的思路。而拟合函数是神经网络的强项，所以在强化学习的基础上引入深度学习就成为一种有效的解决方法。本章将主要介绍如何把深度学习融入强化学习中，从而得到深度强化学习，具体内容包括：

- ❑ Q-Learning 算法实例
- ❑ SARSA 算法实例
- ❑ 用 TensorFlow 实现 DQN 算法

20.1 Q-Learning 算法实例

本节使用 Q-Learning 算法实现悬崖徒步，具体实现方式与 SARSA 基本一致。Q-Learning 采用贪心选择策略，即通过 np.argmax(Q(x, y, ;)) 来获取动作 a。此外，将开拓与探索动作放在 while 循环内部，因为它是在探索时贪心选择动作。主要代码如下。

1）获取当前位置的最大值。

```
def max_Q(x,y,Q):
    a = np.argmax(Q[y,x,:])
    return Q[y,x,a]
```

2）将探索与开拓动作放在 while 循环内。

```
while(True):
    a = explore_exploit(x,y,Q)
    x1, y1, state = move(x,y,a)
    if (state == 1):
        reward = reward_destination
        Qs1a1 = 0.0
        Q = bellman(x,y,a,reward,Qs1a1,Q)
        break
    elif (state == 2):
        reward = reward_cliff
        Qs1a1 = 0.0
        Q = bellman(x,y,a,reward,Qs1a1,Q)
        break
    elif (state == 0):
        reward = reward_normal
        # Sarsa，执行策略
        #Qs1a1 = Q[y1,x1,a1]      # SARSA 更新方法
        Qs1a1 = max_Q(x1,y1,Q)   # Q-Learning 更新方法
        Q = bellman(x,y,a,reward,Qs1a1,Q)
        x = x1
        y = y1
```

3）Q-Learning 算法在悬崖场景中的运行路线如图 20-1 所示。

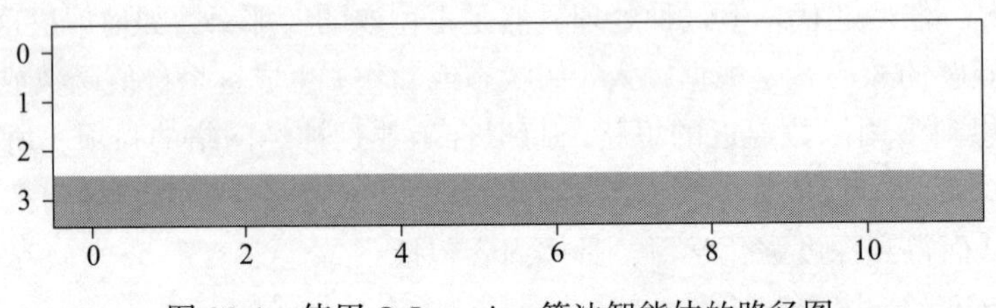

图 20-1　使用 Q-Learning 算法智能体的路径图

20.2　SARSA 算法实例

本节利用 SARSA 算法实现悬崖徒步的路径学习实例。

20.2.1　游戏场景

游戏场景为图 20-2 所示。

1）状态空间：4×12=48 个位置索引。

2）动作空间：上下左右 4 个离散动作。需要注意的是，图中底部为“悬崖”，奖励为 −100，共 10 个格子。最左边为起始点，最右边为终点，奖励为 0，其余格子的奖励均为 −1，如图 20-3 所示。

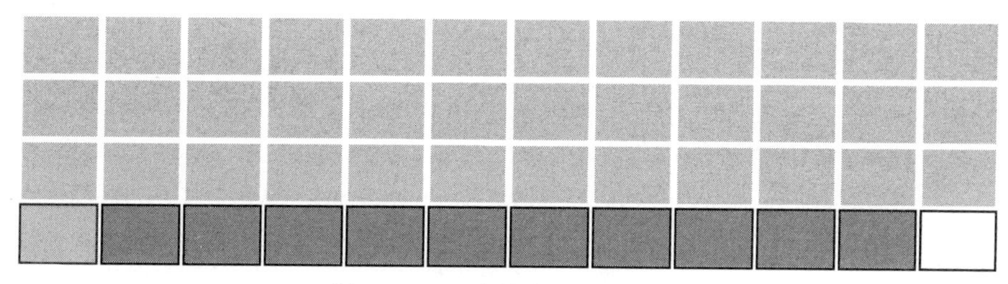

图 20-2 悬崖徒步的游戏场景

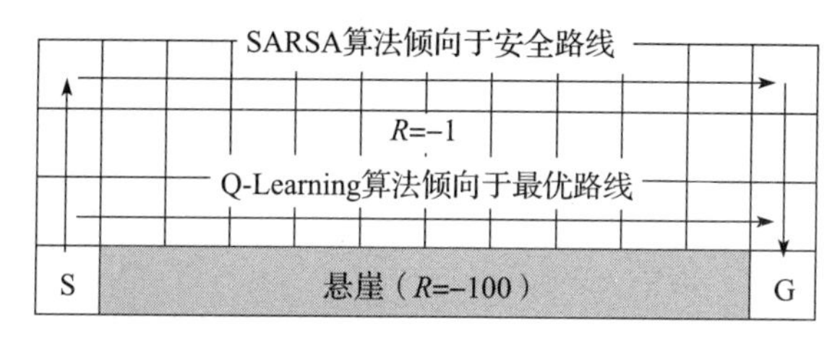

图 20-3 SARSA 算法与 Q-Learning 算法比较

3）强化学习任务：智能体从起始点开始，寻找最优路径，避开悬崖，走到终点。无论是走入悬崖还是走到终点，都将返回到起点，开始新的游戏。

20.2.2 核心代码说明

1）exploit 函数，它将获取智能体的位置（x, y），并根据 Q 值执行贪心动作，即在位置（x，y）中执行 Q 值最大的动作，具体用 np.argmax() 函数来实现。

```
def exploit(x,y,Q):
    # 开始位置
    if (x == 0 and y == nrows):
        a = 0
        return a
    # 目标位置
    if (x == ncols-1 and y == nrows-1):
        a = 2
        return a
    if (x == ncols-1 and y == nrows):
        print("exploit at destination not possible ")
        sys.exit()
    # 内部位置
    if (x < 0 or x > ncols-1 or y < 0 or y > nrows-1):
        print("error ", x, y)
        sys.exit()
    # 执行贪婪动作
    a = np.argmax(Q[y,x,:])
    return a
```

2）更新贝尔曼函数。

```
def bellman(x,y,a,reward,Qs1a1,Q):
```

```
    if (y == nrows and x == 0):
        # 在开始位置，无须更新贝尔曼方程
        return Q
    if (y == nrows and x == ncols-1):
        # 在目标位置，无须更新贝尔曼方程
        return Q
    Q[y,x,a] = Q[y,x,a] + alpha*(reward + gamma*Qs1a1 - Q[y,x,a])
    return Q
```

3）定义一个函数用于探索或开拓，这里基于贪婪策略，如果随机数小于该值，则进行探索（即实施一个随机动作），否则进行开拓（即执行 exploit 函数）。

```
def explore_exploit(x,y,Q):
    # 如果智能体在开始位置结束，则给 a 赋值为 0（表示向北）
    if (x == 0 and y == nrows):
        a = 0
        return a

    r = np.random.uniform()
    if (r < epsilon):
        # 进行探索
        a = random_action()
    else:
        # 进行开拓
        a = exploit(x,y,Q)
    return a
```

4）最后实现的路线图如图 20-4 所示。

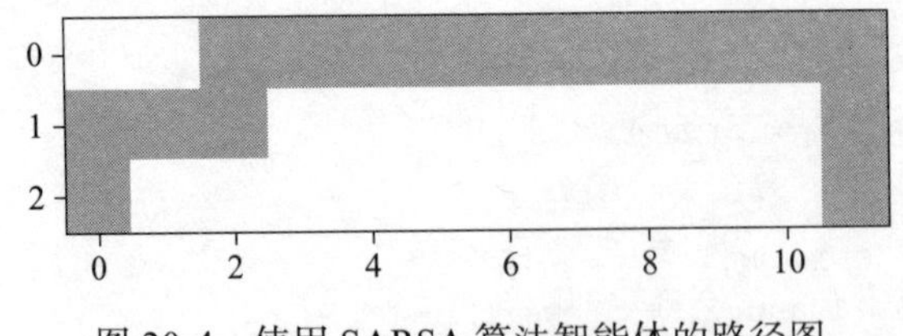

图 20-4　使用 SARSA 算法智能体的路径图

比较图 20-1 和图 20-4 可知，SARSA 算法在选择路径时更谨慎，它选择的是一条远离悬崖的路径，而 Q-Learning 算法在选择路径时更大胆，它选择的是一条靠近悬崖的最短路径。

20.3　用 TensorFlow 实现 DQN 算法

1. 游戏环境

这里使用 gym 游戏环境，gym 是 OpenAI 推出的免费的强化学习实验环境，支持 Python 语言。gym 拥有多种环境，从简单到复杂，如经典的 Acrobot 机器人系统（Acrobot-v1）、小车爬山（MountainCar-v0）、倒立摆摆动（Pendulum-v0）。此外，还包括 2D 和 3D 机器人等。

本节将使用小车爬山（MountainCar-v0）环境。

gym 库的安装比较简单，用 pip 安装即可：pip install gym。gym 库的使用方法是：用 env=gym.make（环境名）加载环境，用 env.reset() 初始化环境，用 env.step（动作）执行一个动作，用 env.render() 显示环境，用 env.close() 关闭环境。

2. 游戏规则

本节以小车爬山为游戏环境，如图 20-5 所示。向左 / 向右推动小车，小车若到达山顶，则游戏胜利，若 200 回合后，小车没有到达山顶，则游戏失败。每走一步得 −1 分，最低分为 −200，越早到达山顶，则分数越高。状态由［小车位置，小车速度］构成。动作为 0 表示向左推；1 表示不动；2 表示向右推。

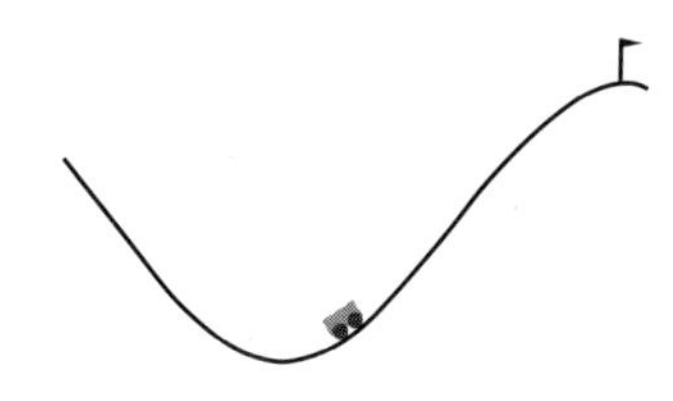

图 20-5　小车爬山游戏示意图

3. 更新 Q 表的表达式

$$Q[s][a]=(1-\text{lr})*Q[s][a]+\text{lr}*(r+\text{factor}*\max(Q[\text{next\_s}]))$$

其中 s 表示状态，a 表示动作，lr 表示学习率，r 表示奖励，factor 表示折扣因子。

4. 用神经网络替换 Q 表

神经网络与环境（gym）、动作（a）、状态（s）、奖励（r）之间的关系如图 20-6 所示。

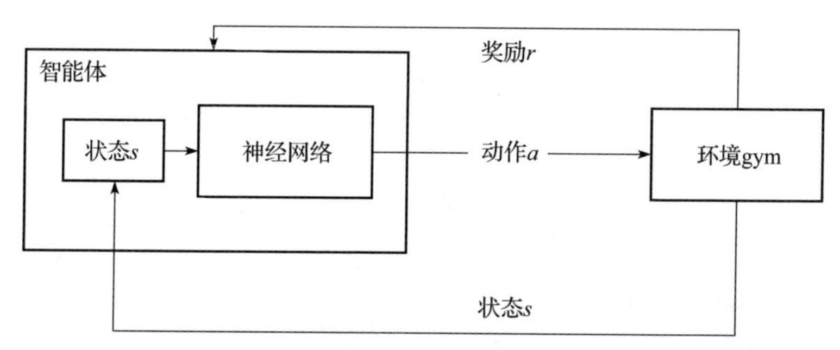

图 20-6　神经网络与环境、动作、状态、奖励之间的交互关系

5. 主要代码

1）导入需要的库。

```
from collections import deque
import random
import gym
import numpy as np
from tensorflow.keras import models, layers, optimizers
```

2）设置一些超参数。

```
# 批量大小
```

```
batch_size=64
# 学习率
lr=1
# 更新Q值参数
factor=0.95
## 确定状态维度
STATE_DIM=2
## 确定动作向量维度
ACTION_DIM =3
# 设置一些参数
episodes = 200   # 训练200次
score_list = []  # 记录所有分数
```

3）构建网络模型。

```
class DQN(object):
    def __init__(self):
        self.step = 0
        self.update_freq = 200   # 模型更新频率
        self.replay_size = 2000  # 训练集大小
        self.replay_queue = deque(maxlen=self.replay_size)
        self.model = self.create_model()
        self.target_model = self.create_model()

    def create_model(self):
        """创建一个隐含层为100的神经网络"""
        model = models.Sequential([
            layers.Dense(100, input_dim=STATE_DIM, activation='relu'),
            layers.Dense(ACTION_DIM, activation="linear")
        ])
    model.compile(loss='mean_squared_error',optimizer=optimizers.Adam(0.001))
        return model

    def act(self, s, epsilon=0.1):
        """预测动作"""
        # 刚开始时，加一点随机成分，产生更多的状态
        if np.random.uniform() < epsilon - self.step * 0.0002:
            return np.random.choice([0, 1, 2])
        return np.argmax(self.model.predict(np.array([s]))[0])

    def save_model(self, file_path='MountainCar-dqn.h5'):
        print('model saved')
        self.model.save(file_path)

    def remember(self, s, a, next_s, reward):
        """历史记录，position >= 0.4时给额外的reward，快速收敛"""
        if next_s[0] >= 0.4:
            reward += 1
        self.replay_queue.append((s, a, next_s, reward))

    # 定义训练函数
    def train(self):
        if len(self.replay_queue) < self.replay_size:
```

```
            return
        self.step += 1
        # 每 update_freq 步，将 model 的权重赋值给 target_model
        if self.step % self.update_freq == 0:
            self.target_model.set_weights(self.model.get_weights())

        replay_batch = random.sample(self.replay_queue, batch_size)
        s_batch = np.array([replay[0] for replay in replay_batch])
        next_s_batch = np.array([replay[2] for replay in replay_batch])

        Q = self.model.predict(s_batch)
        Q_next = self.target_model.predict(next_s_batch)

        # 使用公式更新训练集中的 Q 值
        for i, replay in enumerate(replay_batch):
            _, a, _, reward = replay
            Q[i][a] = (1 - lr) * Q[i][a] + lr * (reward + factor * np.amax(Q_next[i]))

        # 传入网络进行训练
        self.model.fit(s_batch, Q, verbose=0)
```

4）训练模型。

```
# 加载环境
env = gym.make('MountainCar-v0')
agent = DQN()
for i in range(episodes):
    # 初始化环境
    s = env.reset()
    score = 0
    while True:
        a = agent.act(s)
        # 在环境中执行一个动作
        next_s, reward, done, _ = env.step(a)
        agent.remember(s, a, next_s, reward)
        agent.train()
        score += reward
        s = next_s
        if done:
            score_list.append(score)
            print('episode:', i, 'score:', score, 'max:', max(score_list))
            break
    # 最后如果 10 次平均分大于 -160，停止并保存模型
    if np.mean(score_list[-10:]) > -160:
        agent.save_model()
        break
# 关闭环境
env.close()
```

5）可视化运行结果，如图 20-7 所示。

```
import matplotlib.pyplot as plt
%matplotlib inline
```

```
plt.plot(score_list, color='blue')
plt.show()
```

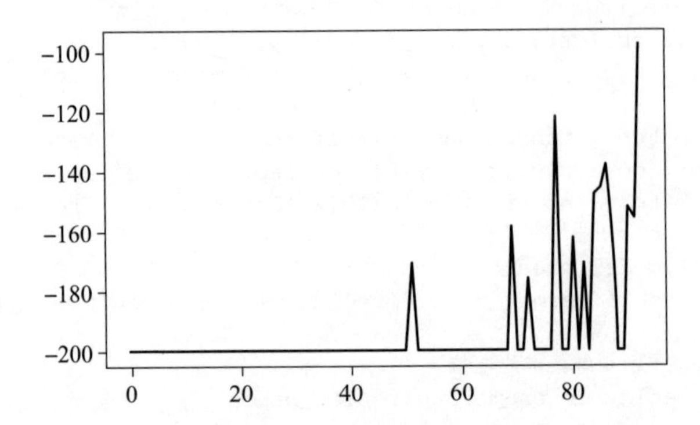

图 20-7　DQN 算法训练中迭代次数与得分之间的关系

6）测试模型。

```
import time

# 恢复模型
model = models.load_model('MountainCar-dqn.h5')
s = env.reset()
score = 0
while True:
    # 显示环境
    env.render()
    time.sleep(0.01)
    a = np.argmax(model.predict(np.array([s]))[0])
    s, reward, done, _ = env.step(a)
    score += reward
    if done:
        print('score:', score)
        break
env.close()
```

20.4　小结

本章具体实现 SARSA、Q-Learning 和 DQN 算法，前面两种算法基于 Python 实现，最后一种算法基于 TensorFlow 实现。

APPENDIX A

附录 A

TensorFlow-GPU 2+ 升级安装配置

A.1 环境分析

1）目标：升级到 TensorFlow-GPU 2+。

2）原有环境：Python 3.6，TensorFlow-GPU 1.6，Ubuntu 16.04，GPU 驱动为 NVIDIA-SMI 387.26。

3）"硬核"：

①如果要升级到 TensorFlow-GPU 2+，CUDA 应该是 10.+，对应 GPU 的驱动版本应该为 410+，但我目前使用的驱动版本是 387.26。

② TensorFlow-GPU 2+ 需要 Python 3.8 或以上。

4）在安装 TensorFlow-GPU 2+ 之前需要做的事情：

①升级 GPU 驱动版本，需不低于 410 版（最关键）；

②安装 Python 3.8；

③安装 CUDA 10；

④安装 TensorFlow-GPU 2+。

A.2 参考资料

以下这些参考资料在安装过程中可能需要。

1. 如何查找 GPU 型号与驱动版本之间的关系

安装新的支持 CUDA 10+ 的驱动。具体驱动程序可在官方网址（https://www.nvidia.com/Download/Find.aspx?lang=en-us）得到，登录界面如图 A-1 所示，输入相应 GPU 型号以获取对应驱动程序。

2. 安装 GPU 驱动有哪些常用方法

安装 GPU 驱动有 3 种方法，前两种操作比较简单，第 3 种是 NVIDIA 推荐的手动安装方法，定制程度比较高，但比较烦琐。

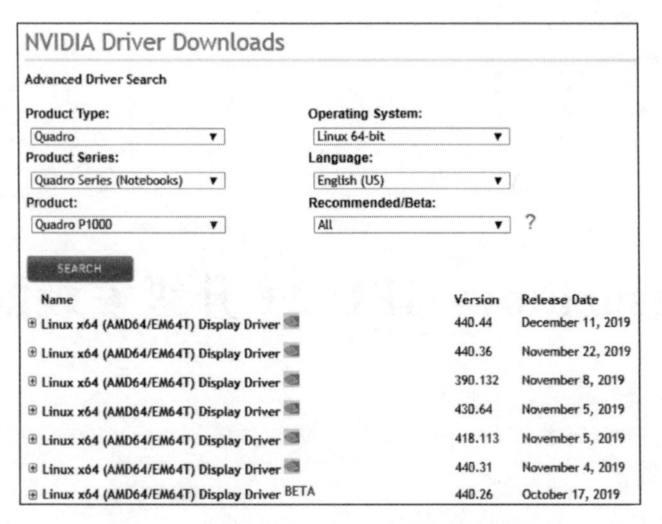

图 A-1　GPU 型号及产品系列兼容的驱动版本

1）使用标准 Ubuntu 仓库进行自动化安装。

2）使用 PPA 仓库进行自动化安装。

3）使用官方的 NVIDIA 驱动进行手动安装。

A.3　安装的准备工作

1. 查看显卡基本信息

通过命令 nvidia-smi 查看显卡基本信息：

```
NVIDIA-SMI 387.26                     Driver Version: 387.26
```

2. NVIDIA 驱动和 CUDA 运行时版本对应关系

NVIDIA 的官网地址为 https://docs.nvidia.com/cuda/cuda-toolkit-release-notes/index.html。其驱动与 CUDA 运行时版本的对应关系如表 A-1 所示。

表 A-1　CUDA 与其兼容的驱动版本

CUDA Toolkit	Linux x86_64 驱动版本	Windows x86_64 驱动版本
CUDA 10.2.89	≥ 440.33	≥ 441.22
CUDA 10.1 (10.1.105)	≥ 418.39	≥ 418.96
CUDA 10.0.130	≥ 410.48	≥ 411.31
CUDA 9.2 (9.2.148)	≥ 396.37	≥ 398.26
CUDA 9.2 (9.2.88)	≥ 396.26	≥ 397.44
CUDA 9.1 (9.1.85)	≥ 390.46	≥ 391.29
CUDA 9.0 (9.0.76)	≥ 384.81	≥ 385.54

（续）

CUDA Toolkit	Linux x86_64 驱动版本	Windows x86_64 驱动版本
CUDA 8.0 (8.0.61 GA2)	≥ 375.26	≥ 376.51
UDA 8.0 (8.0.44)	≥ 367.48	≥ 369.30
CUDA 7.5 (7.5.16)	≥ 352.31	≥ 353.66
CUDA 7.0 (7.0.28)	≥ 346.46	≥ 347.62

A.4　升级 GPU 驱动

Ubuntu 社区建立了一个名为 Graphics Drivers PPA 的全新 PPA，专门为 Ubuntu 用户提供最新版本的各种驱动程序，如 NVIDIA 驱动。因此我通过 PPA 为 Ubuntu 安装 NVIDIA 驱动程序，即使用 PPA 仓库进行自动化安装。

1）卸载系统里的 NVIDIA 低版本显卡驱动：

```
sudo apt-get purge nvidia*
```

2）把显卡驱动加入 PPA：

```
sudo add-apt-repository ppa:graphics-drivers
```

3）更新 apt-get：

```
sudo apt-get update
```

4）查找显卡驱动最新的版本号：

```
sudo apt-get update
```

返回如图 A-2 所示的信息。

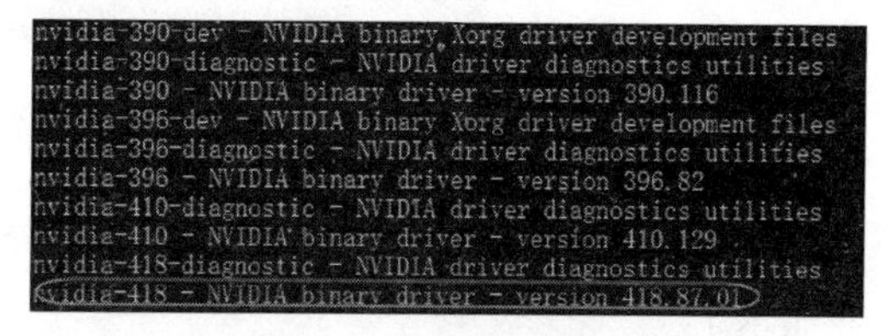

图 A-2　返回驱动信息

5）采用 apt-get 命令在终端安装 GPU 驱动：

```
sudo apt-get install nvidia-418nvidia-settings nvidia-prime
```

6）重启系统并验证。

重启系统：

```
sudoreboot
```

查看安装情况。

在终端输入以下命令行：

```
lsmod | grep nvidia
```

如果没有输出，则安装失败。如果成功安装，则会有如图 A-3 所示的类似信息。

```
$ lsmod | grep nvidia
nvidia_uvm              798720  2
nvidia_drm               49152  0
nvidia_modeset         1093632  1 nvidia_drm
nvidia                18198528  332 nvidia_modeset,nvidia_uvm
ipmi_msghandler          49152  3 ipmi_ssif,nvidia,ipmi_si
drm_kms_helper          155648  2 ast,nvidia_drm
drm                     364544  6 ast,ttm,drm_kms_helper,nvidia_drm
```

图 A-3　安装成功

查看 Ubuntu 自带的 nouveau 驱动是否运行：

```
lsmod | grep nvidia
```

如果终端没有内容输出，则显卡驱动的安装成功！

使用 nvidia-smi 查看 GPU 驱动是否正常。如果成功，则会显示如图 A-4 所示信息。

```
$ nvidia-smi
Sat Jan  4 10:58:39 2020
+-----------------------------------------------------------------------------+
| NVIDIA-SMI 418.87.01    Driver Version: 418.87.01    CUDA Version: 10.1     |
|-------------------------------+----------------------+----------------------+
| GPU  Name        Persistence-M| Bus-Id        Disp.A | Volatile Uncorr. ECC |
| Fan  Temp  Perf  Pwr:Usage/Cap|         Memory-Usage | GPU-Util  Compute M. |
|===============================+======================+======================|
|   0  Quadro P1000        Off  | 00000000:81:00.0 Off |                  N/A |
| 34%   35C    P8    N/A /  N/A |   3997MiB /  4040MiB |      0%      Default |
+-------------------------------+----------------------+----------------------+
|   1  Quadro P1000        Off  | 00000000:82:00.0 Off |                  N/A |
| 34%   37C    P8    N/A /  N/A |     51MiB /  4040MiB |      0%      Default |
+-------------------------------+----------------------+----------------------+

+-----------------------------------------------------------------------------+
| Processes:                                                       GPU Memory |
|  GPU       PID   Type   Process name                             Usage      |
```

图 A-4　GPU 驱动成功安装

至此，GPU 驱动已成功安装，版本为 418，接下来就可安装 TensorFlow、PyTorch 等最新版本了！

A.5　安装 Python 3.8

因 TensorFlow-GPU 2+ 支持 Python 3.8，故需删除 Python 3.6，安装 Python 3.8。

1）使用 rm -rf 命令删除目录 anaconda3：

```
rm -rf anaconda3
```

2）到 Anaconda 官网（https://www.anaconda.com/distribution/）下载最新的版本。不同系统对应不同版本，如 Linux 版、Windows 版、MacOS 版等。

3）Linux 版本的 Anaconda 是一个 sh 脚本，其名称类似于：

```
Anaconda3-***.sh
```

如果是 Windows 版本，下载的包是一个执行文件。

安装过程非常简单，在命令行用 bash 命令执行这个 sh 脚本，安装过程中基本按默认配置操作即可，最后一步会提醒如下内容：

```
Do you wish the installer to initialize Anaconda3
by running condainit? [yes|no]
```

选择 yes，将 Python 安装目录自动写入 .bashrc 文件。

A.6　安装 TensorFlow-GPU 2+

如果使用 conda 安装 TensorFlow-GPU 2+，可用一个命令完成。如果用 pip 安装，则需要 3 步。

A.6.1　用 conda 安装

使用 conda 安装 TensorFlow-GPU 时，会自动下载依赖项，比如最重要的 CUDA 和 CUDNN 等，其中 CUDA 将自动安装 10 版本。

先查看能安装的 TensorFlow 包：

```
conda search tensorflow
```

安装 TensorFlow-GPU 2+，如安装 2.0.0 版本：

```
conda install tensorflow-gpu=2.0.0
```

A.6.2　用 pip 安装

先安装 CUDA Toolkit：

```
pip install cudatoolkit==10.0
```

再安装 CUDNN：

```
pip install cudnn
```

最后安装 TensorFlow-GPU 2.0：

```
pipinstalltensorflow-gpu==2.0.0
```

如果只有一个 Python 版本，可以不使用 conda 环境。如果使用 conda 环境，在创建环境时，采用 conda create -n tf2 python=3.8，而不是之前版本的 source create *。激活环境也是用 conda activate tf2。

如果卸载，则需先卸载 CUDNN，再卸载 CUDA Toolkit。

A.7 Jupyter Notebook 的配置

Jupyter Notebook 是目前 Python 比较流行的开发、调试环境，此前被称为 IPython Notebook，以网页的形式打开，可以在网页页面中直接编写和运行代码，也可以直接显示代码的运行结果（包括图形）。Jupyter Notebook 有以下特点：

- 编程时具有语法高亮、缩进、tab 补全的功能。
- 可直接通过浏览器运行代码，同时在代码块下方展示运行结果。
- 以富媒体格式展示计算结果。富媒体格式包括 HTML、LaTeX、PNG、SVG 等。
- 对代码编写说明文档或语句时，支持 Markdown 语法。
- 支持使用 LaTeX 编写数学公式。

接下来介绍配置 Jupyter Notebook 的主要步骤。

1）生成配置文件：

```
jupyter notebook --generate-config
```

在当前用户目录下生成文件 .jupyter/jupyter_notebook_config.py。

2）生成当前用户登录 Jupyter 的密码。

打开 ipython，创建一个密文密码：

```
In [1]: from notebook.auth import passwd
In [2]: passwd()
Enter password:
Verify password:
```

3）修改配置文件。首先打开配置文件：

```
vim ~/.jupyter/jupyter_notebook_config.py
```

进行如下修改：

```
c.NotebookApp.ip='*'                          # 设置所有 ip 皆可访问
c.NotebookApp.password = u'sha:ce... 刚才复制的那个密文'
c.NotebookApp.open_browser = False            # 禁止自动打开浏览器
c.NotebookApp.port =8888                      # 这是默认端口，也可指定其他端口
```

4）启动 Jupyter Notebook。

```
# 后台启动 Jupyter：不记日志
nohupjupyter notebook >/dev/null 2>&1 &
```

在浏览器上，输入 IP:port，即可看到如图 A-5 所示的界面。

接下来就可以在浏览器中开发和调试 PyTorch、Python 等了。

图 A-5　Jupyter Notebook 登录界面

A.8　安装验证

验证 TensorFlow 安装是否成功：

```
# 导入 TensorFlow
import tensorflow as tf
# 查看 TensorFlow 版本
print(tf.__version__)
# 验证 GPU 是否可用
print(tf.config.list_physical_devices('GPU'))
```

运行结果如下，如果出现类似下列信息，说明 TensorFlow-GPU 安装成功，而且 GPU 使用正常。

```
2.4.0
[PhysicalDevice(name='/physical_device:GPU:0', device_type='GPU')]
```

APPENDIX B

附录 B

从 TensorFlow1.x 升级到 TensorFlow 2.x

B.1 TensorFlow1.x 和 TensorFlow 2.x 的区别

1）TensorFlow 1.x 基于静态图模式，TensorFlow 2.x 基于动态图模式。TensorFlow 2.x 对程序员更友好，更像是函数，更方便调试。

2）TensorFlow 2.x 更向 Keras 靠拢，对分布式训练的支持更好。

B.2 最快速的转换方法

TensorFlow 2.x 中仍然可以运行未修改的 1.x 代码（contrib 除外）：

```
import tensorflow.compat.v1 as tf
tf.disable_v2_behavior()
```

不过这样做无法利用 TensorFlow 2.0 的一些改进，性能将受到一定影响。

B.3 自动转换脚本

转换的第一步是运行升级脚本（具体代码请参考 TensorFlow 官网）。这是将你的代码升级为 TensorFlow 2 的第一步，但这并不能让你的代码符合 TensorFlow 2 的惯用方法。你也许仍旧需要用到 tf.compat.v1，执行各种存在于 TensorFlow 1.x 版本的许多功能，例如占位符（placeholder）、会话（session）、集合（collection）以及其他 1.x 样式的功能。

B.4 用动态图替换静态图

这里通过几个实例说明。这些更改将使代码能够利用性能优化和简化的 API 调用。

1）将 session.run 中的 fetches 替换为某函数的返回值。（fetches 为 Tensor 或 list。）

2）将 session.run 的占位符（tf.placeholder）和字典（feed_dict）转化成函数的输入参数。

3）在实现过程中，可以通过自动图功能，用简单的函数逻辑替换静态图的运算结构。

4）添加一个 tf.function 装饰器，使其在图形中高效运行。

B.5　升级示例

1. 低阶变量和操作符转换

1）转换前的代码如下：

```
in_a = tf.placeholder(dtype=tf.float32, shape=(2))
in_b = tf.placeholder(dtype=tf.float32, shape=(2))

def forward(x):
    with tf.variable_scope("matmul", reuse=tf.AUTO_REUSE):
        W = tf.get_variable("W", initializer=tf.ones(shape=(2,2)),
                            regularizer=tf.contrib.layers.l2_regularizer(0.04))
        b = tf.get_variable("b", initializer=tf.zeros(shape=(2)))
        return W * x + b

out_a = forward(in_a)
out_b = forward(in_b)

reg_loss=tf.losses.get_regularization_loss(scope="matmul")

with tf.Session() as sess:
    sess.run(tf.global_variables_initializer())
    outs = sess.run([out_a, out_b, reg_loss],
                feed_dict={in_a: [1, 0], in_b: [0, 1]})
```

2）转换后的代码如下：

```
W = tf.Variable(tf.ones(shape=(2,2)), name="W")
b = tf.Variable(tf.zeros(shape=(2)), name="b")

@tf.function
def forward(x):
    return W * x + b

out_a = forward([1,0])
print(out_a)
tf.Tensor(
[[1. 0.]
 [1. 0.]], shape=(2, 2), dtype=float32)
out_b = forward([0,1])

regularizer = tf.keras.regularizers.l2(0.04)
reg_loss=regularizer(W)
```

2. 基于 tf.layers 的模型的转换

1）转换前的代码如下：

```
def model(x, training, scope='model'):
with tf.variable_scope(scope, reuse=tf.AUTO_REUSE):
        x = tf.layers.conv2d(x, 32, 3, activation=tf.nn.relu,
    kernel_regularizer=tf.contrib.layers.l2_regularizer(0.04))
        x = tf.layers.max_pooling2d(x, (2, 2), 1)
        x = tf.layers.flatten(x)
        x = tf.layers.dropout(x, 0.1, training=training)
        x = tf.layers.dense(x, 64, activation=tf.nn.relu)
        x = tf.layers.batch_normalization(x, training=training)
        x = tf.layers.dense(x, 10)
        return x

train_out = model(train_data, training=True)
test_out = model(test_data, training=False)
```

2）转换后的代码中的大部分参数保持不变。但要注意区别：training 参数运行时，模型将其传递到每层。而转换前的 model 函数的第一个参数（输入 x）会消失，这是因为对象层会将构建模型和调用模型分开。

```
model = tf.keras.Sequential([
    tf.keras.layers.Conv2D(32, 3, activation='relu',
                           kernel_regularizer=tf.keras.regularizers.l2(0.04),
                           input_shape=(28, 28, 1)),
    tf.keras.layers.MaxPooling2D(),
    tf.keras.layers.Flatten(),
    tf.keras.layers.Dropout(0.1),
    tf.keras.layers.Dense(64, activation='relu'),
    tf.keras.layers.BatchNormalization(),
    tf.keras.layers.Dense(10)
])

train_data = tf.ones(shape=(1, 28, 28, 1))
test_data = tf.ones(shape=(1, 28, 28, 1))
train_out = model(train_data, training=True)
print(train_out)
tf.Tensor([[0.1 0.1 0.1 0.1 0.1 0.1 0.1 0.1 0.1 0.1]], shape=(1, 10),
    dtype=float32)
test_out = model(test_data, training=False)
print(test_out)
```

更多升级或转换信息请参考 TensorFlow 官网 https://tensorflow.google.cn/guide/migrate/。